食品理化检验技术

夏云生　包德才　编著

中国石化出版社

内 容 提 要

　　本书系统、全面地对食品理化检验的相关要求、质量控制及相关实验技术进行了阐述。将理论知识和实践技术有机地结合起来，紧密联系食品检验的实际，介绍食品中主要营养成分、有毒有害成分、转基因成分、药物残留等方面的检验方法和技术。书中既有对理论性内容的阐述，又有实践经验的总结，特别是增加了近年来在食品检验上的一些新方法、新技术，有些则是近几年国内外食品检验技术方面的科研成果。

　　本书可作为为食品质量与安全专业、食品科学与工程专业和相关专业的教材，也可供食品卫生检验机构、食品企业及有关食品质量与安全管理方面的人员参考。

图书在版编目(CIP)数据

食品理化检验技术／夏云生，包德才编著．—北京：
中国石化出版社，2014.6
ISBN 978－7－5114－2725－0

Ⅰ.①食… Ⅱ.①夏… ②包… Ⅲ.①食品检验
Ⅳ.①TS207.3

　　中国版本图书馆 CIP 数据核字(2014)第 089376 号

未经本社书面授权,本书任何部分不得被复制、抄袭,或者以任何形式或任何方式传播。版权所有,侵权必究。

中国石化出版社出版发行
地址:北京市东城区安定门外大街 58 号
邮编:100011　电话:(010)84271850
读者服务部电话:(010)84289974
http://www.sinopec-press.com
E-mail:press@ sinopec.com
北京柏力行彩印有限公司印刷
全国各地新华书店经销
*
787×1092 毫米 16 开本 21.5 印张 536 千字
2014 年 8 月第 1 版　2014 年 8 月第 1 次印刷
定价:58.00 元

前　言

随着社会发展和科学进步，食品工业化和商品化步骤显著加快，与人们身心健康紧密相关的食品质量问题便更加受到人们的关注。食品的分析和检验是评价食品品质的一门技术、也是一门科学，它将基础化学、物理学、生理学、营养学、现代仪器分析学等学科的知识应用于食品质量检验中。

本书以我国国家标准中食品卫生检验方法为基础，联系近年来国内外先进的检测方法，结合作者多年的科学研究和教学经验，系统介绍了检验方法的原理和检测技术。注重基本理论、基础知识和基本技能的学习和培养，适当介绍新理论、新技术，了解学科发展前沿，使本书具有思想性、科学性、先进性和适用性。主要包括样品的准备；分析方法和过程；质量控制；营养成分、有毒有害成分、转基因成分和添加剂的分析等的基本原理和检验技术；并具体介绍了典型分析过程的实践过程。

参加编写的有（按姓氏笔画为序）：包德才、刘晶、刘靖婷、姚胤彤、夏云生、顾佳丽。全书由夏云生负责组织和整理，由刘晶、刘靖婷负责校对。在本书编写和出版过程中，也得到了渤海大学及有关领导的关心，在此一并致以诚挚的谢意。

限于编者的水平，书中的不妥之处，敬请读者批评指正。

目　录

绪 论

国以民为本，民以食为天，食以安为先，食品是人类最基本的生活资料，是维持人类生命和身体健康不可缺少的能量源和营养源。食品的品质直接关系到人类的健康及生活质量。因此，必须对食品品质进行评价，以保证人类能够摄食到营养卫生的食品。对食品品质进行评价，就需要进行食品检验。

随着我国食品工业和食品科学技术的发展，以及对外贸易的需要，食品检验与分析工作已经提高到一个极其重要的地位，特别是为了保证食品的正常品质，执行国家的食品法规和管理办法，搞好食品卫生监督工作，开展食品科学技术研究，寻找食品污染的根源，人们更需要对食品进行各种有效营养物质和有毒有害物质的检验与分析。

一、食品理化检验的概念

食品理化检验是在食品营养学、食品卫生学、食品毒理学的理论指导下，在食品卫生检验、仪器分析、食品分析等的基础上，运用现代科学技术和检测手段，检测和分析食品中与营养、卫生标准有关的化学物质，确定这些物质的种类和含量，从而决定其有无食用价值、是否符合卫生标准及食品安全的科学。它在保障食品安全和与食品有关的科学研究中占有越来越重要的地位。

食品理化检验的目的是研究食品的营养成分、化学污染的检测方法，依据食品质量标准和卫生标准评价食品的安全性。

二、食品理化检验的内容

食品的品质通常从营养、卫生及嗜好性三方面来评价，食品检验的内容也围绕这三个方面进行。

（1）食品的感官检验技术。食品的感官特征，历来都是食品的重要质量指标，对食品的色、香、味、外观、组织状态、口感等感官印象也提出了更高的要求。因此在食品检验技术中，感官鉴定项目占有很重要的地位。而食品的感官检验也是一种最直接、快速，而且十分有效的检验方法。通过对食品的感官检验，不仅能对食品的嗜好性做出评价，对食品的其它品质也可做出判断。有时食品感官检验还可鉴别出精密仪器也难以检出的食品的轻微劣变。

食品的感官检验往往是食品检验各项检验内容中的第一项。如果食品感官检验不合格，即可判定产品的不合格，不需再进行理化检验。国家标准对各类食品都制定有相应的感官指标。

（2）食品的理化检验技术。食品理化检验主要是利用物理、化学以及仪器等分析方法对食品中的各种营养成分（如：水及无机盐、酸、碳水化合物、脂肪、蛋白质、氨基酸、维生素等）、添加剂、矿物质等进行检验；对食品中由于各种原因而携带上的有毒有害的化学成分进行检验。

对营养成分、微量元素的检验可以促进人们的合理配膳，保证人体的营养需要；在食品工业生产中，用于指导食品工艺配方的确定；生产过程的控制；成品营养价值的评定及对食品加工工艺合理性的评价等。

食品添加剂是指食品在生产、加工或保存过程中，为增强食品色、香、味或为防止食品腐败变质而添加的物质。食品添加剂多是化学合成的物质，如果使用的品种或数量不当，将会影响食品质量，甚至危害食用者的健康。

食品在生产、加工、包装、运输、贮藏、销售等各个环节中，常产生、引入或污染某些对人体有毒有害的物质。化学性污染主要来自环境污染，有农药残留、有毒重金属、亚硝胺、3，4-苯并芘等；此外，还有来源于包装材料中的有害物质，如聚氯乙烯单体、某些添加剂、印刷油墨中的多氯联苯、荧光增白剂等。生物性污染主要有微生物及其毒素，如黄曲霉毒素，各种致病微生物，有害生物如寄生虫及虫卵、蝇、蛾、螨等。另外对于动物性食品还包括人兽共患传染病和寄生虫病的检测、兽医残留检测等。

对添加剂、重金属及有害有毒成分的检验主要是从食品卫生的角度进行考虑，以保证食品的卫生要求。

还有就是保健食品、转基因食品、食品容器和包装材料的检验。

（3）食品的微生物检验技术。微生物广泛地分布于自然界中。绝大多数微生物对人类和动、植物是有益的，有些甚至是必需的。而另一方面，微生物也是造成食品变质的主要因素，其中病原微生物还会致病，某些微生物在代谢过程中产生的毒素，还会引起食物中毒。因此，为了正确而客观地揭示食品的卫生情况，加强食品卫生的管理，保障人们的健康，并对防止某些传染病的发生提供科学依据，我们必须对食品的微生物指标进行检验。食品的微生物检验包含了细菌形态学、细菌生理学、食品卫生细菌学、真菌学检验，主要对食品中细菌总数、大肠菌群以及致病菌进行测定。除此之外，某些食品还须检测霉菌、酵母菌，罐头食品还须检测商业无菌。

三、食品理化检验的任务和作用

为了不断提高食品的质量，确保食品安全，我国制定了评价食品品质的各类标准，如食品的国家卫生标准，部颁标准和企业标准等。各种食品是否符合其质量和卫生标准，必须以食品检验的结果为依据。食品理化检验的主要任务是根据制定的技术标准，运用现代科学技术和检测手段，对食品中的营养成分和有毒有害的化学物质进行定性和定量检验。食品检验技术是食品工业生产和食品科学研究的"眼睛"和"参谋"，是不可缺少的手段，在保证食品的营养与卫生，防止食物中毒及食源性疾病，确保食品的品质及食用的安全，研究食品化学性污染及微生物污染的来源、途径，以及控制污染等方面将发挥更加重要的作用。

四、食品理化检验的意义

（1）日益突出的食品质量安全问题已成为全社会关注的热点。人民生活状态已经由温饱型食物结构向营养健康型食物结构转变，对食品的消费观念也由数量型向质量型转变。另外，食品生产工业化程度的加快，食品被人们故意或非故意污染的机会正逐渐增加，而且随着国际贸易的日益发达，食品污染扩散速度之快、范围之广、危害之大，也前所未有的。这些都需要各种质量安全、富有营养、美味可口且有益健康的产品。

（2）食品的质量与安全问题已成为影响农业和食品工业产品竞争力的关键因素，在某种程度上制约了我国食品产业结构的战略调整。

（3）学习食品检测技术有广泛的个人发展空间。强化食品质量监管，保证食品的质量和安全，已成政府的工作重点。成立的食品与药品监督检验管理局、技术监督局、疾控中心、工商管理；实行食品质量安全强制性官方认证。食品企业从自身健康快速发展出发，越来越重视食品质量过程监控。需要大量熟悉食品检测原理，熟练食品检测技术、具备食品质量检测资格的实用型、应用型人才。

五、食品检验方法的发展趋势

随着科技的迅猛发展，食品工业化水平的迅速提高，对食品检测方法提出了更高的要求。食品检测方法正在向着快速、灵敏、在线、无损和自动化方向发展。

为发展快速和简便的检测方法，就要实现检验方法的仪器化和自动化，不仅可以快速检测食品中的某种成分，也可以同时检测多种成分。随着检测技术的提高，已经出现了低损耗检测，降低了生产消耗，提高了经济效益。同时也出现了许多新的检测方法，如酶联免疫分析、酶分析法、免疫学分析法、生物传感检测技术等。

第一章　食品理化检验技术概述

食品检验必须按一定的程序进行，根据检测要求，应先进行感官检验，再进行理化检验及微生物检验，而实际上这三个检验过程往往是由各职能检测部门分别进行的。每一类检验过程，根据其检验目的、检验要求、检验方法的不同都有其相应的检测程序。对于食品的理化检验来说，这一程序就显得更为复杂。本章将具体介绍食品理化检验的采样与样品处理技术。

第一节　食品理化检验基础知识

一、食品分析所用单位

容量单位一般使用升（L）或毫升（mL）。质量单位多使用克（g）、毫克（mg）或微克（μg）。溶液的浓度一般用质量分数、体积分数或物质的量浓度（mol/L）来表示。如用体积分数表示的硫酸（1:3）或（1+3）即为 1 份硫酸与 3 份水混合。

二、试剂的规格与使用

食品理化检验经常用到硫酸、盐酸、氢氧化钠等多种化学试剂，熟悉化学试剂的基本知识，正确选择化学试剂的等级是分析测试质量保证的重要内容。

1. 化学试剂

化学试剂种类繁多，分类的标准不尽相同。在检验方面的常用化学试剂主要有一般试剂、标准试剂、高纯试剂和专用试剂等。

一般试剂：根据 GB 15346—2012《化学试剂包装及标志》规定，一般试剂可分为三个等级，各个级别的名称、代号、标签颜色以及适用范围，列于表 1 – 1 – 1。

表 1 – 1 – 1　一般试剂的规格和适用范围

级　别		符　号	适 用 范 围	标 签 颜 色
通用试剂	优级纯	GR	精密分析实验	深绿色
	分析纯	AR	一般分析实验	金光红色
	化学纯	CP	一般化学实验	中蓝色
生物染色剂		BS		玫红色
基准试剂		PT		深绿色

一般试剂是实验室中最普遍使用的试剂，其规格是以其中所含杂质的多少来划分，包括一、二、三级（四级很少见）及生物试剂。

基准试剂：用于衡量其它待测物质化学量的标准物质，我国习惯称其为基准试剂，又叫标准试剂。其特点是主体含量高而且准确可靠。我国规定容量分析第一基准试剂和容量分析工作基准，其主体含量分别为（100 ± 0.02）% 和（100 ± 0.05）%，杂质含量相当于优级纯。

高纯试剂：其杂质含量低于优级纯或基准试剂，其主体含量与优级纯试剂相当，而且规定检测的杂质项目要多于同种的优级纯或基准试剂。它主要用于痕量分析中试样的分解及试液的制备，高纯试剂的含量可以用几个"9"来表示，"9"的数目越多，纯度越高。

专用试剂：指具有专门用途的试剂，例如色谱纯试剂。

2. 标准溶液的制备

国家标准 GB/T 601—2002《化学试剂　标准滴定溶液的制备》中对分析用标准溶液的一般要求主要内容见表 1 - 1 - 2。

表 1 - 1 - 2　GB/T 601—2002 对分析用标准溶液制备的一般要求

序号	项　目	具　体　要　求
1	(1) 试剂纯度 (2) 实验用水	(1) 分析纯以上 (2) 至少应符合 GB/T 6682 中三级水的规格
2	(1) 配标准溶液时的温度 (2) 分析天平、砝码、滴定管、容量瓶、单标线吸管	(1) 配制标准溶液时的浓度指 20℃ 时的浓度；在制备、使用时若温度有差异，应按 GB/T 601 附录 A 补正 (2) 均须定期校正
3	标定、使用时的滴定速度	一般应保持在 6 ~ 8mL/min
4	称量工作基准试剂的质量	质量小于等于 0.5g：按精确至 0.01mg 称量 质量大于 0.5g：按精确至 0.1mg 称量
5	制备时的浓度值范围	应在规定浓度值的 ±5% 范围以内
6	标定标准滴定溶液的浓度	须两人进行实验，分别各做四平行；两人共八平行。八平行测定结果极差的相对值不得大于重复性临界极差的相对值 0.18%；每人四平行要求不大于 0.15%。取两人八平行测定结果的均值为测定结果。运算过程中保留五位有效数字，浓度值报出结果取四位有效数字
7	浓度平均值的扩展不确定度	一般不应大于 0.2%
8	低浓度标准溶液的配制	配制浓度 ≤0.02mol/L 的标准溶液时，临用前将高浓度标准溶液以新煮沸冷却水稀释，必要时重新标定
9	贮存标准滴定溶液的容器	材料不应与溶液起理化作用，壁厚最薄处不小于 0.5mm
10	保存时间	常温（15 ~ 25℃）下，保存时间一般不超过 2 个月，当溶液出现浑浊、颜色变化等现象时应重新制备

配制标准溶液通常有直接法和标定法两种。直接配制法是准确称取一定量的基准试剂，溶解后配成准确体积的溶液。由基准试剂的质量和配成的溶液的准确体积，可直接求出该溶液的准确浓度。标定法是指首先配制成接近于所需浓度的溶液，然后用基准试剂或已知准确浓度的另一种标准溶液来测定它的准确浓度。这种确定标准溶液浓度的操作叫"标定"，标定法又称间接法。标定法是在用非基准物质制备标准溶液，不能采用直接配制法时才采用的。

三、分析反应的灵敏性和特效性

1. 反应灵敏性

检出某离子时，在一定条件下检出离子可以产生明显反应的最小用量叫做检出限量。例

如银量法检出 Cl^- 时，试液中 Cl^- 的含量至少在 $0.05\mu g$ 以上才能产生明显反应，$0.05\mu g$ 的 Cl^- 为此反应的检出限量。检出限量越小，反应的灵敏性越高。

2. 反应的特效性

在多离子共存条件下，能用单独试剂检出某离子的反应成为特效反应；而一种试剂能和少数几种离子产生类似的反应叫做选择反应。

3. 提高特效性方法

提高特效反应的方法有多种。例如，改变体系酸碱性；加入掩蔽剂消除干扰；分离干扰离子等方法。

第二节　食品理化检验结果的处理

一、实验中有效数字

有效数字是指分析检验工作中实际能测得到的数字。通常它包括全部准确数字和最后一位不确定的可疑数字。除另有说明外，一般可理解为在可疑数字的位数上有 ±1 个单位的误差。有效数字的准确程度，直接体现在有效数字的位数多少。

1. 有效位数

有效数字的位数即有效位数。判定有效数字的位数，可依据下述要求确定其有效位数。

（1）非零数字（$1\sim9$，共九个数字）是有效数字，每一个数具有一位有效位数。例如，有效数字 23.51mL，有四位有效位数。

（2）位于非零数字之间的每个"0"和非零数字之后的每个"0"，都具有一位有效位数。例如，有效数字 20.50mL，有四位有效位数。

（3）位于非零数字之前的每个"0"，只起"定位"作用，不具有效位数。例如，有效数字 0.05mL、0.0008g，都只有一位有效位数，可写为：5×10^{-2}；8×10^{-3}。

（4）有效数字位数与量的使用单位无关。如称得某物的质量是 11g，二位有效数字。若以 mg 为单位时，应记为 1.1×10^4mg，而不应该记为 11000mg。若以 kg 为单位，可记为 0.011kg 或 1.1×10^{-2}kg。

（5）分数或倍数等，属于准确数或自然数，其有效位数是无限的。例如，水的相对分子质量（M_r）$=2\times1.008+16.00=18.02$。在这里"$2\times1.008$"中的"2"，就不能看做是一位有效位数。因为它是非测量所的数，是自然数，有效数字的位数，可视为无限的。

（6）分析化学中常遇到 pH、pK 等，其有效数字的位数仅取决于小数部分的位数，其整数部分只说明原数值的方次。如 pH $=2.49$，表示 $[H^+]=3.2\times10^{-3}$mol/L，是二位有效数字。pH $=13.0$，表示 $[H^+]=1\times10^{-13}$mol/L，是一位有效数字。

（7）计算有效数字的位数时，若第 1 位数字等于或大于 8 时，其有效数字应多算一位。例如 9.24mL，表面上是三位有效数字，但其相对误差：

$$\frac{0.01}{9.24}\times100\%=0.1\%$$

故其有效数字可认为是四位。

（8）尾数为"0"的正整数，其有效数字的位数不确定。例如，有效数字"100"，有效位数最多有三位，也可能是两位、一位。

2. 有效数字的修约规则

在多数情况下，测量数据本身并非最后的要求结果，一般常由许多准确度不等（即有效数字位数不同）的原始数据经过多步数学运算后才能获得所需的检测结果。而在其结果中只能有一位是可疑数字。在数据记录、运算及最后的检测结果都不能增加和减少其有效位数。所以应先按照关于有效数字的规定将数字修约或整化。

按照国家标准 GB/T 8170—2008《数值修约规则与极限数值的表示和判定》进行数值修约的方法，按国家标准中的"进舍规则"规定，具体的要求：

（1）拟舍弃数字最左一位数字小于 5，则舍去，即保留的各位数字不变。例如，将12.1498 修约到个位数，得 12；将其修约为一位小数，得 12.1。

（2）拟舍弃数字最左一位数字大于 5，则进一，即保留的末位数加 1。例如，将 1268 修约到"百"位数，得 13×10^2。

（3）舍弃数字最左一位数字为 5，且其后有非 0 数字时进一，即保留数字的末位数字加1。例如：将 10.5002 修约到个位数，得 11。

（4）拟舍弃数字的最左一位数字为 5，且其后无数字或皆为 0 时，若所保留的末位数字为奇数（1，3，5，7，9）则舍去。即保留数字的末位数字加 1；若所保留的末位数字为偶数（2，4，6，8，0）则舍去。例如，修约间隔为 0.1

拟修约数值	修约值
1.050	10×10^{-1}
0.35	4×10^{-1}

（5）负数修约时，先将它的绝对值按上述规定进行修约，然后在所得值前面加上负号。例如，修约间隔为 0.1

拟修约数值	修约值
−355	-36×10
−325	-32×10

有人把上述规则具体编成口诀："四要舍，六要入；五后有数则进一，五后无数看前位：前为奇数则进一，前为偶数要舍去。不论舍去多少位，必须一次修约成"。

3. 有效数字的运算

检测结果的计算，往往是对一些准确度不同的数据进行运算，为使结果能真正符合实际测量的准确度，必须按一定规则进行。有效数字的运算方法，目前尚未统一。可以先修约，后运算；也可以用计算器先运算，然后修约到应该保留的位数。由于计算机的广泛应用，几乎都采用后一种方法。这两种方法计算结果可能稍有差别，不过也是最后可疑数字上稍有差别，影响不大。

（1）加减法运算。在加减运算时，应以参加运算的各数据中绝对误差最大（即小数点后位数最少）的数据为依据，决定结果（和或差）的有效位数。

例：12.35 + 0.0056 + 7.8903 = ？

绝对误差最大的数是 12.35。应以它为依据，先修约，再计算。

12.35 + 0.01 + 7.89 = 20.25

为稳妥起见，也可在修约时多保留一位，算完后再修约一次。

12.35 + 0.006 + 7.890 = 20.246 ≈ 20.25

（2）乘除运算。在乘除运算中，应以参加运算的各数据中相对误差最大（即有效数字位数最少）的数据为依据，决定结果（积或商）的有效数字。中间算式中可多保留一位。遇到有效数字为 8 或 9 时，可多算一位有效数字。例：

$$0.0121 \times 25.64 \times 1.05782 = ?$$

0.0121 数的相对误差（RE）$= \pm 1/121 \times 100\%$

25.64 数的相对误差（RE）$= \pm 1/2564 \times 100\%$

1.05782 数的相对误差（RE）$= \pm 1/105782 \times 100\%$

0.0121 数的相对误差（RE）最大，有效数字位数最少，应以它为依据先修约，再计算：
$0.0121 \times 25.6 \times 1.06 = 0.328$

或先多保留一位有效数字，算完后再修约一次：

$$0.0121 \times 25.64 \times 1.06 = 0.3282 \approx 0.328$$

上述这种"多保留一位有效数字，算完后再修约一次"的方法，同用计算器先计算、后修约的方法相比，其结果具有一致性。所以说，用计算器先计算、后修约的方法可行。

4. 有效数字的应用

（1）正确的记录测量数据。记录的数据一定要如实的反映实际测量的准确度。例如：从滴定管读取滴定液的体积恰为 24mL，应当记为 24.00mL，不能记成 24mL 或 24.0mL。

（2）正确确定样品用量和选用恰当的仪器。常量组成的分析测定常用质量分析或容量分析，其分析的准确度一般可达到 0.1%。因此，整个测量过程中每一步骤的误差都应小于 0.1%。用分析天平称量试样时，试样量一般应大于 0.2g，才能使称量误差小于 0.1%。若称样量大于 3g，则可使用千分之一的天平（即感量为 0.001g），也能满足对称量准确度的要求，其称量误差小于 0.1%。

同理，为使滴定时读数误差小于 0.1%，常量滴定管的刻度精度为 0.1mL，能估计读至 ±0.01mL，滴定剂的用量至少要大于 20mL，才能使滴定时读数误差小于 0.1%。前后二次读数，其读数误差至少为 ±0.02mL。

（3）正确报告分析结果。分析结果的准确度要如实地反映各测定步骤的准确度。分析结果的准确度不会高于各测定步骤中误差最大的那一步的准确度。

【例 1-1】分析酱油中氨盐含量时，采样量 4.8L，甲乙二人各作两次平行测定，报告结果为：

甲　$c(NH_3)_1\% = 0.42\%$ ；　　$c(NH_3)_2\% = 0.41\%$

乙　$c(NH_3)_1\% = 0.420\%$ ；　　$c(NH_3)_2\% = 0.411\%$

显然，甲的报告结果是可取的，而乙的报告结果不合理。因为：

采样量相对误差（RE）$= \pm 0.1/4.8 \times 100\% \approx \pm 2\%$

甲的报告相对误差（RE）$= \pm 0.01/0.42 \times 100\% \approx \pm 2\%$

可见甲的报告的相对误差与称量的相对误差相符。

乙的报告相对误差（RE）$= \pm 0.001/0.420 \times 100\% \approx \pm 0.2\%$

乙的报告相对误差比称量的相对误差小了 10 倍，显然是不可能的，是不合理的。

（4）正确掌握对准确度的要求。分析检验中的误差是客观存在的。对准确度的要求要根据需要和客观可能而定。不合理的过高要求，既浪费人力、物力、时间，对结果也是毫无益处的。常量组分的测定常用的重量法与容量法，其方法误差约为 ±0.1%，一般取四位有效数字。对于微量物质的分析，分析结果的相对误差能够在 ±2% ~ ±30%，就已经满足实际需要。因此，在配制这些微量物质的标准溶液时，一般要求称量误差小于 1% 就够了。如用分析天平称量，称量 1.00g 以上标准物质时，称准至 0.01g，其称量相对误差就小于 1%，不必称至 0.0001g。

（5）计算器运算结果中有效数字的取舍。电子计算器的使用已很普遍，这给多为计算带来很大方便。但记录计算结果时，切勿照抄计算器上显示的数字，须按照有效数字修约和计算法则来决定计算器计算结果的数字位数的取舍。

二、分析数据的统计处理

在理化检验中，对检验结果应进行统计学处理，常用的统计处理方法有：

1. 平均值

平均值是衡量测定结果集中趋势的指标，其中以算术平均值最为常见，可表示为：

$$\bar{X} = \frac{X_1 + X_2 + X_3 + \cdots + X_n}{n} = \frac{\sum\limits_{i=1}^{n} X_i}{n} \qquad (1-2-1)$$

平均值不能反应变异的程度，在用平均值说明数量上的关系时，还必须说明各个数值存在大小差异的情况。

2. 标准差

标准差是表示各个测定值之间的离散程度，可作为实验误差或精密度的指示。标准差大，表示各个测定值分布的离散；标准差小，表示各个测定值在平均值附近分布密集。

当 $n < 30$ 时

$$S = \sqrt{\frac{\sum\limits_{i=1}^{n} (X_i - \bar{X})^2}{n-1}} \qquad (1-2-2)$$

当 $n > 30$ 时

$$S = \sqrt{\frac{\sum\limits_{i=1}^{n} (X_i - \bar{X})^2}{n}} \qquad (1-2-3)$$

式中　S——标准偏差；

　　　X——测定值。

3. 标准误

食品理化检验中对样品的处理采用的是抽样研究法，由于抽样而引起的样本均数与总体均数之间的差别叫做抽样误差。抽样误差是抽样研究中不可避免的，抽样误差的大小通常用标准误来表示：

$$S_{\bar{X}} = \frac{S}{\sqrt{n}} \qquad (1-2-4)$$

标准误即样本均数的标准差，是表述均数抽样分布的离散程度及衡量均数抽样误差大小的尺度，反映的是样本均数之间的变异。标准误越小，表明样本统计量与总体参数的值越接近，样本对总体越有代表性，用样本统计里推断总体参数的可靠程度越大。因此，标准误是统计推断可靠性的指标。

4. 变异系数

变异系数是衡量各个观测值变异程度的统计量，其数据大小不仅受变量值离散程度的影响，还受变量值平均水平大小的影响。一般来说，变量值平均水平高，其离散程度的测度值也大，反之越小。变异系数的大小取决于实验仪器的控制和恒定情况以及个人操作误差等因素。标准差与平均值的比值成为变异系数，记为 CV。

$$CV = \frac{S}{\bar{X}} \qquad (1-2-5)$$

在理化分析中，一般要求变异系数应小于 5%。

三、显著性检验法在食品理化检验中的应用

在分析检验的实际工作中，往往会遇到对标准试样或纯物质进行测定时，所得到的平均值与标准值不完全一致；或者采用两种不同分析方法或不同分析人员对同一试样进行分析时，两组分析结果的平均值有一定的差异；这种差异是由随机误差引起的，还是系统误差引起的？这类问题在统计学中属于"假设检验"。如果分析结果之间存在"显著性差异"，就认为它们之间有明显的系统误差；否则就认为没有系统误差，纯属随机误差引起的，认为是正常的。所谓显著性检验就是利用统计方法来检验被处理的问题是否存在统计上的显著性，可以采用 t 检验法或 F 检验法进行检验和判断。

1. t 检验法

t 检验法，又称标准物质（样品）法。将包含有被测组分和试样的基本相似的标准物质（样品），用测定试样所选用的分析方法进行 n 次分析测定，计算出标准物质（样品）中所含有被测组分的算术平均值 $\bar{x}$ 及标准偏差 s，然后将此平均值与标准物质所给出的该组分的含量的标准值 μ 比较。若平均值与 μ 无显著性差异，说明所选用的方法可靠，可采用之。反之，则不可直接使用。

为了检查分析数据是否存在较大的系统误差，可对标准试样进行若干次分析，再利用 t 检验法比较分析结果的平均值与标准试样的标准值之间是否存在显著性差异。

进行 t 检验时，首先按下式计算出 t 值：

$$t = \frac{|\bar{x} - \mu|}{\frac{s}{\sqrt{n}}} \qquad (1-2-6)$$

式中　$\bar{x}$——多次测定的算术平均值；

　　　μ——标准物质中该组分的含量（标准值）；

　　　s——多次测定的标准偏差；

　　　n——测定次数。

当检验两个均值之间是否有显著性差异时，使用统计量。

$$t = \frac{\bar{X}_1 - \bar{X}_2}{\bar{s}} \sqrt{\frac{n_1 n_2}{n_1 + n_2}} \qquad (1-2-7)$$

式中　$\bar{s}$——合并标准偏差，可以按下式计算：

$$\bar{s} = \sqrt{\frac{(n_1 - 1)s_1^2 + (n_2 - 1)s_2^2}{n_1 + n_2 - 2}} \qquad (1-2-8)$$

式中　s_1^2——第一个样本的方差；

　　　s_2^2——第二个样本的方差；

　　　n_1——第一个样本的测定次数；

　　　n_2——第二个样本的测定次数。

如果由样本值计算的统计量值大于 t 分布表（表 $1-2-1$）中相应显著性水平 α 和相应自由度 f 下的临界值 $t_{\alpha, f}$，则表明被检验的均值有显著性的差异；反之，差异不显著。

依据自由度 $(f) = n-1$，置信度 p，由表 $1-2-1$ 中查出 t 值，以 $t_{表}$ 表示之。比较 $t_{表}$ 和 t 值，若 $t_{表} > t$，即 $\bar{x}$ 与 μ 无显著性差异；若 $t_{表} < t$，即 $\bar{x}$ 与 μ 有显著性差异，该法不宜直接采用。

表 $1-2-1$　t 分布表（部分）

自由度 $f=n-1$	置信度 p			自由度 $f=n-1$	置信度 p		
	90%时 t 值	95%时 t 值	99%时 t 值		90%时 t 值	95%时 t 值	99%时 t 值
1	6.31	12.71	63.66	13	1.77	2.16	3.01
2	2.92	4.30	9.92	14	1.76	2.14	2.98
3	2.35	3.18	5.84	15	1.75	2.13	2.95
4	2.13	2.78	4.60	16	1.74	2.12	2.92
5	2.01	2.57	4.03	17	1.74	2.11	2.90
6	1.94	2.45	3.71	18	1.73	2.01	2.88
7	1.90	2.36	3.50	19	1.72	2.09	2.86
8	1.86	2.31	3.35	20	1.72	2.09	2.84
9	1.83	2.26	3.25	30	1.70	2.04	2.75
10	1.81	2.23	3.17	40	1.69	2.02	2.70
11	1.79	2.20	3.11	60	1.67	2.00	2.66
12	1.78	2.17	3.06	120	1.66	1.98	2.62

应用 t 检验时，要求被检验的两组数据具有相同或相近的方差。因此，在进行 t 检验之前必须进行 F 检验，只有在两方差一致性的前提下才能进行 t 检验。

【例 $1-2$】为鉴定分析方法的准确度，取质量为 100.00mg 的基准物质进行 10 次测定，所得数据为 100.3、99.2、100.0、99.4、99.9、99.7、99.4、99.6、100.1、99.4。试对这组数据进行评价。

解：计算平均值和标准偏差 $\bar{X} = 99.7$　　　$s = 0.36$

计算统计量 $t = \dfrac{|\bar{x} - \mu|}{\dfrac{s}{\sqrt{n}}} = \dfrac{99.7 - 100}{\dfrac{0.36}{\sqrt{10}}} = -2.64$

查表 $1-2-1$（t 值表）有 $t_{0.95,10} = 2.23$，比较有 $t_{表} < |t|$，表面 10 次测定的平均值与标准值有显著性差异，可以认为该方法存在系统误差。

不同分析人员或同一分析人员采用不同方法分析同一试样，所得到的平均值，经常是不完全相等的。要判断这两个平均值之间是否有显著性差异，亦可采用 t 检验法。

在一定置信度时，查表得到 $t_{表}$（总自由度 $f = n_1 + n_2 - 1$），若 $t_{表} > t$ 时，两组平均值不存在显著性差异；若 $t_{表} < t$ 时，两组平均值存在显著性差异。

【例 $1-3$】采用不同温度计在同一地点检测空气的温度，比较检测结果，其数据如下表：

测温仪器	温度/℃	平均值/℃	标准偏差
温度计 A 型	25.6、25.6、25.6、25.6、25.6、25.6、25.6、25.6、25.6、25.7、25.7、25.7、25.7、25.7、25.7、25.7、25.7、25.7、25.7、25.7、	25.6	0.05℃
温度计 B 型	26.2、26.1、26.1、26.2、26.1、26.1、26.2、26.2、26.2、26.2、26.2、26.2、26.2、26.2、26.2、26.2、26.2、26.2、26.2、26.2、	25.8	0.04℃

经按上述公式计算合并标准偏差为 0.066，$t = 3.03$，查表 1-3 有 $t_{0.95,20} = 2.10$，则有 $t_{表} < t$，故两组平均值存在显著性差异。

2. F 检验法

F 检验法是通过计算两组数据的方差之比来检验两组数据是否存在显著性差异，例如，使用不同的分析方法对同一试样进行测定得到的标准差不同；或几个实验室用同一种分析方法测定同一试样，得到的标准差不同，这时就有必要研究产生这种差异的原因，通过 F 检验法可以得到解决。

F 检验法的步骤为：

（1）计算统计量方差比。

$$F = \frac{s_1^2}{s_2^2} \tag{1-2-9}$$

式中 s_1^2、s_2^2——两组测定值的方差。

（2）查 F 分布表（表 1-2-2）。

（3）对比，当计算所得 F 值大于 F 分布表中相应显著性水平 α 和自由度 f_1、f_2 下的临界值 $F_{\alpha,(f1,f2)}$，即 $F > F_{\alpha,(f1,f2)}$ 时，则两组方差之间有显著性差异，若 $F < F_{\alpha,(f1,f2)}$ 时，则两组方差无显著性差异。在编制 F 分布表时，是将大方差作分子，小方差作分母，所以，在由样本值计算统计量 F 值时，也要将样本方差 s_1^2 和 s_2^2 中数值较大的一个作分子，较小的一个作分母。

【例 1-4】 测定饮料中的氟含量，结果见下表，通过 F 检验法比较两种方法的精密度有无显著性差异。

饮料样品	氟含量/(mg/L)		相差值 D_i	D_i^2
	氟试剂比色法	离子计法		
1	4.18	4.42	-0.24	0.0576
2	4.04	4.17	-0.13	0.0169
3	4.36	3.14	1.22	1.4884
4	3.01	2.94	0.07	0.0049
5	1.66	1.20	0.46	0.2116
6	10.31	7.96	2.35	5.5225
7	5.92	9.80	-3.88	15.0544
8	2.50	1.43	1.07	1.1449
9	5.98	3.97	2.01	4.0401
10	6.56	4.83	1.73	2.9929
Σ			4.66	30.5342

解：分别计算两种方法的方差：$s_1^2 = 0.083^2 = 0.0069$　　　$s_2^2 = 0.035^2 = 0.0012$

统计量方差比 F：$F = s_1^2 / s_2^2 = 5.75$

查 F 分布表表，$F_{0.05,(5,4)} = 6.26$，$F < F_{0.05,(5,4)}$，说明差别不显著，即两种方法测定精密度是一致的。

表 1 - 2 - 2　F 分布表（部分）　$\alpha = 0.05$

n_2 \ n_1	1	2	3	4	5	6	7	8	9	10	20	60	∞
1	161.4	199.5	215.7	224.6	230.2	234.0	236.8	238.9	240.5	241.9	248.0	252.2	254.3
2	18.51	19.00	19.16	19.25	19.30	19.33	19.35	19.37	19.38	19.40	19.45	19.48	19.50
3	10.13	9.55	9.28	9.12	9.01	8.94	8.89	8.85	8.81	8.79	8.66	8.57	8.53
4	7.71	6.94	6.59	6.39	6.26	6.16	6.09	6.04	6.00	5.96	5.80	5.69	5.63
5	6.61	5.79	5.41	5.19	5.05	4.95	4.88	4.82	4.77	4.74	4.56	4.43	4.36
6	5.99	5.14	4.76	4.53	4.39	4.28	4.21	4.15	4.10	4.06	3.77	3.74	3.67
7	5.59	4.74	4.35	4.12	3.97	3.87	3.79	3.73	3.68	3.64	3.44	3.30	3.23
8	5.32	4.46	4.07	3.84	3.69	3.58	3.50	3.44	3.39	3.35	3.15	3.01	2.93
9	5.12	4.26	3.86	3.63	3.48	3.37	3.29	3.23	3.18	3.14	2.94	2.79	2.71
10	4.96	4.10	3.71	3.48	3.33	3.22	3.14	3.07	3.02	2.98	2.77	2.62	2.54
11	4.84	3.98	3.59	3.36	3.20	3.09	3.01	2.95	2.90	2.85	2.65	2.49	2.40
12	4.75	3.89	3.49	3.26	3.11	3.00	2.91	2.85	2.80	2.75	2.54	2.38	2.30
13	4.67	3.81	3.41	3.18	3.03	2.92	2.83	2.77	2.71	2.67	2.46	2.30	2.21
14	4.60	3.74	3.34	3.11	2.96	2.85	2.76	2.70	2.65	2.60	2.39	2.22	2.13
15	4.54	3.68	3.29	3.06	2.90	2.79	2.71	2.64	2.59	2.54	2.33	2.16	2.07
16	4.49	3.63	3.24	3.01	2.85	2.74	2.66	2.59	2.54	2.49	2.28	2.11	2.01
17	4.45	3.59	3.20	2.96	2.81	2.70	2.61	2.55	2.49	2.45	2.23	2.06	1.96
18	4.41	3.55	3.16	2.93	2.77	2.66	2.58	2.51	2.46	2.41	2.19	2.02	1.92
19	4.38	3.52	3.13	2.90	2.74	2.63	2.54	2.48	2.42	2.38	2.16	1.98	1.88
20	4.35	2.49	3.10	2.87	2.71	2.60	2.51	2.45	2.93	2.35	2.12	1.95	1.84
21	4,32	3.47	3.07	2.84	2.68	2.57	2.49	2.42	2.37	2.32	2.10	1.92	1.81
22	4.30	3.44	3.05	2.82	2.66	2.55	2.46	2.40	2.34	2.30	2.07	1.89	1.78
23	4.28	3.42	3.03	2.80	2.64	2.53	2.44	2.37	2.32	2.27	2.05	1.86	1.76
24	4.26	3.40	3.01	2.78	2.62	2.51	2.42	2.36	2.30	2.25	2.03	1.84	1.73
25	4.24	3.39	2.99	2.76	2.60	2.49	2.40	2.34	2.28	2.24	2.01	1.82	1.71
26	4.23	3.37	2.98	2.47	2.59	2.74	2.39	2.32	2.27	2.22	1.99	1.80	1.69
27	4.21	3.35	2.96	2.73	2.57	2.46	2.37	2.31	2.25	2.20	1.97	1.79	1.67
28	4.20	3.34	2.95	2.71	2.56	2.45	2.36	2.29	2.24	2.19	1,96	1.77	1.65
29	4.18	3.33	2.93	2.70	2.55	2.43	2.35	2.28	2.22	2.18	1.94	1.75	1.64
30	4.17	3.32	2.92	2.69	2.53	2.42	2.33	2.27	2.21	2.16	1.93	1.74	1.62
40	4.08	3.23	2.84	2.61	2.45	2.34	2.25	2.18	2.12	2.08	1.84	1.64	1.51
60	4.00	3.15	2.76	2.53	2.37	2.25	2.17	2.10	2.04	1.99	1.75	1.53	1.39
120	3.92	3.07	2.68	2.45	2.29	2.17	2.09	2.02	1.96	1.91	1.66	1.43	1.25
∞	3.84	3.00	2.60	2.37	2.21	2.10	2.01	1.94	1.88	1.83	1.57	1.32	1.00

四、回归分析法在食品理化检验中的应用

在分析测试中，经常遇到处理两个变量之间的关系问题。例如，在建立标准曲线时，经常将被测组分的标准含量对响应值制成标准曲线，然后根据标准曲线计算被测组分的含量，

但是在实际工作中，往往会有一两个实验点偏离直线。怎样根据实验数据确定一条最接近于各实验点的直线，以及两个变量之间存在什么样的相互关系，解决这些问题的统计学方法就是回归分析。

食品理化分析与检验中，有的物质的含量和仪器的信号值的变量之间的关系，常可用直线回归方程来表示：

$$Y = a + b \cdot X$$

当 X 值为 X_1，X_2，$\cdots$，X_n 时，相应的有：

$$Y_1 = a + b \cdot X_1$$
$$Y_2 = a + b \cdot X_2$$
$$Y_3 = a + b \cdot X_3$$

由于在实验过程中存在测定误差，因此，相应于 X_1，X_2，$\cdots$，X_n 的实验值 Y_1，Y_2，$\cdots$，Y_n 与按回归方程计算的值 Y_1，Y_2，$\cdots$，Y_n 并不相等。任一实验点偏离真实直线的距离称为离差。要使 n 个实验点与回归直线的密合程度最好，可以利用最小二乘法原理，各个实验点的离差平方和最小。根据数学推导可有：

$$a = \bar{Y} - b \cdot \bar{X}$$

$$b = \frac{\sum\limits_{i=1}^{n}(X_i - \bar{X}) \cdot (Y_i - \bar{Y})}{\sum\limits_{i=1}^{n}(X_i - \bar{X})^2}$$

按上述公式求得 a、b 值后，即可确定反映实验点真实分布状况的回归直线。

对任何两个变量 X 和 Y 的一组实验数据$(X_i，Y)$，都可以用最小二乘法求得回归方程，配成一立线。实际上，只有当 Y 与 X 之间存在某种线性关系时，配成的直线才有意义。要检验回归直线有无意义(变量 X 与 Y 是否相关)在数学上引一个相关系数. 用 r 表示，它可用下式计算：

$$r = \frac{\sum\limits_{i=1}^{n}(X_i - \bar{X})(Y_i - \bar{Y})}{\sqrt{\sum\limits_{i=1}^{n}(X_i - \bar{X})^2 \cdot \sum\limits_{i=1}^{n}(Y_i - \bar{Y})^2}} \qquad (1-2-10)$$

r 的取值范围为 -1 到 $+1$ 之间。

$r = 0$ 表示 X 与 Y 无关；

$r = 1$ 表示 X 与 Y 正相关；

$r = -1$ 表示 X 与 Y 负相关；

$r > 0$　正相关；

$r < 0$　负相关。

只有当相关系数的绝对值大到某个起码数值以上时，X 与 Y 两组数据之间才存在线性相关关系、求得的回归关系才有意义。

相关系数的显著性检验的具体步骤是：首先计算出相关系数，其次是查"相关系数临界表(见表 1-2-3)"，依据显著性水平 α、自由度 f 查出临界值，然后比较这两个 r 值，再判断相关性。

表 1 - 2 - 3　相关系数临界值 $r_{\alpha,f}$ 表

$n-2$	显著性水平		$n-2$	显著性水平		$n-2$	显著性水平	
	0.05	0.01		0.05	0.01		0.05	0.01
1	0.997	1.000	11	0.553	0.684	21	0.413	0.526
2	0.950	0.990	12	0.532	0.661	22	0.404	0.515
3	0.878	0.959	13	0.514	0.641	23	0.396	0.505
4	0.811	0.917	14	0.497	0.623	24	0.388	0.496
5	0.754	0.874	15	0.482	0.606	25	0.381	0.487
6	0.707	0.834	16	0.468	0.590	26	0.374	0.478
7	0.666	0.798	17	0.456	0.575	27	0.367	0.470
8	0.632	0.765	18	0.444	0.561	28	0.361	0.463
9	0.602	0.735	19	0.433	0.549	29	0.355	0.456
10	0.576	0.708	20	0.423	0.537	30	0.349	0.449

如果计算出的相关系数 r 值，大于相关系数临界值表中给定的临界值 $r_{\alpha,f}$，则表示 Y 与 X 之间是显著相关的，两者之间存在线性相关关系，即用最小二乘法求得线性回归方程和配成的直线是有意义的；反之，若计算出的 r 值小于相关系数临界表中给定的临界值 $r_{\alpha,f}$，则表示 Y 与 X 之间是线性显著不相关的，两者之间的不存在线性相关关系，而用最小二乘法求得的回归方程和配成的直线是没有意义的。

第三节　食品理化检验的基本步骤

食品的理化检验主要是一个定量的检测过程，整个检测程序的每一个环节都必须体现一个准确的量的概念，因此食品的理化检验不同于感官及微生物检验，它必须严格地按一定的定量程序进行。

第一步，检测样品的准备过程，包括采样及样品的处理及制备过程；

第二步，进行样品的预处理，使其处于便于检测的状态；

第三步，选择适当的检测方法，进行一系列的检测并进行结果的计算；最后对所获得的数据（包括原始记录）进行数理统计及分析；

第四步，将检测结果以报告的形式表达出来。①采样；②样品预处理；③分析方法选择；④分析结果记录、报告与整理。

一、样品的采集

食品的种类繁多，且食物的组成很不均匀，其所含成分的分布也不一致。每次测定都取得一个分析结果，从测定程序上来说，这个结果是表示所取试样中的组分含量，而我们希望这个结果能代表整批物品的情况，所以要采取平均样品——所取出的少量物料，其组分能代表全部物料的成分。这就要求在分析前采取有代表性的样品，在样品保存、制备和处理过程中保证样品不污染，组分不发生变化。因此采样、样品制备、保存与预处理是保证分析结果可靠性的第一步。

从大量分析对象中抽取一部分作为分析材料的过程，称为采样。所采取的分析材料称为样品或试样。

食品样品特点大多具有不均匀性和易变性。

1. 正确采样的重要性

食品分析中，不论是原料、半成品还是成品，即使同一种类，也会因品种、产地、成熟期、加工及贮存方法、保藏条件的不同，食品中成分和含量都会有相当大的变动。此外，即使同一检测对象，各部位间的组成和含量也会有显著差异。因此，要保证检测结果准确、结论正确，首要条件就是采取的样品必须具有充分的代表性。

所谓代表性，是指采取的样品必须能代表全部的检测对象，代表食品整体。这是关系到检测结果和得出的结论是否正确的先决条件，否则，无论检测工作做得如何认真、精确都是毫无意义的，甚至会给出错误的结论。

2. 采样的一般程序

要从一大批被测对象中，采取能代表整批被测物品质量的样品须遵从一定的采样程序和原则，采样的程序分为三步：

待检食品 $\xrightarrow{\text{采样}}$ 检样 $\xrightarrow{\text{混合}}$ 原始样品 $\xrightarrow{\text{处理、缩分}}$ 平均样品 $\rightarrow$ 检验样品
复检样品
保留样品

检样：先确定采样点数，由整批待检食品的各个部分分别采取的少量样品称为检样，这是采样第一步程序。

原始样品：把许多份检样混合在一起，构成能代表该批食品的原始样品。

平均样品：将原始样品经过处理，按一定的方法和程序抽取一部分作为最后的检测材料，称平均样品。

检验样品：由平均样品中分出，用于全部项目检验用的样品。

复检样品：对检验结果有争议或分歧时，可根据具体情况进行复检，故必须有复检样品。

保留样品：也称备检样品，对某些样品，需封存保留一段时间，以备再次验证。

必要的时候还需要采集对照样品(空白样品、对照样品)。

3. 采样的一般方法

样品的采集一般分随机抽样和代表性取样两种方法。

随机抽样，即按照随机原则，从大批物料中抽取部分样品。操作时，可用多点取样法，即从被检食品的不同部位、不同区域、不同深度，上、下、左、右、前、后多个地方采取样品的方法，使所有的物料的各个部分都有机会被抽到。

代表性取样，是用系统抽样法进行采样，即已经了解样品随空间(位置)和时间而变化的规律，按此规律进行取样。以便采集的样品能代表其相应部分的组成和质量。如分层采样、依生产程序流动定时采样、按批次、件数采样、定期抽取货架上陈列的食品的采样等。

随机抽样可以避免人为倾向因素的影响。但在某些情况下，某些难以混匀的食品(如果蔬、面点等)，仅用随机抽样法是不够的，必须结合代表性取样，从有代表性的各个部分分别取样，才能保证样品的代表性，从而保证检测结果的正确性。

具体采样方法视样品不同而异。

（1）散粒状样品(如粮食、砂糖、奶粉等均匀固体物料)。粮食及固体食品应自每批食品上、中、下三层中的不同部位分别采取部分样品，混合后按四分法对角取样，再进行几次

混合，最后取有代表性样品。

① 有完整包装食品（袋、桶、箱等）　公式确定采样点数

$$S = \sqrt{\frac{N}{2}} \qquad\qquad (1-3-1)$$

式中　N——检测对象的数目（件、袋、桶等）；

　　　S——采样点数。

② 无包装的散堆样品　三层五点法进行代表性取样。首先根据一个检验单位的物料面积大小先划分若干个方块，每块为一区，每区面积不超过 $50cm^2$。每区按上、中、下分三层，每层设中心、四角共五个点。按区按点，先上后下用取样器各取少量样品；将取得的检样混合在一起，得到原始样品。混合后得到的原始样品，按四分法对角取样，缩减至样品量不少于所有检测项目所需样品量总和的 2 倍，即得到平均样品。

四分法是将散粒状样品由原始样品制成平均样品的方法，见图 1-3-1。

将原始样品充分混合均匀后，堆集在一张干净平整的纸上，或一块洁净的玻璃板上，用洁净的玻棒充分搅拌均匀后堆成一圆锥形，将锥顶压平成一圆台，使圆台厚度约为 3cm；划"十"字等分成 4 份，取对角 2 份其余弃去，将剩下 2 份按上法再行混合，四分取其二，重复操作至剩余量为所需样品量为止。

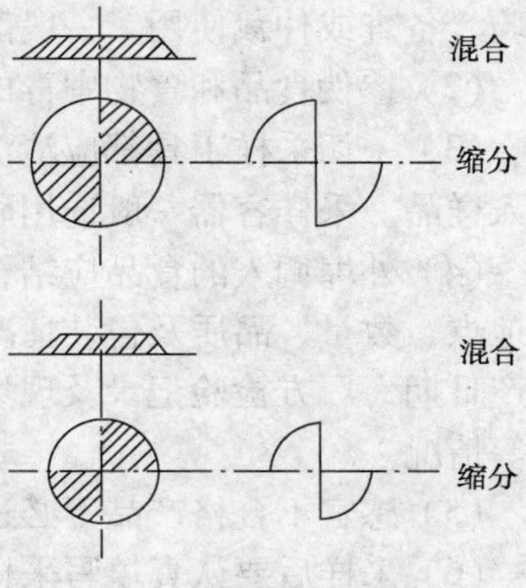

（2）液体、半流体食品（如植物油、鲜乳、酒或其它饮料等）。对桶（罐、缸）装样品，先按采样公式确定采取的桶数，再启开包装，用虹吸法分上、中、下三层各采取少部分检样，然后混合分取，缩减到所需数量的平均样品。

若是大桶、大罐或池（散）盛装者，应先充分混匀后再采样。样品应分别盛放在三个干净的容器中。充分混匀后，分取缩减至所需要的量。

图 1-3-1　四分法

（3）不均匀的固体样品（如肉、鱼、果蔬等）

此类食品的本身各部位极不均匀，个体大小及成熟度差异大应注意样品的代表性。

① 肉类：视不同的目的和要求而定，有时从不同部位采样，综合后代表该只动物，有时从很多只动物的同一部位采样混合后来代表某一部位的情况。

② 水产品：个体较小的鱼类可随机多个取样，切碎、混合均匀后，分取缩减至所需要的量；个体较大的鱼，可以若干个体上切割少量可食部分，切碎后混匀，分取缩减。

肉类、水产等食品应按分析项目要求分别采取不同部位的样品或混合后采样。

③ 果蔬：先去皮、核，只留下可食用的部分。

体积小的果蔬，如豆、山楂、枣、葡萄等，随机取多个整体，切碎混合均匀后，缩减至所需的量；体积大的果蔬，如西红柿、茄子、冬瓜、苹果、西瓜等，按成熟度及个体的大小比例，选取若干个个体，对每个个体单独取样，以消除样品间的差异，取样方法是从每个个体生长轴纵向剖成 4 份或 8 份，取对角线 2 份，再混合缩分，以减少内部差异；体积膨松型的蔬菜，如油菜、菠菜、小白菜等，应由多个包装（捆、筐）分别抽取一定数量，混合后捣碎、混匀、分取，缩减到所需数量，最终做成平均样品。

（4）小包装食品（罐头、瓶装食品、袋或听装奶粉或其它小包装食品等）。应根据批号连同包装一起取样随机取样，同一批号取样件数，250g 以上的包装不得少于 6 个，250g 以下

的包装不得少于 10 个。

如小包装外还有大包装，可按取样公式抽取一定的大包装，再从中抽取小包装，混匀后，分取至所需的量。小包装食品，送验时应保持原包装的完整，并附上原包装上的一切商标及说明，供检验人员参考。各种各类食品采样的数量、采样的方法均有具体规定，可参照有关标准。

4. 采样的要求

采样是食品理化分析的关键环节，采样必须遵循两个原则：

首先采集的样品要均匀，有代表性，能反映全部被检食品的组成、质量和卫生状况；

其次采样过程中要确保原有的组分，防止成分逸散或带入杂质。

除此之外，还须注意以下规则：

(1) 采样应注意抽检样品的生产日期、批号、现场卫生状况、包装和包装容器状况。采集的数量应能反映该食品的卫生质量和满足检验项目对样品量的需要，一式三份，供检验、复验、备查或仲裁使用。一般散装样品每份不少于 0.5kg。

(2) 掺伪食品和食物中毒的样品采集，要具有典型性。

(3) 一切采样工具都应清洁、干燥无异味，在检验之前应防止一切有害物质或干扰物质带入样品。采样容器一般选用硬质玻瓶或聚乙烯制品。

(4) 外埠调入的食品应结合索取卫生许可证、生产许可证或化验单，了解发货日期、来源地点、数量、品质及包装情况。在食品厂、仓库或商店采样时，应了解食品的生产批号、生产日期、厂方检验记录及现场卫生情况，同时注意食品的运输、保存条件、外观、包装容器等情况。

(5) 感官不合格产品不必进行理化检验，直接判为不合格产品。

(6) 采样后要认真填写采样记录，包括采样单位、地址、日期、样品批号、采样条件、包装情况、采样数量、现场卫生状况、运输、贮藏条件、外观、检验项目及采样人等。

(7) 采样后应迅速送检验室检验，尽量避免样品在检验前发生变化。使其保持原来的理化状态。检验前不应发生辐染、变质、成分逸散、水分变化及酶的影响等。

(8) 样品分检验用样品与送检样品两种。

检验用样品是由较多的送检样品中，均匀混合后再取样，直接供分析检测用，取样量由各检测项目所需样品量决定。送检样品的取样量、至少应是全部检验用量的 4 倍。

5. 样品的保存

由于食品中含有丰富的营养物质，在合适的温度、湿度条件下，微生物迅速生长繁殖，导致样品的腐败变质；同时，样品中如果含有易挥发、易氧化及热敏性物质，容易在长时间的保存中损失变性，所以样品采集后应尽快进行分析，否则应密塞加封，妥善保存。

保存的原则是：干燥，洁净，低温，避光，密封。

(1) 防止污染。盛装样品的容器和手，必须清洁，不得带入污染物，样品应密封保存；

(2) 防止腐败变质。对于易腐败变质的食品，采取低温冷藏的方法保存，以降低酶的活性及抑制微生物的生长繁殖。制备好的样品应放在密封洁净的容器内，置于阴暗处保存；易腐败变质的样品应保存在 0～5℃的冰箱里，保存时间也不宜过长；

(3) 防止样品中的水分蒸发或干燥的样品吸潮。由于水分的含量直接影响样品中各物质的浓度和组成比例。对含水量多，一时又不能做完的样品，可先测其水分，保存烘干样品，分析结果可通过折算，换算为鲜样品中某物质的含量。

（4）有些成分，如胡萝卜素、黄曲霉毒素 B1、维生素 B1，容易发生光解，以这些成分为分析项目的样品，必须在避光条件下保存；特殊情况下，样品中可加入适量的不影响分析结果的防腐剂，或将样品置于冷冻干燥器内进行升华干燥来保存。此外，样品保存环境要清洁干燥；存放的样品要按日期、批号、编号摆放以便查找。

（5）固定待测成分　某些待测成分不够稳定（如维生素 C）或易挥发（如氰化物、有机磷农药），应结合分析方法，在采样时加入稳定剂，固定待测成分。

总之，采样后应尽快分析，对于不能及时分析的样品要采取适当的方法保存，在保存的过程中应避免样品受潮、风干、变质，保证样品的外观和化学组成不发生变化。

一般样品在检验结束后，应保留一个月，以备需要时复检。易变质食品不予保留，保存时应加封并尽量保持原状。检验取样一般指取可食部分，以所检验的样品计算。

二、样品的制备、预处理和净化

1. 样品的制备

指对所采取的样品进行分取、粉碎、混匀的过程。目的是保证样品十分均匀，在分析时取其中任何部分都能代表被检全部样品的平均组成。样品制备时，可以采取不同的方法进行，如振摇、搅拌、切细、粉碎、研磨或捣碎、匀浆等。

一般成分分析时样品的制备：

（1）对于液体、浆体或悬浮液体，可以直接将样品搅拌、摇动使其充分混匀。常用的搅拌工具是玻璃棒、搅拌器。

（2）对于固体样品，可以通过粉碎、捣碎、研磨等方法将样品制成均匀可检状态。水分含量少、硬度较大的固体样品（如谷类）可用粉碎法；水分含较高、质地软的样品（如果蔬）可用匀浆法；韧性较强的样品（如肉类）可用研磨法或捣碎法。

常用的工具有粉碎机、组织匀浆机、研钵、组织捣碎机等。注意：样品在制备前，一定按当地人的饮食习惯，去掉不可食的部分：如水果除去果皮、果核；鱼、肉类除去鳞、骨、毛、内脏等。

（3）对于罐头样品，在捣碎前须清除果核；肉禽罐头应预先清除骨头；鱼罐头要将调味品（葱、辣椒及其它）分出后再捣碎、混匀。

测定农药残留量时样品的制备：

（1）粮食类样品应充分混匀，用四分法取 200g 粉碎，全部通过 40 目筛。筛号常用"目"表示，"目"系指在筛面的 25.4mm（1 英寸）长度上开有的孔数。例如：开有 30 个孔，称 30目筛，孔径大小是 25.4mm/30 再减去筛绳的直径。所用筛绳的直径不同，筛孔大小也不同。因此必须注明筛孔尺寸。

（2）果蔬类样品先用水洗去泥沙，然后除去表面附着的水分。取可食部分沿纵轴剖开，各取 1/4 捣碎、混匀。

（3）肉类样品先除去皮和骨，将肥瘦肉混合取样。每份样品在检验农药残留量的同时，还应进行粗脂肪含量的测定，以便必要时分别计算农药在脂肪或瘦肉中的残留量。

（4）蛋类样品应先去壳后再全部混匀。

（5）禽类样品先去羽毛和内脏，洗净并除去表面附着的水分。纵剖后将半只去骨的禽肉绞成肉泥状，充分混匀。检验农药残留量的同时，还应进行粗脂肪的测定。

（6）鱼类样品每份至少取鱼样三条，去鳞、头、尾及内脏，洗净并除去表面附着的水分，取每条纵剖的一半，去骨刺后全部绞成肉泥，混匀即可。

2. 样品的预处理

食品分析是利用食品中待测组分与化学试剂发生某些特殊的可以观察到的物理反应或化学反应，来判断被测组分的存在与否或含量多少。但是食品的成分比较复杂，既含有复杂的高分子物质(如蛋白质、碳水化合物、脂肪、纤维素及残留的农药等)，也含有普通的无机元素成分，如钙、磷、钾、钠、铁、铜等。这些组分往往以复杂的结合态或络合态形式存在。

当以选定的方法对其中某种成分进行分析时，其它组分的存在就会产生干扰而影响被测组分的正确检出。因此，在分析之前，必须采取相应措施排除干扰因素。另外对于复杂组成的样品，不经过预处理，任何一种现代化的分析仪器，也无法直接进行测定。有些被测组分含量很低，如农药残留物、黄曲霉毒素等，要准确地测含量，必须在测定前，对样品进行浓缩。为排除干扰因素，需要对样品进行不同程度的分解、分离、浓缩、提纯处理，这些操作过程统称为样品预处理。

样品预处理目的是为了完整地保留待测的组分、消除干扰因素、使被测的组分得到浓缩或富集，保证样品分析工作的顺利进行，提高分析结果的准确性。所以说样品的预处理是食品理化分析中的一个重要环节，直接关系到分析测定的成败。进行样品的预处理，要根据检测对象、检测项目选择合适的方法。总的原则是排除干扰，完整保留被测组分并使之浓缩，以获得满意的分析结果。

样品预处理的方法主要有以下几种。

(1) 有机物破坏法(无机化处理)。常用于食品中无机元素的测定。食品中的无机盐或金属离子，常与食品中的蛋白质等有机类物质结合，成为难溶、难离解的化合物，欲测定这些无机成分的含量，需要在测定前破坏这些有机结合体，释放出被测的组分，这一步骤称为样品的消化。消化的方法通常是采用高温、或高温加强氧化条件，使试样中的有机物质彻底分解，其中碳、氢、氧元素生成二氧化碳和水呈气态逸散，而金属元素则生成简单的无机金属离子化合物留在溶液中。有机物破坏法常用的有干法灰化、湿法消化、高压密封消化法、氧瓶燃烧法和低温消化法，主要是前两类。

① 干法灰化 这是一种用高温灼烧的方式破坏样品中有机物的方法，因而又称为灼烧法。将样品置于坩埚中，先在电炉上小火炭化，除去水分、黑烟后，再置 500 ~ 600℃ 高温炉中灼烧灰化，至残灰为白色或浅灰色为止。取出残灰，冷却后用稀盐酸或稀硝酸溶解过滤，滤液定容后供分析测定用。

干法灰化的优点是有机物破坏彻底，操作简便，在处理样品过程基本不加或加入很少的试剂，故空白值较低。但此法所需要时间较长，并且在高温处理时可造成易挥发元素的损失(如汞、砷、铅等)。适用于大多数金属元素(除汞、砷、铅外)的测定。其次高温灼烧时，坩埚材料易变形，造成待测组分滞留，回收率降低。提高回收率方法可以采用适宜温度，加入助灰化剂等。

② 湿法消化 向样品中加入液态强氧化剂(如 H_2SO_4、HNO_3、$KMnO_4$、H_2O_2 等)并进行加热处理，使样品中的有机物质完全氧化、分解、呈气态逸出，待测成分转化为无机物状态保留在消化液中。为了使有机物分解彻底，湿法消化常用几种强酸的混合物作为氧化剂，常见有硫酸－硝酸法、硫酸－高氯酸－硝酸法、高氯酸－硫酸法、硝酸－高氯酸法。

由于消化过程在溶液中进行，且加热温度比干法低，可减少一些被测组分或元素的挥发损失。优点是简便、快速、效果好；缺点是各种氧化性酸在消化中会受热分解，产生大量酸雾、氮和硫的氧化物等刺激性气体，并具有强烈的腐蚀性，对人体有毒害作用，因此操作过程需在通风橱内进行；另外在消化反应时，有机物质的分解会出现大量泡沫外溢而使样品损失，所以需要操作人员随时看管；对有些强氧化剂如高氯酸和过氧化氢，有潜在的危险性，应防止爆炸事故发生。使用高氯酸进行湿法消化时，要先用硝酸处理样品，以除去易于氧化的有机物。勿与炭、纸、木屑、塑料等可燃物或易燃气体（如氢气、乙醚、乙醇等）接触，不然会发生爆炸事故。另外，高氯酸与强烈的脱水剂，如五氧化二磷，或浓硫酸等接触时，可能形成爆炸性的无水高氯酸，所以分析实验室一般不用浓于85%的高氯酸。由于用酸量较多，可能导致空白值高。

（2）蒸馏法。蒸馏法既可用于干扰组分的分离，又可以使待测组分净化；具有分离、净化的双重功效，是使用广泛的样品处理方法。常见的蒸馏方式有常压蒸馏、减压蒸馏、水蒸气蒸馏。

① 常压蒸馏　当被蒸馏的物质受热后不发生分解或者其中各组分的沸点不太高时，可在常压下进行蒸馏。可以把两种或两种以上沸点相差较大（一般30℃以上）的液体分开。加热方式可根据被蒸馏物质的沸点和特性进行选择。如果被蒸馏物质的沸点不高于90℃，可用水浴；如果沸点高于90℃，可用油浴，但要注意防火；如果被蒸馏物质不易爆炸或燃烧，可用电炉或酒精灯等直接加热，最好垫以石棉网。一般热浴的温度不能比蒸馏物沸点高出30℃。蒸馏烧瓶采用圆底烧瓶。装置如图1-3-2所示。

② 减压蒸馏　减压蒸馏是分离可提纯有机化合物的常用方法之一。减压装置可用水泵或真空泵；适用于被蒸馏物热稳定性不好（常压蒸馏时未达沸点即已受热分解、氧化或聚合），或沸点太高的有机物质。一般来说，高沸点化合物在压力降低到20mmHg时，其沸点比常压下的沸点低100～200℃。液体的沸点是指它的蒸气压等于外界压力时的温度，因此液体的沸点是随外界压力的变化而变化的，如果借助于真空泵降低系统内压力，就可以降低液体的沸点，这便是减压蒸馏操作的理论依据，如图1-3-3所示。

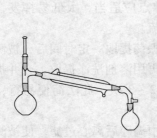

图1-3-2　常压蒸馏装置图

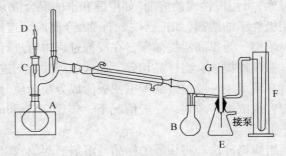

图1-3-3　减压蒸馏装置图

A—蒸馏烧瓶；B—接收瓶；C—蒸馏头；D—通气管；
E—安全瓶；F—压力计；G—安全阀

③ 水蒸气蒸馏　某些物质沸点较高，直接加热蒸馏时，可因受热不均引起局部炭化；还有些被测成分，当加热到沸点时可能发生分解，对于这些具有一定蒸汽压的成分，常用水蒸气蒸馏法进行分离。即用水蒸气来加热混合液体，如挥发酸的测定。水蒸气蒸馏是指不溶于水（难溶于水）与水一起共热，当水蒸气压和该物质的蒸气压之和等于大气压时，该混合物就沸腾，水和该物质就一起蒸馏出来。混合物的沸点比纯物质低，有机物可在沸点低得多

的温度下，安全地被蒸馏出来，再用分液漏斗分离。不相溶的液体混合物的沸点，要比某一物质单独存在时的沸点低。因此，在不溶于水的有机物质中，通入水蒸气进行水蒸气蒸馏时，在比该物质的沸点低得多的温度就可使该物质蒸馏出来。装置如图 1-3-4 所示。

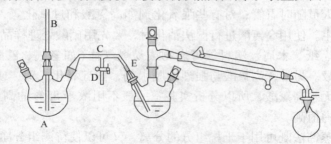

图 1-3-4　水蒸汽蒸馏装置
A—水蒸汽发生器；B—安全玻璃管；C—T 形管；D—活塞；E—蒸汽导入管

蒸馏操作中应注意：蒸馏瓶中装入液体的体积不超过蒸馏瓶的 2/3，同时加碎瓷片防止爆沸。水蒸气蒸馏时，水蒸气发生瓶也应加入碎瓷片或毛细管。温度计插入高度适当，与通入冷凝器的支管在一个水平或略低一点为宜。蒸馏有机溶剂的液体时应使用水浴，并注意安全。冷凝器的冷凝水应由低向高逆流。

（3）溶剂提取法。同一溶剂中，不同物质具有不同的溶解度。利用混合物中各物质溶解度的不同将混合物组分完全或部分地分离的过程称为萃取，也称提取。常用方法有以下几种。

① 浸提法，又称浸泡法，用于从固体混合物或有机体中提取某种物质，所采用的提取剂，应既能大量溶解被提取的物质，又要不破坏被提取物质的性质。为了提高物质在溶剂中的溶解度，往往在浸提时加热。如：索氏抽提法提取脂肪。提取剂是此类方法中的重要因素，可以用单一溶剂也可以用混合溶剂。提取剂应根据被测提取物的性质来选择，提取效果遵从相似相溶的原则，根据被提取成分的极性强弱选择提取剂。对极性较强的成分（如黄曲霉毒素）可用极性大的溶剂（如甲醇和水的混合液）提取；对极性较弱的成分（如有机氯农药）可用极性小的溶剂（如正己烷、石油醚）提取。选择的溶剂沸点应适当，太低易挥发，太高不易浓缩。为提高浸提效率，在浸泡过程中可进行加热和回流。

振荡浸提法：将样品切碎，加入适当的溶剂进行浸泡、振荡提取一定时间后，被测组分溶解在溶剂中，通过过滤即可使被测成分与杂质分离。滤渣再用溶剂洗涤提取，合并提取液后定容或浓缩、净化，一般情况下，震荡 20~30min，重复 2~3 次。此法简便易行，但回收率低。

组织捣碎法：将切碎的样品与溶剂一起放入组织捣碎机中捣碎后离心过滤，使被测成分提取出来，本法提取速度快，回收率高，是食品理化分析中最常用的一种提取方法。采用组织捣碎法每次提取的时间约为 3~5min，1~2 次。在操作时应注意试样和溶剂的总体积不应超过捣碎钵容积的 2/3，以免溅出；捣碎机的转速先慢后快；整个操作要在通风良好的环境下进行。

索氏提取法：将一定量样品放入索氏提取器中，加入溶剂加热回流，经过一定时间，将被测成分提取出来。此法溶剂用量少提取率高，但操作麻烦费时。采用索氏提取法时，要充分考虑待测组分的热稳定性。

② 溶剂萃取法，又称液-液萃取，其原理是利用某组分在两种互不相溶的溶剂中的分

配系数不同，使其从一种溶剂中转移到另一种溶剂中，而与其它组分离的方法。本法操作简单、快速，分离效果好，使用广泛。缺点是萃取剂常有毒。

萃取剂的选择，应选择与原溶剂互不相溶，萃取后分层快，且对被测组分应有最大溶解度，对杂质溶解度最小。萃取一般在分液漏斗中进行，一般需经 4~5 次萃取，以得到较高的提取率，常用方式有直接萃取和反萃取。物质从水相进入有机相的过程称为萃取；物质从有机相进入水相的过程称为反萃取。对组成简单、干扰成分少的样品，可通过分液漏斗直接萃取即可达到分离的目的。对成分较复杂的样品，特别是其中干扰成分不易除去的样品，单靠多次直接萃取很难有效，可采取适当反萃取方法，来达到分离、排除干扰的效果。

（4）化学分离法。通过化学反应处理样品，以改变其中某些组分的亲水、亲脂及挥发性质，并利用改变的性质进行分离。

① 磺化法和皂化法　磺化法和皂化法是去除油脂或含油脂样品经常使用的分离方法。例如，残留农药分析和脂溶性维生素测定中，油脂被浓硫酸磺化，或被碱皂化，由憎水性变成亲水性，使油脂中需检测的非极性物质能较容易地被非极性或弱极性溶剂提取出来。

磺化法：是用浓硫酸处理样品提取液，有效地除去脂肪、色素等干扰杂质，同时可增加脂肪族、芳香族物质的水溶性。浓硫酸能使脂肪磺化，并与脂肪、色素中的不饱和键起加成作用，形成可溶于硫酸和水的强极性化合物，不再被弱极性的有机溶剂所溶解，从而达到分离、纯化的目的。此处理方法简单、快速、效果好，但只适用于对酸稳定的含农药样品的处理。

皂化法：是用碱处理样品液，以除去脂肪等干扰杂质，达到净化目的。此法只适用于对碱稳定的含农药样品的处理。

② 沉淀分离法　在试样中加入适当的沉淀剂，使被测组分沉淀下来或将干扰组分沉淀除去，再对沉淀进行过滤、洗涤而得到分离。如测定还原糖含量时，常用醋酸铅来沉淀蛋白质，来消除其对糖测定的干扰。

③ 掩蔽法　在样品的分析过程中，往往会遇到某些物质对判定反应表现出可察觉的干扰影响。加入某种化学试剂与干扰成分作用，消除干扰因素，这个过程称为掩蔽，加入的化学试剂称为掩蔽剂。这种方法可不经过分离过程即可消除其干扰作用。由于步骤简单，所以在食品理化分析中应用较多，常用于金属元素的测定。如双硫腙比色法测定铅时，通过加入氰化钾、柠檬酸铵等掩蔽剂来消除 Cu^{2+}、Fe^{3+} 的干扰。

（5）色层分离法。又称色谱分离法，是一种利用载体将样品中的组分进行分离的一系列方法。色层分离法是一种物理化学方法，它不仅分离效率高，应用广泛。分离过程是由一种流动相带着被分离的物质流经固定相，由于各组分的物理化学性质的差异，受到两相的作用力不同，从而以不同的速度移动，达到分离的目的。根据分离机理不同，分为吸附色谱分离、分配色谱分离、离子交换色谱分离等。

吸附色谱分离：利用经活化处理后的吸附剂，如聚酰胺、硅胶、硅藻土、氧化铝等所具有的吸附能力，对样品中被测成分或干扰组分选择性的吸附，对样品进行分离的过程。例如，聚酰胺对色素有选择性吸附作用，在测定食品中色素含量时，利用聚酰胺吸附样液中的色素物质，经过滤洗涤，再用适当的溶剂解吸，可得到较纯的色素溶液供测定用。

分配色谱分离：根据不同物质在两相中的分配比不同而进行的分离方法。两相中一相是流动的，称为流动相；另一相是固定的，称为固定相。被分离的组分在流动相沿着固定相移动的过程中，由于不同物质在两相中具有不同的分配比，当溶剂渗透在固定相中并向上渗透扩展时，这些物质在两相中的分配作用反复进行从而进行分离。

离子交换色谱分离：利用离子交换树脂与溶液中的离子之间所发生的离子交换反应来进行分离的方法。可分为阳离子交换和阴离子交换两种，其过程可用下列反应式表示：

阳离子交换： $R—H + M^+X^- \longrightarrow R—M + HX$

阴离子交换： $R—OH + M^+X^- \longrightarrow R—X + MOH$

式中　R——离子交换树脂的母体；

　　　MX——溶液中被交换的物质。

将被测离子溶液与离子交换树脂一起混合振荡，或使样液缓缓通过用离子交换树脂填充的离子交换柱时，被测离子即与离子交换树脂上的 H^+ 或 OH^- 发生交换，被测离子或干扰离子被留在离子交换树脂上，被交换出的 H^+ 或 OH^-，以及不发生交换反应的其它物质留在溶液内，从而达到分离的目的。在食品理化分析中，可应用该法进行水处理，如制备无氨水、无铅水等。离子交换分离法还可用于复杂样品中组分的分离。

（6）浓缩、富集法。在残留分析中，经过提取和净化后待测组分的存在状态经常不能满足检测仪器的要求，如经提取和纯化后的样品液，由于体积较大，其中被测成分的浓度往往较低，无法直接测定，如浓度低于检测器的响应范围、待测物的溶剂与液相色谱不兼容等。这时必须对组分进行浓缩和富集，使供测定的样品达到仪器能够检测的浓度，或进行溶剂转换。目标化合物少，溶剂多，不能满足检测仪器的要求。为使供测定的样品达到仪器能够检测的浓度，或进行溶剂转换，或对组分进行浓缩和富集。浓缩指通过减少样品溶液中的溶剂或水分而使组分的浓度升高；富集常指利用液－固萃取的方法浓缩某种组分。一些提取和净化方法也可用于组分的浓缩富集，如各种 SPE、吹扫－捕集等。

旋转蒸发器是残留分析中最常用的浓缩装置，包括旋转烧瓶、冷凝器、溶剂接收瓶、真空设备、加热源等。在烧瓶的缓缓转动时，液体在瓶壁展开成膜，并在减压和加热条件下被迅速蒸发，表1－3－1是沸点与压力的相关关系表。旋转的烧瓶还可防止液体发生暴沸。该方法的浓缩速度快，而且溶剂可以回收。气流吹蒸（空气或氮气）也是常用的浓缩方法，利用空气或氮气流将溶剂带出样品，一般在加热条件下进行。该方法多用于少量液体的浓缩，但蒸汽压较高的组分易损失。

表1－3－1　沸点与压力的相关关系表

溶剂	分子式	常压条件时沸点/℃	密度/(g/cm³)	40℃下沸腾时的压力/10²Pa
酮	C_3H_6O	56	0.790	556
苯	C_6H_6	80	0.877	236
甲苯	C_7H_8	111	0.867	77
氯仿	$CHCl_3$	62	1.483	474
正己烷	C_6H_{14}	69	0.660	335
环己烷	C_6H_{12}	81	0.779	235
醋酸	$C_2H_4O_2$	118	1.049	44
乙醇	C_2H_6O	79	0.789	175
乙酸乙酯	$C_4H_8O_2$	77	0.900	240
甲醇	CH_4O	65	0.791	337
乙醚	$C_4H_{10}O$	35	0.714	—
水	H_2O	100	1.000	72

三、食品理化检验的分析方法

1. 食品分析方法

（1）感官分析法：又称感官检验或感官评价，主要依靠检验者的感觉器官（眼、耳、鼻、舌、皮肤）的功能：如视觉、嗅觉、味觉和触觉等的感觉，结合平时积累的实践经验，并借助一定的器具对食品的色泽、气味、滋味、质地、口感、形状和组织结构等质量特性和卫生状况进行判定和客观评价的方法。

感官检验具有简便易行、快速灵敏、不需要特殊器材等特点，特别适用于目前还不能用仪器定量评价的某些食品特性的检验，如水果滋味的检验、食品风味的检验以及酒、茶的气味检验。

（2）物理分析方法：根据食品的某些物理指标如密度、折光率、旋光度等与食品的组成成分及其含量之间的关系进行检测，进而判断被检食品纯度、组成的方法。如密度法可测定酒精的含量；检验牛奶是否掺水；折光法可测定果汁、番茄制品中固形物的含量；旋光法可测定谷类食品中淀粉的含量等。

（3）化学分析方法：是以物质的化学反应为基础，对食品中某组分的性质和数量进行测定的一种方法。包括定性分析和定量分析，定性分析主要是确定某种物质在食品中是否存在；定量分析是确定某种物质在食品中的准确含量，主要包括重量法和容量法。化学分析法使用仪器简单，在常量分析范围内结果较准确，有完整的分析理论，计算方便，所以是常规分析的主要方法。

（4）仪器分析方法：是在物理、化学分析的基础上发展起来的一种快速、准确的分析方法。这种方法灵敏、快速、准确，尤其对微量成分分析所表现的优势是理学分析无法比拟的，但必须借助特殊的仪器，如分光光度计、气相色谱仪、液相色谱仪、原子吸收分光光度计、电化学分析仪等，一般都比较昂贵。

（5）微生物检验法、酶分析法和免疫学分析法：应用微生物学的理论与方法，研究外界环境和食品中微生物的种类、数量、质量、活动规律及其对人和动物健康的影响。如细菌总数、大肠菌群数、致病菌等。

（6）兽医卫生检验：在畜禽收购、运输、屠宰加工过程中，根据动物各种疾病的外在和内在症状，通过群体检验、个体检验和实验室病原学检验，借助看、听、摸、检等基本技术，防止通过病畜肉传播人畜共患的传染病和寄生虫病对人体健康的危害。

2. 食品分析的发展趋势

随着科学技术的进步，食品分析技术迅猛发展，大量快速和采用现代技术的检测方法不断出现，许多自动化分析技术已应用于食品分析中，这不仅缩短了分析时间、减少了人为的误差，而且大大提高了测定的灵敏度和准确度。目前，食品分析方法的发展趋势主要体现在以下几个方面。

（1）各学科的先进技术不断应用到食品检测领域，各种新的检测方法不断出现。例如计算机视觉技术，通过一个高新晰度的摄像头获取物体的图像，将图像转换成数字图像，再用计算机模拟人的判别准则和识别图像，通过图像分析作出相应结论的实用技术。现已成功应用于果蔬形状及颜色分级、比萨饼和面包等焙烤颜色控制、霉变大豆剔除、牛肉嫩度检测等方面。计算机嗅觉、味觉技术，通过传感器融合技术、计算机技术和应用数学以及食品科学等综合技术，模拟生物的嗅觉和味觉形成过程，识别食品的气味和味道，可消除人工感官检测的主观性、个体差异性（感觉迟钝）等等。

（2）仪器分析正逐步成为食品分析的主要方法，食品检测技术更加注重实用性和精确性。随着科学技术的迅猛发展，各种食品检验的方法不断得到完善、更新，在保证检测结果准确度的前提下，食品检验正向着快速、微量、自动化（准确）的方向发展。许多高灵敏度、高分辨率的分析仪器越来越多地应用于食品分析，为食品的开发与研究、食品的安全与卫生检验提供了更有力的手段。例如：在运用近红外自动测定仪对食品营养成分的分析时，样品不需进行预处理可直接进样，经过微机系统迅速给出蛋白质、氨基酸、脂肪、碳水化合物、水分等各种成分的含量，另外全自动牛乳分析仪能对牛乳中各组分进行快速自功检测。

现代食品检验技术中涉及了各种仪器检验方法，许多新型、高效的仪器检验技术也在不断地应运而生，随着微电脑的普及应用，更使仪器分析方法提高到了一个新的水平。

食品中的某些维生素、微量和常量元素、脂肪酸、部分氨基酸等的测定均可采用自动化流程进行分析，免除了繁重的手工操作，如维生素 C 的测定采用最新的流动注射分析方法，样品和试剂用量减至微量，分析时间也大为缩短。

食品分析逐渐地采用仪器分析且自动化水平越来越高，完全代替手工操作的陈旧方法，气相色谱仪、高效液相色谱仪、氨基酸自动分析仪、原子吸收分光光度计、可见分光光度计、荧光分光光度计等在食品分析中应用越来越广泛。

虽然现代分析技术的发展给食品分析检测带来许多方便，尤其是计算机、自动化技术的广泛应用，将科学工作者从烦闷的重复性、枯燥性工作中解放出来，让头脑有更多的时间和精力去思考深层的问题。但是现代分析仪器都是在经典的化学分析的基础上发展起来的。所以要求学生必须具备一般的化学分析基础。

第二章　食品理化检验的质量控制

检验数据的科学性、可靠性及真实性是检验机构为社会提供技术服务，实验检验工作的社会公正性的根本保证。实验室提供的分析数据准确与否，对卫生标准的评价、卫生防疫措施的实施及调查研究工作都至关重要。检测数据的质量，直接关系到食品的安全和人民的身体健康、企业乃至国际的经济利益，检验结果和由此得出的结论往往作为执法和决策的重要数据。随着我国国民经济和公共卫生事业的发展，对食品理化检验的质量保证提出了更高的要求。

第一节　食品理化检验结果的质量保证

为了提高测定方法的准确度和结果的可靠性，保证检测结果能满足规定的质量要求，就必须采取相应的措施，实施全面的质量控制，采取质量保证措施。这些措施包括：建立质量保证体系，选择有效的检测方法等。质量保证工作必须贯穿检验过程的始终，它包括样品的采集及处理、分析方法和测定过程的选择、实验数据的记录和处理、检验结果的报告等。

一、实施良好的实验室管理

实验室环境直接影响被测样品的分析结果，实验过程中所用的器皿必须清洁。食品卫生理化检验标准方法绝大多数是痕量分析，实验环境、器具和容器、水和试剂都将是分析中的主要污染源和误差源。

工作人员必须具有良好的实验室操作，良好的测定操作和标准操作规范，具有确立质量、保证质量、控制质量、改进质量和质量创新的主管意识。技术人员应当接受过专业培训，熟练掌握食品理化检验实验操作的全部技术环节，能够科学的管理实验室、实验设备、熟练的操作仪器设备，大型精密仪器要有专人负责操作和维护。

二、选用合格的试剂

食品分析中所需的试剂都应该纯度较高，特别是在配制标准品时要求更为严格，多以优级纯或分析纯为主。化学试剂不但要有完全合格的质量，而且要求在保存中不变质，不污染。如果试剂质量不合格，就是尽力操作，所得的检验结果也是不可靠的。

在进行食品的测定过程中，需要同时进行空白试验和对照实验，这样可以消除试剂、仪器带来的误差。

三、进行合理的采样和处理

样品的采集是食品理化检验的重要环节，采样部位、采样量、采样分数、新鲜程度等都影响分析结果，采样一定要具有代表性，并要制备好平均样品。

四、选择适合的检验方法

食品检验方法选择的原则是：准确性高，重复性好，可靠性大。在此基础上选择操作简便、省时、省力、试剂消耗少的方法。例如，食品中重金属的测定用原子吸收法，比用双硫腙比色法灵敏度、精确度都比较高。食品检验方法的不断更新，评价检验方法的标准也逐步建立和完善起来。这些评价标准主要是检测限、精密度、准确度等，可以用数值来描述，称为分析方法质量评价参数。如果检测方法选择不当，即使其它环节非常正确、严格，所得的检测结果也可能是毫无意义的。不同方法的灵敏度、选择性、准确度、精密度各不相同，要根据生产和科研工作对结果的要求而选择适当的检测方法。还要根据被测样品的数目和检测结果的时间等来选择适当的方法。同时，各级实验室的设备条件和技术条件不同，也应该根据具体条件选择适宜的检测方法。

五、采用良好的设备

在日常的分析工作中，一方面要结果自己实验室的条件，充分利用现有的仪器进行食品分析；另一方面要努力创造条件，逐步实现食品分析的现代化、自动化。

随着电子技术、光学、物理学等的发展，食品检测分析工作也逐步过渡到微量、自动化等的测定，大大提高了检测的速度、灵敏度和准确度。所以，要获得准确完整可靠的分析结果，必须有高、精、尖的分析仪器。

第二节　食品卫生标准及分析方法

食品卫生标准是为保护人体健康，政府主管部门根据卫生法律法规和有关卫生政策，为控制与消除食品及其生产过程中与食源性疾病相关的各种因素所作出的技术规定，主要包括食品安全、营养和保健三方面的指标。制定食品安全标准要基于食品安全评估结果。食品安全风险评估是一个长期的、动态的机制。食品安全中的隐患问题，有可能随着科技的发展不断显现出来。所以要建立动态的食品安全监测和评估，监测食源性疾病、食品污染和食品中的有害因素，评估食品中的生物性、化学性与物理性危害。出台食品安全标准还要参照国际标准和国际风险评估结果。此外，制定标准本身要以保护广大消费者的身体健康为宗旨，内容科学合理，安全可靠，制定标准时，要广泛听取消费者的意见，消费者在标准制定过程中享有话语权。

我国加入 WTO 以后，许多食品卫生标准将采纳或参照国际食品法典委员会所制定的标准。这些标准、准则和技术规范已经作为 WTO 指定的国际贸易中的仲裁标准，并得到许多国家的认同和采用。

一、食品标准

经过一定的审批程序，在一定范围内必须共同遵守的规定，是企业进行生产技术活动和经营管理的依据。采用标准的分析方法、利用统一的技术手段，有利于比较与鉴别产品质量，在各种贸易往来中提供统一的技术依据，提高分析结果的权威性有重要的意义。

有关的国际标准主要有：国际标准则是国际标准化组织（ISO）制订的国际标准；联合国粮农组织（FAO）和世界卫生组织（WHO）共同设立的食品法典委员会（CAC）制定的食品标

准；美国公职分析家协会（AOAC）制定的食品分析标准方法。

1. 国家标准

国家标准是全国范围内的统一技术要求，由国务院标准化行政主管部门编制。

国家强制执行标准：是要求所有进入市场的同类产品（包括国产和进口）都必须达到的标准，也是关系人的健康与安全的重要指标。如微生物、有害金属、农药残留等限量。

国家标准的编号由国家标准的代号、国家标准发布的顺序号和标准发布的年号构成。用GB×××（该标准序号）—××××（制定年份）来表示，如：GB 2719—2003 食醋卫生标准。

国家推荐执行标准：是建议企业参照执行的标准，用GB/T×××—××××来表示，如：GB/T 5009.39—2003 酱油卫生标准的分析方法。

国家标准化指导性技术文件：对于技术尚在发展中，需要有相应的标准文件引导其发展或具有标准化价值，尚不能制定为标准的项目，以及采用国际标准化组织、国际电工委员会及其它国际组织的技术报告的项目，可以制定国家标准化指导性技术文件，代号为GB/Z。

2. 行业标准

对没有国家标准而又需要在全国某个行业范围内统一的技术要求，可以制定行业标准，在全国某个行业范围内统一技术要求，由国务院有关行政主管部门编制的标准，

如中国轻工业联合会颁布的轻工行业标准为QB，

中国商业联合会颁布的商业行业标准为：SB（如SB 10337—2000 配制食醋），

农业部颁布的农业行业标准：NY，

国家质量监督检验检疫总局颁布的商检标准为SN。

如为推荐标准，同样在字头后添加/T字样，如NY/T 447—2001 韭菜中甲胺磷等七种农药残留检测方法。

中华人民共和国行业标准代号

序号	行业标准名称	行业标准代号	主管部门
1	农业	NY	农业部
2	水产	SC	农业部
3	水利	SL	水利部
4	林业	LY	国家林业局
5	轻工	QB	国家轻工业局
6	纺织	FZ	国家纺织工业局
7	医药	YY	国家药品监督管理局
8	民政	MZ	民政部
9	教育	JY	教育部
10	烟草	YC	国家烟草专卖局
11	黑色冶金	YB	国家冶金工业局
12	化工	HG	国家石油和化学工业局
13	石油化工	SH	国家石油和化学工业局
14	卫生	WS	卫生部
15	外经贸	WM	对外经济贸易合作部
16	海关	HS	海关总署

注：行业标准分为强制性和推荐性标准。表中给出的是强制性行业标准代号，推荐性行

业标准的代号是在强制性行业标准代号后面加"/T"，例如农业行业的推荐性行业标准代号是 NY/T。

3. 地方标准

对没有国家标准和行业标准而又需要在省、自治区、直辖市范围内统一的工业产品的安全、卫生要求，可以制定地方标准。地方标准是在省、自治区、直辖市范围内统一技术要求，由地方行政部门编制的标准，只能规范本区域内食品的生产与经营。同样分为强制性地方标准和推荐性地方标准，代号分别为 DB + * 和 DB + */T*，表示省级行政区划代码前两位。110000 北京市、120000 天津市、310000 上海市、410000 河南省。

4. 企业标准

对企业生产的产品，尚没有国际标准、国家标准、行业标准及地方标准的，如某些新开发的产品，企业必须自行组织制订相应的标准，报主管部门审批、备案，作为企业组织生产的依据。

企业标准开头字母为 Q，其后再加本企业及所在地拼音缩写、备案序号等。重庆三珍食品有限责任公司，野生刺梨果，Q/CSZ 17—2001；重庆天友乳业有限公司，搅拌酸奶，Q/TY 04—2001。

对已有国家标准、行业标准或地方标准的，鼓励企业制定严于国家标准、行业标准或地方标准要求的企业标准。

标准经制订、审批、发布、实施，随着生产发展、科学的进步，当原标准已不长期利于产品质量的进一步提高时，就要对原标准进行修订或重新制订。原则上每五年更新一次标准。为促进生产发展应尽量采用国际标准和国外先进标准。

行业标准和企业标准原则上必须严于国家标准，否则便没有意义。国家对食品企业的最低要求是其产品必须达到国家强制性标准，但企业也可执行行业或企业标准，说明其产品质量更优。无论食品外包装上标明的产品标准号属哪一级别的标准，都应当是很郑重、严肃的行为，都是企业向消费者做出的保证和承诺，表明本产品的各项指标均达到了相关标准要求。国家监督执法部门在监督检查中，对未达到国家强制性标准和未达到产品外包装上所标明的标准者，一律判为不合格产品。

5. 其它国家标准代号

世界经济技术发达国家的国家标准主要指：

美国国家标准——ANSI，德国国家标准——DIN，英国国家标准——BS，法国国家标准——NS，瑞典国家标准——SIS，瑞士国家标准——SNV，意大利国家标准——UNI，俄罗斯国家标准——TOCIP，日本（日本工业标准）——JIS。

为更加突出标准与国际接轨我国将全面清理食品标准，部分标准将被淘汰。其中要求基础标准、产品标准、方法标准和管理标准配套，与国际食品标准体系基本接轨，满足进出口需要；标准制修订目标采用国际标准目标要求，加工食品采用国际标准的比例由目前的 23% 提高到 55%。

二、标准分析方法的建立

建立新方法经历的步骤：①检测条件的优化（光度分析、色谱分析等），②标准曲线的绘制，③样品前处理条件的优化，④干扰试验，⑤实际样品的测定，⑥方法性能指标的评价。

标准分析方法的研制程序包括：①立项；②起草；③征求意见；④审查。

分析结果的质量控制：①选择合适的检验方法；②采用良好的设备；③实施良好的实验室管理；④选用合格的试剂和标准品；⑤设置空白和对照样品试验；⑥做回收试验；⑦合理采样和处理；⑧提高从业人员素质。

第三章 食品中营养成分的检验

日常生活中，每逢传统节日我们去看望长辈会带什么礼物？当我们去看望病人时会带什么礼物？当我们去看望朋友时会带什么礼物？食品应当无毒、无害，符合应当有的营养要求，具有相应的色、香、味等感官性状。人们摄取食品的主要目的就是获取相应的营养成分，维持人体正常的新陈代谢和生命活动。

营养是指人摄取食物后，在体内消化和吸收、利用其中的营养素以维持生长发育、组织更新和处于健康状态的总过程。营养成分是食物中对人的生命和健康很重要的那部分。营养成分之所以重要有三个原因：第一，一些营养成分提供热量和能量；第二，一些营养成分建造和修补人体组织；第三，一些营养成分有助于控制人体的许多变化过程，如矿物质的吸收、血块凝结过程等。所以营养成分的高低是衡量食品的重要指标。

营养素是指具有营养功能的物质，科学家们认为共有 40 ~ 50 种营养成分。包括：水、碳水化合物、脂类、蛋白质、维生素、矿物质等。

第一节 食品中水分的测定

水分是食品的天然成分，通常虽不看做营养素，但它是动植物体内不可缺少的重要成分，具有十分重要的生理意义。食品中水分的多少，直接影响食品的感官性状，影响胶体状态的形成和稳定。控制食品水分的含量，可防止食品的腐败变质和营养成分的水解。

一、食品中水分的存在形式及测定意义

根据水在食品中所处的状态不同以及与非水组分结合强弱的不同，可把食品中的水分为三类：

自由（游离）水——是靠分子间力形成的吸附水。保持水本身的物理特性，溶液状态，能作为胶体的分散剂和盐的溶剂，易蒸发，能结冰，流动性大，在干燥过程中容易被排除。

胶体结合水——靠氢键和静电力吸附于食品内亲水胶体表面，不能作溶剂，在游离水蒸发后才可能被蒸发。

化学结合水——以配价键结合，其结合力大，很难用蒸发的方法分离出去，在食品内部不能作为溶剂。

各种食品中的水分含量差别较大，如表 3 - 1 - 1 所示。食品中除去水分后剩下的干基称为总固形物，它是指导食品生产、评价食品营养价值的一个很重要的指标。

测定水分对于计算物料平衡，实行工艺监督及保证产品质量具有重要意义。对于食品生产企业，水分是影响食品质量的重要因素，控制水分是保障食品不变质的手段之一。对于监控行业测定水分含量（注水肉），揭露掺假行为。水分含量的测定是食品分析的重要项目之一，贯穿于产品开发、生产、市场监督等过程。例如新鲜面包的水分含量若低于 28% ~ 30%，其外观形态干瘪，失去光泽；水果硬糖的水分含量一般控制在 3.0%，过少则会出现返砂甚至返潮现象；奶粉水分含量控制在 2.5% ~ 3.0%，可抑制微生物生长繁殖，延长保存期。

表 3 – 1 – 1　部分食品的水分含量

食品名称	水分含量/%	食品名称	水分含量/%
蔬菜	80 ~ 97	牛乳	87
水果	87 ~ 89	面包	32 ~ 36
鱼贝类	70 ~ 85	面粉	12 ~ 14
鲜蛋	67 ~ 74	全脂奶粉	≤2.5 ~ 3.0
牛肉	44 ~ 71	奶油	≤16.0
猪肉	38 ~ 73	肉松	≤20
羊肉	39 ~ 67	腊肉	≤16

二、食品中水分含量的表示方法

总水分：即 105℃ 干燥减重法测出的量，也就是食品在 105℃ 干燥至恒重所减少的质量。这当然不完全是水，凡在 105℃ 下可以蒸散的低沸点物质都包括在内，所以明确地说叫干燥失重，但目前我国计算上和化学分析上还是叫它总水分。

水分活度：即可以自由蒸散的水分，这种水分的多少叫水分活度，以 A_w 表示。A_w 在食品防腐保藏、脱水复水上都有重要意义。

食品中的固形物：指食品内将水分排除后的全部残留物，包括蛋白质、脂肪、粗纤维、无氮抽出物、灰分等。固形物(％) = 100％ – 水分(％)。

三、水分的测定方法

食品中水分测定的方法一般采用直接测定法和间接测定法。直接测定法是利用水分本身的物理性质和化学性质，去掉样品中的水分，再对其进行定量测定的方法，如直接干燥法、减压干燥法、蒸馏法和卡尔·费休法等，特点是准确度高、重复性好，应用范围较广；但费时，人工操作。间接测定法是利用食品的密度、折射率、电导率和介电常数等物理性质进行测定，如比重法、电导率法、折射率法等，不需要除去样品中的水分。特点是准确度低，快速，自动连续。

1. 干燥法

在一定的温度和压力条件下，将样品加热干燥，蒸发以排除其中水分并根据样品前后失重来计算水分含量的方法，称为干燥法。一般包括常压干燥法(常压烘箱干燥法)和减压干燥法(真空烘箱干燥法)。

采用干燥法测定水分的前提条件：水分是样品中唯一的挥发物质；通过干燥可以较彻底地去除样品中的水分；在加热过程中，样品中的其它组分可能发生化学反应，但其引起的重量变化可以忽略不计。

过程：样品接受→预处理(样品、称量瓶)→准确称取适量样品于恒重称量瓶中在规定条件下干燥→冷却→称量→干燥→冷却→称量→恒重→实验结果处理。如图 3 – 1 – 1 所示。

（1）预处理。预处理的原则是在采集、处理和保存过程中，须防止组分发生变化和水分散失。预处理方法见表 3 – 1 – 2。

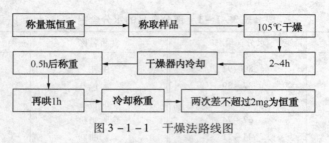

图 3 - 1 - 1 干燥法路线图

表 3 - 1 - 2 不同样品的预处理方法

样品性质	预处理方法
固体	切细或磨碎。谷类约 18 目，其他食品 30 ~ 40 目
半固体或液体	准备好洁净、恒重、内含适量海砂和一根小玻棒的蒸发皿；精密称量适量样品于蒸发皿中，用玻棒搅匀后置于沸水浴上，边搅拌边蒸发，蒸干后擦去皿底水滴再置于干燥箱内

1. 糖浆、甜炼乳等浓稠液体，一般要加水稀释，将固形物含量控制在 20 ~ 30%
2. 面包类水分含量大于 16% 的谷类食品，可采用两步干燥法

称量瓶的预处理需要在烘箱中进行干燥处理，在 100℃ 的烘箱进行重复干燥，以使其达到恒重（两次称量质量差不超过 2mg）。称量瓶放入烘箱内，盖子应该打开，斜放在旁边，取出时先盖好盖子，用纸条取，放入干燥器内，冷却后称重。干燥之后的称量皿应存放在干燥器中。

海砂的预处理在需先用水洗去海砂或河沙的泥土，再用 6mol/L 盐酸煮沸半小时，用水洗到中性，再用 6mol/L 氢氧化钠溶液煮沸半小时，用水洗到中性，经 105℃ 烘干后备用。

（2）样品重量和称量瓶规格。样品重量一般控制干燥残留物在 1.5 ~ 3g，称样的质量一般如表 3 - 1 - 3 所示。

表 3 - 1 - 3 样品的称样质量

样　　品	称样量/g
固态、浓稠态食品	3 ~ 5
果汁、牛乳等液态食品	15 ~ 20

常用的称量瓶有玻璃称量瓶，耐酸碱，不受样品性质的限制，多用于常压干燥法，其底部直径为 4 ~ 5cm 或 6.5 ~ 9.0cm。铝质称量瓶其质量轻，导热性强，但对酸性食品不适宜，常用于减压干燥法，其直径 5cm，高度至少 2cm，直径加大，高度至少为 3cm。选择称量瓶的大小要合适，一般样品 ≥1/3 高度。

（3）干燥设备。常用的干燥设备烘箱分为真空烘箱（强力循环通风式、温差最小）和普通电热烘箱（对流式、温差最大），特定温度和时间条件下，应考虑不同类型的烘箱而引起的温差变化。

（4）干燥条件。根据样品的性质以及分析目的选择干燥的温度、压力（常压、减压）和干燥时间（干燥到恒重、规定一定的干燥时间）。

干燥温度一般是 95 ~ 105℃；对含还原糖较多的食品应先（50 ~ 60℃）干燥然后再 105℃加热。对热稳定的谷物可用 120 ~ 130℃ 干燥；对于脂肪高的样品，后一次质量可能高于前一次（由于脂肪氧化），应用前一次的数据计算。

干燥时间直至恒重——最后两次重量之差小于2mg。基本保证水分蒸发完全。或者根据标准方法的要求选择干燥时间。

在干燥过程中，一些食品原料可能易形成硬皮或块状，造成结果不稳定或错误，可以使用清洁干燥的海砂和样品一起搅拌均匀，再将样品加热，干燥至恒重。海砂能够防止表面硬皮的形成、可以使样品分散，减少样品水分蒸发的障碍，其用量依样品量而定，一般每3g样品加20～30g海砂就能使其充分分散。也可以使用硅藻土、无水硫酸钠代替海砂。

（5）干燥器中的干燥剂。干燥器中一般采用硅胶作为干燥剂，当其颜色由蓝色减退或变成红色时，应及时更换；干燥剂在135℃下干燥2～3h后可重新利用。

常压干燥法：在一定温度（95～105℃）和压力（常压）下，将样品放在烘箱中加热干燥，除去蒸发的水分，干燥前后样品的质量之差即为样品的水分含量。直接干燥法测定食品中水分是国家标准第一法。该方法不能完全排出食品中的结合水，所以它不可能测出食品中真正的水分。设备和操作简单，但时间较长（4～5h），不适合含易挥发物质、高脂肪、高糖食品及含有较多的高温易氧化、易挥发、易分解物质的食品。

减压干燥法：在低压条件下，水分的沸点会随之降低。适用于在100℃以上加热容易变质及含有不易除去结合水的食品，如淀粉制品、豆制品、罐头食品、糖浆、蜂蜜、蔬菜、水果、味精、油脂等。可以防止含脂肪高的样品在高温下的脂肪氧化、含糖高的样品在高温下的脱水炭化、含高温易分解成分的样品在高温下分解等。装置图如图3－1－2。先放入样品→连接泵，抽出箱内空气至所需压力（一般为40～53kPa），并同时加热至所需温度（55℃左右）→关闭真空泵，停止抽气→保持一定的温度和压力干燥→打开活塞→待压力恢复正常后再打开。

压力一般为40～53kPa，温度为50～60℃。实际应用时可根据样品性质及干燥箱耐压能力不同而调整压力和温度，从干燥箱内部压力降至规定真空度时起计算干燥时间；恒重一般以减量不超过0.5mg时为标准，但对受热后易分解的样品则可以不超过1～3mg的减量值为恒重标准。

其它干燥法：化学干燥法是将某种对于水蒸气具有强烈吸附的化学药品与含水样品一同装入一个干燥容器，通过等温扩散及吸附作用而使样

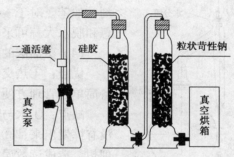

图3－1－2　减压干燥法

品达到干燥恒重。微波（103～105MHz的电磁波）烘箱干燥法则是靠电磁波把能量传播到被加热物体的内部。加热速度快、均匀性好、易于瞬时控制、选择性吸收、加热效率高。红外线干燥法是一种快速测定水分的方法，它以红外线发热管为热源，通过红外线的辐射热和直接热加热样品，高效迅速地使水分蒸发。加热迅速，精密度差。

2. 蒸馏法

基于两种互不相溶的液体二元体系的沸点低于各组分的沸点这一理论，在试样中加入与水互不相溶的有机溶剂（如苯或二甲苯等），将食品中的水分与甲苯或二甲苯共沸蒸出，冷凝收集馏出液，由于密度不同，馏出液在接收管中分层，根据馏出液中水的体积，计算样品中水分含量。

测定过程在密闭的容器中进行，加热温度较常压干燥法低，对易于氧化、分解、对热敏感的样品，均可减少测量误差。本法适用于测定含较多挥发性物质的食品，如干果、油脂、

香辛料等。特别是香料，蒸馏法是唯一公认的水分测定方法。蒸馏法设备简单、操作简便，用该法测定水分含量其准确度明显高于干燥法。

称取样品适量(含水量约 2~5mL)→于 250mL 水分测定蒸馏瓶中→加入约 50~75mL 有机溶剂(如新蒸馏的甲苯或二甲苯 75mL，以浸没样品为宜)→连接蒸馏装置→缓慢加热蒸馏→至水分大部分蒸出后→加快蒸馏速度→至刻度管水量不再增加→读数。见图 3-1-3。如冷凝管或接受管上部附有水滴，可从冷凝管端加入少许甲苯或二甲苯冲洗，再蒸馏片刻直至冷凝管壁和接受管上部不再附有水滴为止，读取刻度管中水层体积。计算水分含量公式为：

$$X = \frac{V}{m} \times 100 \qquad (3-1-1)$$

式中　X——样品中的水分含量，mL/100g；或按水在 20℃ 时密度 0.9982g/mL 计算质量含量；

　　　V——接收管内水的体积，mL；

　　　m——样品的质量，g。

计算结果保留三位有效数字。

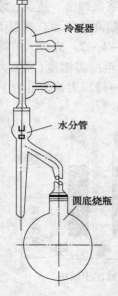

图 3-1-3　水分测定

方法说明和注意事项：

(1) 此法为食品水分测定国家标准第三法。

(2) 避免了挥发性物质以及脂肪氧化造成的误差。

(3) 有机溶剂的选择：考虑能否完全湿润样品、适当的热传导、化学惰性、可燃性以及样品的性质等因素。对热不稳定的食品，一般不采用二甲苯和二甲苯，因为它的沸点高，常选用低沸点的有机溶剂，如苯。对于一些含有糖分，可分解释放出水分的样品，如脱水洋葱和脱水大蒜可采用苯。

(4) 蒸馏法的优缺点。

优点：①热交换充分；②受热后发生化学反应比重量法少；③设备简单，管理方便。

缺点：①水与有机溶剂易发生乳化现象；②样品中水分可能完全没有挥发出来；③水分有时附在冷凝管壁上，造成读数误差对分层不理想，造成读数误差，可加少量戊醇或异丁醇防止出现乳浊液。为了防止水分附集于蒸馏器内壁，须充分清洗仪器。

这种方法用于测定样品中除水分外，还有大量挥发性物质，例如，醚类、芳香油、挥发酸、CO_2 等。目前 AOAC 规定蒸馏法用于饲料、啤酒花、调味品的水分测定，特别是香料，蒸馏法是唯一的、公认的水分检验分析方法。

3. 卡尔·费休法

卡尔·费休(Karl·Fischer)法，简称费休法或 K-F 法，是一种以容量法测定水分的化学分析法，是测定水分特别是微量水分最专一、最准确的方法。这种方法自从 1935 年由卡尔·费休提出，利用碘氧化二氧化硫时，需要定量的水参与反应的原理测定液体、固体和气体中的含水量。标准卡尔·费休试剂一直采用 I_2、SO_2、吡啶、无水 CH_3OH(含水量在 0.05% 以下)配制而成，并且国际标准化组织把这个方法定为国际标准测微量水分的方法。

在水存在时，即样品中的水与卡尔·费休试剂中碘与二氧化硫的氧化还原反应：

$$2H_2O + SO_2 + I_2 \Longrightarrow 2HI + H_2SO_4$$

但这个反应是可逆的。当硫酸浓度达到 0.05% 以上时，即能发生逆向反应。如果我们让反应按照一个正方向进行，需要加入适当的碱性物质以中和反应过程中生成的酸。经实验证明，在体系中加入碱性物质吡啶(C_5H_5N)以中和生成的酸，这样就可使反应向右进行。

$$3C_5H_5N + I_2 + SO_2 + H_2O \longrightarrow 2C_5H_5N \cdot HI(\text{氢碘酸吡啶}) + C_5H_5N \cdot SO_3(\text{硫酸酐吡啶})$$

生成的硫酸酐吡啶很不稳定，能与水发生副反应，消耗一部分水而干扰测定：

$$C_5H_5N \cdot SO_3 + H_2O \longrightarrow C_5H_5N(SO_4H)H$$

若体系中有甲醇存在，则硫酸酐吡啶可生成稳定的甲基硫酸氢吡啶：

$$C_5H_5N \cdot SO_3 + CH_3OH \longrightarrow C_5H_5N \cdot HSO_4 \cdot CH_3(\text{甲基硫酸氢吡啶})$$

这样可以使测定水的反应能定量完成。

卡尔·费休法滴定的总反应式为：

$$(I_2 + SO_2 + 3C_5H_5N + CH_3OH) + H_2O \longrightarrow 2C_5H_5N \cdot HI + C_5H_5N \cdot HSO_4 \cdot CH_3$$

由上式可知 1mol 水需要 1mol 碘、1mol 二氧化硫和 3mol 吡啶及 1mol 甲醇。但实际使用的卡尔·费休试剂，其中的二氧化硫、吡啶、甲醇的用量都是过量的。对于常用的卡尔·费体试剂，若以甲醇为溶剂，试剂浓度每毫升相当于 3.5mL 水，则试剂中各组分摩尔比为 $I_2 : SO_2 : C_5H_5N = 1 : 3 : 10$。

卡尔·费休试剂的有效浓度取决于碘的浓度。新鲜配制的试剂，由于各种不稳定因素其有效浓度会不断降低。因此，新鲜配制的卡尔·费休试剂，混合后需放置一定的时间后才能使用，而且，每次使用前均应标定。通常碘、二氧化硫、吡啶按 1 + 3 + 10 的比例溶解在甲醇溶液中，该溶液被称为卡尔·费休法试剂，通常用纯水作为基准物来标定该试剂。

滴定终点的确定有两种方法：一种是用试剂本身所含的碘作为指示剂，试液中有水分存在时，显淡黄色，随着水分的减少在接近终点时显琥珀色，当刚出现微弱的棕黄色时，即为滴定终点，棕色表示有过量的碘存在。该法适用于水分含量在 1% 以上的样品，所产生的误差并不大。

另一种方法为双指示电极安培滴定法，又称永停滴定法，其原理是将两个微铂电极插在被测样液中，给两电极间施加 10～25mV 电压，在开始滴定至终点前，因体系中只有碘化物而无游离状态的碘，电极间的极化作用使外电路中无电流通过(即微安表指针始终不动)，而当过量 1 滴卡尔·费休试剂滴入体系后，由于游离碘的出现使体系变为去极化，则溶液开始导电，外路有电流通过，微安表指针偏转一定刻度并稳定不变，即为终点，该法适用于测定含微量、痕量水分的样品或测定深色样品。此法更适宜于测定深色样品及微量、痕量水时采用。

卡尔·费休广泛用于各种样品的水分含量测定，特别适用于痕量水分分析(如面粉、砂糖、人造奶油、可可粉、糖蜜、茶叶、乳粉、炼乳及香料等)，其测定准确性比直接干燥法要高，也是测定脂肪和油类物品中微量水分的理想方法。但对于含有强还原性组分(如维生素 C)的样品不宜此法测定。试验表明，卡尔·费休法测定糖果样品的水分，等于烘箱干燥法测定的水分加上干燥法烘过的样品再用卡尔·费休法测定的残留水分。由此说明，卡尔·费休法不仅可以测得样品中的自由水，而且可以测出其结合水，也就是说，用该法所测得的结果更能反映出样品总水分含量。

卡尔·费休水分测定仪主要部件包括反应瓶、自动注入式滴定管、磁力搅拌器及适合于永停测定终点的电位测定装置。见图 3-1-4。

(1) 试剂：

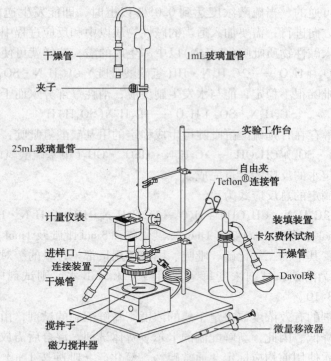

图 3-1-4　卡尔·费休水分测定仪

① 无水甲醇，要求其含水量在 0.05% 以下。

② 无水吡啶，要求其含水量在 0.01% 以下。

③ 碘，将 I_2 置于硫酸干燥器内干燥 48h 以上。

④ 二氧化硫，采用钢瓶装的二氧化硫或用硫酸分解亚硫酸钠而制得。

⑤ 卡尔·费休试剂，取无水吡啶 133mL，碘 42.33g，置于具塞烧瓶中，注意冷却。摇动烧瓶至碘全部溶解，再加无水甲醇 333mL，称重。待烧瓶充分冷却后，通入干燥的二氧化硫至质量增加 32g，然后，加塞摇匀。在暗处放置 24h 后使用。标定时准确称取蒸馏水约 30mg，放入干燥的反应瓶中，加入无水甲醇 2～5mL，不断搅拌，用卡尔·费休试剂滴定至终点。另做试剂空白。卡尔·费休试剂对水的滴定度 $T(\text{mg/mL})$ 按下式计算

$$T = \frac{W}{V_1 - V_2}$$

式中　W——称取蒸馏水的质量，mg；

　　　V_1——标定消耗滴定剂的体积，mL；

　　　V_2——空白消耗滴定剂的体积，mL。

（2）操作方法：

① 准确称取适量样品（含水约 100mg），放入预先干燥好的 50mL 圆底烧瓶中，加入 40mL 无水甲醇，立即装好冷凝管并加热，让瓶中内容物徐徐沸腾 15min，取下冷凝管并加盖。吸取 10mL 样液于反应瓶中，不断搅拌，用卡尔·费休试剂滴定至终点。同时做试剂空白。

② 对于固体样，如糖果必须预先粉碎，称 0.30～0.50g 样于称样瓶中，取 50mL 甲醇→于反应器中，所加甲醇要能淹没电极，用卡尔·费休试剂滴定 50mL 甲醇中痕量水→滴至指

针与标定时相当并且保持 1min 不变时→打开加料口→将称好的试样立即加入→塞上皮塞→搅拌→用卡尔·费休试剂滴至终点保持 1min 不变→记录

（3）说明及注意事项：此法适用于食品中糖果、巧克力、油脂、乳糖和脱水果蔬类等样品；样品的颗粒大小非常重要。固体样品粒度为 40 目，最好用破碎机处理，不用研磨机，以防止水分损失。如果食品中含有氧化剂、还原剂、碱性氧化物、氢氧化物、碳酸盐、硼酸等，都会与卡尔·费休试剂所含组分起反应，干扰测定。含有强还原性的物料（包括维生素 C）的样品不宜用此法。滴定操作要求迅速，加试剂的间隔时间应尽可能短。卡尔·费休法不仅可测得样品中的自由水，而且可测出结合水，即此法测得结果更客观地反映出样品中总水分含量。

4. 其它方法

介电容量法：根据样品的介点常数与含水率有关，以含水食品作为测量电极间的充填介质，通过电容的变化达到对食品水分含量的测定。需要使用已知水分含量的样品（标准方法测定）制定标准曲线进行校准。需要考虑样品的密度、样品的温度等因素。

电导率法原理：当样品中水分含量变化时，可导致其电流传导性随之变化，因此通过测量样品的电阻来确定水分含量，就成为一种具有一定精确度的快速分析方法。必须保持温度恒定，每个样品的测定时间必须恒定为 1min。

红外吸收光谱法：红外线是一种电磁波，一般指波长为 $0.75 \sim 1000\mu m$ 的光，根据水分对某一波长的红外光的吸收强度与其在样品中的含量存在一定的关系建立了红外吸收光谱测水分法。

折光法：通过测量物质的折射率来鉴别物质的组成、确定物质的纯度、浓度及判断物质的品质的分析方法称为折光法。测定可溶性固形物的含量。

第二节　食品中蛋白质的测定

蛋白质是食品的重要组成成分，蛋白质一词，在希腊文中是"第一重要"的意思，也就所谓蛋白质是生命的基础。食品的营养价值的高低，主要看蛋白质的高低。除了保证食品的营养价值外，在决定食品的色、香、味及结构等特征上也起着重要的作用。

2004 年 4 月，在安徽阜阳的农村，有一件怪事。从 2003 开始，那里的 100 多名婴儿，陆续患上了一种怪病。本来健康出生的孩子，在喂养期间，开始变得四肢短小，身体瘦弱，尤其是婴儿的脑袋显得偏大。当地人称这些孩子为大头娃娃。当地相继有 10 名婴儿，因为这种怪病而夭折。令人意外的是，导致这些婴儿身患重病甚至夺取他们生命的竟然是他们每天都必须食用的奶粉。不法商家为了谋利，随意降低奶粉中蛋白质含量。长期饮用蛋白质含量极低的奶粉，首先会导致婴儿严重营养不良，随后会引起各种并发症，在外来细菌的侵袭之下，婴儿几乎完全丧失了自身的免疫能力，病情发展十分迅速，最后婴头部严重水肿，几乎看不清五官，全身皮肤也出现了大面积的高度溃烂，伤口长时间无法愈合，最后导致呼吸衰竭而死亡。

蛋白质是人体新陈代谢的基础物质，蛋白质的基本理化特性使食品能够成为水化的固态体系，赋予食品具有黏着性、湿润性、膨胀性、弹性、韧性等流变学特性。

一、概述

蛋白质是复杂的含氮有机化合物，主要由碳、氢、氧、氮、硫五种元素组成，某些蛋白质还含有微量铁、铜、磷、锌等金属元素。食品蛋白质由 20 多种氨基酸通过酰胺键以一定的方式结合起来，并具有复杂的空间结构。含 N 是蛋白质区别于其它有机化合物的重要标志，目前各种氨基酸已达 175 种以上，但是构成蛋白质的氨基酸主要是其中的 20 种，有 8 种氨基酸(赖氨酸、色氨酸、苯丙氨酸、苏氨酸、蛋氨酸、异亮氨酸、亮氨酸和缬氨酸)是人体不能合成的或仅能以极慢的速度合成，满足不了人体正常代谢的需要，这 8 种氨基酸称为人体必需氨基酸，其它非必需氨基酸可以从必需氨基酸、糖、脂肪代谢的中间产物合成。不同的食品蛋白质，氨基酸含量差别较大。

蛋白质是人体重要的营养物质，测定食品中的蛋白质含量，对合理调配膳食，保证不同人群的营养需求，掌握食品的营养价值，合理开发利用食品资源，控制食品加工中食品的品质、质量都具有重要的意义。蛋白质是组成人体的重要成分之一，人体的一切细胞都由蛋白质组成，蛋白质还能够维持体内酸碱平衡是重要的营养物质。如果膳食中蛋白质长期不足，将出现负氮平衡，也就是说每天体内的排出氮大于抗体摄入氮，这样造成消化吸收不良导致腹泻等。对于一个体重 65kg 的人来说，若每天从体内排出氮 3.5g(其中尿液排出 2.4g，粪便 0.8g，皮肤 0.3g)，一般以蛋白质含氮 100/16 计算的话，3.5g 相当于蛋白质含量 22g (6.25 × 3.5)，也就是说每日至少通过膳食供给 22g 蛋白质，才能达到氮平衡，即摄入体内的氮数量与排出氮的数量相等。所以我们说蛋白质对人体健康影响很大。

二、蛋白质含量的测定

目前测定蛋白质的方法分为两大类：一类是利用蛋白质的共性，即含氮量，肽链和折射率测定蛋白质含量。另一类是利用蛋白质中特定氨基酸残基、酸、碱性基团和芳香基团测定蛋白质含量。最常用的方法是凯氏定氮法。此外，双缩脲分光光度比色法、染料结合分光光度比色法、酚试剂法等也常用于蛋白质含量测定。近年来，国外采用红外检测仪，利用一定的波长范围内的近红外线具有被食品中蛋白质组分吸收和反射的特性，而建立了近红外光谱快速定量法。

对于不同的蛋白质，它的组成和结构不同，但从分析数据可以得到近似的蛋白质的元素组成百分比，C、H、O 元素组成百分比依次为 50%、7% 和 23%，而 N、S、P 元素组成的百分则依次为 16%、0 ~ 3% 和 0 ~ 3%。一般来说，蛋白质的平均含氮量为 100/16，所以在用凯氏定氮法定量蛋白质时，将测得的总氮量乘上蛋白质的换算系数 K = 6.25 即为该物质的蛋白质含量。但是我们必须要知道，当测定的样品其含氮的系数与上面 100/16 相差较大时，采用 6.25 将会引起显著的偏差。部分食品的蛋白质含量见表 3 - 2 - 1。不同的蛋白质其氨基酸组成及方式不同，所以各种不同来源的蛋白质，其含 N 量也不相同，一般蛋白质含 N 量为 16%，即 1 份 N 元素相当于 6.25 份蛋白质，此系数称为蛋白质换算系数。

1. 凯氏定氮法

凯氏定氮法是目前普遍采用的测定有机 N 总量较为准确、方便的方法之一，适用于所有食品，所以国内外应用较为广泛。是经典的分析方法之一，也国家标准中的第一方法，由于该法是丹麦人道尔(J·Kieldahl)于 1883 年提出用于测定研究蛋白质而得名。凯氏定氮法是将蛋白质消化，测定其总 N 量，再换算成为蛋白质含量的方法。食品中的含 N 物质，除

表 3-2-1　部分食品的蛋白质含量

名　称	蛋白质含量/%	名称	蛋白质含量/%	名称	蛋白质含量/%
牛肉(瘦)	16.5~21.3	鸡肉	19.5	小麦粉	9.9
牛肉(肥)	15.0~19.5	鸡蛋	13.3	玉米	8.5
猪肉(瘦)	17.4~20.1	鲤鱼	17.3	苹果	0.2
猪肉(肥)	12.4~14.5	牛乳	3.3	柑橘	0.9
羊肉(瘦)	16.0~19.8	大豆	36.5	菠菜	2.4
羊肉(肥)	13.9~14.7	大米	7.9	黄瓜	0.8

蛋白质外，还有少量的非蛋白质含 N 物质，所以该法测定的蛋白质含量应称为粗蛋白质。

凯氏定氮法有常量法、微量法及改良法，其原理基本相同，只是所使用的样品数量和仪器不同。而改良的常量法主要是催化剂的种类、硫酸和盐类添加量不同，一般采用硫酸铜、二氧化钛或硒、汞等物质代替硫酸铜。有些样品中含有难以分解的含 N 化合物，如：蛋白质中含有色氨酸、赖氨酸、组氨酸、酪氨酸、脯氨酸等，单纯以硫酸铜作催化剂，18h 或更长时间也难分解，单独用汞化合物，在短时间内即可，但它有毒性。下面主要介绍微量凯氏定氮法

（1）原理：食品与硫酸和催化剂一起加热消化，使蛋白质分解，其中 C、H 形成 CO_2 及 H_2O 逸去，而氮以氨的形式与硫酸作用，形成硫酸铵留在酸液中。将消化液碱化、蒸馏，使氨游离，随水蒸气蒸出，被硼酸吸收，用盐酸标准溶液滴定所生成的硼酸铵，根据消耗的盐酸标准溶液的量，计算出总氮量。

（2）方法摘要：样品中的有机物和含 N 有机化合物，经浓 H_2SO_4 加热消化，H_2SO_4 使有机物脱水，炭化为碳；碳将 H_2SO_4 还原为 SO_2，而本身则变为 CO_2；SO_2 使 N 还原为 NH_3，而本身则氧化为 SO_3，而消化过程中所生成的新生态氢，又加速了氨的形成。在反应中生成物 CO_2、H_2O 和 SO_2、SO_3 逸去，而 NH_3 与 H_2SO_4 结合生成 $(NH_4)_2SO_4$ 留在消化液中。

$$蛋白质 + H_2SO_4 \longrightarrow C$$
$$C + H_2SO_4 \longrightarrow SO_2 + CO_2 \uparrow$$
$$SO_2 + [N] \longrightarrow NH_3 + SO_3 \uparrow$$
$$NH_3 + H_2SO_4 \longrightarrow (NH_4)_2SO_4$$

浓硫酸具有脱水性，使有机物脱水并炭化为碳、氢、氮。浓硫酸又有氧化性，使炭化后的碳氧化为二氧化碳，硫酸则被还原成二氧化硫：

$$2H_2SO_4 + C \xrightarrow{\triangle} 2SO_2 + 2H_2O + CO_2 \uparrow$$

二氧化硫使氮还原为氨，本身则被氧化为三氧化硫，氨随之与硫酸作用生成硫酸铵留在酸性溶液中。$(NH_4)_2SO_4$ 在碱性条件下，加热蒸馏，释放出氨。

$$(NH_4)_2SO_4 + 2NaOH \longrightarrow 2NH_3 \uparrow + Na_2SO_4 + 2H_2O$$

蒸馏过程中所放出的 NH_3，可用一定量的标准硼酸溶液吸收，再用标准盐酸溶液直接滴定。

$$2NH_3 + 4H_3BO_3 \longrightarrow (NH_4)_2B_4O_7 + 5H_2O$$
$$(NH_4)_2B_4O_7 + HCl + 5H_2O \longrightarrow 2NH_4Cl + 4H_3BO_3$$

硼酸溶液仅呈极微弱的酸性，在此反应中并不影响所加的指示剂的变色反应，但具有吸收氨的作用，所以采用硼酸溶液作吸收剂。实验装置如图 3-2-1。

（3）主要试剂：所有试剂，如未注明规格，均指分析纯；所有实验用水，如未注明其它

要求，均指三级水。

硫酸(密度为 1.8419g/L)；

硫酸钾；

硫酸铜($CuSO_4 \cdot 5H_2O$)；

硼酸溶液(20g/L)；

氢氧化钠溶液(400g/L)；

混合指示液：1 份甲基红乙醇溶液(1g/L)与 5 份溴甲酚绿乙醇溶液(1g/L)临用时混合。也可用 2 份甲基红乙醇溶液(1g/L)与 1 份亚甲基蓝乙醇溶液(1g/L)临用时混合。变色点 pH = 5.4，呈灰色；酸色为红紫色，碱色为绿色。

硫酸标准滴定溶液[$c(1/2H_2SO_4) = 0.0500mol/L$]或盐酸标准滴定溶液[$c(HCl) = 0.0500mol/L$]。

(4) 分析步骤：

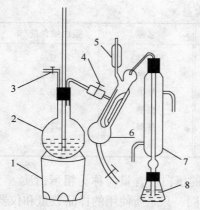

图 3 - 2 - 1 凯氏定氮装置

1—电炉；2—蒸汽发生器；3—大气夹；4—螺旋夹；5—小玻璃杯；6—反应室；7—冷凝管；8—接收瓶

① 试样处理准备。称取 0.20 ~ 2.00g 固体试样或 2.00 ~ 5.00g 半固体试样或吸取 10.00 ~ 25.00mL 液体试样(约相当氮 30 ~ 40mg)，移入干燥的 100mL 或 500mL 定氮瓶中，加入 0.2g 硫酸铜，6g 硫酸钾及 20mL 硫酸，稍摇匀后于瓶口放一小漏斗。注意：小心转移 20mL 浓硫酸，防止烧伤！

② 消化。将准备好的凯氏烧瓶以 45°角斜支于有小孔的石棉网上。开始用微火小心加热，(小心瓶内泡沫冲出而影响结果!)，待内容物全部炭化，泡沫完全停止，瓶内有白烟冒出后，升至中温，白烟散尽后升至高温，加强火力，并保持瓶内液体微沸，(为加快消化速度，可分数次加入 10mL30% 过氧化氢溶液，但必须将烧瓶冷却数分钟以后加入!)，经常转动烧瓶，观察瓶内溶液颜色的变化情况，当烧瓶内容物的颜色逐渐转变为澄清透明的蓝绿色后，继续消化 0.5 ~ 1h(若凯氏烧瓶壁粘有碳化粒时，进行摇动或待瓶中内容物冷却数分钟后，用过氧化氢溶液冲下，继续消化至透明为止)。然后取下并使之冷却。提示：控制加热温度是关键！

③ 定容。将消化好并冷却至室温的试样消化液中小心加入 20mL 水，摇匀放冷，小心移入到 100mL 容量瓶中，再用蒸馏水少量多次洗涤凯氏烧瓶，并将洗液一并转入容量瓶中，直至烧瓶洗至中性，表明铵盐无损地移入容量瓶中，充分摇匀后，加水至刻度线定容，静置至室温，混匀备用。同样条件下做一试剂空白试验。注：在消化完全后，消化液应呈清澈透明的兰绿色或深绿色(铁多)，故 $CuSO_4$ 在消化中还起指示作用。同时应注意凯氏瓶内液体刚清澈时并不表示所有的 N 均已转化为氨，因此消化液仍要加热一段时间。

④ 蒸馏。按要求安装好定 N 装置，保证管路密闭不漏气。在水气发生瓶内装水至 2/3 处，加甲基橙指示剂 3 滴，及 1 ~ 5mL 硫酸，以保持水呈酸性(防止水中含有 N，加硫酸使成为($NH_4)_2SO_4$ 形式固定下来，使蒸馏中不会被蒸发)，开通电源加热至沸腾。

打开进气口，关闭废液出口，接通冷凝水，空蒸 5 ~ 10min，冲洗定 N 仪、样杯、碱杯和内室。分别关闭进气口(注意不要同时关闭所有进气口!)，使废液自动倒吸于定氮仪外室，再由样杯加入少量水，再次冲洗，当废液全部吸入外室后，再放排液口，并使其敞开。

在 250mL 锥形瓶中加入 10mL(20g/L)硼酸溶液及 1 ~ 2 滴混合指示液，放置冷凝器的下端，并使冷凝管下端插入液面下。

准确吸取 10mL 试样处理液，由样杯加入定氮仪内室，并用 10mL 水冲洗样杯，但内室中溶液总体积不超过内室的 2/3（约 50mL），盖上棒状玻塞，加水至杯口 1~2cm，以防漏气，关闭排队液口，迅速由碱杯加入 10mL NaOH 溶液（400g/L）（溶液应呈强碱性，注意内室颜色变化），通入蒸汽开始蒸馏。注：NaOH 必须充分，即在反应中是过剩的，保证消化液中的硫酸铵完全转变为氨气，故，Cu_2SO_4 还可在碱蒸馏时作为碱性反应的指示剂：$CuSO_4$ + 2NaOH（要充分）$\rightarrow Cu(OH)_2$（棕褐色）$+ Na_2SO_4$。

关闭排液口，蒸汽进入反应室（内室），使 NH_3 通过冷凝管而进入接收瓶被硼酸吸收，蒸馏 5min（蒸至液面达约 150mL），移开接收瓶，使冷凝管下端离开液面，让玻璃管靠在锥形瓶的瓶壁，出液口在 200mL 刻度线以上，继续蒸馏 1min，蒸至液位达 200mL。然后用少量水冲洗冷凝管下端外部，将洗液一并聚集于硼酸溶液中，取下接收瓶。用蒸馏水冲洗冷凝管下端。注：蒸馏时要注意蒸馏情况，避免瓶中的液体发泡冲出，进入接受瓶。火力太弱，蒸馏瓶内压力减低，则接受瓶内液体会倒流，造成实验失败。

关闭进气口，停止送气，废液将自动倒吸入外室，待倒吸完时，将样杯中的蒸馏水分数次放入，冲洗内室，待洗液全部吸入外室后，再打开排液口，放净废液。

按上述步骤，换下一试样蒸馏，同时准确吸取 10mL 试剂空白消化液作空白实验。

⑤滴定。取下接收瓶，用 0.05mol/L HCl 标准溶液滴定至灰色或蓝紫色为终点。

（5）结果计算：试样中蛋白质的含量按下式进行计算。

$$X = \frac{(V_1 - V_2) \times c \times 0.0140}{m} \times F \times 100 \qquad (3-2-1)$$

式中　X——样品中蛋白质的含量，g/100 g 或 g/100mL；

　　　V_1——样品消耗硫酸或盐酸标准滴定液的体积，mL；

　　　V_2——试剂空白消耗硫酸或盐酸标准滴定液的体积，mL；

　　　c——硫酸或盐酸标准滴定溶液的浓度，mol/L；

0.0140——1.0mL 盐酸[$c(HCl) = 1.000$mol/L]或硫酸[$c(1/2H_2SO_4) = 1.000$mol/L]或标准滴定溶液相当的氮的质量，g；

　　　m——样品的质量或体积，g 或 mL；

　　　F——氮换算为蛋白质的系数。乳粉为 6.38，纯谷物类（配方）食品为 5.90，含乳婴幼儿谷物（配方）食品为 6.25。大豆及其制品为 5.71。

计算结果保留三位有效数字。在重复性条件下获得的两次独立测定结果的绝对差值不得超过算术平均值的 10%。

（6）注意事项：

加入样品及试剂时，避免粘附在瓶颈上。

加入硫酸钾的作用：提高硫酸的沸点（338℃），增进反应速度。在消化过程中温度起着重要的作用，消化温度一般控制在 360~410℃ 间，低于 360℃，消化不易完全，特别是杂环氮化物，不易分解，使结果偏低，高于 410℃ 则容易引氮的损失。而 H_2SO_4 的沸点仅为 330℃，K_2SO_4 的沸点为 400℃，10g 硫酸钾将沸点提高至接近 400℃，在消化过程中，随着 H_2SO_4 的不断分解，水分不断蒸发，K_2SO_4 浓度逐渐升高，则沸点升高，加速对有机物的分解作用。但过多的硫酸钾会造成沸点太高，生成的硫酸氢铵在 513℃ 会分解。

$$K_2SO_4 + H_2SO_4 = 2KHSO_4 \qquad 2KHSO_4 = K_2SO_4 + H_2O + SO_3\uparrow$$

$$(NH_4)_2SO_4 \xrightarrow{\triangle} NH_3\uparrow + (NH_4)HSO_4$$

$$2(NH_4)HSO_4 \xrightarrow{\triangle} 2NH_3\uparrow + 2SO_3\uparrow + 2H_2O$$

$$2CuSO_4 \xrightarrow{\triangle} Cu_2SO_4 + SO_2\uparrow + O_2$$

消化中若 H_2SO_4 消耗过多，则会影响盐的浓度，一般在凯氏瓶口插一小漏斗，以减少 H_2SO_4 的损失。

消化中加入硫酸铜作催化剂，加速氧化作用。凯氏定氮法中可用的催化剂种类很多，除硫酸铜外，还有氧化汞、汞、硒粉等，但考虑到效果、价格及环境污染等多种因素，应用最广泛的是硫酸铜、使用时常加入少量过氧化氢、次氯酸钾等作为氧化剂以加速有机物的氧化分解，硫酸铜的作用机理如下所示：

$$C + 2CuSO_4 \xrightarrow{\triangle} Cu_2SO_4 + SO_2\uparrow + CO_2\uparrow$$

$$Cu_2SO_4 + 2H_2SO_4 \longrightarrow 2CuSO_4 + 2H_2O + SO_2\uparrow$$

此反应不断进行，待有机物全部被消化完后，不再有硫酸亚铜（Cu_2SO_4 褐色）生成，溶液呈现清澈的二价铜的篮绿色。故硫酸铜除起催化剂的作用外，还可指示消化终点，以及下一步蒸馏时作为碱性反应的指示剂。

2. 改良的凯氏定氮法——比色法

（1）原理：蛋白质是含氮的有机化合物。食品与硫酸和催化剂一同加热消化，使蛋白质分解，分解的氨与硫酸结合生成硫酸铵。然后在 pH = 4.8 的乙酸钠－乙酸缓冲溶液中，铵与乙酰丙酮和甲醛反应生成黄色的 3，5－二乙酰－2，6－二甲基－1，4－二氢化吡啶化合物，在波长 400nm 处测定吸光度，与标准系列比较定量，结果乘以换算系数，即为蛋白质含量。

（2）试剂：

硫酸铜。

硫酸钾。

硫酸。

氢氧化钠溶液（300g/L）：称取 30g 氢氧化钠加水溶解后，放冷，并稀释至 100mL。

对硝基苯酚指示剂溶液（1g/L）：称取 0.1g 对硝基苯酚指示剂溶于 20mL 95% 乙醇中，加水稀释至 100mL。

乙酸溶液（1mol/L）：量取 5.8mL 冰乙酸，加水稀释至 100mL。

乙酸钠溶液（1mol/L）：称取 41g 无水乙酸钠或 68g 乙酸钠（$CH_3COONa \cdot 3H_2O$），加水溶解后并稀释至 500mL。

乙酸钠－乙酸缓冲溶液：量取 60mL 乙酸钠溶液（1mol/L））与 40mL 乙酸溶液（1mol/L）混合，该溶液为 pH = 4.8。

显示剂：15mL 37% 甲醛与 7.8mL 乙酰丙酮混合，加水稀释至 100mL，剧烈振摇，混匀（室温下放置三日）。

氨氮标准储备溶液（1.0g/L）：精密称取 105℃ 干燥 2h 的硫酸铵 0.4720g，加水溶解后移入 100mL 容量瓶中，并稀释至刻度，混匀，此溶液每毫升相当于 1.0mg $NH_3 - N$（10℃ 下冰箱内储存稳定 1 年以上）。

氨氮标准使用溶液（0.1g/L）：用移液管精密吸取 10mL 氨氮标准储备液（1.0mg/mL）于 100mL 容量瓶内，加水稀释至刻度，混匀，此溶液每毫升相当于 100μg $NH_3 - N$（10℃ 下冰箱内贮存稳定 1 个月）。

44

（3）仪器：分光光度计；电热恒温水浴锅（100℃±0.5℃）；10mL 具塞玻璃比色管。

（4）分析步骤：

（i）试样消解：精密称取经粉碎混匀过 40 目筛的固体试样 0.1~0.5g 或半固体试样 0.2~1.0g 或吸取液体试样 1~5mL，移入干燥的 100mL 或 250mL 定氮瓶中，加 0.1g 硫酸铜、1g 硫酸钾及 5mL 硫酸，摇匀后于瓶口放一小漏斗，将瓶以 45°角斜支于有小孔的石棉网上。小心加热，待内容物全部炭化，泡沫完全停止后，加强火力，并保持瓶内液体微沸，至液体呈蓝绿色澄清透明后，再继续加热 0.5h。取下放冷小心加 20mL 水，放冷后移入 50mL 或 100mL 容量瓶中，并用少量水洗定氮瓶，洗液并入容量瓶中，再加水至刻度，混匀备用。取与处理试样相同量的硫酸铜、硫酸钾、硫酸按同一方法做试剂空白试验。

（ii）试样溶液的制备：精密吸取 2~5mL 试样或试剂空白消化液于 50~100mL 容量瓶内，加 1~2 滴对硝基酚指示剂溶液（1g/L），摇匀后滴加氢氧化钠溶液（300g/L）中和至黄色，再滴加乙酸（1mol/L）至溶液无色，用水稀释至刻度，混匀。

（iii）标准曲线的绘制：精密吸取 0、0.05mL、0.1mL、0.2mL、0.4mL、0.6mL、0.8mL、1.0mL 氨氮标准使用溶液（相当于 NH_3-N 0、5.0μg、10.0μg、20.0μg、40.0μg、60.0μg、80.0μg、100.0μg），分别置于 10mL 比色管中。向各比色管分别加入 4mL 乙酸钠－乙酸缓冲溶液（pH=4.8）及 4mL 显色剂，加水稀释至刻度，混匀。置于 100℃ 水浴中加热 15min。取出用水冷却至室温后，移入 1cm 比色皿内，以零管为参比，于波长 400nm 处测量吸光度，根据标准各点吸光度绘制标准曲线或计算直线回归方程。

（iv）试样测定：精密吸取 0.5~2.0mL（约相当于氮小于 100μg）试样溶液和同量的试剂空白溶液，分别于 10mL 比色管中。其余步骤同上。试样吸光度与标准曲线比较定量或代入标准回归方程求出含量。

（5）计算结果：试样中蛋白质的含量按下式进行计算。

$$X = \frac{c - c_0}{m \times \dfrac{V_2}{V_1} \times \dfrac{V_4}{V_3} \times 10000} \times F \times 100 \qquad (3-2-2)$$

式中　X——试样中蛋白质的含量，g/100g 或 g/100mL；

　　　c——试样测定液中氮的含量，μg；

　　　c_0——试剂空白测定液中氮的含量，μg；

　　　V_1——试样消化液定容体积，mL；

　　　V_2——制备试样溶液的消化液体积，mL；

　　　V_3——试样溶液总体积，mL；

　　　V_4——测定用试样溶液体积，mL；

　　　m——试样质量或体积，g 或 mL；

　　　F——氮换算为蛋白质的系数。蛋白质中的氮含量一般为 15%~17.6%，按 16% 计算乘以 6.25 即为蛋白质，乳制品为 6.38，面粉为 5.70，玉米、高粱为 6.24，花生为 5.46，米为 5.95，大豆及其制品为 5.71，肉与肉制品为 6.25，大麦、米、燕麦、裸麦为 5.83，芝麻、向日葵为 5.30。

精密度要求在重复性条件下获得的两次独立测定结果的绝对差值不得超过算术平均值的 5%。

3. 自动定氮分析法

原理同凯氏定氮法。称取一定量的样品于消化管中，加一粒凯氏片于消化管中，然后加入 5mL 浓硫酸，放置过夜，同时做好样品空白管。在消化过程中，要先用低温消化，以防止高温消化时样品溢出，低温消化 1h 后，将温度升到最高档，至消化液无色透明。待消化液冷却后，加入少量的水冲洗消化管内壁并振荡，直至液体无色。放至室温后，加水至一定体积，作为样品溶液和试剂空白溶液，待测。

开启自动分析仪电源，输入测定时的参数，使产生蒸汽，同时调节蒸汽表，使蒸汽表的指针指到 Normal。最后将消化管装入，关闭安全门后，开始自动定氮。当循环结束灯亮时，记录滴定结果，打开安全门，进行下一个样品测定。此仪器消耗盐酸溶液的最佳用量范围在 0.5 ~ 7mL。

三、氨基酸的测定

氨基酸是蛋白质的基本结构单元。食品中除少量的游离氨基酸外，绝大多数氨基酸是以蛋白质形式存在，食品蛋白质的水解物中，通常含有 20 多种氨基酸。食品中氨基酸的分离分析方法，主要有紫外 – 可见分光光度法、荧光分光光度法、色谱法等。

1. 电位甲醛滴定法测定氨基酸含量

（1）原理。氨基酸有氨基及羧基两性基团，它们相互作用形成中性内盐，利用氨基酸的两性作用，加入甲醛以固定氨基的碱性，使羧基显示出来酸性，用氢氧化钠标准溶液滴定后定量，根据酸度计指示 pH 值，控制终点。

$$R — CH_2 — COOH \rightleftharpoons R — CH — C = O$$
$$\underset{NH_2}{|} \qquad\qquad \underset{H_3N — O}{|}$$

$$R — CH_2 — COOH + HCHO \rightarrow R — CH_2 — COOH + H_2O$$
$$\underset{NH_2}{|} \qquad\qquad\qquad \underset{NHCH_2OH}{|}$$

$$R — CH_2 — COOH + N_2OH \rightarrow R — CH_2 — COONa + H_2O$$
$$\underset{NHCH_2OH}{|} \qquad\qquad\qquad \underset{NHCH_2OH}{|}$$

（2）试剂：

甲醛（36%）：应不含有聚合物。

氢氧化钠标准滴定溶液 $[c(NaOH) = 0.050mol/L]$。

（3）仪器：

酸度计：包括标准缓冲溶液和 KCl 饱和溶液；

20mL 移液管；

10mL 微量滴定管；

100mL 容量瓶；

250mL 烧杯。

（4）测定方法：

吸取 5.0mL 试样，置于 100mL 容量瓶中，加水至刻度，混匀，备用。

吸取上述稀释液 20.00mL 置于 200mL 烧杯中，加水 60mL 水，插入电极，开动磁力搅拌器，用氢氧化钠标准滴定溶液滴定至酸度计指示 pH = 8.2，记录消耗氢氧化钠标准滴定溶液的毫升数（可计算总酸含量）。

向上述溶液中准确加入 10.0mL 甲醛溶液，混匀。再用氢氧化钠标准滴定溶液继续滴定至 pH = 9.2，记录加入甲醛后滴定所消耗氢氧化钠标准滴定溶液的毫升数。

取 80mL 水，先用氢氧化钠标准滴定溶液滴定至酸度计指示 pH = 8.2，再加入 10.0mL 甲醛溶液，混匀，再用氢氧化钠标准滴定溶液滴定至 pH = 9.2，记录加入甲醛后滴定所消耗氢氧化钠标准滴定溶液的毫升数。

（5）结果计算。试样中氨基酸态氮的含量为：

$$X = \frac{(V_1 - V_2) \times c \times 0.0140}{5 \times \frac{V_3}{100}} \times 100 \qquad (3-2-3)$$

式中　X——试样中氨基酸态氮的含量，g/100mL；

V_1——测定用试样稀释液加入甲醛后消耗标准碱液的体积，mL；

V_2——测定空白试验加入甲醛后消耗标准碱液的体积，mL；

c——氢氧化钠标准溶液的浓度，mol/L；

0.0140——与 1.00mL 氢氧化钠标准滴定溶液 [$c(NaOH) = 1.000mol/L$] 相当的氮的质量，g；

V_3——总酸的含量，mL。

计算结果保留两位有效数字。在重复性条件下获得的两次独立测定结果的绝对差值不得超过算术平均值的 10%。

（6）注意事项：

加入甲醛后放置时间不宜过长，应立即滴定，以免甲醛聚合，影响测定结果。由于铵离子能与甲醛作用，样品中若含有铵盐，将会使测定结果偏高。

2. 茚三酮比色法测定氨基酸含量

（1）原理。茚三酮与氨基酸在弱酸性条件下一起加热，茚三酮转化为还原型水合茚三酮，氨基酸的 α—NH₂ 和—COOH 被氧化，脱氮、脱羧产生氨和 CO₂。还原型水合茚三酮、茚三酮与氨作用，产生蓝紫色化合物，脯氨酸和羟脯氨酸与茚三酮反应，生产黄色物质。其反应为：

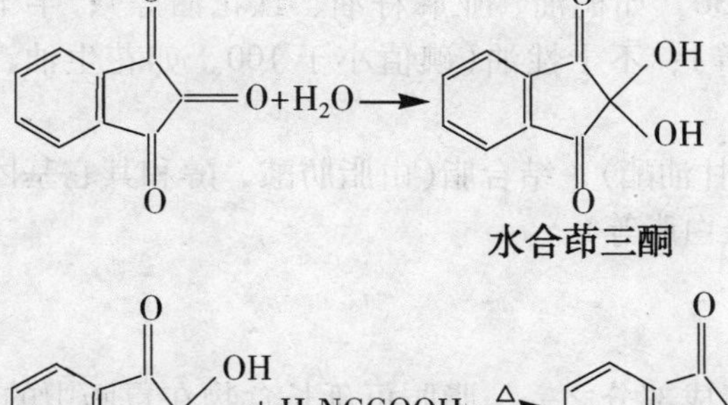

水合茚三酮

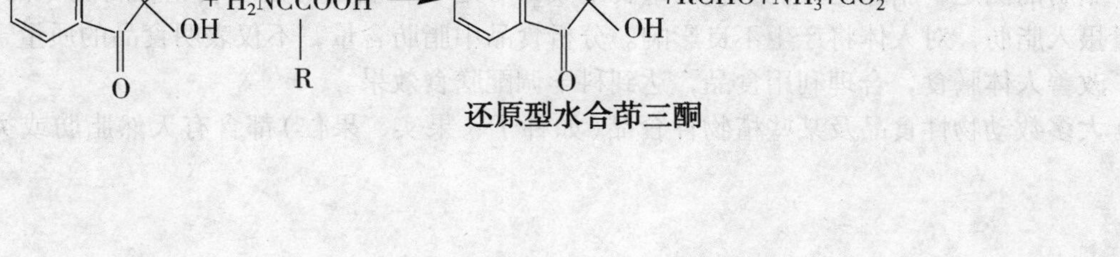

还原型水合茚三酮

蓝紫色化合物

（2）测定方法要点。称取 0.6g 结晶茚三酮，加 15mL 正丙醇。溶解后加入 30mL 正丁醇和 6mL 乙二醇，最后加入 9mL 醋酸－醋酸钠缓冲溶液，储于暗处备用。

称取 80℃烘干的亮氨酸 46.8mg，溶于 10% 异丙醇中并稀释至 100mL，取此液 5mL 加水定容至 50mL，即为 5μg/mL 的标准溶液。

吸取样液 1～4mL 于试管中，加水 1mL，加 0.1mL 0.1% 抗坏血酸溶液和 3mL 茚三酮溶液，摇匀。沸水浴加热 15min，取出冷水浴迅速冷却，静置 15min，使加热形成的红色被空气氧化褪色至蓝紫色。用 60% 乙醇溶液定容至 20mL，混匀，测吸光度值。

取 0～5μg 标准氨基酸系列做标准曲线。

（3）说明。显色反应的茚三酮试剂，随着时间推移发色率会降低。

第三节　食品中脂肪的测定

脂类是生物体内一大类重要的有机化合物，主要有脂肪（甘油三酯）、磷脂、糖脂、固醇等，脂类的种类繁多，结构各异，而且具有不同的生物功能，但都具有下列共同特征：较难溶于水，而溶于非极性有机溶剂（如氯仿、乙醚、丙酮、苯）中。

一、脂类的定义与分类

脂类指存在于生物体中或食品中微溶于水，能溶于有机溶剂的一类化合物的总称。

油脂的分类按物理状态分为脂肪（常温下为固态）和油（常温下为液态）。

按化学结构分为简单脂，如酰基脂、蜡；复合脂，如鞘脂类（鞘氨酸、脂肪酸、磷酸盐、胆碱组成）、脑苷脂类（鞘氨酸、脂肪酸、糖类组成）、神经节苷脂类（鞘氨酸、脂肪酸、复合的碳水化合物）；还有衍生脂，如类胡萝卜素、类固醇、脂溶性纤维素等。

按照来源分可分为乳脂类、植物脂、动物脂、海产品动物油、微生物油脂。

按不饱和程度分为干性油（碘值大于 130，如桐油、亚麻籽油、红花油等）；半干性油（碘值介于 100～130，如棉籽油、大豆油等）；不干性油（碘值小于 100，如花生油、菜子油、蓖麻油等）。

按构成的脂肪酸分为游离脂（如脂肪酸甘油酯）；结合脂（由脂肪酸、醇和其它基团组成的酯。如天然存在的磷酯、糖脂、硫脂和蛋白脂等）。

二、测定意义

脂肪的测定，脂肪是人们膳食的重要组成部分之一，脂肪可延长食物在胃肠中的时间，过量摄入脂肪，对人体将产生不良影响。分析食品中脂肪含量，不仅表明食品的质量，也是为了改善人体膳食，合理利用食品，达到科学调配膳食效果。

大多数动物性食品及某些植物性食品（如种子、果实、果仁）都含有天然脂肪或类脂化合物。脂肪是食品中具有最高能量的营养素，为人体提供必需的脂肪酸——亚油酸及脂溶性维生素，其含量是衡量食品营养价值的指标之一。部分食品中的脂肪含量如表 3 - 3 - 1 所示。

表 3 - 3 - 1　部分食品的脂肪含量

名称	脂肪含量/%	名称	脂肪含量/%	名称	脂肪含量/%
猪油	99.5	比目鱼	2.3	稻米	0.4 ~ 3.2
奶油	80 ~ 82	鳕鱼	0.7	蛋糕	2 ~ 3
食油	99.5	生花生仁	30.5 ~ 39.2	果蔬	<1.1
牛乳	3.5 ~ 4.2	核桃仁	63.9 ~ 69.0	小麦粉	0.5 ~ 1.5
全脂乳粉	26 ~ 32	葵花子(可食)	44.6 ~ 51.1	黄豆	12.1 ~ 20.2
蛋黄	30.0 ~ 30.5	干杏仁	52.2	芝麻	50 ~ 57

食品加工过程中，原料、半成品、成品的脂类含量对产品的风味、组织结构、品质、外观、口感等都有直接的影响。所以食品中脂类的含量是食品质量管理中的一项重要指标。

三、脂类的性质

脂类化合物种类繁多，结构各异，但它们都有共同的溶解性能：一般不溶于水，溶于乙醚、石油醚、氯仿、热酒精、苯、四氯化碳、丙酮等有机溶剂(但也有例外：如卵磷脂微溶于水而不溶于丙酮)。其中乙醚溶解脂肪的能力强，应用最多，但它的沸点低(34.6℃)，易燃，且可含约2%左右的水分，含水乙醚同样能提出糖分等非脂成分，所以，必须采用无水乙醚作提取剂，而且要求试样无水分。

石油醚溶解脂肪的能力比乙醚弱些，但吸收水分比乙醚少，没有乙醚易燃，使用时允许试样中含有微量水分。这两种溶液只能直接提取游离脂肪，对于结合态脂类，必须先用酸或碱破坏脂和非脂成分的结合才能提取。因为二者各有特点，所以经常混合使用。

氯仿 - 甲醇是另一种有效的溶剂，它对于脂蛋白、磷脂的提取效率较高，特别适用于水产品、家禽、蛋制品等脂类的提取。

大多数食品主要含游离的脂肪，结合脂肪含量较少，所以可以用有机溶剂直接提取，而结合脂的测定，必须事先破坏脂类与非脂成分的结合再行提取。

食品中的脂肪测定方法很多，常用的有索氏抽提法、酸水解法、罗紫 - 歌特里法、氯仿 - 甲醇提取法、巴布科克法、盖勃氏法等。脂类的测定，过去普遍采用乙醚提取法，这种方法至今仍被认为是测定多种食品脂类含量的有代表性的方法，这种方法在某些情况下结果偏低，即使同一试样，由于前处理不同，其测定值的变化也很大。因此对某些食品来说，不宜采用索氏提取法，还需探讨适用于不同种类食品的，能取得重现性的方法。

食品中脂肪的测定方法中，石油醚或乙醚提取的，除脂肪外，还有许多杂质，如：卵磷脂、色素、脂溶性维生素、一部分有机酸等，故此法称为粗脂肪，但大多数食品中，这些杂质含量甚微，可忽略不计。在索氏抽提中，回流速度以 8 ~ 12 次/h 为宜，使用石油醚要选用 30 ~ 60℃沸程的。

四、食品中脂肪的测定——索氏抽提法

1. 原理

将粉碎或经前处理而分散的试样，放入圆筒滤纸内，将滤纸筒置于索氏提取器中，利用

乙醚在水浴中加热回流，提取试样中的脂类于接受瓶中，经蒸发去除乙醚，再称出烧瓶中残留物质的质量，即为试样脂肪的含量。试样用无水乙醚或石油醚等溶剂抽提后，蒸去溶剂所得的物质，在食品分析上称为脂肪或粗脂肪。因为除脂肪外，还含色素及挥发油、蜡、树脂等物。抽提法所测得的脂肪为游离脂肪。

2. 适用范围

GB/T 5009.6—2003 食品中脂肪的测定第一法，适用于脂类含量较高，且主要为游离脂类；结合态脂类含量较少的食品。如肉制品、豆制品、谷物、坚果、油炸果品、中西式糕点等粗脂肪含量的测定，不适用于乳及乳制品。

3. 仪器

索氏提取器、电热水浴锅、电热恒温箱。

4. 试剂

无水乙醚或石油醚(分析纯)。

海砂：取用水洗去泥土的海砂或河砂，先用盐酸(1＋1)煮沸 0.5h，用水洗至中性，再用氢氧化钠溶液(240g/L)煮沸 0.5h，用水洗至中性，经(100±5)℃干燥备用。

5. 操作方法

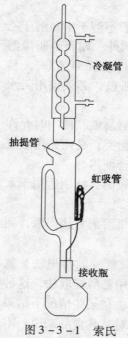

图 3 - 3 - 1 索氏抽提器

（1）滤纸筒的制备：取 1 张 8cm×15cm 滤纸，用直径为 2.00cm 的大试管将滤纸制成圆筒形，把底端封口，内放一小片脱脂棉，用白细线扎好定型。在 100～105℃烘箱中烘干到恒重(准确到 0.0002g)。

（2）试样处理：固体试样：谷物或干燥制品用粉碎机粉碎过 40 目筛；肉用绞肉机绞两次；一般用组织捣碎机捣碎后，称取 2.00～5.00g(可取测定水分后的试样)，必要时拌以海砂，全部移入滤纸筒内，上加盖棉花，用棉线扎好。

液体或半固体试样：称取 5.00～10.00g，置于蒸发皿中，加约 20g 海砂于沸水浴上蒸干后，在(100±5)℃干燥，研细，全部移入滤纸筒内。蒸发皿及附有试样的玻棒，均用沾有乙醚的脱脂棉擦净，并将棉花放入滤纸筒内。

（3）索氏抽提器的准备：由回流冷凝管、抽提管、接收瓶三部分组成，如图 3 - 3 - 1 所示。抽提脂肪前应将各部分洗涤干净并干燥，提脂烧瓶需烘干恒重。

（4）抽提：将滤纸筒放入脂肪抽提器的抽提管内，连接已干燥至恒量的接收瓶，由抽提器冷凝管上端加入无水乙醚或石油醚至接受瓶内容积的三分之二处，于水浴上加热，使乙醚或石油醚不断回流提取(6～8 次/h)，一般抽提 6～12h。也可以控制 80 滴左右/min，一般夏天约控制 65℃，冬天 80℃，抽提用滤纸或毛玻璃检查，由抽提管下口滴下的乙醚在滤纸或玻璃上，挥发后不留下痕迹为止。

（5）回收溶剂与称量：取出滤纸筒，用抽提器回收乙醚或石油醚，当溶剂在抽提管内即将虹吸时，立即取下抽提管，将其下口放到盛乙醚的试剂瓶口，使之倾斜，使液面超过虹吸管，溶剂即经虹吸管流入瓶内。按同法继续回收，待接收瓶内乙醚剩 1～2mL 时，取下接收瓶，于水浴上蒸去残留乙醚。用沙布擦净烧瓶外部，于(100±5)℃干燥 2h，放干燥器内冷却 0.5h 后并称量，重复以上操作直至恒量。

或将滤纸筒置于小烧杯内,挥干乙醚,在(100±5)℃烘箱中烘至恒重,放干燥器内冷却0.5h后并准确称量。滤纸筒及试样所减少的质量即为脂肪的质量。所用滤纸应事先用乙醚浸泡挥干处理,滤纸筒应预先恒重。

6. 计算

$$X = \frac{m_1 - m_0}{m_2} \times 100 \qquad\qquad (3-3-1)$$

式中 X——试样中脂肪的含量,g/100g;

  m_1——接收瓶和粗脂肪的质量,g;

  m_0——接收瓶的质量,g;

  m_2——试样的质量(如是测定水分后的试样,按测定水分前的质量计),g。计算结果表示到小数点后一位。在重复性条件下获得的两次独立测定结果的绝对值不得超过算术平均值的10%。

7. 说明

试样用无水乙醚或石油醚等溶液抽提后,蒸去溶剂所得的物质,称为脂肪。因为除脂肪外,还含色素及挥发油、蜡、树脂等物。抽提法所测得的脂肪为游离脂肪。

若试样颗粒太大或含水过多,有机溶剂不易穿透,试样脂肪往往提取不完全。同时,试样中含水分,加热烘烤会由于水分蒸发而减少质量。

乙醚中不得有过氧化物、水分或醇类:含水分或醇可以提取出试样中的糖和无机盐等水溶性物质,含有过氧化物可氧化脂肪,使质量增加,而且在烘烤接受瓶时,易发生爆炸事故。

滤纸包必须包裹严密,松紧适度,其高度不得超过虹吸管高度的三分之二,否则因上部脂肪不能提净而影响结果。

试样和醚浸出物在烘箱中干燥的时间不能过长,反复加热会因脂类氧化而增重。乙醚易燃,勿近明火,实验室要通风,加热提取时用水浴。所用乙醚不得含过氧化物,因过氧化物会导致脂肪氧化,会有引起爆炸的危险,若乙醚放置时间过长,由于空气、光线和温度会产生过氧化物,故使用前应严格检查,并除去过氧化物。检查方法:取5mL乙醚于试管中,加1mL10%的碘化钾溶液,用力振摇1min,静置分层。若有过氧化物则放出游离碘,水层出现黄色(加几滴淀粉指示剂显蓝色),则证明有过氧化物存在,应另选乙醚或处理后再用。去除过氧化物的方法:将乙醚倒入蒸馏瓶中,加一段无锈铁丝或铝丝,收集重蒸馏乙醚。

五、食品中脂肪的测定——酸水解法

1. 原理

利用强酸在加热条件下将试样成分水解,使结合或包藏在组织内的脂肪游离出来,再用有机溶剂提取,经回收溶剂并干燥后,称量提取物质量即为试样中所含的游离及结合脂肪的总量。

2. 适用范围

GB/T 5009.6—2003 食品中脂肪的测定第二法。某些食品中,脂肪被包含在食品中组织内部,或与食品成分结合而成结合态脂类。如谷物等淀粉颗粒中的脂类,面条、焙烤食品等组织中包含脂类,用索氏提取法不能完全提取出来。必须用强酸将淀粉、蛋白质、纤维素水解，使脂类游离出来，再用有机溶剂提取。

酸水解法适用于各类食品总脂的测定，特别对于易吸潮、结块、难以干燥的食品应用本法测定效果较好，但此法不宜用于高糖类食品，因糖类遇强酸易炭化而影响测定结果。也不宜用于含较多磷脂的蛋及其制品、鱼类、贝类及其制品，不宜采用本法，因在盐酸溶液中加热时，磷脂几乎完全分解为脂肪酸和碱，使测定结果偏低。

3. 仪器

100mL 具塞刻度量筒。

恒温水浴锅。

4. 试剂

盐酸；95% 乙醇；乙醚（不含过氧化物）；石油醚（30～60℃沸程）。

5. 操作方法

（1）试样处理同索氏抽提法。固体试样：称取约 2.00g，置于 50mL 大试管内，加 8mL 水，混匀后再加 10mL 盐酸。液体试样：称取 10.00g，置于 50mL 大试管内，加 10mL 盐酸。

（2）将试管放入 70～80℃水浴中，每隔 5～10min 以玻璃棒搅拌一次，至试样消化完全为止，约 40～50min。

（3）取出试管，加入 10mL 乙醇，混合。冷却后将混合物移于 100mL 具塞量筒中，以 25mL 乙醚分次洗试管，一并倒入量筒中。待乙醚全部倒入量筒后，加塞振摇 1min，小心开塞放出气体，再塞好，静置 12min，小心开塞，并用石油醚－乙醚等量混合液冲洗塞及筒口附着的脂肪。静置 10～20min，待上部液体清晰，吸出上清液于已恒量的锥形瓶内，再加 5mL 乙醚于具塞量筒内，振摇静置后，仍将上层乙醚吸出，放入原锥形瓶内。将锥形瓶置水浴上蒸干，置（100±5）℃烘箱中干燥 2h，取出放干燥器内冷却 0.5h 后称量，重复以上操作直至恒重。

6. 结果计算同索氏抽提法

7. 说明

固体试样必须充分磨细，液体试样必须充分混匀以便充分水解。

开始加入 8mL 水是为防止加盐酸时干试样固化。水解后加入乙醇可使蛋白质沉淀，降低表面张力，促进脂肪球聚合，同进溶解一些碳水化合物如糖、有机酸等。后面用乙醚提取脂肪时因乙醇可溶于乙醚，故需加入石油醚，以降低乙醇在乙醚中的溶解度，使乙醇溶解物残留在水层，使分层清晰。

挥干溶液后残留物中若有黑色焦油状杂质，是分解物与水一同混入所致，会使测定值增大造成误差，可用等量的乙醚及石油溶解后，过滤，再次进行挥干溶剂的操作。

六、食品中脂肪的测定——氯仿－甲醇提取法

索氏抽提法对包含在组织内部的脂类及磷脂等不能完全提取出来，酸水解法常使磷脂因分解而损失。而在一定水分存在下，极性的甲醇及非极性的氯仿混合溶液却能有效地提取结合态的脂类，如脂蛋白、蛋白脂及磷脂，此法适合于鱼类、蛋类等结合脂多的试样脂类的测定。对于高水分生物试样更为有效，对于干燥试样可先在试样中加入一定量水分，使组织膨润再行提取。

1. 原理

将试样分散于氯仿－甲醇混合液中，于水浴上轻微沸腾，氯仿－甲醇混合液与一定的水

分形成提取脂类的有效溶剂，在使试样组织中结合态脂类游离出来的同时与磷脂等极性脂类亲合性增大，从而有效地提取出全部脂类。再经过滤除去非脂成分，然后回收溶剂，对于残留脂类要用石油醚提取、定量。

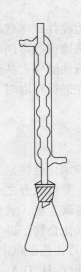

2. 仪器

具塞三角瓶。

电热恒温水浴锅（50~100℃）。

提取装置（如图3-3-2）。

布氏漏斗；过滤板直径40mm，容量60~100mL。

具塞离心管。

离心机（3000r/min）。

3. 试剂

氯仿。

甲醇。

氯仿-甲醇混合液（按2：1体积比混合）。

石油醚。

无水硫酸钠（在120~135℃烘箱中干燥1~2h）。

图3-3-2 抽提装置

4. 操作方法

（1）提取：准确称取均匀试样5g，置于200mL具塞三角瓶内（水分含量高的试样可加适量硅藻土使其分散，而干燥试样则要加入2~3mL水使组织膨润），加60mL氯仿-甲醇混合液，连接提取装置，于65℃水浴中加热，从微沸开始计时提取1h。

（2）回收溶剂：提取结束后，取下三角瓶，用布氏漏斗过滤，滤液收集于另一具塞三角瓶内，用40~50mL氯仿-甲醇混合液分次洗涤原三角瓶、过滤器及试样残渣，洗液并入滤液中，置于65~70℃水浴中蒸馏回收溶剂，至三角瓶内物料呈浓稠状（不能干涸），冷却。

（3）萃取、定量：用移液管向以上锥形瓶中加入25mL石油醚，再加入15g无水硫酸钠，立即加塞振摇1min，将醚层移入具塞离心管中，以3000r/min的速度离心5min。用移液管迅速吸取10mL离心管中澄清后的醚层于已恒重的称量瓶内，蒸发除去石油醚后于（100±5）℃的烘箱中干燥30min，置干燥器内冷却后称重。

5. 计算

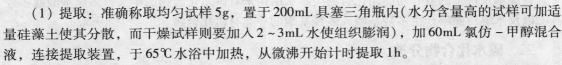

$$X = \frac{(m_2 - m_1) \times 2.5}{m} \times 100 \qquad (3-3-2)$$

式中　X——脂类的含量，g/100g；

m——试样质量，g；

m_2——称量瓶与脂类质量，g；

m_1——称量瓶质量，g；

2.5——从25mL石油醚中取10mL进行干燥，故乘以系数2.5。

6. 说明

过滤时不能使用滤纸，因为磷脂会被吸收到滤纸上。提取结束后，用玻璃过滤器过滤，再用溶剂洗涤烧瓶，每次5mL洗3次，然后用30mL洗涤残渣及滤器，洗涤残渣时可用玻璃棒一边搅拌试样残渣，一边用溶剂洗涤。

蒸馏回收溶剂时，回收至残留物尚具有一定的流动性，不能完全干涸，否则脂类难以溶解于石油醚中，从而致使结果偏低。所以，最好在残留有适量水分时停止蒸发。

在进行萃取时，无水硫酸钠必须在石油醚之后加入，以免影响石油醚对脂肪的溶解。

第四节 食品中碳水化合物的测定

碳水化合物是生物界三大物质之一，是自然界分布广泛、数量最多的有机化合物，是食品的主要组成分之一。碳水化合物也叫糖类。19 世纪化学家们发现碳水化合物中含有一定比例的碳、氢、氧元素，并且符合 $C_m(H_2O)_n$ 的结构，因此认为是碳和水化合而成，故取名为碳水化合物。进一步研究发现，有些符合这个结构式的化合物不是碳水化合物，如甲醛（CH_2O），乙酸（$C_2H_4O_2$），乳酸（$C_3H_6O_3$），而有些碳水化合物却不符合这一结构式，如脱氧核糖（$C_5H_{10}O_4$），鼠李糖（$C_6H_{12}O_5$），有些碳水化合物还含有氮、硫、磷等成分。显然碳水化合物这一名称并不确切，但由于沿用已久，约定俗成，就这样留用下来了。

一、碳水化合物的定义

碳水化合物又称糖类或醣，它是多羟基醛、多羟基酮以及它们的缩合物。因大多数糖类的分子式都可以用 $C_m(H_2O)_n$ 表示，所以习惯上称作碳水化合物。确切地说，碳水化合物属于含有羰基及羟基的复合功能团化合物类。从结构来看碳水化合物的定义：多羰基醛或多羟基酮以及水解后能够产生多羟基醛或多羟基酮的一类有机化合物。

二、碳水化合物分类

碳水化合物的分类方式很多，通常按结构性质分为：单糖、低聚糖和多糖：还原糖、非还原糖；可溶性糖、不溶性糖、转化糖等。

1. 按结构性质分类

（1）单糖：主要有葡萄糖、果糖、半乳糖，它们都是含有六个碳原子的多羟基醛或多羟基酮；为结晶性固体，极易溶解于水，微溶于乙醇，不溶于乙醚。水溶液具有甜味，并有旋光性，所以单糖都具有还原性，容易被一些氧化剂氧化，如 FOLIN 试剂等。

（2）双糖：由两分子单糖缩合而成，如乳糖和麦芽糖、蔗糖等。双糖的许多理化性质类似于单糖，但只有部分双糖具有还原性，如乳糖和麦芽糖等。凡具有还原性的单糖、双糖都称为还原糖。有的双糖如蔗糖不具有还原性，称非还原糖。蔗糖经水解后生成两分子单糖，具有还原性，水解过程中，旋光度由右变为左，这种旋光性质的变化称为转化，故蔗糖水解后得到的葡萄糖和果糖的混合物称为转化糖。

所有单糖和双糖都溶于水，又称溶解性糖。

（3）多糖：是由多个单糖分子缩合而成的大分子化合物，如淀粉、糊精、果胶、纤维素等。人体可以消化利用的多糖主要是淀粉(包括糊精)。

淀粉不溶于冷水、醇、醚等有机溶剂，不具有甜味，无还原性，但在酸或淀粉酶的作用下，可以分步水解，最后能得到具有还原性的葡萄糖。

低聚糖是指能被水解成 2~10 个单糖的糖类。如蔗糖、麦芽糖、棉子糖、水苏糖。

纤维素是由 $\beta-D$ 葡萄糖以 1，4 糖苷键相连而成，分子没有分支，一般由 9200~11300

个葡萄糖基组成，分子比淀粉大得多。纤维素不溶于水。人体不能利用食物中的纤维素。但纤维素能在有些微生物的作用下分解，如木霉、漆斑霉、黑曲霉、青霉、根霉等。

2. 根据酸溶解性的分类

根据在稀酸溶液中水解情况多糖又可分为：（1）营养性多糖（淀粉、糖原）；（2）构造性多糖（纤维素、半纤维素、木质素、果胶）

3. 根据营养分类

现代营养工作者根据营养将碳水化合物分为两大类：

（1）有效碳水化合物：对人体有营养（提供能量）性的称作有效碳水化合物。

（2）无效碳水化合物（膳食纤维）：指人们的消化系统或者消化系统中的酶不能消化、分解、吸收的物质，但是消化系统中的微生物能分解利用其中一部分。

对于膳食纤维近几年来人们研究得多。因为它直接关系到人体健康。比如，西方国家的人普遍比东方国家吃得细、精，也就是他们吃的纤维少，谷类食物较少，而动物性食品多，蛋白质、油脂等高，所以在他们国家得直肠癌的人较多。目前引起了他们的重视。最近他们有好多食品厂在面包中加一些膳食纤维（米糠、麸皮等），还专门将有些食品直接破碎，比如用小麦、玉米破碎后加工即可食。这样各种维生素没有破坏，对身体有好处。

另外还要考虑到粮谷碾磨加工精度时，即要达到一定精白度，还要注意尽量减少维生素的损失。并注意保持膳食中纤维素有一定数量。

4. 还原糖

可溶性糖种类较多，常见的有葡萄糖、果糖、麦芽糖和蔗糖。前三种糖的分子内都含有游离的具有还原性的半缩醛羟基，因此叫做还原性糖。蔗糖的分子内没有游离的半缩醛羟基，因此叫做非还原性糖，不具有还原性。

三、碳水化合物在人体中的重要性及其测定意义

碳水化合物是构成机体组织的主要成分，它还有一项很重要的生理功能，就是能促进消化道的运动，防止便秘，预防肠道肿瘤的发生。由于碳水化合物对人体具有多种重要的生理功能，所以在每日膳食中要摄入一定的碳水化合物。

对于新生婴儿来说是最理想的，例如乳糖，因为婴儿消化道内含有较多的乳糖酶，这种乳糖酶能把乳糖分解成葡萄糖和半乳糖，而半乳糖是构成婴儿脑神经的重要物质。如果用蔗糖代替乳糖，婴儿大脑发育受到影响。因此我国对婴儿专用乳粉中的乳糖有特别的要求；乳糖对于成年人来说，由于体内乳糖酶减少，乳糖不易被吸收。

糖是焙烤食品的主要成分之一。在焙烤食品中，糖与蛋白质发生美拉德反应，使焙烤制品产生金黄色的颜色。这种颜色可增加人们的食欲感，同时也增加了食品的色、香、味。

在生理方面，糖与蛋白质结合成糖蛋白，糖蛋白都是构成软骨、骨骼等结缔组织的基质成分。果蔬中的纤维素、果胶虽不能被消化机体利用、但可促进胃肠蠕动和消化。但它分泌有助于正常消化和排便功能。

四、可溶性糖类的提取与澄清

1. 糖类的提取

可溶性的游离单糖和低聚糖总称为糖类，如葡萄糖、蔗糖、麦芽糖、乳糖。常用的糖类

提取剂有水和乙醇的水溶液。

水糖类可用水作提取剂，温度为 40～50℃。如温度高时，将提出相当量的可溶性淀粉和糊精。水提取液中，除了糖类以外，还有蛋白质、氨基酸、多糖及色素等干扰物质，影响过滤时间，所以还需要进行提取液的澄清。通常糖类及其制品、水果及其制品用水作提取剂。用水作提取剂应注意：（1）温度过高：使可溶性淀粉及糊精提取出来。（2）酸性试样：酸性使糖水解（转化），所以酸性试样用碳酸钙中和后提取但应控制在中性。（3）萃取的液体：有酶活性时，同样是使糖水解，加二氯化汞可防止（二氯化汞可抑制酶活性）。

乙醇的水溶液糖类在乙醇浓度 70%～75%（体）具有一定溶解度，而淀粉、糊精形成沉淀，故对于含大量淀粉、糊精的试样宜用乙醇提取，若试样含水量较高，混合后的乙醇最终浓度应控制在上述范围。乙醇作提取液适用于含酶多的试样，这样避免糖被水解。乙醇的浓度 70%～80%。浓度过高，糖溶在乙醇中。用乙醇的目的，降低酶的作用，避免糖被酶水解。

2. 提取液的澄清

澄清试样经水或乙醇提取后，提取液中除含可溶糖外，还含有一些干扰物质，如单宁、色素、蛋白质、有机酸、氨基酸等，这些物质的存在使提取液带有色泽或呈现浑浊影响滴定终点，因此提取液均需要进行澄清处理，即加入澄清剂，使干扰物质沉淀而分离。

澄清剂要求：作为糖类提取液的澄清剂必须能够完全地除去干扰物质，不吸附糖类，也不改变糖类的理化性质；同时，残留在提取液中的澄清剂应不干扰分析测定或很容易除去。常用的澄清剂有以下几种。

（1）中性醋酸铅。能除去蛋白质、单宁、有机酸、果胶、还能凝聚其他胶体，作用可靠，不会使还原糖从溶液中沉淀出来，在室温下也不会形成可溶性糖。适用于植物性试样、浅色糖及糖浆制品、果蔬制品、焙烤制品等。缺点：脱色力差，不能用于深色糖液的澄清，否则加活性炭处理。

（2）碱性醋酸铅。能除去蛋白质、色素、有机酸，又能凝聚胶体，但它可形成较大的沉淀，可带走还原糖，特别是果糖，过量的碱性醋酸铅可因其碱度及铅糖的形成而改变糖类的旋光度，可用于深色的蔗糖溶液的澄清。缺点：沉淀颗粒大，可带走果糖。

（3）醋酸锌溶液和亚铁氰化钾溶液。它的澄清效果良好，生成的氰亚铁酸锌沉淀，可带走蛋白质，发生共同沉淀作用，适用于色泽较浅、富含蛋白质的提取液（如乳制品）的澄清，常用于沉淀蛋白质，对乳制品最理想。主要是生成的亚铁氰化锌（白色沉淀）与蛋白质共同沉淀。所以是动物性试样的沉淀剂。

（4）硫酸铜溶液和氢氧化钠溶液。二者合并使用生成氢氧化铜，沉淀蛋白质，可作为牛乳试样的澄清剂。

（5）氢氧化铝。能凝聚胶体，但对非胶态物质澄清效果不好，可用作较色溶液的澄清剂，或作为附加澄清剂。

（6）活性炭。能除去植物性试样的色素，但在脱色的过程中，伴随的蔗糖损失较大。

澄清剂的种类很多，性能也各不相同，应根据提取液的性质、干扰物质的种类、含量以及所采用的糖的测定方法，加以适当的选择。

在实际工作中避免使用过多的澄清剂，过量的澄清试剂会使分析结果出现失真的现象。使用铅盐作为澄清剂时，用量不宜过大，当试样溶液在测定过程进行加热时，铅与还原糖（果糖）反应，生成铅糖产生误差，使测得糖量降低。可加入除铅剂如草酸钾（K_2CrO_4）、草酸钠(Na_2CrO_4)、硫酸钠(Na_2SO_4)、磷酸氢二钠(Na_2HPO_4)等来减少误差,使用时可加少量固体即可。

五、食品中还原糖的测定

还原糖是指具有还原性的糖类,在糖类中葡萄糖分子中含有游离醛基;果糖分子中含有游离酮基;乳糖和麦芽糖分子中含有半缩醛羟基;因而都具有还原性,这些糖类统称为还原糖。其它双糖(如蔗糖)、三糖以及多糖(如糊精、淀粉),其本身不具还原性,但可以通过水解而生成相应的还原性单糖,通过测定水解液的还原糖含量就可以求得试样中相应糖类的含量,因此,还原糖是一般糖类定量的基础。

还原糖的测定目前主要采用直接滴定法及高锰酸钾滴定法。

1. 食品中还原糖的测定——直接滴定法

(1)原理。该法是 GB/T 5009.7—2008 食品中还原糖的测定第一法。试样经除去蛋白质后,在加热条件下,以次甲基蓝作指示剂,直接滴定已经标定过的碱性酒石酸铜溶液(用还原糖标准溶液标定碱性酒石酸铜溶液),还原糖将溶液中的二价铜还原成氧化亚铜。以后稍过量的还原糖使次甲蓝指示剂褪色,表示到达终点。根据试样溶液消耗体积,计算还原糖量。反应过程如下:

① 将一定量的碱性酒石酸铜甲液、乙液等量混合,甲液中的 $CuSO_4$ 与乙液中的 NaOH 反应立即生成天蓝色的氢氧化铜沉淀;$CuSO_4 + 2NaOH \longrightarrow Cu(OH)_2 \downarrow$(天蓝色)$+ Na_2SO_4$

② 天蓝色的氢氧化铜沉淀很快与乙液中的酒石酸钾钠反应,生成深蓝色的可溶性的酒石酸钾钠铜配合物。

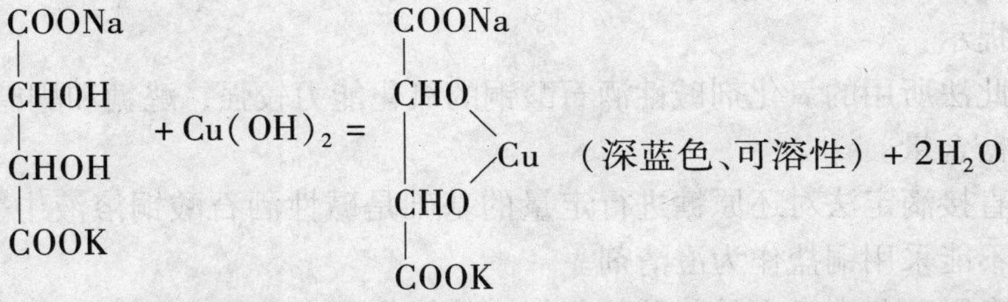

③ 在加热条件下,以次甲基蓝作为指示剂,用除蛋白质后的试样溶液进行滴定,试样溶液中的还原糖与酒石酸钾钠铜反应,生成红色的氧化亚铜沉淀。

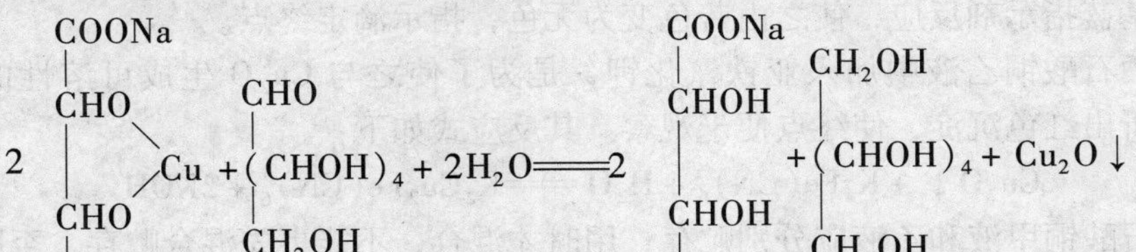

④ 待二价铜全部被还原后,稍过量的还原糖把次甲基蓝还原成为其隐色体,溶液蓝色消失,即为终点,根据试样溶液消耗量可计算还原糖含量。

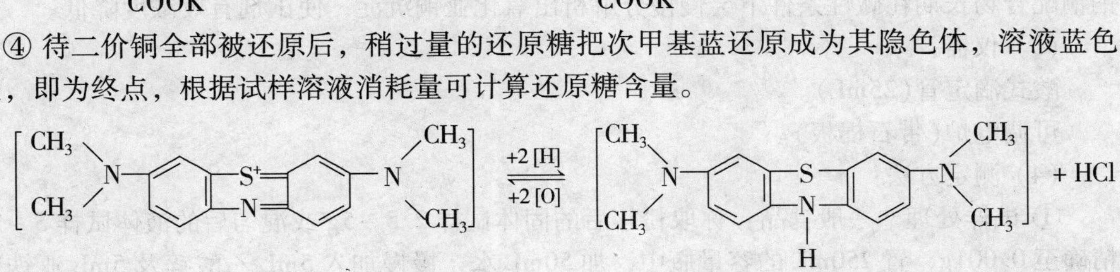

57

实际上，还原糖在碱性溶液中与硫酸铜的反应并不完全符合以上关系，还原糖在此反应条件下将产生降解，形成多种活性降解产物，其反应过程极为复杂，并非反应方程式中所反映的那么简单。在碱性及加热条件下还原糖将形成某些差向异构体的平衡体系。

（2）主要试剂：

盐酸。

碱性酒石酸铜甲液：取 15g 硫酸铜（$CuSO_4 \cdot 5H_2O$）及 0.05g 次甲基蓝，溶入水中并稀释至 1000mL。

碱性酒石酸铜乙液：称取 50g 酒石酸钾钠及 75g 氢氧化钠，溶于水中，再加入 4g 亚铁氰化钾，完全溶解后，用水稀释至 1000mL，贮存于橡胶塞玻璃瓶内。

乙酸锌溶液：称取 21.9g 乙酸锌，加 3mL 冰乙酸，加水溶解并稀释至 100mL。

亚铁氰化钾溶液：称取 10.6g 亚铁氰化钾，加水溶解并稀释至 100mL。

葡萄糖标准溶液：准确称取 1.000g 经过（96±2）℃ 干燥 2h 的纯葡萄糖，加水溶解后加入 5mL 盐酸，并以水稀释至 1000mL。此溶液每毫升相当于 1.0mg 葡萄糖。

果糖标准溶液：按葡萄糖标准溶液的配制操作，配制每毫升标准溶液相当于 1.0mg 的果糖。

乳糖标准溶液：按葡萄糖标准溶液的配制操作，配制每毫升标准溶液相当于 1.0mg 的乳糖（含水）。

转化糖标准溶液：准确称取 1.0526g 纯蔗糖，用 100mL 水溶解，置于具塞三角瓶中加 5mL 盐酸（1+1）在 68～70℃ 水浴中加热 15min，放置至室温定容至 1000mL，每毫升标准溶液相当于 1.0mg 转化糖。

提示：

此法所用的氧化剂碱性酒石酸铜的氧化能力较强，醛糖和酮糖都能被氧化，所测得是总还原糖含量。

直接滴定法对还原糖进行定量的基础是碱性酒石酸铜溶液中 Cu^{2+} 的量，所以，试样处理时不能采用铜盐作为澄清剂。

次甲基蓝本身也是一种氧化剂，其氧化型为蓝色，还原型为无色；但在测定条件下，它的氧化能力比 Cu^{2+} 弱，故还原糖先与 Cu^{2+} 反应，Cu^{2+} 完全反应后，稍微过量一点的还原糖才会与次甲基蓝指示剂反应，使之由蓝色变为无色，指示滴定终点。

在碱性酒石酸铜乙液中加入亚铁氰化钾，是为了使之与 Cu_2O 生成可溶性的无色络合物，而不再析出红色沉淀，使终点便于观察。其反应式如下：

$$Cu_2O \downarrow + K_4Fe(CN)_6 + H_2O \Longrightarrow K_2Cu_2Fe(CN)_6 + 2KOH$$

碱性酒石酸铜甲液和乙液应分别贮存，用时才混合，不能事先混合贮存。否则酒石酸钾钠铜配合物长期在碱性条件下会慢慢分解析出氧化亚铜沉淀，使试剂有效浓度降低。

（3）仪器：

酸式滴定管（25mL）。

可调电炉（带石棉板）。

（4）测定方法：

① 试样处理　一般食品：称取粉碎后的固体试样 2.5～5g 或混匀后的液体试样 5～25g，精确至 0.001g，置 250mL 的容量瓶中，加 50mL 水，慢慢加入 5mL 乙酸锌及 5mL 亚铁氰化钾溶液，加水至刻度，混匀，静置 30min，用干燥滤纸过滤，弃去初滤液，取续滤液备用。

酒精性饮料：称取约 100g 混匀后的试样，精确至 0.01g，置于蒸发皿中，用氢氧化钠（40g/L）溶液中和至中性，在水浴上蒸发至原体积的 1/4 后，移入 250mL 容量瓶中，慢慢加入 5mL 乙酸锌及 5mL 亚铁氰化钾溶液，加水至刻度，混匀，静置 30min，用干燥滤纸过滤，弃去初滤液，取续滤液备用。

含大量淀粉的食品：称取 10～20g 粉碎后或混匀后的试样，精确至 0.001g，置于 250mL 容量瓶中，加 200mL 水，在 45℃ 水浴中加热 1h，并时时振摇。冷后加水至刻度，混匀，静置、沉淀。吸取 200mL 上清液于另一 250mL 容量瓶中，慢慢加入 5mL 乙酸锌及 5mL 亚铁氰化钾溶液，加水至刻度，混匀，静置 30min，用干燥滤纸过滤，弃去初滤液，取续滤液备用。

碳酸类饮料：称取约 100g 混匀后的试样，精确至 0.01g，试样置于蒸发皿中，在水浴上微热搅拌除去二氧化碳后，移入 250mL 容量瓶中，并用水洗涤蒸发皿，洗液并入容量瓶中，再加水至刻度，混匀后，备用。

② 标定碱性酒石酸铜溶液　吸取 5.0mL 碱性酒石酸铜甲液及 5.0mL 碱性酒石酸铜乙液，置于 150mL 锥形瓶中，加水 10mL，加入玻璃珠 2 粒，从滴定管滴加约 9mL 葡萄糖或其他还原糖标准溶液，控制在 2min 内加热至沸，趁沸以每两秒 1 滴的速度继续滴加葡萄糖或其他还原糖标准溶液，直至溶液蓝色刚好褪去为终点，记录消耗葡萄糖标准溶液的总体积，同时平行操作三份，取其平均值，计算每 10mL（甲、乙液各 5mL）碱性酒石酸铜溶液相当于葡萄糖的质量或其他还原糖的质量（mg）。也可以按上述方法标定 4～20mL 碱性酒石酸铜溶液（甲、乙液各半）来适应试样中还原糖的浓度变化。

③ 试样溶液预测　吸取 5.0mL 碱性酒石酸铜甲液及 5.0mL 碱性酒石酸铜乙液，置于 150mL 锥形瓶中，加水 10mL，加入玻璃珠 2 粒，控制在 2min 内加热至沸，保持微沸以先快后慢的速度，从滴定管中滴加试样溶液，并保持溶液沸腾状态，待溶液颜色变浅时，以每两秒 1 滴的速度滴定，直至溶液蓝色刚好褪去为终点，记录样液消耗体积。当样液中还原糖浓度过高时，应适当稀释后再进行正式测定，使每次滴定消耗样液的体积控制在与标定碱性酒石酸铜溶液时消耗的还原糖标准溶液的体积相近，约 10mL 左右。当浓度过低时，则采取直接加入 10mL 试样液，免去加水 10mL，再用还原糖标准溶液滴定至终点，记录消耗还原糖标准溶液的体积。

④ 试样溶液测定　吸取 5.0mL 碱性酒石酸铜甲液及 5.0mL 碱性酒石酸铜乙液，置于 150mL 锥形瓶中，加水 10mL，加入玻璃珠 2 粒，从滴定管滴加比预测体积少 1mL 的试样溶液至锥形瓶中，使在 2min 内加热至沸，保持微沸继续以每两秒 1 滴的速度滴定，直至蓝色刚好褪去为终点，记录样液消耗体积，同法平行操作三份，得出平均消耗体积。

（5）结果计算：

试样中还原糖的含量（以某种还原糖计）为：

$$X = \frac{m_1}{m \times \frac{V}{V_0} \times 1000} \times 100 \qquad (3-4-1)$$

式中　X——试样中还原糖含量（以某种还原糖计），g/100g；

　　　m_1——碱性酒石酸铜溶液（甲、乙液各半）相当于某种还原糖的质量，mg；

　　　m——试样质量，g；

　　　V——测定时平均消耗试样溶液体积，mL；

　　　V_0——试样溶液总体积，mL。

注意：还原糖含量≥10g/100g 时计算结果保留三位有效数字，还原糖含量 <10g/100g 时计算结果保留二位有效数字。在重复性条件下获得的两次独立测定结果的绝对差值不得超过算术平均值的 10%。

（6）说明：

还原糖在碱性溶液中与硫酸铜的反应并不符合当量关系，还原糖在此反应条件下将产生降解，形成多种活性降解物，反应过程极为复杂，并非如反应中所反应的那么简单。在碱性及加热条件下，还原糖将形成某些差向异构体的平衡体系。如 D - 葡聚糖向 D - 甘露糖、D - 果糖转化，构成三种物质的平衡混合物，及一些烯醇式中间体，如 1，2 - 烯二醇、2，3 - 烯二醇、3，4 - 烯二醇等。这些中间体可进一步促进葡萄糖的异构化，同时可进一步降解形成活性降解物，从而构成了整个反应的平衡体系。其构成的组分及含量，与实验条件有关，如碱度、加热程度等。但实践证明，只要严格遵守实验条件，分析结果的准确度及精密度是可以满足分析要求的。

测定中反应液碱度、还原糖液浓度、滴定速度、热源强度及煮沸时间等都对测定精密度有很大影响。溶液碱度愈高，二价铜的还原愈快，因此必须严格控制反应的体积，使反应体系碱度一致。试样液中还原糖的浓度不宜过高或过低，根据预测试验结果，调节试样中还原糖的含量在 1mg/mL，与标准葡萄糖溶液的浓度相近；滴定速度过快，消耗糖量多，反之，消耗糖量少。煮沸时间短消耗糖多，反之，消耗糖液少；热源一般采用 800W 电炉，锥形瓶内反应液在 2min 内加热至沸腾。热源强度和煮沸时间应严格按照操作中规定的执行，否则，加热至煮沸时间不同，蒸发量不同，反应液的碱度也不同，从而影响反应的速度、反应进行的程度及最终测定的结果。滴定时，先将所需体积的绝大部分先加入至碱性酒石酸铜试剂中，使其充分反应，仅留 0.5 ~ 1mL 用滴定方式加入，而不是全部由滴定方式加入，其目的是使绝大多数试样溶液与碱性酒石酸铜在完全相同的条件下反应，减少因滴定操作带来的误差，提高测定精度。整个滴定过程一直保持沸腾状态。平行试验试样溶液的消耗量相差不应超过 0.1mL。

滴定终点蓝色褪去后，溶液呈现黄色，此后又重新变为蓝色，不应再进行滴定。因为亚甲蓝指示剂被糖还原后蓝色消失，当接触空气中的氧气后，被氧化重现蓝色。

还原糖与碱性酒石酸铜试剂反应速度较慢，必须在加热至沸的情况下进行滴定。为防止烧伤及便于滴定工作，可于管尖部加接一弯形尖管，并戴上手套操作。

碱性酒石酸铜甲液和乙液应分别配制，分别贮存，不能事先混合贮存。否则酒石酸钾钠铜配合物长期在碱性条件下会慢慢分解析出氧化亚铜沉淀，使试剂有效浓度降低。

2. 高锰酸钾滴定法

（1）原理：

该法是 GB/T 5009.7—2008 食品中还原糖的测定第二法。试样经除去蛋白质后，其中还原糖把铜盐还原为氧化亚铜，加硫酸铁后，氧化亚铜被氧化为铜盐，以高锰酸钾溶液滴定氧化作用后生成的亚铁盐，根据高锰酸钾消耗量，计算氧化亚铜的含量，再查表得还原糖量。

将一定量的试样溶液与过量的碱性酒石酸铜溶液反应，还原糖将 Cu^{2+} 还原为氧化亚铜，过滤后，得到氧化亚铜沉淀。向氧化亚铜沉淀中加入过量的酸性硫酸铁溶液，氧化亚铜被氧化溶解，而三价铁则被还原为亚铁盐。

$$Cu_2O + Fe_2(SO_4)_3 + H_2SO_4 \longrightarrow 2CuSO_4 + 2FeSO_4 + H_2O$$

再用高锰酸钾标准溶液滴定所生成的亚铁盐，根据高锰酸钾溶液消耗量可计算出氧化亚铜的量。再从检索表中查出与氧化亚铜量相当的还原糖量，即可计算出试样中还原糖含量。

$$10FeSO_4 + 2KMnO_4 + 8H_2SO_4 \longrightarrow 5Fe_2(SO_4)_3 + 2MnSO_4 + K_2SO_4 + 8H_2O$$

（2）仪器：

25mL 古氏坩埚或 G4 垂融坩埚。

真空泵或水泵。

（3）主要试剂：

碱性酒石酸铜甲液：称取 34.639g 硫酸铜（$CuSO_4 \cdot 5H_2O$），加适量水溶解，加 0.5mL 硫酸，再加水稀释至 500mL，用精制石棉过滤。

碱性酒石酸铜乙液：称取 173g 酒石酸钾钠与 50g 氢氧化钠，加适量水溶解，并稀释至 500mL，用精制石棉过滤，贮存于橡胶塞玻璃瓶内。

精制石棉：取石棉先用盐酸（3mol/L）浸泡 2～3d，用水洗净，再加氢氧化钠溶液（400g/L）浸泡 2～3d，倒去溶液，再用热碱性酒石酸铜乙液浸泡数小时，用水洗净。再以盐酸（3mol/L）浸泡数小时，以水洗至不呈酸性。然后加水振摇，使成微细的浆状软纤维，用水浸泡并贮存于玻璃瓶中，即可用作填充古氏坩埚用。

高锰酸钾标准溶液 $c(1/5KMnO_4) = 0.1000mol/L$。

氢氧化钠溶液（40g/L）：称取 4g 氢氧化钠，加水溶解并稀释至 100mL。

硫酸铁溶液（50g/L）：称取 50g 硫酸铁，加入 200mL 水溶解后，慢慢加入 100mL 硫酸，冷后加水稀释至 1000mL。

盐酸（3mol/L）：量取 30mL 盐酸，加水稀释至 120mL。

（4）操作方法：

i. 试样处理　一般食品：称取粉碎后的固体试样约 2.5～5g 或混匀后的液体试样 25～50g，精确至 0.001g，置于 250mL 容量瓶中，加 50mL 水，摇匀后加 10mL 碱性酒石酸铜甲液及 4mL 氢氧化钠溶液（40g/L），加水至刻度，混匀。静置 30min，用干燥滤纸过滤，弃去初滤液，取续滤液备用。

酒精性饮料：称取约 100g 混匀后的试样，精确至 0.01g，置于蒸发皿中，用氢氧化钠溶液（40g/L）中和至中性，在水浴上蒸发至原体积的 1/4 后，移入 250mL 容量瓶中。加 50mL 水，混匀。加 10mL 碱性酒石酸铜甲液及 4mL 氢氧化钠溶液（40g/L），加水至刻度，混匀。静置 30min，用干燥滤纸过滤，弃去初滤液，取续滤液备用。

含大量淀粉的食品：称取 10～20g 粉碎或混匀后的试样，精确至 0.001g，置于 250mL 容量瓶中，加 200mL 水，在 45℃ 水浴中加热 1h，并时时振摇。冷后加水至刻度，混匀，静置。吸取 200mL 上清液置于另一 250mL 容量瓶中，加 10mL 碱性酒石酸铜甲液及 4mL 氢氧化钠溶液（40g/L），加水至刻度，混匀。静置 30min，用干燥滤纸过滤，弃去初滤液，取续滤液备用。

碳酸类饮料：吸取 100g 混匀后的试样，精确至 0.1g，试样置于蒸发皿中，在水浴上除去二氧化碳后，移入 250mL 容量瓶中，并用水洗涤蒸发皿，洗液并入容量瓶中，再加水至刻度，混匀后备用。

ii. 测定

吸取 50.00mL 处理后的试样溶液，于 400mL 烧杯内，加入 25mL 碱性酒石酸铜甲液及 25mL 乙液，于烧杯上盖一表面皿，加热，控制在 4min 内沸腾，再准确煮沸 2min，趁热用铺好石棉的古氏坩埚或 G4 垂融坩埚抽滤，并用 60℃ 热水洗涤烧杯及沉淀，至洗液不呈碱性为止。将古氏坩埚或垂融坩埚放回原 400mL 烧杯中，加 25mL 硫酸铁溶液及 25mL 水，用玻璃棒搅拌使氧化亚铜完全溶解，以高锰酸钾标准溶液 $[c(1/5KMnO_4)=0.1000mol/L]$ 滴定至微红色为终点。

同时吸取 50mL 水，加入与测定试样时相同量的碱性酒石酸铜甲液、乙液，硫酸铁溶液及水，按同一方法做空白试验。

（5）结果计算：

试样中还原糖质量相当于氧化亚铜的质量，按下式进行计算。

$$X = (V - V_0) \times c \times 71.54 \tag{3-4-2}$$

式中　X——试样中还原糖质量相当于氧化亚铜质量，mg；

　　　V——用试样液消耗高锰酸钾标准溶液的体积，mL；

　　　V_0——空白消耗高锰酸钾标准溶液的体积，mL；

　　　c——高锰酸钾标准溶液的实际浓度，mol/L；

71.54——每 1mL 高锰酸钾标准溶液（0.1mol/L）相当于氧化亚铜的质量，mg。

根据上式计算所得氧化亚铜质量，查表 3-4-1 相当于氧化亚铜质量的葡萄糖、果糖、乳糖、转化糖的质量表，再计算试样中还原糖含量，按下式进行计算。

$$X = \frac{A}{m \times \dfrac{V}{250} \times 1000} \times 100 \tag{3-4-3}$$

式中　X——中还原糖的含量，g/100g；

　　　A——得还原糖的质量，mg；

　　　m——质量或体积，g 或 mL；

　　　V——用试样溶液的体积，mL；

250——处理后的总体积，mL。

还原糖含量 ≥10g/100g 时计算结果保留三位有效数字，还原糖含量 <10g/100g 时计算结果保留二位有效数字。在重复性条件下获得的两次独立测定结果的绝对差值不得超过算术平均值的 10%。

表 3-4-1　相当于氧化亚铜质量的葡萄糖、果糖、乳糖、转化糖质量表　　mg

氧化亚铜	葡萄糖	果糖	乳糖（含水）	转化糖	氧化亚铜	葡萄糖	果糖	乳糖（含水）	转化糖
11.3	4.6	5.1	7.7	5.2	33.8	14.3	15.8	23.0	15.3
12.4	5.1	5.6	8.5	5.7	34.9	14.8	16.3	23.8	15.8
13.5	5.6	6.1	9.3	6.2	36.0	15.3	16.8	24.5	16.3
14.6	6.0	6.7	10.0	6.7	37.2	15.7	17.4	25.3	16.8
15.8	6.5	7.2	10.8	7.2	38.3	16.2	17.9	26.1	17.3
16.9	7.0	7.7	11.5	7.7	39.4	16.7	18.4	26.8	17.8
18.0	7.5	8.3	12.3	8.2	40.5	17.2	19.0	27.6	18.3
19.1	8.0	8.8	13.1	8.7	41.7	17.7	19.5	28.4	18.9
20.3	8.5	9.3	13.8	9.2	42.8	18.2	20.1	29.1	19.4

氧化亚铜	葡萄糖	果糖	乳糖（含水）	转化糖	氧化亚铜	葡萄糖	果糖	乳糖（含水）	转化糖
21.4	8.9	9.9	14.6	9.7	43.9	18.7	20.6	29.9	19.9
22.5	9.4	10.4	15.4	10.2	45.0	19.2	21.1	30.6	20.4
23.6	9.9	10.9	16.1	10.7	46.2	19.7	21.7	31.4	20.9
24.8	10.4	11.5	16.9	11.2	47.3	20.1	22.2	32.2	21.4
25.9	10.9	12.0	17.7	11.7	48.4	20.6	22.8	32.9	21.9
27.0	11.4	12.5	18.4	12.3	49.5	21.1	23.3	33.7	22.4
28.1	11.9	13.1	19.2	12.8	50.7	21.6	23.8	34.5	22.9
29.3	12.3	13.6	19.9	13.3	51.8	22.1	24.4	35.2	23.5
30.4	12.8	14.2	20.7	13.8	52.9	22.6	24.9	36.0	24.0
31.5	13.3	14.7	21.5	14.3	54.0	23.1	25.4	36.8	24.5
32.6	13.8	15.2	22.2	14.8	55.2	23.6	26.0	37.5	25.0
56.3	24.1	26.5	38.3	25.5	112.6	49.0	53.8	76.7	51.5
57.4	24.6	27.1	39.1	26.0	113.7	49.5	54.4	77.4	52.0
58.5	25.1	27.6	39.8	26.5	114.8	50.0	54.9	78.2	52.5
59.7	25.6	28.2	40.6	27.0	116.0	50.6	55.5	79.0	53.0
60.8	26.1	28.7	41.4	27.6	117.1	51.1	56.0	79.7	53.6
61.9	26.5	29.2	42.1	28.1	118.2	51.6	56.6	80.5	54.1
63.0	27.0	29.8	42.9	28.6	119.3	52.1	57.1	81.3	54.6
64.2	27.5	30.3	43.7	29.1	120.5	52.6	57.7	82.1	55.2
65.3	28.0	30.9	44.4	29.6	121.6	53.1	58.2	82.8	55.7
66.4	28.5	31.4	45.2	30.1	122.7	53.6	58.8	83.6	56.2
67.6	29.0	31.9	46.0	30.6	123.8	54.1	59.3	84.4	56.7
68.7	29.5	32.5	46.7	31.2	125.0	54.6	59.9	85.1	57.3
69.8	30.0	33.0	47.5	31.7	126.1	55.1	60.4	85.9	57.8
70.9	30.5	33.6	48.3	32.2	127.2	55.6	61.0	86.7	58.3
72.1	31.0	34.1	49.0	32.7	128.3	56.1	61.6	87.4	58.9
73.2	31.5	34.7	49.8	33.2	129.5	56.7	62.1	88.2	59.4
74.3	32.0	35.2	50.6	33.7	130.6	57.2	62.7	89.0	59.9
75.4	32.5	35.8	51.3	34.3	131.7	57.7	63.2	89.8	60.4
76.6	33.0	36.3	52.1	34.8	132.8	58.2	63.8	90.5	61.0
77.7	33.5	36.8	52.9	35.3	134.0	58.7	64.3	91.3	61.5
78.8	34.0	37.4	53.6	35.8	135.1	59.2	64.9	92.1	62.0
79.9	34.5	37.9	54.4	36.3	136.2	59.7	65.4	92.8	62.6
81.1	35.0	38.5	55.2	36.8	137.4	60.2	66.0	93.6	63.1
82.2	35.5	39.0	55.9	37.4	138.5	60.7	66.5	94.4	63.6
83.3	36.0	39.6	56.7	37.9	139.6	61.3	67.1	95.2	64.2

氧化亚铜	葡萄糖	果糖	乳糖（含水）	转化糖	氧化亚铜	葡萄糖	果糖	乳糖（含水）	转化糖
84.4	36.5	40.1	57.5	38.4	140.7	61.8	67.7	95.9	64.7
85.6	37.0	40.7	58.2	38.9	141.9	62.3	68.2	96.7	65.2
86.7	37.5	41.2	59.0	39.4	143.0	62.8	68.8	97.5	65.8
87.8	38.0	41.7	59.8	40.0	144.1	63.3	69.3	98.2	66.3
88.9	38.5	42.3	60.5	40.5	145.2	63.8	69.9	99.0	66.8
90.1	39.0	42.8	61.3	41.0	146.4	64.3	70.4	99.8	67.4
91.2	39.5	43.4	62.1	41.5	147.5	64.9	71.0	100.6	67.9
92.3	40.0	43.9	62.8	42.0	148.6	65.4	71.6	101.3	68.4
93.4	40.5	44.5	63.6	42.6	149.7	65.9	72.1	102.1	69.0
94.6	41.0	45.0	64.4	43.1	150.9	66.4	72.7	102.9	69.5
95.7	41.5	45.6	65.1	43.6	152.0	66.9	73.2	103.6	70.0
96.8	42.0	46.1	65.9	44.1	153.1	67.4	73.8	104.4	70.6
97.9	42.5	46.7	66.7	44.7	154.2	68.0	74.3	105.2	71.1
99.1	43.0	47.2	67.4	45.2	155.4	68.5	74.9	106.0	71.6
100.2	43.5	47.8	68.2	45.7	156.5	69.0	75.5	106.7	72.2
101.3	44.0	48.3	69.0	46.2	157.6	69.5	76.0	107.5	72.7
102.5	44.5	48.9	69.7	46.7	158.7	70.0	76.6	108.3	73.2
103.6	45.0	49.4	70.5	47.3	159.9	70.5	77.1	109.0	73.8
104.7	45.5	50.0	71.3	47.8	161.0	71.1	77.7	109.8	74.3
105.8	46.0	50.5	72.1	48.3	162.1	71.6	78.3	110.6	74.9
107.0	46.5	51.1	72.8	48.8	163.2	72.1	78.8	111.4	75.4
108.1	47.0	51.6	73.6	49.4	164.4	72.6	79.4	112.1	75.9
109.2	47.5	52.2	74.4	49.9	165.5	73.1	80.0	112.9	76.5
110.3	48.0	52.7	75.1	50.4	166.6	73.7	80.5	113.7	77.0
111.5	48.5	53.3	75.9	50.9	167.8	74.2	81.1	114.4	77.6
168.9	74.7	81.6	115.2	78.1	225.2	101.1	110.0	153.9	105.4
170.0	75.2	82.2	116.0	78.6	226.3	101.6	110.6	154.7	106.0
171.1	75.7	82.8	116.8	79.2	227.4	102.2	111.1	155.5	106.5
172.3	76.3	83.3	117.5	79.7	228.5	102.7	111.7	156.3	107.1
173.4	76.8	83.9	118.3	80.3	229.7	103.2	112.3	157.0	107.6
174.5	77.3	84.4	119.1	80.8	230.8	103.8	112.9	157.8	108.2
175.6	77.8	85.0	119.9	81.3	231.9	104.3	113.4	158.6	108.7
176.8	78.3	85.6	120.6	81.9	233.1	104.8	114.0	159.4	109.3
177.9	78.9	86.1	121.4	82.4	234.2	105.4	114.6	160.2	109.8
179.0	79.4	86.7	122.2	83.0	235.3	105.9	115.2	160.9	110.4
180.1	79.9	87.3	122.9	83.5	236.4	106.5	115.7	161.7	110.9

氧化亚铜	葡萄糖	果糖	乳糖（含水）	转化糖	氧化亚铜	葡萄糖	果糖	乳糖（含水）	转化糖
181.3	80.4	87.8	123.7	84.0	237.6	107.0	116.3	162.5	111.5
182.4	81.0	88.4	124.5	84.6	238.7	107.5	116.9	163.3	112.1
183.5	81.5	89.0	125.3	85.1	239.8	108.1	117.5	164.0	112.6
184.5	82.0	89.5	126.0	85.7	240.9	108.6	118.0	164.8	113.2
185.8	82.5	90.1	126.8	86.2	242.1	109.2	118.6	165.6	113.7
186.9	83.1	90.6	127.6	86.8	243.1	109.7	119.2	166.4	114.3
188.0	83.6	91.2	128.4	87.3	244.3	110.2	119.8	167.1	114.9
189.1	84.1	91.8	129.1	87.8	245.4	110.8	120.3	167.9	115.4
190.3	84.6	92.3	129.9	88.4	246.6	111.3	120.9	168.7	116.0
191.4	85.2	92.9	130.7	88.9	247.7	111.9	121.5	169.5	116.5
192.5	85.7	93.5	131.5	89.5	248.8	112.4	122.1	170.3	117.1
193.6	86.2	94.0	132.2	90.0	249.9	112.9	122.6	171.0	117.6
194.8	86.7	94.6	133.0	90.6	251.1	113.5	123.2	171.8	118.2
195.9	87.3	95.2	133.8	91.1	252.2	114.0	123.8	172.6	118.8
197.0	87.8	95.7	134.6	91.7	253.3	114.6	124.4	173.4	119.3
198.1	88.3	96.3	135.3	92.2	254.4	115.1	125.0	174.2	119.9
199.3	88.9	96.9	136.1	92.8	255.6	115.7	125.5	174.9	120.4
200.4	89.4	97.4	136.9	93.3	256.7	116.2	126.1	175.7	121.0
201.5	89.9	98.0	137.7	93.8	257.8	116.7	126.7	176.5	121.6
202.7	90.4	98.6	138.4	94.4	258.9	117.3	127.3	177.3	122.1
203.8	91.0	99.2	139.2	94.9	260.1	117.8	127.9	178.1	122.7
204.9	91.5	99.7	140.0	95.5	261.2	118.4	128.4	178.8	123.3
206.0	92.0	100.3	140.8	96.0	262.3	118.9	129.0	179.6	123.8
207.2	92.6	100.9	141.5	96.6	263.4	119.5	129.6	180.4	124.4
208.3	93.1	101.4	142.3	97.1	264.6	120.0	130.2	181.2	124.9
209.4	93.6	102.0	143.1	97.7	265.7	120.6	130.8	181.9	125.5
210.5	94.2	102.6	143.9	98.2	266.8	121.1	131.3	182.7	126.1
211.7	94.7	103.1	144.6	98.8	268.0	121.7	131.9	183.5	126.6
212.8	95.2	103.7	145.4	99.3	269.1	122.2	132.5	184.3	127.2
213.9	95.7	104.3	146.2	99.9	270.2	122.7	133.1	185.1	127.8
215.0	96.3	104.8	147.0	100.4	271.3	123.3	133.7	185.8	128.3
216.2	96.8	105.4	147.7	101.0	272.5	123.8	134.2	186.6	128.9
217.3	97.3	106.0	148.5	101.5	273.6	124.4	134.8	187.4	129.5
218.4	97.9	106.6	149.3	102.1	274.7	124.9	135.4	188.2	130.0
219.5	98.4	107.1	150.1	102.6	275.8	125.5	136.0	189.0	130.6
220.7	98.9	107.7	150.8	103.2	277.0	126.0	136.6	189.7	131.2

氧化亚铜	葡萄糖	果糖	乳糖（含水）	转化糖	氧化亚铜	葡萄糖	果糖	乳糖（含水）	转化糖
221.8	99.5	108.3	151.6	103.7	278.1	126.6	137.2	190.5	131.7
222.9	100.0	108.8	152.4	104.3	279.2	127.1	137.7	191.3	132.3
224.0	100.5	109.4	153.2	104.8	280.3	127.7	138.3	192.1	132.9
281.5	128.2	138.9	192.9	133.4	337.8	156.2	168.4	232.0	162.2
282.6	128.8	139.5	193.6	134.0	338.9	156.8	169.0	232.7	162.8
283.7	129.3	140.1	194.4	134.6	340.0	157.3	169.6	233.5	163.4
284.8	129.9	140.7	195.2	135.1	341.1	157.9	170.2	234.3	164.0
286.0	130.4	141.3	196.0	135.7	342.3	158.5	170.8	235.1	164.5
287.1	131.0	141.8	196.8	136.3	343.4	159.0	171.4	235.9	165.1
288.2	131.6	142.4	197.5	136.8	344.5	159.6	172.0	236.7	165.7
289.3	132.1	143.0	198.3	137.4	345.6	160.2	172.6	237.4	166.3
290.5	132.7	143.6	199.1	138.0	346.8	160.7	173.2	238.2	166.9
291.6	133.2	144.2	199.9	138.6	347.9	161.3	173.8	239.0	167.5
292.7	133.8	144.8	200.7	139.1	349.0	161.9	174.4	239.8	168.0
293.8	134.3	145.4	201.4	139.7	350.1	162.5	175.0	240.6	168.6
295.0	134.9	145.9	202.2	140.3	351.3	163.0	175.6	241.4	169.2
296.1	135.4	146.5	203.0	140.8	352.4	163.6	176.2	242.2	169.8
297.2	136.0	147.1	203.8	141.4	353.5	164.2	176.8	243.0	170.4
298.3	136.5	147.7	204.6	142.0	354.6	164.7	177.4	243.7	171.0
299.5	137.1	148.3	205.3	142.6	355.8	165.3	178.0	244.5	171.6
300.6	137.7	148.9	206.1	143.1	356.9	165.9	178.6	245.3	172.2
301.7	138.2	149.5	206.9	143.7	358.0	166.5	179.2	246.1	172.8
302.9	138.8	150.1	207.7	144.3	359.1	167.0	179.8	246.9	173.3
304.0	139.3	150.6	208.5	144.8	360.3	167.6	180.4	247.7	173.9
305.1	139.9	151.2	209.2	145.4	361.4	168.2	181.0	248.5	174.5
306.2	140.4	151.8	210.0	146.0	362.5	168.8	181.6	249.2	175.1
307.4	141.0	152.4	210.8	146.6	363.6	169.3	182.2	250.0	175.7
308.5	141.6	153.0	211.6	147.1	364.8	169.9	182.8	250.8	176.3
309.6	142.1	153.6	212.4	147.7	365.9	170.5	183.4	251.6	176.9
310.7	142.7	154.2	213.2	148.3	367.0	171.1	184.0	252.4	177.5
311.9	143.2	154.8	214.0	148.9	368.2	171.6	184.6	253.2	178.1
313.0	143.8	155.4	214.7	149.4	369.3	172.2	185.2	253.9	178.7
314.1	144.4	156.0	215.5	150.0	370.4	172.8	185.8	254.7	179.2
315.2	144.9	156.5	216.3	150.6	371.5	173.4	186.4	255.5	179.8
316.4	145.5	157.1	217.1	151.2	372.7	173.9	187.0	256.3	180.4
317.5	146.0	157.7	217.9	151.8	373.8	174.5	187.6	257.1	181.0

氧化亚铜	葡萄糖	果糖	乳糖（含水）	转化糖	氧化亚铜	葡萄糖	果糖	乳糖（含水）	转化糖
318.6	146.6	158.3	218.7	152.3	374.9	175.1	188.2	257.9	181.6
319.7	147.2	158.9	219.4	152.9	376.0	175.7	188.8	258.7	182.2
320.9	147.7	159.5	220.2	153.5	377.2	176.3	189.4	259.4	182.8
322.0	148.3	160.1	221.0	154.1	378.3	176.8	190.1	260.2	183.4
323.1	148.8	160.7	221.8	154.6	379.4	177.4	190.7	261.0	184.0
324.2	149.4	161.3	222.6	155.2	380.5	178.0	191.3	261.8	184.6
325.4	150.0	161.9	223.3	155.8	381.7	178.6	191.9	262.6	185.2
326.5	150.5	162.5	224.1	156.4	382.8	179.2	192.5	263.4	185.8
327.6	151.1	163.1	224.9	157.0	383.9	179.7	193.1	264.2	186.4
328.7	151.7	163.7	225.7	157.5	385.0	180.3	193.7	265.0	187.0
329.9	152.2	164.3	226.5	158.1	386.2	180.9	194.3	265.8	187.6
331.0	152.8	164.9	227.3	158.7	387.3	181.5	194.9	266.6	188.2
332.1	153.4	165.4	228.0	159.3	388.4	182.1	195.5	267.4	188.8
333.3	153.9	166.0	228.8	159.9	389.5	182.7	196.1	268.1	189.4
334.4	154.5	166.6	229.6	160.5	390.7	183.2	196.7	268.9	190.0
335.5	155.1	167.2	230.4	161.0	391.8	183.8	197.3	269.7	190.6
336.6	155.6	167.8	231.2	161.6	392.9	184.4	197.9	270.5	191.2
394.0	185.0	198.5	271.3	191.8	442.5	210.5	225.1	305.4	217.9
395.2	185.6	199.2	272.1	192.4	443.6	211.1	225.7	306.2	218.5
396.3	186.2	199.8	272.9	193.0	444.7	211.7	226.3	307.0	219.1
397.4	186.8	200.4	273.7	193.6	445.8	212.3	226.9	307.8	219.8
398.5	187.3	201.0	274.4	194.2	447.0	212.9	227.6	308.6	220.4
399.7	187.9	201.6	275.2	194.8	448.1	213.5	228.2	309.4	221.0
400.8	188.5	202.2	276.0	195.4	449.2	214.1	228.8	310.2	221.6
401.9	189.1	202.8	276.8	196.0	450.3	214.7	229.4	311.0	222.2
403.1	189.7	203.4	277.6	196.6	451.5	215.3	230.1	311.8	222.9
404.2	190.3	204.0	278.4	197.2	452.6	215.9	230.7	312.6	223.5
405.3	190.9	204.7	279.2	197.8	453.7	216.5	231.3	313.4	224.1
406.4	191.5	205.3	280.0	198.4	454.8	217.1	232.0	314.2	224.7
407.6	192.0	205.9	280.8	199.0	456.0	217.8	232.6	315.0	225.4
408.7	192.6	206.5	281.6	199.6	457.1	218.4	233.2	315.9	226.0
409.8	193.2	207.1	282.4	200.2	458.2	219.0	233.9	316.7	226.6
410.9	193.8	207.7	283.2	200.8	459.3	219.6	234.5	317.5	227.2
412.1	194.4	208.3	284.0	201.4	460.5	220.2	235.1	318.3	227.9
413.2	195.0	209.0	284.8	202.0	461.6	220.8	235.8	319.1	228.5
414.3	195.6	209.6	285.6	202.6	462.7	221.4	236.4	319.9	229.1

氧化亚铜	葡萄糖	果糖	乳糖（含水）	转化糖	氧化亚铜	葡萄糖	果糖	乳糖（含水）	转化糖
415.4	196.2	210.2	286.3	203.2	463.8	222.0	237.1	320.7	229.7
416.6	196.8	210.8	287.1	203.8	465.0	222.6	237.7	321.6	230.4
417.7	197.4	211.4	287.9	204.4	466.1	223.3	238.4	322.4	231.0
418.8	198.0	212.0	288.7	205.0	467.2	223.9	239.0	323.2	231.7
419.9	198.5	212.6	289.5	205.7	468.4	224.5	239.0	324.0	232.3
421.1	199.1	213.3	290.3	206.3	469.5	225.1	240.3	324.9	232.9
422.2	199.7	213.9	291.1	206.9	470.6	225.7	241.0	325.7	233.6
423.3	200.3	214.5	291.9	207.5	471.7	226.3	241.6	326.5	234.2
424.4	200.9	215.1	292.7	208.1	472.9	227.0	242.2	327.4	234.8
425.6	201.5	215.7	293.5	208.7	474.0	227.6	242.9	328.2	235.5
426.7	202.1	216.3	294.3	209.3	475.1	228.2	243.6	329.1	236.1
427.8	202.7	217.0	295.0	209.9	476.2	228.8	244.3	329.9	236.8
428.9	203.3	217.6	295.8	210.5	477.4	229.5	244.9	330.8	237.5
430.1	203.9	218.2	296.6	211.1	478.5	230.1	245.6	331.7	238.1
431.2	204.5	218.8	297.4	211.8	479.6	230.7	246.3	332.6	238.8
432.3	205.1	219.5	298.2	212.4	480.7	231.4	247.0	333.4	239.5
433.5	205.1	220.1	299.0	213.0	481.9	232.0	247.8	334.4	240.2
434.6	206.3	220.7	299.8	213.6	483.0	232.7	248.5	335.3	240.8
435.7	206.9	221.3	300.6	214.2	484.1	233.3	249.2	336.3	241.5
436.8	207.5	221.9	310.4	214.8	485.2	234.0	250.0	337.3	242.3
438.0	208.1	222.6	302.2	215.4	486.4	234.7	250.8	338.3	243.0
439.1	208.7	232.2	303.0	216.0	487.5	235.3	251.6	339.4	243.8
440.2	209.3	223.8	303.8	216.7	488.6	236.1	252.7	340.7	244.7
441.3	209.9	224.4	304.6	217.4	489.7	236.9	253.7	342.0	245.8

（6）说明：

此法以高锰酸钾滴定反应过程中产生的定量的硫酸亚铁为结果计算的依据，因此，在试样处理时，不能用乙酸锌和亚铁氰化钾作为糖液的澄清剂，以免引入 Fe^{2+}，造成误差。

测定时必须严格按规定的操作条件进行，必须使加热至沸腾时间及保持沸腾时间严格保持一致。即必须控制好热源强度，保证在加入碱性酒石酸铜甲、乙液后，在 4min 内加热至沸，并使每次测定的沸腾时间保持一致，否则误差较大。

此法所用碱性酒石酸铜溶液是过量的，即保证把所有的还原糖全部氧化后，还有过剩的 Cu^{2+} 存在，所以，煮沸后的反应液应呈蓝色。如煮沸过程中如发现溶液蓝色消失，说明糖液浓度过高，应减少试样溶液取用体积，重新操作，不能增加酒石酸铜甲、乙液用量。

试样中既有单糖又有麦芽糖或乳糖时，还原糖测定结果偏低，主要是由于麦芽糖、乳糖分子量大，只有一个还原糖所致。

抽滤时要防止氧化亚铜沉淀暴露在空气中，应使沉淀始终在液面以下，以免被氧化。

本法适用于各类食品中还原糖的测定，有色试样溶液也不受限制。此法的准确度高，重现性好，准确度和重现性都优于上述的直接滴定法，但操作复杂、费时。

垂融滤器又称玻砂滤器，是利用玻璃粉末烧结制成多孔性滤片，再焊接在具有相同或相似膨胀系数的玻壳或玻管上。按滤片平均孔径大小分为六个号，用以过滤不同的沉淀物。

六、食品中葡萄糖的测定方法

食品中葡萄糖的测定方法，一般采用菲林氏溶液氧化还原滴定法。此法虽沿用已久，但测定结果只是近似值。因使用菲林氏溶液滴定葡萄糖（还原糖）时，其他具有还原能力的单糖会干扰测定结果。采用酶 – 比色法是在国内、外文献的基础上，经过反复实验、验证而制定的。酶 – 比色法使用的葡萄糖氧化酶（GOD）具有专一性，只能催化葡萄糖水溶液中的 β – D – 葡萄糖起反应（被氧化），因此测定结果是真实值。

酶 – 比色法测定食品中葡萄糖的方法，适用于各类食品中葡萄糖的测定；亦适用于食品中其他组分转化为葡萄糖的测定。最低检出限量为 $0.01\mu g$（葡萄糖）/mL（试液）。

1. 原理和方法

葡萄糖氧化酶（GOD）在有氧条件下，催化 β – D – 葡萄糖（葡萄糖水溶液状态）氧化，生成 D – 葡萄糖酸 – δ – 内酯和过氧化氢。受过氧化物酶（POD）催化，过氧化氢与 4 – 氨基安替比林和苯酚生成红色醌亚胺。在波长 505nm 处测定醌亚胺的吸光度，计算食品中葡萄糖的含量。

2. 试剂

（1）组合试剂盒：

1 号瓶：内含 0.2mol/L 磷酸盐缓冲溶液（pH = 7.0）100mL，其中 4 – 氨基安替比林为 0.00154mol/L；

2 号瓶：内含 0.022mol/L 苯酚溶液 100mL；

3 号瓶：内含葡萄糖氧化酶、过氧化物酶。

1、2、3 号瓶须在 4℃左右保存。

（2）酶试剂溶液：

将 1 号瓶和 2 号瓶的物质充分混合均匀，再将 3 号瓶的物质溶解其中，轻轻摇动（勿剧烈摇动），使葡萄糖氧化酶和过氧化物酶完全溶解。此溶液须在 4℃左右保存，有效期 1 个月。

（3）0.085mol/L 亚铁氰化钾溶液：

称取 3.7g 亚铁氰化钾[$K_4Fe(CN)_6 \cdot 3H_2O$，分析纯]溶于 100mL 重蒸馏水中，摇匀。

（4）0.25mol/L 硫酸锌溶液：

称取 7.7g 硫酸锌（$ZnSO_4 \cdot 7H_2O$，分析纯），溶于 100mL 重蒸馏水中，摇匀。

（5）0.1mol/L 氢氧化钠溶液：

称取 4g 氢氧化钠（NaOH，分析纯），溶于 1000mL 重蒸馏水中，摇匀。

（6）葡萄糖标准溶液：

称取经（100 ± 2）℃烘烤 2h 的葡萄糖（分析纯）1.0000g，溶于重蒸馏水中，定容至 100mL，摇匀。将此溶液用重蒸馏水稀释为 200μg/mL 葡萄糖标准溶液。

七、食品中蔗糖的测定方法

蔗糖是葡萄糖和果糖组成的双糖，没有还原性，但在一定条件下，蔗糖可水解具有还原性的葡萄糖和果糖。因此，可以用测定还原糖的方法测定蔗糖含量。蔗糖溶液的相对密度、折光率、旋光度等物理常数与蔗糖浓度都有一定关系，故可用物理检验法测定蔗糖的含量。

1. 高效液相色谱法

GB/T 5009.8—2008 食品中蔗糖的测定的第一法。试样经过处理后，用高效液相色谱氨基柱（NH_3柱）分离，用示差折光检测器检测，根据蔗糖的折光指数与浓度成正比，外标单点法定量。

所用试剂主要有硫酸铜溶液（70g/L，称取 7g 硫酸铜，加水溶解并定容至 100mL）、氢氧化钠溶液（40g/L，称取 4g 氢氧化钠，加水溶解并定容至 100mL）、乙腈、蔗糖标准溶液（10mg/mL，准确称取蔗糖标样 1g，准确至 0.0001g，置于 100mL 容量瓶中，先加少量水溶解，再加 20mL 乙腈，最后用水定容至刻度）。所以试剂均为分析纯，实验用水的电导率（25℃）为 0.01mS/m。

称取 2～10g 试样，精确至 0.001g，加 30mL 水溶解，移至 100mL 容量瓶中，加硫酸铜溶液 10mL，氢氧化钠溶液 4mL，加水至刻度，静置 0.5h，过滤。取 3～7mL，试样液置 10mL 容量瓶中，用乙腈定容，通过 0.45μm 滤膜过滤，滤液备用。

参考色谱条件：氨基柱（4.5mm×250mm，5μm）；柱温 25℃；示差检测器检测池温度 40℃；流动相乙腈和水（75+25）；流速 1.0mL/min；进样量 10μL。

试样中蔗糖含量的计算公式为：

$$X = \frac{c \times A}{A' \times \dfrac{m}{100} \times \dfrac{V}{10} \times 1000} \times 100 \qquad (3-4-4)$$

式中　X——试样中蔗糖含量，g/100g；

　　　c——蔗糖标准溶液浓度，mg/mL；

　　　A——试样中蔗糖的峰面积；

　　　A'——标准蔗糖溶液的峰面积；

　　　m——试样的质量，g；

　　　V——过滤液体积，mL。

计算结果保留三位有效数字。在重复性条件下获得的两次独立测定结果的绝对差值不得超过算术平均值的 10%。

2. 酸水解法

（1）原理：

GB/T 5009.8—2008 食品中蔗糖的测定的第二法。试样经除去蛋白质后，其中蔗糖经盐酸水解转化为还原糖，再按还原糖测定。水解前后还原糖的差值为蔗糖含量。

（2）主要仪器和试剂：

25mL 酸式滴定管、可调电炉（带石棉板）等。

盐酸（1+1）：量取 50mL 盐酸，缓慢加入 50mL 水中，冷却混匀。

氢氧化钠溶液（200g/L）：称取 20g 氢氧化钠加水溶解后，放冷，并定容至 100mL。

甲基红指示液（1g/L）：称取甲基红 0.1g，用少量乙醇溶解后，并稀释至 100mL。

碱性酒石酸铜甲液：称取 15g 硫酸铜（$CuSO_4 \cdot 5H_2O$）及 0.05g 亚甲蓝，溶于水中并定容至 1000mL。

碱性酒石酸铜乙液：称取 50g 酒石酸钾钠及 75g 氢氧化钠，溶于水中，再加入 4g 亚铁氰化钾，完全溶解后，用水稀释至 1000mL，贮存于橡胶塞玻璃瓶内。

乙酸锌溶液：称取 21.9g 乙酸锌，加 3mL 冰乙酸，加水溶解并稀释至 100mL。

亚铁氰化钾溶液：称取 10.6g 亚铁氰化钾，加水溶解并稀释至 100mL。

葡萄糖标准溶液：准确称取 1.000g 经过（99±1）℃ 干燥 2h 的葡萄糖，加水溶解后加入 5mL 盐酸，并以水稀释至 1000mL。此溶液每毫升相当于 1.0mg 葡萄糖。

（3）试样制备方法：

含蛋白质的食品：称取粉碎后的固体试样 2.5～5g（精确至 0.001g），混匀后的液体试样 5～25g，置于 250mL 容量瓶中，加 50mL 水，慢慢加入 5mL 乙酸锌溶液及 5mL 亚铁氰化钾溶液，加水至刻度，混匀，静置 30min，用干燥滤纸过滤，弃去初滤液，取续滤液备用。

含大量淀粉的食品：称取 10～20g 粉碎后或混匀的试样，精确至 0.001g，置于 250mL 容量瓶中，加 200mL 水，在 45℃ 水浴中加热 1h，并时时振摇。冷后加水至刻度，混匀，静置、沉淀。吸取 200mL 上清液于另一 250mL 容量瓶中，慢慢加入 5mL 乙酸锌溶液及 5mL 亚铁氰化钾溶液，加水至刻度，混匀，静置 30min，用干燥滤纸过滤，弃去初滤液，取续滤液备用。

酒精性饮料：吸取约 100g 混匀后的试样，精确至 0.01g，置于蒸发皿中，用氢氧化钠（40g/L）溶液中和至中性，在水浴上蒸发至原体积的 1/4 后，移入 250mL 容量瓶中，慢慢加入 5mL 乙酸锌溶液及 5mL 亚铁氰化钾溶液，加水至刻度，混匀，静置 30min，用干燥滤纸过滤，弃去初滤液，取续滤液备用。

碳酸饮料：称取约 100g 混匀后的试样，精确至 0.01g，试样置蒸发皿中，在水浴上微热搅拌除去二氧化碳后，移入 250mL 容量瓶中，并用水洗涤蒸发皿，洗液并入容量瓶中，再加水至刻度，混匀后，备用。

（4）酸水解：

吸取两份 50mL 的试样处理液，分别置于 100mL 容量瓶中，其中一份加 5mL 盐酸（1+1），在 68～70℃ 水浴中加热 15min，冷后加 2 滴甲基红指示液，用氢氧化钠溶液（200g/L）中和至中性，加水至刻度，混匀。另一份直接加水稀释至 100mL。

（5）标定碱性酒石酸铜溶液：

吸取 5.0mL 碱性酒石酸甲液及 5.0mL 碱性酒石酸乙液，置于 150mL 锥形瓶中，加水 10mL，加入玻璃珠两粒，从滴定管中滴加约 9mL 葡萄糖，控制在 2min 内加热至沸，趁热以每两秒 1 滴的速度继续滴加葡萄糖，直至溶液蓝色刚好褪去为终点，记录消耗葡萄糖总体积，同时平行操作三份，取其平均值，计算每 10mL（甲液、乙液各 5mL）碱性酒石酸铜溶液相当于葡萄糖的质量 mg。也可以按上述方法标定 4～20mL 碱性酒石酸铜溶液（甲乙各半）来适应试样中还原糖的浓度变化。

（6）试样溶液预测：

吸取 5.0mL 碱性酒石酸铜甲液及 5.0mL 碱性酒石酸铜乙液，置于 150mL 锥形瓶中，加水 10mL，加入玻璃珠两粒，控制在 2min 内加热至沸，保持沸腾以先快后慢的速度，从滴定管中滴加试样溶液，并保持溶液沸腾状态，待测液颜色变浅时，以每两秒 1 滴的速度滴定，直至溶液蓝色刚好褪去为终点，记录样液消耗体积。当样液中还原糖浓度过高时，应适当稀释后再进行正式测定，使每次滴定消耗样液的体积控制在与标定碱性酒石酸铜溶液时所消耗的还原糖标准溶液的体积相近，约在 10mL 左右。

（7）试样溶液测定：

吸取 5.0mL 碱性酒石酸铜甲液及 5.0mL 碱性酒石酸铜乙液，置于 150mL 锥形瓶中，加水 10mL，加入玻璃珠两粒，从滴定管滴加比预测体积少 1mL 的试样溶液至锥形瓶中，使在 2min 内加热至沸，保持沸腾继续以每两秒 1 滴的速度滴定，直至蓝色刚好褪去终点，记录样液消耗体积，同时平行操作三份，得出平均消耗体积。

（8）结果计算：

试样中还原糖的含量（以葡萄糖计）按下式计算

$$X = \frac{A}{m \times \frac{V}{250} \times 1000} \times 100 \qquad (3-4-5)$$

式中　X——试样中还原糖（以葡萄糖计）含量，g/100g；

　　　A——碱性酒石酸铜溶液（甲液、乙液各半）相当于葡萄糖的质量，mg；

　　　m——试样的质量，g；

　　　V——测定时平均消耗试样溶液体积，mL。

以葡萄糖为标准滴定溶液时，按下式计算试样中蔗糖含量：

$$X = (R_2 - R_1) \times 0.95 \qquad (3-4-6)$$

式中　X——试样中蔗糖含量，g/100g；

　　　R_2——水解处理后还原糖含量，g/100g；

　　　R_1——不经水解处理还原糖含量，g/100g；

　　0.95——还原糖（以葡萄糖计）换算为蔗糖的系数。

蔗糖含量大于或等于 10g/100g 时计算结果保留三位有效数字。蔗糖含量小于 10g/100g 时，计算结果保留两位有效数字。

在重复性条件下获得的两次独立测定结果的绝对差值不得超过算术平均值的 10%。

（9）说明：

本法是国家的标准分析方法，分析结果的准确性及重现性取决于水解条件。蔗糖是一种呋喃果糖，其水解速度比其它双糖及多数的低聚糖快得多，且在此反应条件下只有蔗糖能充分水解，其他双糖、低聚糖的水解作用微弱可忽略不计。果糖在酸性溶液中易分解，其他一些单糖类较稳定，但若长时间加热，单糖在酸性介质中将逐渐被分解，当有蛋白质、氨基酸存在时，这种分解作用更易进行。故在测定中应严格控制水解条件，既保证蔗糖的完全水解又要避免其他多糖的分解，且水解结束应立即取出，迅速冷却中和，以防止果糖及其他单糖类的损失。

用还原糖法测定蔗糖时，为减少误差，测得的还原糖应以转化糖表示。因此，选用直接滴定法时，应采用 0.1% 标准转化糖溶液标定碱性酒石酸铜溶液。

八、食品中总糖的测定方法

食品中的总糖通常是指具有还原性的糖（葡萄糖、果糖、乳糖、麦芽糖）和在测定条件下能水解为还原性单糖的蔗糖（水解后为 1 分子葡萄糖和 1 分子果糖）、麦芽糖（水解后为 2

72

分子葡萄糖)以及可能部分水解的淀粉(水解后为 2 分子葡萄糖)的总量。

应当注意这里所讲的总糖与营养学上所指的总糖是有区别的,营养学上的总糖是指被人体消化、吸收利用的糖类物质的总和,包括淀粉。而这里讲的总糖不包括淀粉,因为在该测定条件下,淀粉的水解作用很微弱。

作为食品生产中的常规分析项目,总糖反映的是食品中可溶性单糖和低聚糖的总量,其含量高低对产品的色、香、味、组织形态、营养价值、成本等有一定的影响。麦乳精、糕点、果蔬罐头、饮料等许多食品的质量指标中都有总糖一项。

总糖的测定通常以还原糖测定方法为基础,以还原糖为基础测定结果不包括糊精和淀粉。常用的有直接滴定法,此外还有蒽酮比色法。试样经处理除去蛋白质等杂质后,加入盐酸,在加热条件下使蔗糖水解为还原性单糖,以直接滴定法测定水解后试样中的还原糖总量。

测定时必须严格控制水解条件。否则结果会有很大误差。总糖测定结果应以转化糖计,但也可以葡萄糖计,要根据产品的质量指标要求而定,如以转化糖表示,应用标准转化糖溶液标定碱性酒石酸铜溶液,如用葡萄糖计,应用标准葡萄糖溶液标定碱性酒石酸铜溶液。

九、食品中淀粉的测定方法

淀粉是以葡萄糖为基本单位通过糖苷键而构成的多糖类化合物。淀粉是白色、无气味、无味道的粉末状物质,在热水里淀粉颗粒会膨胀破裂,有一部分淀粉溶解在水里,另一部分悬浮在水里,形成胶状淀粉糊,这一过程称为糊化作用。糊化是淀粉食品加热烹制时的基本变化,也就是常说的食物由生变熟。

淀粉不溶于冷水,也不溶于乙醇、乙醚或石油醚等有机溶剂,故可用这些溶剂淋洗、浸泡除去淀粉的水溶性糖或脂肪等杂质.

淀粉不显还原性,但它在酶(或酸)存在和加热条件下可以逐步水解,生成一系列比淀粉分子小的化合物,最后生成还原性单糖——葡萄糖。淀粉酶的专一性高,但只能将淀粉逐步水解至麦芽糖阶段,再经酸的作用而最后水解为葡萄糖。盐酸溶液对淀粉的专一性较差,但它能将淀粉水解至最终产物葡萄糖。故在测定淀粉时,多采用水解法。

试样经除去脂肪及可溶性糖类后,其中淀粉用淀粉酶水解成双糖,再用盐酸将双糖水解成单糖,最后按还原糖测定,并折算成淀粉。淀粉水解产生葡萄糖,淀粉的相对分子量为162,葡萄糖的相对分子量为180,把葡萄糖折算为淀粉的换算系数为 162/180 = 0.9。

主要试剂有:乙醚;乙醇(85%);盐酸溶液(1 + 1);氢氧化钠溶液(400g/L);淀粉酶溶液(5g/L):称取淀粉酶 0.5g,加 100mL 水溶解,加入数滴甲苯或三氯甲烷,防止长霉,贮于冰箱中;碘溶液:称取 3.6g 碘化钾溶于 20mL 水中,加入 1.3g 碘,溶解后加水稀释至100mL。还有直接滴定法测定还原糖所需要的试剂。

粮食、豆类、糕点、饼干等较干燥的试样:称取 2.00 ~ 5.00g 磨碎过 40 目筛的试样,置于放有慢速滤纸的漏斗中,用 30mL 乙醚分三次洗去试样中脂肪,弃去乙醚。用 150mL 乙醇(85%)溶液分数次洗涤残渣,除去可溶性糖类物质。滤干乙醇溶液,以 100mL 水洗涤漏斗中残渣并转移至 250mL 锥形瓶中,加入 30mL 盐酸(1 + 1),接好冷凝管,置沸水浴中回流 2h。回流完毕后,立即置流水中冷却。待试样水解液冷却后,加入 2 滴甲基红指示液,先以氢氧化钠溶液(400g/L)调至黄色,再以盐酸(1 + 1)校正至水解液刚变红色为宜。若水解液颜色较深,可用精密 pH 试纸测试,使试样水解液的 pH 约为 7。然后加 20mL 乙酸铅溶液（200g/L），摇匀，放置10min。再加20mL硫酸钠溶液（100g/L），以除去过多的铅。摇匀后将全部溶液及残渣转入500mL容量瓶中，用水洗涤锥形瓶，洗液合并于容量瓶中，加水稀释至刻度。过滤，弃去初滤液20mL，滤液供测定用。

蔬菜、水果、各种粮豆含水熟食制品：加等量水在组织捣碎机中捣成匀浆（蔬菜、水果需先洗净、晾干，取可食部分）。称取5.00～10.00g匀浆（液体试样可直接量取），于250mL锥形瓶中，加30mL乙醚振摇提取（除去试样中脂肪），用滤纸过滤除去乙醚，再用30mL乙醚淋洗两次，弃去乙醚。以下处理过程同上。

按食品中还原糖的测定方法测定（标定碱性酒石酸铜溶液、试样溶液预测、试样溶液测定）。按下式计算含量：

$$X = \frac{(A_1 - A_2) \times 0.9}{m \times \dfrac{V}{500} \times 1000} \times 100 \tag{3-4-7}$$

式中　X——试样中淀粉含量，g/100g；

$\quad\quad A_1$——测定用试样中水解液还原糖含量，mg；

$\quad\quad A_2$——试剂空白中还原糖的含量，mg；

$\quad\quad m$——试样质量，g；

$\quad\quad V$——测定用试样水解液体积，mL；

$\quad$ 500——试样液总体积，mL；

$\quad$ 0.9——还原糖（以葡萄糖计）折算成淀粉的换算系数。

计算结果表示到小数点后一位。在重复性条件下获得的两次独立测定结果的绝对差值不得超过算术平均值的10%。

试样含脂肪时，会妨碍乙醇溶液对可溶性糖类的提取，所以要用乙醚除去。脂肪含量较低时，可省去乙醚脱脂肪步骤。盐酸水解淀粉的专一性较差，它可同时将试样中的半纤维素水解，生成一些还原物质，引起还原糖测定的误差，因而对含有纤维素高的食品如食物壳皮、高粱、糖等不宜采用此法。此法适用于淀粉含量较高，而半纤维素和多缩戊糖等其他多糖含量少的试样。在测定含淀粉较少、而富含半纤维素、多缩戊聚糖的试样时，最好采用酶水解法。试样中加入乙醇溶液后，混合液中的乙醇含量应在80%以上，以防止糊精随可溶性糖类一起被洗掉。如要求测定结果不包括糊精，则用10%乙醇洗涤。因水解时间较长，应采用回流装置，并且要使回流装置的冷凝管长一些，以保证水解过程中盐酸不会挥发，保持一定的浓度。水解条件要严格控制。加热时间要适当，既要保证淀粉水解完全，又要避免加热时间过长。因为加热时间过长，葡萄糖会形成糠醛聚合体，失去还原性，影响测定结果的准确性。对于水解时取样量、所用酸的浓度及加入量、水解时间等条件，各方法规定有所不同。常见的水解方法有：混合液中盐酸的含量达1%，100℃水解2.5h。在本法的测定条件下，混合液中盐酸的含量为5%。

十、食品中粗纤维的测定

粗纤维是植物细胞壁的主要组成成分，包括纤维素、半纤维素、木质素及角质等成分。吃些含粗纤维的食物可以帮助消化，加强肠胃功能，是有益处的，但是吃多了很明显会因无法消化而造成腹胀。纤维素是植物细胞壁的主要结构成分，通常与半纤维素、果胶和木质素结合在一起。纤维素是由葡萄糖通过$\beta-1$，4糖苷键连接构成的线型同聚糖。

粗纤维的概念是 19 世纪 60 年代德国科学家首次提出的，它表示食物中不能被稀酸、稀碱、有机溶剂所溶解，不能为人体消化利用的物质。包括食品中部分纤维素，半纤维素，木质素及少量非蛋白含氮物质，不能代表食品中纤维的全部内容。

营养学观点：膳食纤维指存在于事物中不能被人体消化的多糖类和木质素的总和，包括纤维素、半纤维素、戊聚糖、果胶质、木质素和二氧化硅等。

1. 粗纤维的测定

GB/T 5009.10—2003 植物类食品中粗纤维的测定中规定了植物类食品中粗纤维的测定方法，适用于植物类食品中粗纤维的测定。在硫酸作用下，试样中糖、淀粉、果胶质和半纤维素经水解除去后，再用碱处理，除去蛋白质及脂肪酸，剩余的残渣为粗纤维。如其中含有不溶于酸碱的杂质，可灰化后除去。

主要试剂：1.25% 硫酸；1.25% 氢氧化钾溶液；石棉：加 5% 氢氧化钠溶液浸泡石棉，在水浴上回流 8h 以上，再用热水充分洗涤；然后用 20% 盐酸在沸水浴上回流 8h 以上，再用热水充分洗涤，干燥，在 600~700℃ 中灼烧后，加水使成混悬物，贮存于玻塞瓶中。

称取 20~30g 捣碎的试样（或 5.0g 干试样），移入 500mL 锥形瓶中，加入 200mL 煮沸的 1.25% 硫酸，加热至微沸，保持体积恒定，维持 30min，每隔 5min 摇动锥形瓶一次，以充分混合瓶内的物质。取下锥形瓶，立即用亚麻布过滤后，用沸水洗涤至洗液不呈酸性。再用 200mL 煮沸的 1.25% 氢氧化钾溶液，将亚麻布上的存留物洗入原锥形瓶内加热微沸 30min 后，取下锥形瓶，立即以亚麻布过滤，以沸水洗涤 2~3 次后，移入已干燥称量的 G2 垂融坩埚或同型号的垂融漏斗中，抽滤。用热水充分洗涤后，抽干。再依次用乙醇和乙醚洗涤一次。将坩埚和内容物在 105℃ 烘箱中烘干后称量，重复操作，直至恒量。

如试样中含有较多的不溶性杂质，则可将试样移入石棉坩埚，烘干称量后，再移入 550℃ 高温炉中灰化，使含碳的物质全部灰化，置于干燥器内，冷却至室温称量，所损失的量即为粗纤维量。结果按下式进行计算：

$$X = \frac{G}{m} \times 100\% \qquad (3-4-8)$$

式中　X——试样中粗纤维的含量，%；

　　　G——残余物的质量（或经高温炉损失的质量），g；

　　　m——试样的质量，g。

计算结果表示到小数点后一位。在重复性条件下获得的两次独立测定结果的绝对差值不得超过算术平均值的 10%。

2. 总的、可溶性和不溶性膳食纤维的测定

膳食纤维是植物可食部分，不能被人体小肠消化吸收，对人体有健康意义，聚合度≥3 的碳水化合物和木质素，包括纤维素、半纤维素、果胶、菊粉等。GB/T 5009.88—2008 食品中膳食纤维的测定法中规定了食品中总的、可溶性和不溶性膳食纤维的测定方法和植物性食品中不溶性膳食纤维的测定方法。适用于植物类食品及其制品中总的、可溶性和不溶性膳食纤维的测定及各类植物食品和含有植物性食品的混合物中不溶性膳食纤维的测定。总的、可溶性和不溶性膳食纤维的测定及不溶性膳食纤维的测定方法的检出限均为 0.1mg。

（1）原理：

取干燥试样，经 α-淀粉酶、蛋白酶和葡萄糖苷酶酶解消化，去除蛋白质和淀粉，酶解后样液用乙醇沉淀、过滤，残渣用乙醇和丙酮洗涤，干燥后物质称重即为总膳食纤维残渣；

另取试样经上述三种酶酶解后直接过滤，残渣用热水洗涤，经干燥后称重，即得不溶性膳食纤维残渣；滤液用4倍体积的95%乙醇沉淀、过滤、干燥后称重，得可溶性膳食纤维残渣。以上所得残渣干燥称重后，分别测定蛋白质和灰分。总膳食纤维、不溶性膳食纤维和可溶性膳食纤维的残渣扣除蛋白质、灰分和空白即可计算出试样中总的、不溶性和可溶性膳食纤维的含量。

本方法测定的总膳食纤维是指不能被 α – 淀粉酶、蛋白酶和葡萄糖苷酶酶解消化的碳水化合物聚合物，包括纤维素、半纤维素、木质素、果胶、部分回生淀粉、果聚糖及美拉德反应产物等；一些小分子（聚合度3~12）的可溶性膳食纤维，如低聚果糖、低聚半乳糖、多聚葡萄糖、抗性麦芽糊精和抗性淀粉等，由于能部分或全部溶解在乙醇溶液中，本方法不能够准确测量。

（2）主要试剂和仪器：

除特殊说明外，实验室用水为二级水，电导率（25℃）≤0.10mS/m，试剂为分析纯。

95%乙醇。

85%乙醇溶液：取895mL95%乙醇置1L容量瓶中，用水稀释至刻度，混匀。

78%乙醇溶液：取821mL95%乙醇置1L容量瓶中，用水稀释至刻度，混匀。

热稳定 α – 淀粉酶溶液：于0~5℃冰箱储存。

MES：2 –（N – 吗啉代）乙烷硫磺（$C_6H_{13}NO_4S \cdot H_2O$）。

TRIS：三羟甲基氨基甲烷（$C_4H_{11}NO_3$）。

0.05mol/LMES – TRIS 缓冲液：称取19.52gMES和12.2gTRIS，用1.7L蒸馏水溶解，用6mol/L氢氧化钠调pH至8.2，加水稀释至2L。注：一定要根据温度调pH，24℃时调pH为8.2；20℃时调为8.3；28℃时调pH为8.1；20℃和28℃之间的偏差，用内插法校正。

蛋白酶：用 MES – TRIS 缓冲溶液（4.2.9）配成浓度为50mg/mL的蛋白酶溶液，现用现配，于0~5℃储存。

淀粉葡萄糖苷酶溶液：于0~5℃储存。

酸洗硅藻土：取200g硅藻土于600mL的2mol/L盐酸中，浸泡过夜，过滤，用蒸馏水洗至滤液为中性，置于（525±5）℃马弗炉中灼烧灰分后备用。

重铬酸钾洗液：100g重铬酸钾（$K_2Cr_2O_7$），用200mL蒸馏水溶解，加入1800mL浓硫酸混合。

3mol/L乙酸溶液：取172mL乙酸，加700mL水，混匀后用水定容至1L。

0.4g/L溴甲酚绿（$C_{21}H_{14}O_5Br_4S$）溶液：称取0.1g溴甲酚绿于研钵中，加1.4mL0.1mol/L氢氧化钠研磨，加少许水继续研磨，直至完全溶解，用水稀释至250mL。

石油醚：沸程30~60℃。

丙酮。

高型无导流口烧杯：400mL或600mL。

坩埚：具粗面烧结玻璃板，孔径40~60μm（国产型号为G2坩埚）。坩埚预处理：坩埚在马弗炉中525℃灰化6h，炉温降至130℃以下取出，于洗液中室温浸泡2h，分别用水和蒸馏水冲洗干净，最后用15mL丙酮冲洗后风干。加入约1.0g硅藻土，130℃烘至恒重。取出坩埚，在干燥器中冷却约1h，称重，记录坩埚加硅藻土质量，精确到0.1mg。

真空装置：真空泵或有调节装置的抽吸器。

振荡水浴：有自动"计时 – 停止"功能的计时器，控温范围（60±2）~（98±2）℃。

分析天平：灵敏度为 0.1mg。

马弗炉：能控温(525 ±5)℃。

烘箱：105℃，(130 ±3)℃。

干燥器：二氧化硅或同等的干燥剂。干燥剂每两周130℃烘干过夜一次。

pH 计：具有温度补偿功能，用 pH 为 4.0、7.0 和 10.0 标准缓冲液校正。

（3）分析步骤：

样品制备：样品处理时若脂肪含量未知，膳食纤维测定前应先脱脂，脂肪含量 ＞10%，正常的粉碎困难，可用石油醚脱脂，每次每克试样用 25mL 石油醚，连续 3 次，然后再干燥粉碎。要记录由石油醚造成的试样损失，最后计算膳食纤维含量时进行校正。将样品混匀后，70℃真空干燥过夜，然后置干燥器中冷却，干样粉碎后过 0.3 ~0.5mm 筛。若样品不能受热，则采取冷冻干燥后再粉碎过筛。若样品糖含量高，测定前要进行脱糖处理。按每克试样加 85% 乙醇 10mL 处理样品 2 ~3 次，40℃下干燥过夜。粉碎过筛后的干样存放于干燥器中待测。

试样酶解：每次分析试样要同时做 2 个试剂空白。准确称取双份样品(m_1 和 m_2)1.0000 ±0.0020g，把称好的试样置于 400mL 或 600mL 高脚烧杯中，加入 pH ＝8.2 的 MES - TRIS 缓冲液 40mL，用磁力搅拌直至试样完全分散在缓冲液中(避免形成团块，试样和酶不能充分接触)。

热稳定 α - 淀粉酶酶解：加 50μL 热稳定 α - 淀粉酶溶液缓慢搅拌，然后用铝箔将烧杯盖住，置于 95 ~100℃的恒温振荡水浴中持续振摇，当温度升至 95℃开始计时，通常总反应时间 35min。

冷却：将烧杯从水浴中移出，冷却至 60℃，打开铝箔盖，用刮勺将烧杯内壁的环状物以及烧杯底部的胶状物刮下，用 10mL 蒸馏水冲洗烧杯壁和刮勺。

蛋白酶酶解：在每个烧杯中各加入(50mg/mL)蛋白酶溶液 100μL，盖上铝箔，继续水浴振摇，水温达 60℃时开始计时，在(60 ±1)℃条件下反应 30min。

pH 值测定：30min 后，打开铝箔盖，边搅拌边加入 3mol/L 乙醇溶液 5mL，溶液 60℃时，调 pH 约 4.5(以 4.0g/L 溴甲酚绿为外指示剂)。注：一定要在 60℃时调 pH，温度低于 60℃ pH 升高。每次都要检测空白的 pH，若所测值超出要求范围，同时也要检查酶解液的 pH 是否合适。

淀粉葡萄糖苷酶酶解：边搅拌边加入 100μL 淀粉葡萄糖苷酶溶液，盖上铝箔，持续振摇，水温到 60℃时开始计时，在(60 ±1)℃条件下反应 30min。

（4）总膳食纤维的测定：

沉淀：在每份试样中，加入预热至 60℃的 95% 乙醇 225mL(预热以后的体积)，乙醇与样液的体积比为 4∶1，取出烧杯，盖上铝箔，室温下沉淀 1h。

过滤：用 78% 乙醇 15mL 将称重过的坩埚中的硅藻土润湿并铺平，抽滤去除乙醇溶液，使坩埚中的硅藻土在烧结玻璃滤板上形成平面。乙醇沉淀处理后的样品酶解液倒入坩埚中过滤，用刮勺和 78% 乙醇将所有残渣转至坩埚中。

洗涤：分别用 78% 乙醇、95% 乙醇和丙酮 15mL 洗涤残渣各 2 次，抽滤去除洗涤液后，将坩埚连同残渣在 105℃烘干过夜。将坩埚置于干燥器中冷却 1h，称重(包括坩埚、膳食纤维残渣和硅藻土)，精确至 0.1mg。减去坩埚和硅藻土的干重，计算残渣质量。

蛋白质和灰分的测定：称重后的试样残渣，分别按 GB/T5009.5 的规定测定氮(N)，以

$N \times 6.25$ 为换算系数，计算蛋白质质量；按 GB/T5009.4 测定灰分，即在 525℃ 灰化 5h，于干燥器中冷却，精确称量坩埚总质量（精确至 0.1mg），减去坩埚和硅藻土质量，计算灰分质量。

（5）不溶性膳食纤维测定：

按上诉方法称取试样进行酶解，将酶解液转移至坩埚中过滤。过滤前用 3mL 水润湿硅藻土并铺平，抽去水分使坩埚中的硅藻土在烧结玻璃滤板上形成平面。

过滤洗涤：试样酶解液全部转移至坩埚中过滤，残渣用 70℃ 热蒸馏水 10mL 洗涤 2 次，合并滤液，转移至另一 600mL 高脚烧杯中，备测可溶性膳食纤维。残渣分别用 78% 乙醇、95% 乙醇和丙酮 15mL 各洗涤 2 次，抽滤去除洗涤液，洗涤干燥称重，记录残渣质量。按前述方法测定蛋白质和灰分。

（6）可溶性膳食纤维测定：

计算滤液体积：将不溶性膳食纤维过滤后的滤液收集到 600mL 高型烧杯中，通过称"烧杯＋滤液"总质量、扣除烧杯质量的方法估算滤液的体积。

沉淀：滤液加入 4 倍体积预热至 60℃ 的 95% 乙醇，室温下沉淀 1h。以下测定同上。

（7）结果计算：

空白的质量按照下式计算。

$$m_B = \frac{m_{BR_1} + m_{BR_2}}{2} - m_{P_B} - m_{A_B} \qquad (3-4-9)$$

式中　　m_B——空白的质量，mg；

m_{BR_1} 和 m_{BR_2}——双份空白测定的残渣质量，mg；

　　　　m_{P_B}——残渣中蛋白质质量，mg；

　　　　m_{A_B}——残渣中灰分质量，mg。

膳食纤维的含量按照下式计算。

$$X = \frac{[(m_{R_1} + m_{R_2})/2] - m_P - m_A - m_B}{(m_1 + m_2)/2} \times 100 \qquad (3-4-10)$$

式中　　X——膳食纤维的质量，g/100g；

m_{R_1} 和 m_{R_2}——双份试样残渣的质量，mg；

　　　　m_P——试样残渣中蛋白质的质量，mg；

　　　　m_A——试样残渣中灰分的质量，mg；

　　　　m_B——空白的质量，mg；

m_1 和 m_2——试样的质量，mg。

计算结果保留到小数点后两位。总膳食纤维、不溶性膳食纤维、可溶性膳食纤维均用后式计算。在重复性条件下获得的两次独立测定结果的绝对值不得超过算术平均值的 10%。

第五节　食品中灰分的测定

食品的组成十分复杂，除含有大量有机物质外，还含有较丰富的无机成分。当这些组分经高温灼烧时，将发生一系列物理和化学变化，最后有机成分挥发逸散，而无机成分（主要是无机盐氧化物）则残留下来，这些残留物称为灰分。

一、灰分的概念

食品经高温(500~600℃)灼烧后的残留物，叫做灰分。灰分是标示食品中无机成分总量的一项指标。但是，食品的灰分与食品中存在的无机成分在数量和组成上并不完全相同。

食品在灰化时，某些易挥发元素，如氯、碘、铅等，会挥发散失，磷、硫等也能以含氧酸的形式挥发散失，使这些无机成分减少。某些金属氧化物会吸收有机物分解产生的二氧化碳而形成碳酸盐，又使无机成分增多。因此，灰分并不能准确地表示食品中原来的无机成分的总量。从这种观点出发通常把食品经高温灼烧后的残留物称为粗灰分(或总灰分)。

二、灰分测定的意义

(1) 无机成分及某些元素的含量是食品的一项营养指标，并能跟踪加工食品的指标。

(2) 判断食品是否掺假。比如牛奶中的总灰分在牛奶中的含量是恒定的。一般在0.68%~0.74%，平均值非常接近0.70%，若掺水，灰分降低。

(3) 判断食品受污染的程度。不同的食品，因所用原料、加工方法及测定条件的不同，各种灰分的组成和含量也不相同，当这些条件确定后，某种食品的灰分常在一定范围内。如果灰分含量超过了正常范围，说明食品生产中使用了不合乎卫生标准要求的原料或食品添加剂，或食品在加工、贮运过程中受到了污染。因此，测定灰分可以判断食品受污染的程度。如测定茶叶灰分时可检出原料中是否有杂质或加工过程中混入了一些泥沙。

(4) 食品的总灰分含量是控制食品成品或半成品质量的重要依据。如面粉加工精度越高粉色越白，灰分越低。麦子中麸皮灰分含量高，而胚乳中蛋白质含量高，麸皮的灰分比胚乳的含量高20倍，就是说面粉中的精度高，则灰分就低。

三、灰分的分类

(1) 总灰分，也叫做粗灰分。

(2) 水溶性灰分，反映的是可溶性的钾、钠、钙、镁等氧化物和盐类含量。

(3) 水不溶性灰分，反映的是污染的泥沙和铁铝等氧化物及碱土金属的碱式磷酸盐含量。

(4) 酸不溶性灰分，反映的是环境污染混入产品中的泥沙及样品组织中的微量氧化硅含量。

四、灰分的测定方法——总灰分的测定

1. 原理和适用范围

食品安全国家标准(GB 5009.4—2010)中规定了食品中灰分的测定方法，把一定量的样品经炭化后放入高温炉内灼烧，使有机物质被氧化分解，以二氧化碳、氮的氧化物及水等形式逸出，而无机物质以硫酸盐、磷酸盐、碳酸盐、氯化物等无机盐和金属氧化物的形式残留下来，这些残留物即为灰分，称量残留物的重量即可计算出样品中总灰分的含量。适用于除淀粉及其衍生物之外的食品中灰分含量的测定。

2. 主要仪器和试剂

马弗炉(温度≥600℃)，石英坩埚或瓷坩埚、坩埚钳，干燥器(内有干燥剂)，天平(感量为0.1mg)，电热板，水浴锅。

乙酸镁[(CH₃COO)₂Mg·4H₂O]，分析纯。

乙酸镁溶液(80g/L)：称取8.0g乙酸镁加水溶解并定容至100mL，混匀。

乙酸镁溶液(240g/L)：称取24.0g乙酸镁加水溶解并定容至100mL，混匀。

3. 测定条件的选择

(1)灰化容器。测定灰分通常以坩埚作为灰化容器，个别情况下也可使用蒸发皿。坩埚分素烧瓷坩埚、铂坩埚、石英坩埚等多种。

① 素烧瓷坩埚。常用，耐高温(1200℃)，内壁光滑，耐稀酸，价格低廉；但耐碱性能较差，易发生破裂，当灰化碱性食品(如水果、蔬菜、豆类等)时，瓷坩埚内壁的釉层会部分溶解，反复多次使用后，往往难以得到恒重，在这种情况下宜使用新的瓷坩埚，或使用铂坩埚。

② 铂坩埚。耐高温(1773℃)，能抗碱金属碳酸盐及氟化氢的腐蚀，导热性能好，吸湿性小，但价格昂贵，约为黄金的9倍，使用时应特别注意其性能和使用规则。

③ 灰化容器的大小。要根据试样的性状来选用，需要前处理的液态样品、加热易膨胀的样品及灰分含量低、取样量较大的样品，需选用稍大些的坩埚；或选用蒸发皿，但灰化容器过大会使称量误差增大。

④ 坩埚标记。为了便于识别，所用的坩埚应做标记。用一般记号笔在坩埚上所做的标记在灰化过程中会消失。实验室现都采用钢针蘸上墨水在坩埚上刻上标记的方法，也可先用金钢刀琢刻，然后用0.5mol/L FeCl₃(20% HCl)溶液做标记，另外，将铁钉溶解在浓盐酸中可形成一种可作良好标记的褐色粘性物质。

(2)取样量。应根据试样种类和性状来决定，同时应考虑到称量误差。一般以灼烧后得到的灰分量为10~100mg来决定取样量。通常情况下：奶粉、麦乳精、大豆粉、调味料、鱼类及海产品等取1~2g；谷物及其制品、肉及其制品、糕点、牛乳等取3~5g；蔬菜及其制品、砂糖及其制品、淀粉及其制品、蜂蜜、奶油等取5~10g；水果及其制品取20g；油脂取50g。

(3)灰化温度。对灰分测定结果影响很大，由于各种食品中无机成分的组成、性质及含量各不相同，灰分温度也应有所不同，一般为500~550℃。过高，将引起钾、钠、氯等元素的挥发损失，而且磷酸盐、硅酸盐类也会熔融，将炭粒包藏起来，使炭粒无法氧化；过低，则灰化速度慢、时间长，不易灰化完全，也不利于除去过剩的碱(碱性食品)吸收的二氧化碳。因此，必须根据食品的种类和性状兼顾各方面因素，选择合适的灰化温度，在保证灰化完全的前提下，尽可能减少无机成分的挥发损失和缩短灰化时间。例如：鱼类及海产品、谷类及其制品、乳制品≤550℃；果蔬及其制品、砂糖及其制品、肉制品≤525℃；个别样品(如谷类饲料)可以达到600℃。加热的速度也不可太快，以防急剧干馏时灼热物的局部产生大量气体而使微粒飞失——爆燃。

(4)灰化时间。一般以灼烧至灰分呈白色或浅灰色，无炭粒存在并达到恒重为止。灰化至达到恒重的时间因试样不同而异，一般需2~5h。通常根据经验灰化一定时间后，观察一次残灰的颜色，以确定第一次取出的时间，取出后冷却、称重，再放入炉中灼烧，直至达恒重。应该指出，对有些样品，即使灰分完全，残灰也不一定呈白色或浅灰色，如：铁含量高的食品，残灰呈褐色；锰、铜含量高的食品，残灰呈蓝绿色。有时即使灰的表面呈白色，内部仍残留有碳块。所以应根据样品的组成、性状注意观察残灰的颜色，正确判断灰化程度。

(5)加速灰化的方法。有些样品，例如含磷较多的谷物及其制品，磷酸过剩于阳离子，随灰化的进行，磷酸将以磷酸二氢钾、磷酸二氢钠等形式存在，在比较低的温度下会熔融而包住炭粒，难以完全灰化，即使灰化相当长时间也达不到恒重。对这类难灰化的样品，可采用下述方法来加速灰化。

① 改变操作方法：样品经初步灼烧后，取出冷却，从灰化容器边缘慢慢加入少量无离子水（不可直接洒在残灰上，以防残灰飞扬），使水溶性盐类溶解，被包住的炭粒暴露出来，在水浴上蒸发至干涸，置于 120～130℃烘箱中充分干燥（充分去除水分，以防再灰化时，因加热使残灰飞散），再灼烧到恒重。

② 添加灰化助剂：硝酸、过氧化氢、碳酸铵，这类物质在灼烧后完全消失，不致增加残留灰分的重量。经初步灼烧后放冷，加几滴硝酸或双氧水，蒸干后再灼烧至恒重，利用它们的氧化作用来加速炭粒的灰化。也可以加入 10% 碳酸铵等疏松剂，在灼烧时分解为气体逸出，使灰分呈松散状态，促进未灰化的炭粒灰化。这些物质经灼烧后完全消失，不增加残灰的质量。

③ 添加过氧化镁、碳酸钙等惰性不熔物质：这类物质的作用纯属机械性的，它们和灰分混杂在一起，使炭微粒不受覆盖。此法应同时作空白试验。

4. 测定方法

（1）瓷坩埚的灼烧

取大小适宜的石英坩埚或瓷坩埚置马弗炉中，在 (550 ± 25)℃下灼烧 0.5h，冷却到 200℃左右，取出，放入干燥器中冷却 30min，准确称量。重复灼烧至前后两次称量相差不超过 0.5mg 为恒重。

（2）称样：

灰分大于 10g/100g 的试样称取 2～3g（精确至 0.0001g）；灰分小于 10g/100g 的试样称取 3～10g（精确至 0.0001g）。

（3）测定：

对于一般食品：液体和半固体试样应先在沸水浴上蒸干。固体或蒸干后的试样，先在电热板上以小火加热使试样充分炭化至无烟，然后置于马弗炉中，在 550 ±25℃灼烧 4h。冷却至 200℃左右，取出，放入干燥器中冷却 30min，称量前如发现灼烧残渣有炭粒时，应向试样中滴入少许水湿润，使结块松散，蒸干水分再次灼烧至无炭粒即表示灰化完全，方可称量。重复灼烧至前后两次称量相差不超过 0.5mg 为恒重。结果按下式计算。

$$X = \frac{m_1 - m_2}{m_3 - m_2} \times 100 \qquad (3-5-1)$$

式中　X（测定时未加乙酸镁溶液）——试样中灰分的含量，g/100g；

　　　　m_1——坩埚和灰分的质量，g；

　　　　m_2——坩埚的质量，g；

　　　　m_3——坩埚和试样的质量，g。

对于含磷量较高的豆类及其制品、肉禽制品、蛋制品、水产品、乳及乳制品：称取试样后，加入 3.00mL 乙酸镁溶液（80g/L），使试样完全润湿。放置 10min 后，在水浴上将水分蒸干，先在电热板上以小火加热使试样充分炭化至无烟，然后置于马弗炉中，在 (550 ± 25)℃灼烧 4h。冷却至 200℃左右，取出，放入干燥器中冷却 30min，称量前如发现灼烧残渣有炭粒时，应向试样中滴入少许水湿润，使结块松散，蒸干水分再次灼烧至无炭粒即表示灰化完全，方可称量。重复灼烧至前后两次称量相差不超过 0.5mg 为恒重。结果按下式计算。

$$X = \frac{m_1 - m_2 - m_0}{m_3 - m_2} \times 100 \tag{3-5-2}$$

式中　X(测定时加乙酸镁溶液)——试样中灰分的含量，g/100g；

　　　　　m_0——氧化镁(乙酸镁灼烧后生产物)的质量，g；

　　　　　m_1——坩埚和灰分的质量，g；

　　　　　m_2——坩埚的质量，g；

　　　　　m_3——坩埚和试样的质量，g。

吸取 3 份相同浓度和体积的乙酸镁溶液，做 3 次试剂空白试验。当 3 次试验结果的标准偏差小于 0.003g 时，取算术平均值作为空白值。若标准偏差超过 0.003g 时，应重新做空白值试验。

试样中灰分含量≥10g/100g 时，保留三位有效数字；试样中灰分含量 <10g/100g 时，保留二位有效数字。在重复性条件下获得的两次独立测定结果的绝对差值不得超过算术平均值的 5%。

5. 说明

样品加热时要注意热源强度，防止产生大量泡沫溢出坩埚。把坩埚放入高温炉或从炉中取出时，要放在炉口停留片刻，使坩埚预热或冷却，防止因温度剧变而使坩埚破裂。灼烧后的坩埚应冷却到 200℃ 以下再移入干燥器中，否则因热的对流作用，易造成残灰飞散，且冷却速度慢，冷却后干燥器内形成较大真空，盖子不易打开。从干燥器内取出坩埚时，因内部成真空，开盖恢复常压时，应注意使空气缓缓流入，以防残灰飞散。灰化后所得残渣可留作 Ca、P、Fe 等成分的分析。用过的坩埚经初步洗刷后，可用粗盐酸或废盐酸浸泡 10 ~ 20min，再用水冲刷洁净。

五、水溶性灰分和水不溶性灰分的测定

测定总灰分所得残留物→加入 25mL 无离子水→加热至沸→用无灰滤纸过滤→用热无离子水分多次洗涤坩埚，滤纸及残渣→将残渣连同滤纸移回原坩埚→水浴上蒸干→干燥→灼烧→冷却→称重至恒重。水溶性灰分% = 总灰分% - 水不溶性灰分%。

六、酸不溶性灰分和酸溶性灰分的测定

用总灰分(或水不溶性灰分) + 25mLHCl(10%)微沸过滤→残渣用热水洗至无氯离子为止→坩埚(残留物 + 滤纸)→干燥灼烧→冷却→称重。

酸不溶性灰分% = (残留物质量/样品质量)×100

酸溶性灰分% = 总灰分% - 酸不溶性灰分%

第六节　食品中维生素的测定

维生素也称维他命，是人体不可缺少的一种营养素，它是由波兰的科学家丰克为它命名的，丰克称它为"维持生命的营养素"。人体中如果缺少维生素，就会患各种疾病。因为维生素跟酶类一起参与着肌体的新陈代谢，能使肌体的机能得到有效的调节。

维生素的发现有一个漫长的历程。

3000 多年前。当时古埃及人发现夜盲症可以被一些食物治愈，虽然他们并不清楚食物

82

中什么物质起了医疗作用，这是人类对维生素最朦胧的认识。

1519 年，葡萄牙航海家麦哲伦率领的远洋船队从南美洲东岸向太平洋进发。三个月后，有的船员牙床破了，有的船员流鼻血，有的船员浑身无力，待船到达目的地时，原来的 200 多人，活下来的只有 35 人，人们对此找不出原因。

1734 年，在开往格陵兰的海船上，有一个船员得了严重的坏血病，当时这种病无法医治，其他船员只好把他抛弃在一个荒岛上。待他苏醒过来，用野草充饥，几天后他的坏血病竟不治而愈了。

诸如此类的坏血病，曾夺去了几十万英国水手的生命。1747 年英国海军军医林德总结了前人的经验，建议海军和远征船队的船员在远航时要多吃些柠檬，他的意见被采纳，从此未曾发生过坏血病。但那时还不知柠檬中的什么物质对坏血病有抵抗作用。

1912 年，波兰科学家丰克，经过千百次的试验，终于从米糠中提取出一种能够治疗脚气病的白色物质。这种物质被丰克称为"维持生命的营养素"，简称 Vitamin（维他命），也称维生素。

随着时间的推移，越来越多的维生素种类被人们认识和发现，维生素成了一个大家族。人们把它们排列起来以便于记忆，维生素按 A、B、C 一直排列到 L、P、U 等几十种。现代科学进一步肯定了维生素对人体的抗衰老、防止心脏病、抗癌方面的功能。

一、概述

维生素是从营养观点归纳而成的一类有机化合物，它们的化学性质、结构及生物功能各异，有的属于胺类（如 VB1），有的属醛类（如 VB6），有的属于醇类，有的属于酚类或醌类化合物等。

维生素是维持人体正常生理功能必需的一类天然有机化合物，他们的种类很多，目前已经确认的有 30 多种，其中被认为对维持人体健康和促进发育至关重要的有 20 余种，维生素对人体的主要功用是通过作为辅酶的成分调节代谢，需要量极少（只能用毫克或微克来计算），但绝对不可缺少，维生素一般在体内不能合成或合成数量较少，不能充分满足机体需要，必须经常由食物来供给。

维生素对人体的作用不同于糖类、蛋白质和脂肪，既不能给体内提供能量，也不是人体中主要组织的成分。虽然人体对维生素的需要量小，作用却很大。它的生理作用是主宰体内营养成分的分配，调节体内的生理机能，充当辅助酶素，促进体内各类生物化学反应的顺利进行，促进人体的生长发育。体内一旦缺少维生素，就会引起物质代谢的紊乱，发生某些疾病。

二、分类

维生素可以根据它们的溶解性分为水溶性和脂溶性两大类。然后将作用相近的归为一族，在一族里含有多种维生素时，再按其结构标上 1、2、3 等数字。

脂溶性维生素包括维生素 A、D、E、K 等。脂溶性维生素不溶于水，易溶于脂肪、乙醇、丙酮、氯仿、乙醚、苯等有机溶剂。维生素 A、维生素 D 对酸不稳定，维生素 E 对酸稳定。维生素 A、维生素 D 对碱稳定，维生素 E 对碱不稳定，但在抗氧化剂存在下或惰性气体保护下，也能经受碱的煮沸。维生素 A、维生素 D、维生素 E 耐热性好，能经受煮沸，维生素 A 因分子中有双链，易被氧化，光、热促进其氧化，维生素 D 性质稳定，不易被氧化，维生素 E 在空气中能慢慢被氧化，光、热、碱能促进其氧化作用。

测定脂溶性维生素时，通常先用皂化法处理试样，水洗去除类脂物质。然后用有机溶剂提取脂溶性维生素(不皂化物)，浓缩后溶于适当的溶剂后测定。在皂化和浓缩时，为防止维生素的氧化分解，常加入抗氧化剂(如焦性没食子酸、维生素 C 等)。对于某些液体试样或脂肪含量低的试样，可以先用有机溶剂抽出脂类，然后再进行皂化处理；对于维生素 A、D、E 共存的试样，或杂质含量高的试样，在皂化提取后，还需进行层析分离。分析操作一般要在避光的条件下进行。

水溶性维生素包括 B 族维生素中的 B1、B2、B6、B12 以及维生素 C、维生素 L、维生素 H、维生素 PP、叶酸、泛酸、胆碱等。由于维生素的化学名称复杂，国际上都采用俗名。例如，维生素 B1 又名硫胺素，维生素 B2 又名核黄素等。水溶性维生素易溶于水，而不溶于苯、乙醚、氯仿等大多数有机溶剂。在酸性介质中稳定，即使加热也不破坏；但在碱性介质中不稳定，易于分解，特别在碱性条件下加热，可大部或全部破坏。它们易受空气、光、热、酶、金属离子等影响，维生素 B2 对光，特别是紫外线敏感，维生素 C 对氧、铜离子敏感，易被氧化。

根据上述性质，测定水溶生维生素时，一般都在酸性溶液中进行前处理。维生素 B1、B2 通常采用酸水解，或在经淀粉酶、木瓜蛋白酶等酶解作用，使结合态维生素游离出来，再将它们从食物中提取出来。维生素 C 通常采用草酸或草酸－醋酸直接提取。在一定浓度的酸性人质中，可以消除某些还原性杂质对维生素的破坏。

维生素检验的方法主要有化学法、仪器法。仪器分析法中紫外、荧光法是多种维生素的标准分析方法。它们灵敏、快速，有较好的选择性。另外，各种色谱法以其独特的高分离效能，在维生素分析方面占有越来越重要的地位。化学法中的比色法、滴定法，具有简便、快速、不需特殊仪器等优点，正为广大基层实验室所普遍采用。

三、脂溶性维生素的测定

脂溶性维生素易溶解在脂肪、苯、$CHCl_3$、乙醚等有机溶剂中。维生素 A 和 D 不耐酸耐碱。维生素 E 耐酸不耐碱。维生素 A、D、E 热不稳定。维生素 D 则是热稳定的。脂溶性维生素的测定方法很多，常见的有：薄层色谱法、分光光度法、GC、LC、GC－MS、LC－MS 等，其中 LC 法最好。

1. 维生素 A 的测定

维生素 A 的结构为具有共轭多烯侧链的环己烯，故具有许多立体异构体。维生素 A 不溶于水，易溶于有机溶剂。维生素 A 结构中含有共轭多烯醇侧链，所以性质活泼不稳定。易被氧化剂氧化，易被紫外光裂解。在缺氧情况下，对热较稳定，对光特别敏感。如测强化奶粉时，速度要快，一般要求测定时间长短，因为时间长，见光时间长，见光分解，故测出的含量比出厂的要少；维生素 A 对碱稳定。维生素 A 结构中有多个共轭不饱和键，在紫外光区有强吸收，可用于鉴别和含量测定。维生素 A 在氯仿溶液中与三氯化锑试剂作用，产生不稳定的蓝色。

2. 维生素 A 提取

试样用有机溶剂萃取脂类，即索氏抽提法，采用乙醚作提取剂，也可用热苯回流方法提取脂类。如果试样中含蛋白质和淀粉多的情况下可采用乙醚提取法。脂类有维生素和脂肪这两部分通过皂化($50\% KOH$、无水 C_2H_3OH、热回流)把它们分开，得到一部分皂化物和一部分不皂化物。皂化条件：（1）C_2H_5OH：脂类 = 8∶1；（2）KOH 量 = 脂量 × 皂化价 mg × 2.5；（3）皂化温度与时间：70℃、30min。在皂化时可以加入抗氧剂连苯二酚和对苯二酚，防止氧化。不皂化物和皂化物经水、苯、乙醚萃取可得到不皂化物。

采用柱层析分离干扰物质，如果柱层析把 β – 胡萝卜素也洗脱下来，那么这时维生素 A 与 β – 胡萝卜素就是一个混合物，还要将它们分离开。如果试样中只有维生素 A 而不含 β – 胡萝卜素时，这时可直接定容。维生素 A 与 β – 胡萝卜素分离，采用2% 丙酮石油醚洗 β – 胡萝卜素、用乙醚洗维生素 A。

维生素 A 的测定常用的方法有三氯化锑比色法、紫外分光光度法、荧光分析法、液相色谱法（此法可以同时测定维生素 E）。对于三氯化锑比色法适用于试样中含维生素 A 高的试样，方法简便、快速、结果准确，但是对维生素 A 含量低的试样，如试样中含 5 ~ 10μg/g 维生素 A 时，这时试样由于受其脂溶性物质的干扰，不应用比色法测定。

对于紫外分光光度法不必加显色剂显色，可直接测定维生素 A 的含量，对试样中含维生素 A 低的也可以测出可信结果，操作简便、快速。

3. 维生素 A 的测定

采用分光光度法（GB 14750—2010）测定维生素 A 的含量。维生素 A 分子中含有 5 个共轭双键，在 325 ~ 328nm 波长之间具有最大吸收峰，其最大吸收峰的位置随溶剂不同而异，因而可用于含量测定。在三个波长处测得吸光度，根据校正公式计算吸光度 A 校正值后，再计算含量。

主要仪器和试剂为环己烷和紫外分光光度计。

取实验室样品适量，精确至 0.0002g，加环己烷溶解并定量稀释成 9 ~ 15IU 的溶液（IU：一个国际单位，维生素 A 相当于 0.6μg β – 胡萝卜素。），按照维生素 A 测定法（《中华人民共和国药典》2005 年版二部附录 VIIJ 维生素 A 测定法项下第一法）测定吸收峰的波长，并在表 3 – 6 – 1 所列波长处测定吸光度。计算各吸光度与波长 328nm 处的吸光度的比值和波长 328nm 处 $E_{1cm}^{1\%}$ 值。

表 3 – 6 – 1　维生素 A 在不同波长的吸光度比值

波长/nm	吸光度比值
300	0.555
316	0.907
328	1.000
340	0.811
360	0.299

如果吸收峰波长在 326 ~ 329nm 之间，且所测得各波长吸光度比值不超过表 3 – 7 中规定值的 ±0.02，可用公式（3 – 6 – 1）计算含量：

$$x = E_{1cm}^{1\%}(328nm) \times 1900 \qquad (3 – 6 – 1)$$

式中　x——每克样品中含有维生素 A 的 IU；

　　$E_{1cm}^{1\%}$——百分吸收系数。

如果吸收峰波长在 326 ~ 329nm 之间，但所测得的各波长吸光度比值超过表 3 – 7 中规定值的 ±0.02，应按公式（3 – 6 – 2）求出校正后的吸光度，然后再计算含量。

$$A_{328}(校正) = 3.52(2A_{328} – A_{316} – A_{340}) \qquad (3 – 6 – 2)$$

式中　$A_{328}(校正)$——在波长 328nm 处校正后的吸光度；

A_{328}——在波长 328nm 处的吸光度；

A_{316}——在波长 316nm 处的吸光度；

A_{340}——在波长 340nm 处的吸光度。

如果校正吸光度与未校正吸光度相差不超过 ±3.0%，则不用校正吸光度，仍以未经校正的吸光度计算含量。

如果校正吸光度与未校正吸光度相差 -15% 至 -3%，则以校正吸光度计算含量。

如果校正吸光度超过未校正吸光度的 -15% 或 3%，或者吸收峰波长不在 326~329nm 之间，则样品须按照《中华人民共和国药典》2005 年版二部附录 ⅦJ 维生素 A 测定法项下第二法测定。

两次平行测定的允许相对差在 3% 以内。

维生素 A 的测定第二法。精密称取实验室样品适量（约相当于维生素 A 总量 500IU 以上，质量不多于 2g），置皂化瓶中，加 30mL 乙醇与 3mL 氢氧化钾溶液（500g/L），置水浴中煮沸回流 30min，冷却后，自冷凝管顶端加水 10mL 冲洗冷凝管内部管壁，将皂化液移至分液漏斗中（分液漏斗活塞涂以甘油淀粉润滑剂❶），皂化瓶用水 60~100mL 分数次洗涤，洗液并入分液漏斗中，用不含过氧化物的乙醚❷振摇提取 4 次，每次振摇约 5min，第一次 60mL，以后各次 40mL，合并乙醚液，用水洗涤数次，每次约 100mL，洗涤应缓缓旋动，避免乳化，直至水层遇酚酞指示液不再显红色，乙醚液用铺有脱脂棉与无水硫酸钠的滤器滤过，滤器用乙醚洗涤，洗液与乙醚液合并，放入 250mL 容量瓶中，用乙醚稀释至刻度，摇匀；精密量取适量，置蒸发皿内，在水浴上低温蒸发至 5mL 后，置减压干燥器中，抽干，迅速加异丙醇溶解并定量稀释制成每 1mL 中含维生素 A9~15IU，照紫外-可见分光光度法（《中华人民共和国药典》2005 年版附录 ⅣA），在 300nm、310nm、325nm 与 334nm 四个波长处测定吸光度，并测定吸收峰的波长。吸收峰的波长应在 323~327nm 之间，且 300nm 波长处的吸光度与 325nm 波长处的吸光度的比值应不超过 0.73，按下式计算校正吸光度；

$$A_{325}(\text{校正}) = 6.815A_{325} - 2.555A_{310} - 4.260A_{334} \tag{3-6-3}$$

每 1g 实验室样品中含有的维生素 A 的单位 $= E_{1cm}^{1\%}$（325nm，校正）×1830

如果校正吸光度在未校正吸光度的（100±3）% 以内，则仍以未经校正的吸光度计算含量。

如果吸收峰的波长不在 323~327nm 之间，或 300nm 波长处的吸光度与 325nm 波长处的吸光度的比值超过 0.73，则应自上述皂化后的乙醚提取液 250mL 中，另精密量取适量（相当于维生素 A300~400IU），减压蒸去乙醚至约剩 5mL，再在氮气流下吹干，立即精密加入 3mL 甲醇，溶解后，精密量取 500μL，注入维生素 D 测定法（《中华人民共和国药典》2005 年版附录 ⅦK）第二法项下的净化用色谱柱系统，准确收集含有维生素 A 的流出液，在氮气流下吹干，迅速加异丙醇溶解并定量稀释制成每 1mL 中含维生素 A9~15IU，照紫外-可见分光光度法（《中华人民共和国药典》2005 年版附录 ⅣA），在 300nm、310nm、325nm 与 334nm 四个波长处测定吸光度，并测定吸收峰的波长。吸收峰的波长应在 323~327nm 之间，且 300nm 波长处的吸光度与 325nm 波长处的吸光度的比值应不超过 0.73。依法操作并计算

---

❶ 甘油淀粉润滑剂取甘油 22g，加入可溶性淀粉 9g，加热至 140℃，保持 30min 并不断搅拌，放冷，即得。

❷ 不含过氧化物的乙醚照麻醉乙醚项下的过氧化物检查，如不符合规定，可用 5% 硫代硫酸钠溶液振摇，静置，分取乙醚层，再用水振摇洗涤 1 次，重蒸，弃去首尾 5% 部分，馏出的乙醚再检查过氧化物，应符合规定。

含量。

4. 说明

紫外分光光度法操作简便，灵敏度较比色法高，可测定维生素含量低于 5μg/g 的食品。但由于在维生素 A 的最大吸收波长 325nm 附近许多其它化合物也有吸收，干扰其测定。故本法只适用于透明鱼油、维生素 A 浓缩产物等纯度较高的试样。

实验也可采用环已烷为溶剂。测定波长为 328nm。

酒精中含醛类的检查方法：首先配银氨溶液，在 50% 硝酸银溶液中加入浓氨水，直到氧化银沉淀又重新溶解为止，在小试管中加 2mL 银氨溶液，加 3 ~ 5 滴酒精，摇匀，加 10% NaOH 1 滴，加热，若有银镜反应，表示乙醇中含有醛。脱醛处理：取乙醇 2000mL→加 AgNO₃2g→振摇溶解→加 NaOH4g→振摇溶解→过滤→上清液→蒸馏→即可。

四、食品中胡萝卜素的测定

1. 概述

胡萝卜素是一种广泛存在于有色蔬菜和水果中的天然色素，有多种异构体和衍生物，总称为类胡萝卜素，其中在分子结构中含有 β - 紫罗宁残基的类胡萝卜素，在人体内可转变为维生素 A，故称为维生素 A 原。如 α、β、γ 胡萝卜素，其中以 β - 胡萝卜素效价最高。

β - 胡萝卜素的结构如下：胡萝卜素原只存在于植物性食品中，但以含有胡萝卜为食物的家禽、兽类、水产动物及其加工产品，以及为着色而添加胡萝卜素的食品，当然也含有胡萝卜素。

2. 胡萝卜素的结构、性质和提取

胡萝卜素对热及酸、碱比较稳定，但紫外线和空气中的氧可促进其氧化破坏。因系脂溶性维生素，故可用有机溶剂从食物中提取。

胡萝卜素本身是一种色素，在 450nm 波长处有最大吸收，故只要能完全分离，便可定性和定量。但在植物体内，胡萝卜素经常与叶绿素、叶黄素等共存，在提取 β - 胡萝卜素时，这些色素也能被有机溶剂提取，因此在测定前，必须将胡萝卜素与其它色素分开。常用的方法有纸层析、柱层析和薄层层析法。

胡萝卜素是人体重要营养素，它是维生素 A 的前体，是保健食品的重要成分，$6\mu g\beta$ - 胡萝卜素相当于 $1\mu g$ 维生素 A。我国于 1977 年批准 β - 胡萝卜素作为着色剂加入奶油及膨化食品中，目前已允许加入饮料、黄油、冰淇淋等 14 种食品中。1993 年批准 β - 胡萝卜素作为营养加强剂加入婴幼儿食品、乳制品中。

3. 胡萝卜素的测定方法

GB/T 5009.83—2003 食品中胡萝卜素的测定中第一方法为高效液相色谱法；第二方法为纸层析法。其中高效液相色谱法为 5.0mg/kg(L)，线性范围为 0 ~ 100mg/L；纸层析法为 0.11μg，线性范围 1 ~ 20ng。

(1) 高效液相色谱法。试样中的 β - 胡萝卜素，用石油醚 + 丙酮(80 + 20)混合液提取，经三氧化二铝柱纯化，然后以高效液相色谱法测定，以保留时间定性，峰高或峰面积定量。

主要试剂和仪器有：

石油醚(沸程 30 ~ 60℃)。

甲醇(色谱纯)。

丙酮。

己烷。

四氢呋喃。

三氯甲烷。

乙腈(色谱纯)。

三氧化二铝：层析用，100～200目，140℃活化2h，取出放入干燥器备用。

含碘异辛烷溶液：精确称取碘1mg，用异辛烷溶解并稀释至25mL，摇匀备用。

α-胡萝卜素标准溶液：精确称取1mgα-胡萝卜素，加入少量三氯甲烷溶解，然后用石油醚溶解并洗涤烧杯数次，溶液转入25mL容量瓶中，用石油醚定容，浓度为40μg/mL，−18℃储存备用。

β-胡萝卜素标准溶液：精确称取β-胡萝卜素12.5mg于烧杯中，先用少量三氯甲烷溶解，再用石油醚溶解并洗涤烧杯数次，溶液转入50mL容量瓶中，用石油醚定容，浓度为250μg/mL，−18℃储存备用。两个月内稳定。根据所需浓度取一定量的β-胡萝卜素标准液用移动相稀释成100μg/mL。

β-胡萝卜素标准使用液：分别吸取β-胡萝卜素标准溶液0.5mL、1.0mL、2.0mL、3.0mL、4.0mL、5.0mL于10mL容量瓶中，各加移动相至刻度，摇匀后，即得β-胡萝卜素标准系列，分别含β-胡萝卜素5μg/mL、10μg/mL、20μg/mL、30μg/mL、40μg/mL、50μg/mL。

β-胡萝卜素异构体：精确称取1.5mgβ-胡萝卜素于10mL容量瓶中，充入氮气，快速加入含碘异辛烷溶液10mL，盖上塞子，在距20W的荧光灯30cm处照射5min，然后在避光处用真空泵抽去溶剂，用少量三氯甲烷溶解结晶，再用石油醚溶解并定容至刻度，浓度为150μg/mL，−18℃保存。

高效液相色谱仪。离心机。旋转蒸发器。

试样提取：

淀粉类食品：称取10.0g试样于25mL带塞量筒中(如果试样中含胡萝卜素量少，取样量可以多些)，用石油醚或石油醚+丙酮(80+20)混合液振摇提取，吸取上层黄色液体并转入蒸发器中，重复提取直至提取液无色。合并提取液，于旋转蒸发器上蒸发至干(水浴温度为30℃)。

液体食品：吸取10.0mL试样于250mL分液漏斗中，加入石油醚+丙酮(80+20)20mL提取，然后静置分层，将下层水溶液放入另一分液漏斗中再提取，直至提取液无色为止。合并提取液，于旋转蒸发器上蒸发至干(水浴温度为400℃)。

油类食品：称取10.0g试样于25mL带塞量筒中，加入石油醚+丙酮(80+20)提取。反复提取，直至上层提取液无色，合并提取液，于旋转蒸发器上蒸发至干。

将试样提取液残渣，用少量石油醚溶解，然后进行氧化铝层析。氧化铝柱为1.5cm(内径)×4cm(高)。先用洗脱液丙酮+石油醚(5+95)洗氧化铝柱，然后再加入溶解试样提取液的溶液，用丙酮+石油醚(5+95)洗脱β-胡萝卜素，控制流速为20滴/min，收集于10mL容量瓶中，用洗脱液定容至刻度。用0.45μm微孔滤膜过滤，滤液作HPLC分析用。

色谱参考条件为：SpherisorbC$_{18}$色谱柱4.6mm×150mm；甲醇+乙腈(90+10)流动相，流速为1.2mL/min；检测波长448nm。

分别进标准使用液20μL，进行色谱分析，以峰面积对β-胡萝卜素浓度作标准曲线。吸取纯化的溶液20μL依法操作，从标准曲线查得或回归求得所含β-胡萝卜素的量。结果按下式计算。

$$X = \frac{V \times c}{m} \times 1000 \times \frac{1}{1000 \times 1000} \quad\quad (3-6-4)$$

式中　X——试样中 β – 胡萝卜素的含量，g/kg（或 g/L）；

　　　V——定容后的体积，mL；

　　　c——试样中 β – 胡萝卜素的浓度（在标准曲线上查得），μg/mL；

　　　m——试样的量，g（或 mL）。

　　计算结果保留两位有效数字。在重复性条件下获得的两次独立测定结果的绝对差值不得超过算术平均值的 10%。

　　（2）纸层析法。试样经过皂化后，用石油醚提取食品中的胡萝卜素及其他植物色素，以石油醚为展开剂进行纸层析，胡萝卜素极性最小，移动速度最快，从而与其他色素分离，剪下含胡萝卜素的区带，洗脱后于 450nm 波长下定量测定。

　　主要试剂和仪器有：

　　石油醚（沸程 30~60℃）同时也是展开剂。

　　氢氧化钾溶液（1＋1）：取 50g 氢氧化钾溶于 50mL 水。

　　无水硫酸钠（不得含有醛类物质）。

　　无水乙醇（不得含有醛类物质）。检验方法：银氨法，加浓氨水于 5% 硝酸银中，直至氧化银沉淀溶解，加入 2.5mol/L 氢氧化钠溶液数滴，如发生沉淀，再加浓氨水使之溶解。银镜反应，加 2mL 银氨溶液于试管内，加入几滴乙醇摇匀，加入少许 2.5mol/L 氢氧化钠溶液加热。如乙醇中无醛，则没有银沉淀，否则有银镜反应。脱醛方法，可取 2g 硝酸银溶于少量水中，取 4g 氢氧化钠溶于温乙醇中，将两者倾入 1L 乙醇中，暗处放置两天（不时摇动，促进反应），过滤，滤液倾入蒸馏瓶中蒸馏，弃去初蒸的 50mL。乙醇中含醛较多时，硝酸银用量适当增加。

　　无水硫酸钠。

　　β – 胡萝卜素标准贮备液：准确称取 50.0mg β – 胡萝卜素标准品，溶于 100.0mL 三氯甲烷中，浓度约为 500μg/mL，准确测其浓度。标的浓度的方法，取标准贮备液 10.0μL，加正己烷 3.00mL，混匀测其吸光度值，比色杯厚度为 1cm，以正己烷为空白，入射光波长 450nm，平行测定三份，取均值。

　　按式（3-6-5）计算溶液浓度：

$$X = \frac{A}{E} \times \frac{3.01}{0.01} \quad\quad (3-6-5)$$

式中　X——胡萝卜素标准溶液浓度，μg/mL；

　　　A——吸光度值；

　　　E——β – 胡萝卜素在正己烷溶液中，入射光波长 450nm，比色杯厚度 1cm，溶液浓度为 1mg/L 的吸光系数，为 0.2638；

　　　$\frac{3.01}{0.01}$——测定过程中稀释倍数的换算系数。

　　β – 胡萝卜素标准使用液：将已标定的标准液用石油醚准确稀释 10 倍，使每毫升溶液相当于 50μg，避光保存于冰箱中。

　　警告：通常标准品不能全溶解于有机溶剂中，必要时应先将标准品皂化，再用有机溶剂提取，用蒸馏水洗涤至中性后，浓缩定容，再进行标定。由于胡萝卜素很容易分解。所以每次使用前，所用标准品均需标定，在测定试样时需带标准品同步操作。

玻璃层析缸。

分光光度计。

旋转蒸发器(具配套 150mL 球形瓶)。

恒温水浴锅。

皂化回馏装置。

点样器或微量注射器。

滤纸：(18cm×30cm)，定性，快速或中速。

分析过程需在避光条件下进行。

试样预处理，①皂化。取适量试样，相当于原样 1 ~ 5g(含胡萝卜素约 20 ~ 80μg)匀浆，粮食试样视其胡萝卜素含量而定，植物油和高脂肪试样取样量不超过 10g。置 100mL 带塞锥形瓶中，加脱醛乙醇 30mL，再加 10mL 氢氧化钾溶液(1 + 1)，回流加热 30min，然后用冰水使之迅速冷却。皂化后试样用石油醚提取，直至提取液无色为止，每次提取石油醚用量为 15 ~ 25mL。②洗涤。将皂化后试样提取液用水洗涤至中性。将提取液通过盛有 10g 无水硫酸钠的小漏斗，漏入球形瓶，用少量石油醚分数次洗净分液漏斗和无水硫酸钠层内的色素，洗涤液并入球形瓶内。③浓缩与定容。将上述球形瓶内的提取液于旋转蒸发器上减压蒸发，水浴温度为 60℃，蒸发至约 1mL 时，取下球形瓶，用氮气吹干，立即加入 2.00mL 石油醚定容，备层析用。

纸层析。

① 点样。在 18cm×30cm 滤纸下端距底边 4cm 处作一基线，在基线上取 A、B、C、D 四点(见图 3 - 6 - 1)，吸取 0.100 ~ 0.400mL 浓缩液在 AB 和 CD 间迅速点样。

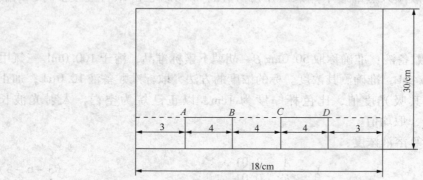

图 3 - 6 - 1　点样示意图

② 展开。待纸上所点样液自然挥发干后，将滤纸卷成圆筒状，置于预先用石油醚饱和的层析缸中，进行上行展开。

③ 洗脱。待胡萝卜素与其他色素完全分开后，取出滤纸，自然挥发干石油醚，将位于展开剂前沿的胡萝卜素层析带剪下，立即放入盛有 5mL 石油醚的具塞试管中，用力振摇，使胡萝卜素完全溶入试剂中。

④ 测定。用 1cm 比色杯，以石油醚调零点，于 450nm 波长下，测吸光度值。以其值从标准曲线上查出 β - 胡萝卜素的含量，供计算时使用。

90

⑤ 标准工作曲线绘制。取 β - 胡萝卜素标准使用液（浓度为 $50\mu g/mL$）$1.00mL$、$2.00mL$、$3.00mL$、$4.00mL$、$6.00mL$、$8.00mL$，分别置于 $100mL$ 具塞锥形瓶中，按试样分析步骤进行预处理和纸层析，点样体积为 $0.100mL$，标准曲线各点含量依次为 $2.5\mu g$、$5.0\mu g$、$7.5\mu g$、$10.0\mu g$、$15.0\mu g$、$20.0\mu g$。为测定低含量试样，可在 0 至 $2.5\mu g$ 间加做几点，以 β - 胡萝卜素含量为横坐标，以吸光度为纵坐标绘制标准曲线。

试样中萝卜素含量按（3 – 6 – 6）计算

$$X = m_1 \times \frac{V_2}{V_1} \times \frac{100}{m} \tag{3-6-6}$$

式中　X——试样中胡萝卜素的含量（以 β - 胡萝卜素计），$\mu g/100g$；

　　　m_1——在标准曲线上查得的胡萝卜素质量，μg；

　　　V_1——点样体积，mL；

　　　V_2——试样提取液浓缩后的定容体积，mL；

　　　m——试样的质量，g。

计算结果保留三位有效数字。在重复性条件下获得的两次独立测定结果的绝对值不得超过算术平均值的 10%。

五、水溶性维生素测定

水溶性维生素易溶于水，不溶于有机溶剂。酸性介质中稳定。碱性介质中不稳定。测定方法：液相色谱法、荧光法、比色法、微生物法。

1. 维生素 C 的测定

维生素 C 是一种己糖醛基酸，化学名称为：L – 2，3，5，6 – 四羟基 – 2 – 己烯酸 – γ – 内酯，分子式为 $C_6H_8O_6$，相对分子质量为 176.13。有抗坏血病的作用，所以又称作抗坏血酸。维生素 C 广泛存在于植物组织中，新鲜的水果、蔬菜，特别是鲜枣、辣椒、苦瓜、柿子叶、猕猴桃、柑橘等食品中含量尤为丰富。

自然界存在两种形式的维生素 C：抗坏血酸（还原型 VC）和脱氢抗坏血酸（氧化型 DHVC），维生素 C 具有较强的还原性，对光敏感，氧化后的产物称为脱氢抗坏血酸，仍然具有生理活性。进一步水解则生成 2，3 – 二酮古乐糖酸，失去生理作用。在食品中，这三种形式均有存在，但主要是前两者，故许多国家的食品成分表均以抗坏血酸和脱氢抗坏血酸的总量表示。

异抗坏血酸是抗坏血酸的异构体，化学性质与抗坏血酸相似，易被吸收，但几乎没有抗坏血酸的生理活性（仅约二十分之一）。异抗坏血酸和抗坏血酸棕榈酸酯只用作抗氧化剂，防止食品变质、水果变色。其结构如图 3 – 6 – 2 所示。

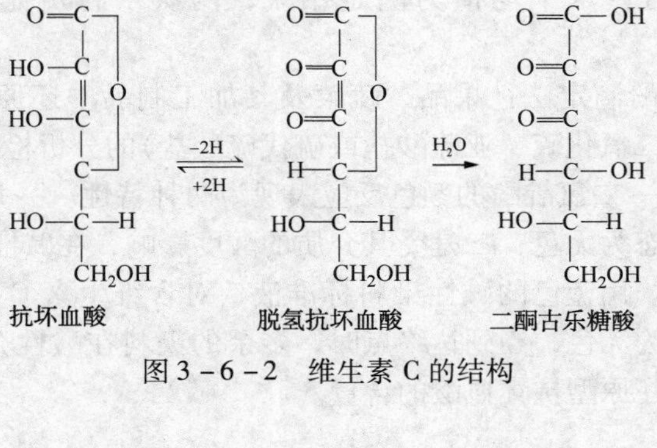

图 3 – 6 – 2　维生素 C 的结构

维生素 C 是无色晶体。紫外吸收最大值 245nm。难溶于脂肪，易溶于水，其水溶液具有酸性，对酸稳定，遇碱或遇热极易破坏，具有较强的还原性，易氧化，铜盐可促进其氧化。维生素 C 广泛存在于植物组织中，新鲜的水果、蔬菜，特别是枣、辣椒、苦瓜、柿子叶、猕猴桃、柑橘等食品中含量较多。推荐摄入量，每日 60 毫克。缺乏症状，坏血病。过量症状，腹泻。

测定维生素 C 的方法有碘量法、靛酚滴定法、2，4－二硝基苯肼比色法、荧光法及高效液相色谱法等。靛酚滴定法测定的是还原型抗坏血酸，该法简便，也较灵敏，但特异性差，样品中的其他还原性物质（如 Fe^{2+}、Sn^{2+}、Cu^{2+} 等）会干扰测定，使测定值偏高。对深色样液滴定终点不易辨别。2，4－二硝基苯肼、比色法和荧光法测得的是抗坏血酸和脱氢抗坏血酸的总量。高效液相色谱法可以同时测得抗坏血酸和脱氢抗坏血酸的含量，具有干扰少，难确度高，重现性好，灵敏、简便、快速等优点，是上述几种方法中最先进、可靠的方法。

（1）碘量法：维生素 C 具有较强的还原性，可被碘定量氧化。以淀粉为指示剂，用碘标准滴定液滴定样品水溶液，根据碘标准滴定液的用量，计算以 $C_6H_8O_6$ 计的维生素 C 含量。

主要试剂和材料：

硫酸溶液：57→1000。

碘标准滴定溶液：$c\ (I_2) = 0.05mol/L$。

淀粉指示液：10g/L。

称取约 0.2g 实验室样品，精确至 0.0002g，置于 250mL 碘容量瓶中，加 20mL 无二氧化碳的水及 25mL 硫酸溶液使溶解，立即用碘标准滴定溶液滴定，近终点时，加 1mL 淀粉指示液，滴至溶液显蓝色，保持 30s 不褪色为终点。同时做空白试验，除不加试样外，其他步骤与样品测定相同。

维生素 C（以 $C_6H_8O_6$ 计）的质量分数 w_1，数值以 % 表示，按式（3－6－7）计算：

$$w_1 = \frac{(V - V_0) \times c \times M}{m \times 1000} \times 100\% \qquad (3-6-7)$$

式中　V——实验室样品消耗碘标准滴定溶液的体积的数值，mL；

　　　V_0——空白试验消耗碘标准滴定溶液的体积的数值，mL；

　　　c——碘标准滴定溶液浓度的准确数值，mol/L；

　　　M——维生素 C 摩尔质量的数值，g/mol（$M = 176.12$）；

　　　m——实验室样品质量的数值，g。

取平行测定结果的算术平均值为测定结果，两次平行测定结果的绝对差值不大于 0.3%。

（2）2，6－二氯靛酚滴定法：果品、蔬菜及其加工制品中还原型抗坏血酸（不含二价铁、二价锡、一价铜、二氧化硫、亚硫酸盐或硫代硫酸盐）的分析检测可以使用 2，6－二氯靛酚滴定法。染料 2，6－二氯靛酚的颜色反应表现为两种特性。一是取决于氧化还原状态，氧化态为深蓝色，还原态为无色；二是受其介质的酸度影响，在碱性介质中呈深蓝色，在酸性溶液介质中呈浅红色。用蓝色的碱性染料标准液，对含维生素 C 的酸性浸出液进行氧化还原滴定，染料被还原为无色，当到达终点时，多余的染料在酸性介质中则表现为浅红色，由染料用量计算样品中还原型抗坏血酸的含量。

用氧化还原滴定的方法测定维生素 C 的含量是一个很常用的方法。维生素 C 有还原性，它可以与碘单质氧化还原反应。于是就可以用碘单质作滴定剂，滴定维生素 C，当反应完全时，淀粉溶液可指示终点。但是，碘单质溶液很难定量配置，所以人们想了一个变通的办法，那就是先在被测溶液中加入一定量酸化后的碘化钾，然后以碘酸钾为滴定剂。碘酸钾与碘化钾在酸性条件下可以反应生成单质碘，生成的单质碘立即与维生素 C 反应还原为碘离子，如此往复直到维生素 C 耗尽。这时生成的单质碘就会出现在溶液中，用淀粉指示就可以知道终点。

维生素 C 的分子式（$C_6H_8O_6$）中的烯二醇基具有还原性，能被定量地氧化为二酮基：

$$C_6H_8O_6 + I_2 \Longrightarrow C_6H_6O_6 + 2HI$$

$C_6H_8O_6$ 的还原能力很强，在空气中极易氧化，特别在碱性条件下尤甚。滴定时，应加入一定量的醋酸使溶液呈弱酸性。

主要仪器和试剂：

高速组织捣碎机（8000 ~ 12000r/min）。

分析天平。

偏磷酸（2%）。

草酸（2%）。

抗坏血酸标准溶液（1mg/mL）：称取 100mg（准确至 0.1mg）抗坏血酸，溶于浸提剂中并稀至 100mL。现配现用。

2，6 - 二氯靛酚（2，6 - 二氯靛酚吲哚酚钠盐）溶液：称取碳酸氢钠 52mg 溶解在 200mL 热蒸馏水中，然后称取 2，6 - 二氯靛酚 50mg 溶解在上述碳酸氢钠溶液中。冷却定容至 250mL，过滤至棕色瓶内，保存在冰箱中。每次使用前，用标准抗坏血酸标定其滴定度。即吸取 1mL 抗坏血酸标准溶液于 50mL 锥形瓶中，加入 10mL 浸提剂，摇匀，用 2，6 - 二氯靛酚溶液滴定至溶液呈粉红色 15s 不褪色为止。同时，另取 10mL 浸提剂做空白试验。滴定度按式（3 - 6 - 8）计算：

$$滴定度\ T(mg/mL) = \frac{c \cdot V}{V_1 - V_2} \tag{3-6-8}$$

式中　T——每毫升 2，6 - 二氯靛酚溶液相当于抗坏血酸的毫克数；

　　　c——抗坏血酸的浓度，mg/mL；

　　　V——吸取抗坏血酸的体积，mL；

　　　V_1——滴定抗坏血酸溶液所用 2，6 - 二氯靛酚溶液的体积，mL；

　　　V_2——滴定空白所用 2，6 - 二氯靛酚溶液的体积，mL。

白陶土（或称高岭土）：对维生素 C 无吸附性。

测定步骤：

样液制备。称取具有代表性样品的可食部分 100g，放入组织捣碎机中，加 100mL 浸提剂，迅速捣成匀浆。称 10 ~ 40g 浆状样品，用浸提剂将样品移入 100mL 容量瓶，并稀释至刻度，摇匀过滤。若滤液有色，可按每克样品加 0.4g 白陶土脱色后再过滤。

滴定。吸取 100mL 滤液放入 50mL 锥形瓶中，用已标定过的 2，6 - 二氧靛酚溶液滴定，直至溶液呈粉红色 15s 不褪色为止。同时做空白试验。

结果计算，按照计算公式（3 - 6 - 9）：

$$维生素\ C(mg/100g) = \frac{(V - V_0) \cdot T \cdot A}{W} \times 100 \tag{3-6-9}$$

式中　V——滴定样液时消耗染料溶液的体积，mL；

V_0——滴定空白时消耗染料溶液的体积，mL；

T——2，6－二氯靛酚滴定度，mg/mL；

A——稀释倍数；

W——样品质量。

平行测定的结果，用算术平均值表示，取三位有效数字，含量低的保留小数点后两位数字。平行测定结果的相对相差，在维生素 C 含量大于 20mg/100g 时，不得超过 2%，小于 20mg/100g 时，不得超过 5%。

（3）2，4－二硝基苯肼比色法：总抗坏血酸包括还原型、脱氢型和二酮古乐糖酸，试样中的还原型抗坏血酸经活性炭氧化为脱氢型抗坏血酸，再与 2，4－二硝基苯肼作用生成红色的脎，根据脎在硫酸溶液中的含量与抗坏血酸含量成正比，进行比色定量。

主要试剂和仪器：

4.5mol/L 硫酸：缓慢地加 250mL 硫酸（相对密度 1.84）于 700mL 水中，冷却后用水稀释至 1000mL。

85% 硫酸：缓慢地加 900mL 硫酸（相对密度 1.84）于 100mL 水中。

2，4－二硝基苯肼溶液（20g/L）：溶解 2g 2，4－二硝基苯肼于 100mL4.5mol/L 硫酸中，过滤。不用时存于冰箱内，每次用前必须过滤。

草酸溶液（20g/L）：溶解 20g 草酸（$H_2C_2O_4$）于 700mL 水中，稀释至 1000mL。

草酸溶液（10g/L）：取 500mL 草酸溶液（20g/L）稀释至 1000mL。

硫脲溶液（10g/L）：溶解 5g 硫脲于 500mL 草酸溶液（10g/L）中。

硫脲溶液（20g/L）：溶解 10g 硫脲于 500mL 草酸溶液（10g/L）中。

1mol/L 盐酸：取 100mL 盐酸，加入水中，并稀释至 1200mL。

抗坏血酸标准溶液：称取 100mg 纯抗坏血酸溶解于 100mL 草酸溶液（20g/L）中，此溶液每毫升相当于 1mg 抗坏血酸。

活性炭：将 100g 活性炭加到 750mL1mol/L 盐酸中，回流 1~2h，过滤，用水洗数次，至滤液中无铁离子（Fe^{3+}）为止，然后置于 110℃烘箱中烘干。检验铁离子方法可以利用普鲁士蓝反应。将 20g/L 亚铁氰化钾与 1% 盐酸等量混合，将上述洗出滤液滴入，如有铁离子则产生蓝色沉淀。

恒温箱（37±0.5）℃。

可见－紫外分光光度计。

分析步骤的全部过程应避光。

鲜样的制备。称取 100g 鲜样及吸取 100mL20g/L 草酸溶液，倒入捣碎机中打成匀浆，取 10~40g 匀浆（含 1~2mg 抗坏血酸）倒入 100mL 容量瓶中，用 10g/L 草酸溶液稀释至刻度，混匀。

干样制备。称 1~4g 干样（含 1~2mg 抗坏血酸）放入乳钵内，加入 10g/L 草酸溶液磨成匀浆，倒入 100mL 容量瓶内，用 10 g/L 草酸溶液稀释至刻度，混匀。

将上述溶液过滤，滤液备用。不易过滤的试样可用离心机离心后，倾出上清液，过滤，备用。

氧化处理。取 25mL 上述滤液，加入 2g 活性炭，振摇 1min，过滤，弃去最初数毫升滤液。取 10mL 此氧化提取液，加入 10mL 20g/L 硫脲溶液，混匀，此试样为稀释液。

呈色反应。于三个试管中各加入 4mL 氧化处理后的稀释液，一个试管作空白，在其余试管中加入 1.0mL20g/L2，4-二硝基苯肼溶液，将所有试管放入 37±0.5℃恒温箱或水浴中，保温 3h 后取出，除空白管外，将所有试管放入冰水中。空白管取出后使其冷到室温，然后加入 1.0mL20g/L2，4-二硝基苯肼溶液，在室温中放置 10~15min 后放入冰水内，其余步骤同试样。

85%硫酸处理。当试管放入冰水后，向每一试管中加入 5mL85%硫酸，滴加时间至少需要 1min，需边加边摇动试管。将试管自冰水中取出，在室温放置 30min 后比色。

比色。用 1cm 比色杯，以空白液调零点，于波长 520nm 处测定吸光值。

标准曲线的绘制。①加 2g 用酸处理过的活性炭于 50mL 抗坏血酸标准溶液中，振摇 1min，过滤。②取 10mL 滤液放入 500mL 容量瓶中，加 5.0g 硫脲用 10g/L 草酸溶液稀释至刻度，此溶液抗坏血酸浓度为 20μg/mL。③吸取 5mL、10mL、20mL、25mL、40mL、50mL、60mL 上述稀释液，分别放入 7 个 100mL 容量瓶中，用 10g/L 硫脲溶液稀释至刻度，得一标准系列。每个容量瓶中最后稀释液对应的抗坏血酸浓度分别为 1μg/mL、2μg/mL、4μg/mL、5μg/mL、8μg/mL、10μg/mL、12μg/mL。④上述标准系列中每一浓度的溶液吸取 3 份，每份 4mL，分别置于三支试管中，其中一支作为空白，在其余试管中各加入 1.0mL20g/L2，4-二硝基苯肼溶液，将所有试管都放入(37±0.5)℃的恒温箱或水浴中保温 3h。⑤保温 3h 后将空白管取出，使其冷却至室温，然后加入 1.0mL20g/mL2，4-二硝基苯肼溶液，在室温中放置 10~15min 后与所有试管一同放入冰水中冷却。⑥试管放入冰水中后，向每一试管中慢慢滴加 5mL85%硫酸，滴加时间至少需要 1min，边加边摇动试管。⑦将试管从冰水中取出，在室温下放置 30min 后，用 1cm 比色杯，以空白液调零，在波长 520nm 处测定吸光值。以吸光度值为纵坐标，抗坏血酸浓度(μg/mL)为横坐标绘制标准曲线。

结果按照式(3-6-10)计算：

$$X = \frac{c \cdot V}{m} \times F \times \frac{100}{1000} \qquad (3-6-10)$$

式中　X——试样中总抗坏血酸含量，mg/100g；

　　　c——由标准曲线查得或由回归方程算得"试样氧化液"中总抗坏血酸的浓度，μg/mL；

　　　V——试样用 10g/L 草酸溶液定容的体积，mL；

　　　F——试样氧化处理过程中的稀释倍数；

　　　m——样品重量，g。

计算结果保留小数点后两位数字。

说明：

加入硫脲可防止抗坏血酸氧化，且有助于促进脲的形成。最后溶液中硫脲的浓度要一致，否则影响测定结果。加入硫脲时宜直接垂直滴入溶液，勿滴在管壁上。

加入硫酸后显色，因糖类的存在会造成显色不稳定，30min 后影响将减少，故加硫酸后 30min 方可比色。

于冰浴上加入硫酸需一滴一滴加入，边加边摇，若加得过快，温升过高，将使糖类炭化产生焦糖色，影响测定结果。溶液温度需保持 10℃以下。

活性炭对抗坏血酸的氧化作用，是基于其表面吸附的氧进行界面反应，加入量过低，氧化不充分，测定结果偏低；加入量过高，对抗坏血酸有吸附作用，也使结果偏低。

本法为 GB/T 5009.86—2003《蔬菜、水果及其制品中总抗坏血酸的测定（荧光法和 2，

4－二硝基苯肼法）》中的第二法，适用于蔬菜、水果及其制品中总抗坏血酸的测定。本法检出限为 $1 \sim 12 \mu g/mL$。

（4）荧光法：试样中还原型抗坏血酸经活性炭氧化为脱氢抗坏血酸后，与邻苯二胺（OPDA）反应生成有荧光的喹唔啉（quinoxaline）。其荧光强度与抗坏血酸的浓度在一定条件下成正比，以此测定食品中抗坏血酸和脱氢抗坏血酸的总量。脱氢抗坏血酸与硼酸可形成复合物而不与 OPDA 反应，以此排除试样中荧光杂质产生的干扰。

主要试剂和仪器：

偏磷酸－乙酸液：称取 15g 偏磷酸，加入 40mL 冰乙酸及 250mL 水，加温，搅拌，使之逐渐溶解，冷却后加水至 500mL。于 4℃ 冰箱可保存 $7 \sim 10d$。

0.15mol/L 硫酸：取 10mL 硫酸，小心加入水中，再加水稀释至 1200mL。

偏磷酸－乙酸－硫酸液：以 0.15mol/I 硫酸液为稀释液，其余同偏磷酸－乙酸溶液配制。

乙酸钠溶液（500g/L）：称取 500g 乙酸钠（$CH_3COONa \cdot 3H_2O$），加水至 1000mL。

硼酸－乙酸钠溶液：称取 3g 硼酸，溶于 100mL 乙酸钠溶液（500g/L）中。临用前配制。

邻苯二胺溶液（200mg/L）：称取 20mg 邻苯二胺，临用前用水稀释至 100mL。

抗坏血酸标准溶液（1mg/mL）（临用前配制）：准确称取 50mg 抗坏血酸，用偏磷酸－乙酸溶液溶于 50mL 容量瓶中，并稀释至刻度。

抗坏血酸标准使用液（100μg/mL）：取 10mL 抗坏血酸标准液，用偏磷酸－乙酸溶液稀释至 100mL，定容前试 pH 值，如其 pH > 2.2 时，则应用偏磷酸－乙酸－硫酸溶液稀释。

0.04% 百里酚蓝指示剂溶液：称取 0.1g 百里酚蓝，加 0.02mol/L 氢氧化钠溶液，在玻璃研钵中研磨至溶解，氢氧化钠的用量约为 10.75mL，磨溶后用水稀释至 250mL。变色范围，pH 值等于 1.2 呈红色；pH 值等于 2.8 呈黄色；pH 值大于 4 呈蓝色。

活性炭的活化：加 200g 炭粉于 1L 盐酸（1+9）中，加热回流 $1 \sim 2h$，过滤，用水洗至滤液中无铁离子为止，置于 $110 \sim 120℃$ 烘箱中干燥，备用。

荧光分光光度计或具有 350nm 或 430nm 波长的荧光计。

捣碎机。

操作方法：

试样的制备。称取 100g 鲜样，加 100mL 偏磷酸－乙酸溶液，倒入捣碎机内打成匀浆，用百里酚蓝指示剂调式匀浆酸碱度。如显红色，即可用偏磷酸－乙酸溶液稀释，如呈黄色或蓝色，则用偏磷酸－乙酸－硫酸溶液稀释，使其 pH 为 1.20。匀浆的取量需根据试样中抗坏血酸的含量而定。当试样液含量在 $40 \sim 100 \mu g/mL$ 之间，一般取 20g 匀浆。用偏磷酸－乙酸溶液稀释至 100mL。过滤，滤液备用。

测定。①氧化处理，分别取上述试样滤液及抗坏血酸标准使用液（100μg/mL）各 100mL 于 200mL 具塞锥形瓶中，加 2g 活性炭，用力振摇 1min，过滤，弃去最初数毫升滤液，分别收集其余全部滤液，即试样氧化液和标准氧化液，待测定。②各取 10 mL 标准氧化液于 2 个 100mL 容量瓶中，分别标明"标准"及"标准空白"。③各取 10mL 试样氧化液于 2 个 100mL 容量瓶中，分别标明"试样"及"试样空白"。④于"标准空白"及"试样空白"中各加 5mL 硼酸－乙酸钠溶液，混合摇动 15min，用水稀释至 100mL，在 4℃ 冰箱中放置 $2 \sim 3h$，即得"标准空白"及"试样空白"溶液，取出备用。⑤于"试样"及"标准"中各加 5mL 500g/L 乙酸钠溶液，用水稀释至 100mL，即得"试样"溶液及"标准"溶液（10μg/mL），备用。

标准曲线的制备。取上述"标准"溶液（抗坏血酸含量 10μg/mL）0.5、1.0、1.5 和 2.0mL 标准系列，取双份分别置于 10mL 带盖试管中，再用水补充至 2.0mL。

荧光反应：取"标准空白"溶液、"试样空白"溶液及"试样"溶液各 2mL，分别置于 10mL 带盖试管中，连同标准系列，在暗室迅速向各管中加入 5mL 邻苯二胺溶液，振摇混合，在室温下反应 35min，于激发光波长 328nm、发射光波长 420nm 处测定荧光强度。标准系列荧光强度分别减去标准空白荧光强度为纵坐标，对应的抗坏血酸含量为横坐标，绘制标准曲线或进行相关计算。

结果按照式（3－6－11）计算：

$$X = \frac{c \cdot V}{m} \times F \times \frac{100}{1000} \qquad (3-6-11)$$

式中　X——试样中抗坏血酸及脱氢抗坏血算含量，mg/100g；

c——由标准曲线查得或由回归方程算得试样溶液的浓度，μg/mL；

V——荧光反应所用试样体积，mL；

F——试样溶液的稀释倍数；

m——试样的质量，g。

计算结果保留小数点后一位。

说明：

本法为 GB/T5009.86—2003《蔬菜、水果及其制品中总抗坏血酸的测定（荧光法和 2，4－二硝基苯肼法）》中的第一法，适用于蔬菜、水果及其制品中总抗坏血酸的测定。本法检出限为 5～20μg/mL。

影响荧光强度的因素很多，各次测定条件很难完全再现，因此，标准曲线最好与样品同时做；若采用外标定点直接比较法定量，其结果与工作曲线法接近。

在重复性条件下获得的两次独立测定结果的绝对差值不得超过算术平均值的 10%。

（5）分光光度法：国家标准 GB/T 5009.86—2003《蔬菜、水果及其制品中总抗坏血酸的测定方法（荧光法和 2，4－二硝基苯脱法）》测定的是氧化脱氢型抗坏血酸，不能测定其主要成分还原型抗坏血酸，而且局限于果蔬类试样，操作非常繁琐；对营养强化食品、蛋白食品等试样的测定更不适应。为此 GB/T 5009.159—2003 规定了分光光度法测定食品中抗坏血酸的标准检验方法。该法具有灵敏度高、准确度好、操作简便、快速、应用范围广等特点。适用于各类食品中还原型抗坏血酸的测定。

在乙酸溶液中，抗坏血酸与固蓝盐 B 反应生成黄色的草酰肼－2－羟基丁酰内酯衍生物。在最大吸收波长 420nm 处测定吸光度，与标准系列比较定量。

主要试剂和仪器：

乙酸溶液（2mol/L）：吸取 11.6mL 冰乙酸，加水稀释至 100mL。

乙酸溶液（0.5mol/L）：吸取 2.9mL 冰乙酸，加水稀释至 100mL。

乙二胺四乙酸二钠溶液（0.25mol/L）：称取 9.3g 乙二胺四乙酸二钠（$C_{10}H_{14}N_8O_8Na_2 \cdot 2H_2O$）于水中，加热使之溶解后，放冷，并稀释至 100mL。

蛋白沉淀剂：乙酸锌溶液（220g/L）：称取 22.0g 乙酸锌（$Zn(CH_3COO)_2 \cdot 2H_2O$），加 3mL 冰乙酸溶于水，并稀释至 100mL。亚铁银化钾溶液（106g/L）：称取 10.6g 亚铁氰化钾 [$K_4Fe(CN)_6 \cdot 3H_2O$]，加水溶解至 100mL。

显色剂：固蓝盐 B 溶液（2g/L）：准确称取 0.2g 固蓝盐 B，加水溶解于 100mL 棕色容量瓶中，并稀释至刻度（该溶液在室温下贮存可稳定3d以上）。

抗坏血酸标准储备溶液（2.0g/L）：精密称取0.2000g抗坏血酸，加20mL乙酸溶液（2mol/L）溶解后移入100mL棕色容量瓶中，用水稀释至刻度，混匀。此溶液每毫升相当于2.0mg抗坏血酸（10℃下冰箱内贮存在2d内稳定）。

抗坏血酸标准使用溶液（0.1g/L）：用移液管精密吸取5.0mL抗坏血酸标准储备溶液（2.0g/L）于100mL棕色容量瓶内，加5mL乙酸溶液（2mol/L），用水稀释至刻度，混匀。此溶液每毫升相当于100μg抗坏血酸（临用时配制）。

分光光度计。捣碎机。离心沉淀机。10mL具塞玻璃比色管。

分析步骤：

试样溶液的制备。①非蛋白性食品。对于液体试样，抗坏血酸含量在0.2g/L以下的试样，混匀后可直接取样测定；抗坏血酸含量在0.2g/L以上的试样，用水适量稀释后测定。对于水溶性固体试样，准确称取1.0～5.0g，精确至0.001g（含0.2g/kg以下抗坏血酸）放入乳钵中，加5mL乙酸溶液（2mol/L）研磨溶解后，移入100mL棕色容量瓶内，加水稀释至刻度。对于蔬菜、水果，称取鲜样可食部分20.0～50.0g于捣碎机内，加同倍量的乙酸溶液（2mol/L）捣成匀浆。称取10.0～20.0g匀浆（含0.2g/kg以下抗坏血酸）于100mL棕色容量瓶内，加5mL乙酸溶液（2mol/L），用水稀释至刻度，混匀。滤纸过滤，滤液备用。不易过滤的试样可用离心机离心后，上清液供测定。②蛋白性食品（奶粉、豆粉、乳饮料、强化食品等）：固体试样混匀后精密称取5.0～10.0g，精确至0.001g；液体试样用移液管精密吸取5.0～10.0mL于100mL棕色容量瓶内。加10mL乙酸溶液（2mol/L）、乙酸锌溶液（220g/L）和亚铁氰化钾溶液（106g/L）各7.5mL，加水至刻度，混匀。将全部溶液移入离心管内，以3000r/min离心10min，上清液供测定。同时取与处理试样相同量的乙酸溶液、乙酸锌溶液和亚铁佩化钾溶液，按同一方法做试剂空白试验。

标准曲线的绘制。精密吸取0、0.1mL、0.2mL、0.4mL、0.6mL、0.8mL、1.0mL、1.5mL、2.0mL抗坏血酸标准使用溶液（相当于抗坏血酸0、10.0μg、20.0μg、40.0μg、60.0μg、80.0μg、100.0μg、150.0μg、200.0μg），分别置于10mL比色管中。各加0.3mL乙二胺四乙酸二钠溶液（0.25mol/L）、0.5mL乙酸溶液（0.5mol/L）、1.25mL固蓝盐B溶液（2g/L），加水稀释至刻度，混匀。室温（20～25℃）下放置20min后，移入1cm比色皿内，以零管为参比，于波长420nm处测量吸光度，以标准各点吸光度绘制标准曲线。

试样测定。对于非蛋白性试样的测定，精密吸取制备的试样溶液0.5～5.0mL（约相当于抗坏血酸200μg以下）于10mL比色管内。加0.3mL乙二胺四乙酸二钠溶液（0.25mol/L）、0.5mL乙酸溶液（0.5mol/L）、1.25mL固蓝盐B溶液（2g/L），加水稀释至刻度，混匀。室温（20～25℃）下放置20min后，移入1cm比色皿内，以零管为参比，于波长420nm处测量吸光度。试样吸光度从标准曲线上查出抗坏血酸含量。对于蛋白性试样的测定，精密吸取制备的试样溶液（约相当于抗坏血酸200μg以下）和等量试剂空白溶液（0.5～5.0mL），各于10mL比色管内。各加1.5mL乙二胺四乙酸二钠溶液（0.25mol/L），1.0mL乙酸溶液（0.5mol/L），1.25mL固蓝盐B溶液（2g/L），加水稀释至刻度，混匀。室温（20～25℃）下放置3min后，移入1cm比色皿内，以试剂空白管为参比，于波长420nm处测量吸光度。试样吸光度从标准曲线上查出抗坏血酸含量。

结果按式（3-6-12）计算：

$$X = \frac{c}{m \times \frac{V_1}{V_2} \times 1000} \times 100 \qquad (3-6-12)$$

式中　X——试样中抗坏血酸的含量，mg/100g（mg/100mL）；

　　　c——试样测定液中抗坏血酸的含量，μg；

　　　V_2——试样处理液总体积，mL；

　　　V_1——测定时所取溶液体积，mL；

　　　m——试样的质量（体积），g（mL）。

计算结果保留小数点后一位。在重复性条件下获得的两次独立测定结果的绝对差值不得超过算术平均值的10%。

说明：

本法适用于各类食品中还原型抗坏血酸的测定。该法具有灵敏度高、准确度好、操作简便、快速、应用范围广等特点。但不适用于脱氢型抗坏血酸的测定。

2. 维生素 B1 的测定

维生素 B1 又称硫胺素（thiamine）或抗神经炎素。由嘧啶环和噻唑环结合而成的一种 B 族维生素。为白色结晶或结晶性粉末；有微弱的特臭，味苦，有引湿性，露置在空气中，易吸收水分，微溶于乙醇，不溶于乙醚或三氯甲烷，易溶于水。在碱性溶液中容易分解变质。维生素 B1 在中性、碱性下不稳定，易分解；维生素 B1 在酸性条件下稳定，即使加热酸性也稳定。

维生素 B1 主要存在于种子的外皮和胚芽中，如米糠和麸皮中含量很丰富，在酵母菌中含量也极丰富。瘦肉、白菜和芹菜中含量也较丰富。蛋黄中比较丰富，动物组织不如植物含量丰富。

食物中的维生素 B1 有三种形式，即游离形式、硫胺素焦磷酸脂和蛋白磷酸复合物。

硫胺素在碱性铁氰化钾溶液中被氧化成噻嘧色素，在紫外线照射下，噻嘧色素发出荧光。在给定的条件下，以及没有其他荧光物质干扰时，此荧光之强度与噻嘧色素量成正比，即与溶液中硫胺素量成正比。如试样中含杂质过多，应经过离子交换剂处理，使硫胺素与杂质分离，然后以所得溶液作测定。

主要试剂和仪器：

正丁醇，需经重蒸馏后使用。

无水硫酸钠。

淀粉酶和蛋白酶。

0.1mol/L 盐酸：8.5mL 浓盐酸（相对密度 1.19 或 1.20）用水稀释至 1000mL。

0.3mol/L 盐酸：25.5mL 浓盐酸用水稀释至 1000mL。

2mol/L 乙酸钠溶液：164g 无水乙酸钠溶于水中稀释至 1000mL。

氯化钾溶液（250g/L）：250g 氯化钾溶于水中稀释至 1000mL。

酸性氯化钾溶液（250g/L）：8.5mL 浓盐酸用 250% 氯化钾溶液稀释至 1000mL。

氢氧化钠溶液（150g/L）：15g 氢氧化钠溶于水中稀释至 100mL。

1% 铁氰化钾溶液（10g/L）：1g 铁氰化钾溶于水中稀释至 100mL，放于棕色瓶内保存。

碱性铁氰化钾溶液：取 4mL 10g/L 铁氰化钾溶液，用 150g/L 氢氧化钠溶液稀释至60mL。用时现配，避光使用。

乙酸溶液：30mL 冰乙酸用水稀释至 1000mL。

活性人造浮石：称取 200g40~60 目的人造浮石，以 10 倍于其容积的热乙酸溶液搅洗 2 次，每次 10min；再用 5 倍于其容积的 250g/L 热氯化钾溶液搅洗 15min；然后再用稀乙酸溶液搅洗 10min；最后用热蒸馏水洗至没有氯离子。于蒸馏水中保存。

硫胺素标准储备液（0.1mg/mL）：准确称取 100mg 经氯化钙干燥 24h 的硫胺素，溶于 0.01mol/L 盐酸中，并稀释至 1000mL。于冰箱中避光保存。

硫胺素标准中间液（10μg/mL）：将硫胺素标准储备液用 0.01mol/L 盐酸稀释 10 倍，于冰箱中避光保存。

硫胺素标准使用液（0.1μg/mL）：将硫胺素标准中间液用水稀释 100 倍，用时现配。

澳甲酚绿溶液（0.4g/L）：称取 0.1g 澳甲酚绿，置于小研钵中，加入 1.4mL0.1mol/L 氢氧化钠溶液研磨片刻，再加入少许水继续研磨至完全溶解，用水稀释至 250mL。

电热恒温培养箱。

荧光分光光度计。

Maizel – Gerson 反应瓶，如图 3 – 6 – 3 所示。盐基交换管，如图 3 – 6 – 4 所示。

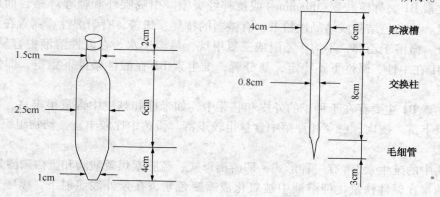

图 3 – 6 – 3　Maizel – Gerson 反应瓶　　　图 3 – 6 – 4　盐基交换管

试样采集后用匀浆机打成匀浆于低温冰箱中冷冻保存，用时将其解冻后混匀使用。干燥试样要将其尽量粉碎后备用。提取时准确称取一定量试样（估计其硫胺素含量约为 10~30μg，一般称取 2~10g 试样），置于 100mL 三角瓶中，加入 50mL0.1mol/L 或 0.3mol/L 盐酸使其溶解，放入高压锅中加热水解，121℃30min，凉后取出。用 2 mol/L 乙酸钠调其 pH 值为 4.5（以 0.4g/L 澳甲酚绿为外指示剂）。按每克试样加入 20mg 淀粉酶和 40mg 蛋白酶的比例加入淀粉酶和蛋白酶。于 45~50℃温箱过夜保温（约 16h）。凉至室温，定容至 100mL，然后混匀过滤，即为提取液。提取液的净化用少许脱脂棉铺于盐基交换管的交换柱底部，加水将棉纤维中气泡排出，再加约 1g 活性人造浮石使之达到交换柱的三分之一高度。保持盐基交换管中液面始终高于活性人造浮石。用移液管加入提取液 20~60mL（使通过活性人造浮石的硫胺素总量约为 2~5μg）。加入约 10mL 热蒸馏水冲洗交换柱，弃去洗液。如此重复三次。加入 20mL 250g/L 酸性氯化钾（温度为 90℃左右），收集此液于 25mL 刻度试管内，凉至室温，用 250g/L 酸性氯化钾定容至 25mL，即为试样净化液。重复上述操作，将 20mL 硫胺素标准使用液加入盐基交换管以代替试样提取液，即得到标准净化液。将 5mL 试样净化液分别加入 A、B 两个反应瓶。在避光条件下将 3mL150g/L 氢氧化钠加入反应瓶 A，将

3mL 碱性铁氰化钾溶液加入反应瓶 B，振摇约 15s，然后加入 10mL 正丁醇；将 A、B 两个反应瓶同时用力振摇 1.5min。重复上述操作，用标准净化液代替试样净化液。静置分层后吸去下层碱性溶液，加入 2～3g 无水硫酸钠使溶液脱水。

测定的荧光条件：激发波长 365nm，发射波长 435nm，激发波狭缝 5nm，发射波狭缝 5nm。依次测定下列荧光强度，试样空白荧光强度（试样反应瓶 A）；标准空白荧光强度（标准反应瓶 A）；试样荧光强度（试样反应瓶 B）；标准荧光强度（标准反应瓶 B）。

结果按照式（3－6－13）计算：

$$X = (U - U_b) \times \frac{c \cdot V}{(S - S_b)} \times \frac{V_1}{V_2} \times \frac{1}{m} \times \frac{100}{1000} \qquad (3-6-13)$$

式中　　X——试样中硫胺素含量，mg/100g；

$\quad\quad U$——试样荧光强度；

$\quad\quad U_b$——试样空白荧光强度；

$\quad\quad S$——标准荧光强度；

$\quad\quad S_b$——标准空白荧光强度；

$\quad\quad c$——硫胺素标准使用液浓度，μg/mL；

$\quad\quad V$——用于净化的硫胺素标准使用液体积，mL；

$\quad\quad V_1$——试样水解后定容之体积，mL；

$\quad\quad V_2$——试样用于净化的提取液体积，mL；

$\quad\quad m$——试样质量，g；

$\dfrac{100}{1000}$——试样含量由微克每克（μg/g）换算成毫克每百克（mg/100g）的系数。

计算结果保留两位有效数字。在重复性条件下获得的两次独立测定结果的绝对差值不得超过算术平均值的 10%。

荧光计法测定维生素 B1 的原理，在碱性高铁氰化钾溶液中，能被氧化成一种蓝色的荧光化合物——硫色素，在没有其它荧光物质存在时，溶液的荧光强度与硫色素的浓度成正比。所含杂质需用柱色谱法处理，测定提纯溶液中维生素 B1 的含量。而荧光目测法，不需用荧光光度计，而是在紫外灯下将样液的荧光强度比较，求得样液中硫胺素的含量。

3. 维生素 B2 的测定

维生素 B2 又称核黄素，是由核糖醇与异咯嗪连接而成的化合物。维生素 B2 微溶于水，水溶液呈现强的黄绿色荧光，对空气、热稳定，在中性和酸性溶液中即使短时间高压加热也不至于破坏。维生素 B2 分布很广，青菜、黄豆、小麦以及动物肝脏、肾脏、心脏、乳和蛋中含量较多，酵母中也很丰富。维生素 B2 是体内黄酶类辅基的组成部分（黄酶在生物氧化还原中发挥递氢作用），当缺乏时，就影响机体的生物氧化，使代谢发生障碍。核黄素的测定方法有荧光法和微生物法等。

（1）荧光法：

核黄素在 440～500nm 波长照射下发生黄绿色荧光。在稀溶液中其荧光强度与核黄素的浓度成正比。在波长 525nm 下测定其荧光强度。试液再加入低亚硫酸钠，将核黄素还原为无荧光的物质，然后再测定试液中残余荧光杂质的荧光强度，两者之差即为食品中核黄素所产生的荧光强度。

主要试剂和仪器：

硅镁吸附剂：60～100 目。

2.5mol/L 乙酸钠溶液。

木瓜蛋白酶(100g/L)：用 2.5mol/L 乙酸钠溶液配制。使用时现配制。

淀粉酶(100g/L)：用 2.5mol/L 乙酸钠溶液配制。使用时现配制。

0.1mol/L 盐酸。

1mol/L 和 0.1mol/L 氢氧化钠。

低亚硫酸钠溶液(200g/L)：此液用时现配。保存在冰水浴中，4h 内有效。

洗脱液：丙酮 + 冰乙酸 + 水(5 + 2 + 9)。

澳甲酚绿指示剂(0.4g/L)。

高锰酸钾溶液(30g/L)。

过氧化氢溶液(3%)。

核黄素标准液的配制(纯度 98%)。

核黄素标准储备液(25μg/mL)：将标准品核黄素粉状结晶置于真空干燥器或盛有硫酸的干燥器中。经过 24h 后，准确称取 50mg，置于 2L 容量瓶中，加入 2.4mL 冰乙酸和 1.5L 水。将容量瓶置于温水中摇动，待其溶解，冷至室温，稀释至 2L，移至棕色瓶内，加少许甲苯盖于溶液表面，于冰箱中保存。

核黄素标准使用液：吸取 2.00mL 核黄素标准储备液，置于 50mL 棕色容量瓶中，用水稀释至刻度。避光，贮于 4℃ 冰箱，可保存一周。此溶液每毫升相当于 1.00μg 核黄素。

高压消毒锅。

电热恒温培养箱。

荧光分光光度计。

核黄素吸附柱，见图 3 - 6 - 5。

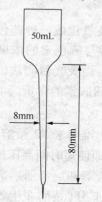

50mL

8mm

80mm

图 3 - 6 - 5　核黄素吸附柱

分析步骤的整个操作过程需避光进行。

试样的水解，准确称取 2～10g 样品(约含 10～200μg 核黄素)于 100mL 三角瓶中，加 50mL 0.1mol/L 盐酸，搅拌直到颗粒物分散均匀。用 40mL 瓷坩埚为盖扣住瓶口，置于高压锅内高压水解，10.3×10^4 Pa 30min。水解液冷却后，滴加 1mol/L 氢氧化钠，取少许水解液，用 0.4g/L 澳甲酚绿检验呈草绿色，pH 为 4.5。

试样的酶解，在含有淀粉的水解液中加入 3mL 10g/L 淀粉酶溶液，于 37～40℃ 保温约 16h。含高蛋白的水解液，则加 3mL 10g/L 木瓜蛋白酶溶液，于 37～40℃ 保温约 16h。

将上述酶解液定容至 100.0mL，用干滤纸过滤。此提取液在 4℃ 冰箱中可保存一周。视试样中核黄素的含量取一定体积的试样提取液及核黄素标准使用液(约含 1～10μg 核黄素)分别于 20mL 的带盖刻度试管中，加水至 15mL。各管加 0.5mL 冰乙酸，混匀。加 30g/L 高锰酸钾溶液 0.5mL，混匀，放置 2min，使氧化去杂质。滴加 3% 双氧水溶液数滴，直至高锰酸钾的颜色退掉，剧烈振摇此管，使多余的氧气逸出。

核黄素的吸附在吸附柱上完成，硅镁吸附剂约 1g 用湿法装入柱，占柱长 1/2～2/3(约 5cm)为宜(吸附柱下端用一小团脱脂棉垫上)，勿使柱内产生气泡，调节流速约为 60

滴/min，将全部氧化后的样液及标准液通过吸附柱后，用约 20mL 热水洗去样液中的杂质。然后用 5.00mL 洗脱液将试样中核黄素洗脱并收集于一带盖 10mL 刻度试管中，再用水洗吸附柱，收集洗出的液体并定容至 10mL，混匀后待测荧光。

分别精确吸取核黄素标准使用液 0.3mL、0.6mL、0.9mL、1.25mL、2.5mL、5.0mL、10.0mL、20.0mL（相当于 0.3μg、0.6μg、0.9μg、1.25μg、2.5μg、5.0μg、10.0μg、20.0μg 核黄素）或取与试样含量相近的单点标准按核黄素的吸附和洗脱步骤操作，制作标准曲线。于激发光波长 440nm，发射光波长 525nm，测量试样管及标准管的荧光值。待试样及标准的荧光值测量后，在各管的剩余液（约 5~7mL）中加 0.1mL20% 低亚硫酸钠溶液，立即混匀，在 20s 内测出各管的荧光值，作各自的空白值。结果按式(3-6-14)计算：

$$X = \frac{(A-B) \times S}{(C-D) \times m} \times f \times \frac{100}{1000} \qquad (3-6-14)$$

式中 X——试样中核黄素的含量，mg/100g；

A——试样管荧光值；

B——试样管空白荧光值；

C——标准管荧光值；

D——标准管空白荧光值；

f——稀释倍数；

m——试样质量，g；

S——标准管中核黄素质量，μg；

$\dfrac{100}{1000}$——将试样中核黄素含量由微克每克(μg/g)换算成毫克每百克(mg/100g)的系数。

计算结果表示到小数点后两位。在重复性条件下获得的两次独立测定结果的绝对差值不得超过算术平均值的 10%。

（2）微生物法：

某一种微生物的生长（繁殖）必需某些维生素。例如干酪乳酸杆菌的生长需要核黄素，培养基中若缺乏这种维生素该细菌便不能生长。在一定条件下，该细菌生长情况，以及它的代谢物乳酸的浓度与培养基中该维生素含量成正比，因此可以用酸度及混浊度的测定法来测定试样中核黄素的含量。

主要试剂和仪器：

冰乙酸。

甲苯。

无水乙酸钠。

乙酸铅。

氢氧化铵。

干酪乳酸杆菌。

盐酸：0.1mol/L。

氢氧化钠溶液：1mol/L 和 0.1mol/L。

0.9g/L 氯化钠溶液（生理盐水）：使用前应进行灭菌处理。

核黄素标准储备液（25μg/mL）：将标准品核黄素粉状结晶置于真空干燥器或盛有硫酸的干燥器中经过 24h 后，准确称取 50mg，置于 2L 容量瓶中，加入 2.4mL 冰乙酸和 1.5L 水。

将容量瓶置于温水中摇动，待其溶解，冷至室温，稀释至2L，移至棕色瓶内，加少许甲苯盖于溶液表面，于冰箱中保存。

核黄素标准中间液（10μg/mL）：准确吸取20mL核黄素标准储备液，加水稀释至50mL。

核黄素标准使用液（0.1μg/mL）：准确吸取1.0mL中间液于100mL容量瓶中，加水稀释至刻度，摇匀。每次分析要配制新标准使用液。

碱处理蛋白胨：分别称取40g蛋白胨和20g氢氧化钠于250mL水中。混合后，放于（37±0.5）℃恒温箱内，24～48h后取出，用冰乙酸调节pH6.8，加14g无水乙酸钠（或23.2g含有3分子结晶水的乙酸钠），稀释至800mL，加少许甲苯盖于溶液表面，于冰箱中保存。

胱氨酸溶液（1g/L）：称取1gL－胱氨酸于小烧杯中。加20mL水，缓慢加入约5～10mL盐酸，直至其完全溶解，加水稀释至1L，加少许甲苯盖于溶液表面。

酵母补充液：称取100g酵母提取物干粉于500mL水中，称取150g乙酸铅于500mL水中，将两溶液混合，以氢氧化铵调节pH至酚酞呈红色（取少许溶液检验）。离心或用布氏漏斗过滤，滤液用冰乙酸调节pH至6.5。通入硫化氢直至不生沉淀，过滤，通空气于滤液中，以排除多余的硫化氢。加少许甲苯盖于溶液表面，于冰箱中保存。

甲盐溶液：称取25g磷酸氢二钾和25g磷酸二氢钾，加水溶解，并稀释至500mL。加入少许甲苯以保存之。

乙盐溶液：称取10g硫酸镁（$MgSO_4 \cdot 7H_2O$），0.5g硫酸亚铁（$FeSO_4 \cdot 7H_2O$）和0.5g硫酸锰（$MnSO_4 \cdot 4H_2O$）加水溶解，并稀释至500mL，加少许甲苯以保存之。

基本培养储备液：将下列试剂混合于500mL烧杯中，加水至450mL，用1mol/L氢氧化钠溶液调节pH至6.8，用水稀释至500mL。碱处理蛋白胨100mL、0.1%胱氨酸溶液100mL、酵母补充液20mL、甲盐溶液10mL、乙盐溶液10mL、无水葡萄糖10g。

琼脂培养基：将下列试剂混合于250mL三角瓶中，加水至100mL，于水浴上煮至琼脂完全溶化，用1mol/L盐酸趁热调节pH至6.8。尽快倒入试管中，每管3～5mL，塞上棉塞，于高压锅内在6.9×10⁴Pa压力下灭菌15min，取出后直立试管，冷至室温，于冰箱中保存。无水葡萄糖1g、乙酸钠1.7g、蛋白胨0.8g、酵母提取物干粉0.2g、甲盐溶液0.2mL、乙盐溶液0.2mL、琼脂1.2g。

0.4g/L溴甲酚绿指示剂：称取0.1g溴甲酚绿于小研钵中，加1.4mL0.1mol/L氢氧化钠溶液研磨。加少许水，继续研磨，直至完全溶解。用水稀释至250mL。

0.4g/L溴麝香草酚蓝指示剂：称取0.1g溴麝香草酚蓝于小研钵中，加1.6mL0.1mol/L氢氧化钠溶液研磨。加少许水，继续研磨，直至完全溶解。用水稀释至250mL。

电热恒温培养箱。

离心沉淀机。

液体快速混合器。

高压消毒锅。

菌种的制备以干酪乳酸杆菌纯菌种接入2个或多个琼脂培养基管中。在37±0.5℃恒温培养箱中保温16～24h。贮于冰箱内，至多不超过2周，最好每周移种一次。保存数周以上的储备菌种，不能立即用于制备接种液，一定要在使用前每天移种一次，连续2～3d方可使用，否则生长不好。种子培养液的制备取5mL核黄素标准使用液和5mL基本培养储备液于15mL离心管混匀，塞上棉塞，于高压锅内在6.9×10⁴Pa压力下灭菌15min。每次可制备2～4管。

因核黄素易被日光和紫外线破坏，故一切操作要在暗室内进行。制备接种液，使用前一天，将菌种由储备菌种管中移入已消毒的种子培养液中，同时制做 2 管。在 37 ± 0.5℃ 保温 16 ~ 24h。取出后离心 10min（3000r/min），以无菌操作方法倾去上部液体，用已消毒的生理盐水淋洗两次，再加 10mL 消毒生理盐水，在液体快速混合器上振摇试管，使菌种成混悬体。将此液倾入已消毒的注射器内，立即使用。

试样的制备，将用磨粉机、研钵磨成粉末或用打碎机打成匀浆。称取约含 5 ~ 10μg 的核黄素试样（谷类约 10g，干豆类约 4g，肉类约 5g），加入 50mL0.1mol/L 盐酸溶液，混匀。置于高压锅内，在 10.3×10^4 Pa 压力下水解 30min。冷至室温，用 1mol/L 氢氧化钠溶液调节 pH 至 4.6（取少许水解液，用溴甲酚绿检验，溶液呈草绿色即可）。加入淀粉酶或木瓜蛋白酶，每克试样加入 20mg 酶。在 40℃ 恒温箱中过夜，大约 16h。冷至室温，加水稀释到 100mL，过滤。对于脂肪量高的食物，可用乙醚提取，以除去脂肪。

制备标准管，三组试管中每管各加核黄素标准使用液 0.0、0.5mL、1.0mL、1.5mL、2.0mL、2.5mL、3.0mL，每管加水至 5mL，再每管加 5mL 基本培养储备液混匀。

试样管的制备，吸取试样溶液 5 ~ 10mL，置于 25mL 具塞试管中，用 0.1mol/L 氢氧化钠调节 pH 至 6.8（取少许溶液，用溴麝香草酚蓝检验），加水稀释至刻度。取两组试管，各加试样稀释液 1mL、2mL、3mL、4mL，每管加水至 5mL，每管再加 5mL 基本培养储备液混匀。

将以上试样管和标准管全部塞上棉塞，置于高压锅内，在 6.9×10^4 Pa 压力下灭菌 15min，进行灭菌。待试管冷至室温，在无菌操作条件下接种，每管加一滴接种液，接种时注射器针头不要碰试管壁，要使接种液直接滴在培养液内。置于 (37 ± 0.5)℃ 恒温箱中培养约 72h，培养时每管必须在同一温度。培养时间可延长 18h 或减少 12h。必要时可在冰箱内保存一夜再滴定。若用混浊度测定法，以培养 18 ~ 24h 为宜。

滴定时，将试管中培养液倒入 50mL 三角瓶中，加 0.01g/L 溴麝香草酚蓝溶液 5mL，分两次淋洗试管，洗液倒至该三角瓶中，以 0.1mol/L 氢氧化钠溶液滴定，终点呈绿色。以第一瓶的滴定终点作为变色参照瓶，约 30min 后再换一参照瓶，因溶液放置过久颜色变浅。用标准核黄素溶液的不同浓度为横坐标及在滴定时所需 0.1mol/L 氢氧化钠的毫升数为纵坐标，绘制标准曲线。

结果按照式（3 - 6 - 15）计算：

$$X = \frac{c \cdot V}{m} \times F \times \frac{100}{1000} \qquad (3 - 6 - 15)$$

式中　　X——试样中核黄素含量，mg/100g；

c——以曲线查得每毫升试样中核黄素含量，μg/mL；

V——试样水解液定容总体积，mL；

F——试样液的稀释倍数；

m——试样质量，g；

$\dfrac{100}{1000}$——试样含量由微克每克（μg/g）换算成毫克每百克（mg/100g）的系数。

计算结果表示到小数点后第二位。在重复性条件下获得的两次独立测定结果的绝对差值不得超过算术平均值的 10%。

第四章　食品中兽药残留的检验

随着社会经济的发展，人们生活、生产和环境中外源性化学物质的日益增多和公众健康意识的提高，食品污染问题层出不穷，食品安全越来越受到人们的重视。目前已知的外源性化学物质达五百万种以上，其中至少六万种已经进入人们的生产和生活，如各种工业原料及产品、医药、农药、兽药、化妆品和生物毒素等。这些化学物质可以通过食品的原材料生产、加工、烹调、包装、贮存和运输等环节进入食品成为食品污染物。食品污染物对机体的损害一般呈慢性的蓄积过程，危害性质严重、范围广和影响深远。

随着畜牧业的现代化、集约化和规模化生产。兽药（包括兽药添加剂）在降低发病率与死亡率、提高饲料利用率、促生长和改善产品品质方面起到十分显著的作用，已成为现代畜牧业不可缺少的物质基础。但是，由于科学知识的缺乏和经济利益的驱使，畜牧业中滥用兽药和超标使用兽药的现象普遍存在。其后果，一方面是导致动物性食品中的兽药残留，摄入人体后影响人类的健康；另一方面，各种养殖场大量排泄物（包括粪便、尿等）向周围环境排放，兽药又成为环境污染物，给生态环境带来不利影响。

动物性食品一般是指肉、蛋、乳、蜂蜜和水产品及它们的制成品。兽药残留是指给动物使用药物后蓄积或贮存在细胞、组织或器官内的药物原形、代谢产物和药物杂质。近年来食品中兽药残留在国内外已成为一个影响广泛和颇具争议的问题，其与公众的健康息息相关，也直接关系到产业界的经济利益，甚至国家的对外经贸往来和国际形象。兽药残留是动物用药普遍存在的问题，又是一个特殊的问题。动物，特别是食品动物疾病的治疗有两个原则：一是保证动物健康；二是防止残留污染食品。这就是所谓兽医工作者的双重责任的涵义，但实际治疗中平衡两者往往非常困难。不过，常规的临诊治疗（一般不超过一周）导致的残留相当有限。

由于畜牧业发展的需要，兽药和饲料添加剂在治疗和预防动物疾病、促进动物生长、提高饲料转化率。控制生殖周期及繁殖功能以及改善饲料的适口性和动物性食品对人的口味等方面起着重要的作用。我国绝大多数的动物在其一生中或多或少的均使用过药物或饲料添加剂，而残留在动物性食品中的兽药及饲料添加剂，将随着食物链进入人体，对人类的健康构成潜在的威胁，这种威胁已越来越引起人们对其的重视。

目前，我国是世界上最大的肉类生产国，但是我国肉类出口量只占生产量的1%左右，而丹麦、新西兰、澳大利亚等国的出口量占本国总产量的40%。同其它国家相比，我国肉类食品具有较大的价格优势，但是低廉的价格并未给我国肉类食品带来国际竞争力。为什么会出现这样的现象？其中一个重要原因，就是我国肉类食品的安全性严重妨碍了出口量。近年来，因疾病、兽药残留、重金属等有害物质超标而被进口国拒绝、扣留、退货、索赔和终止合同的事件时有发生。

第一节　食品中兽药残留概述

一、兽药残留概述

兽药是指用于预防、治疗、诊断畜禽等动物疾病，有目的地调节其生理机能，并规定作用、用途、用法、用量的物质（含饲料药物添加剂）。包括：①血清、菌（疫）苗、诊断液等生物制品；②兽用中药材、中成药、化学原料药及其制剂；③抗生素、生化药品、放射性药品。

畜牧生产和兽医临床上使用的抗微生物制剂（抗生素和化学治疗剂）、驱寄生虫剂、激素类及其它生长促进剂等，目的是防治动物疾病、促进动物生长、改善饲料转化率和提高畜禽繁殖性能。这些物质都有可能在动物源性食品中残留。

兽药残留是指动物用药后，任何可食动物源性产品中所含有的原型药物或/和其代谢产物，以及与兽药有关杂质的残留。食用动物用药后，其药物残留的原型或/和全部代谢产物的总和称为残留总量。食品动物用药后，允许存在食物表面或内部的该兽药残留的最高量/浓度为最大残留限量（以鲜重计，表示为 mg/kg 或 μg/kg）。食品动物从停止给药至允许被屠宰或其产品（如乳、蛋）被允许上市的间隔时间称为休药期，又称停药期。而旨在为预防、治疗动物疾病而搀入载体或者稀释剂的兽药混合物，包括抗球虫药类、驱虫剂类、抑菌促生长类等称为药物饲料添加剂。

主要残留药物有以下几类：

（1）抗生素类：包括青霉素、链霉素、金霉素、土霉素、四环素、泰乐菌素等；

（2）驱虫药类：甲硝唑等；

（3）生长促进剂：乙烯等；

（4）抗球虫药、抗原虫药类：磺胺药等；

（5）灭虫类：消灭寄生虫等；

（6）镇静剂类：安定等；

（7）激素药、呋喃药类。

二、药物残留的途径

（1）畜禽防治用药。20 世纪 30 年代磺胺类，40 年代青霉素用于乳牛疾病的治疗。改革开放后，兽用抗生素用量大增。如果用药不当，或不遵守休药期，则药物就在动物体内发生超标的残留，而污染动物源性食品。

（2）饲料添加剂中兽药的使用。1943 年美国用青霉素发酵废渣作饲料来喂猪，发现比普通饲料喂的猪生长更快。1946 年又发现添加少量链霉素，能促进雏鸡的生长。之后所有抗生素发酵都被用作禽畜的饲料添加剂。长时间使用，药物残留在动物体内，而使动物源食品受到污染。驱寄生虫剂在禽畜业广泛使用。20 世纪 50 年代起，英美在牛的饲养中采用雌性激素已烯雌酚和已烷雌酚，作为饲料添加剂，使禽畜日增体重提高 10% 以上，饲料转化率、瘦肉率也有提高，带来的经济效应十分可观，滥用动物促生长激素相当普遍。20 世纪 90 年代末，国内错误地将克伦特罗（瘦肉精）作为饲料添加剂，引起"瘦肉精"猪肉中毒事件。

（3）食物保鲜中引入药物。在经济利益的驱使，在食品（如牛奶、鲜鱼）中直接加入某些抗微生物制剂，不可避免地造成药物污染。

（4）无意中带入的污染。食品加工中，有些操作人员为了自身预防或控制疾病而使用某些抗生素（如出口虾仁中检出氯霉素事件）。

三、兽药残留超标的主要原因

造成兽药残留超标的因素很多，一般来讲，主要原因有以下三个。

（1）非法使用违禁药品。氯霉素、已烯雌酚和克伦特罗等一直作为药物添加剂使用，并具有良好的抗病和促生长作用。但后来发现它们具有严重的残留毒性，各个国家都逐渐禁止在畜牧生产中使用这些药物。由此引发的围绕药物添加剂及其残留危害性的争论使各国普遍加强了对药物亚治疗用途的评价，特别是撤销了一些具有潜在致癌和高毒性药物添加剂的登记。但某些不法商人为获得较高的利益，仍然在养殖生产中使用被明令禁止添加的药物，为此一些发达国家，如美国及欧盟各成员国已开始实施国家残留监控计划，定期向社会公布市场监测结果。在我国这一工作也已逐渐开展，但因为相关法律体系的薄弱及市场监管的不力，非法使用违禁药物（如 β - 兴奋剂、激素、镇静剂等）在畜牧生产中仍很常见。

（2）不遵守休药期。在目前高密度集约化饲料条件下，传染性疾病特别是一些仍无法用疫苗预防的疾病（如某些细菌病、球虫病等）对畜禽健康的威胁仍然是巨大的。因为以现有的技术手段我们很难把这些病原从环境和畜群中完全清除，需要维持一定的药压以控制它们的繁衍，防止其爆发，所以养殖者往往不愿在离上市还有一段时间就开始停止用药，使畜群置于危险之中，从而导致休药期难以被执行，出现兽药残留超标现象。

（3）其它原因。除使用违禁药物和不遵守休药期外，还有其它导致食品中兽药残留超标的因素，如饲料加工的交叉污染（一些静电性强的药物如金霉素、磺胺二甲基嘧啶、莫能菌素等较严重）、非靶动物用药、动物个体代谢差异等。

四、药物残留的危害

（1）抗菌药物残留的危害。①过敏反应：当动物性食品中残留的抗菌药物随食物链进入人体后，由于许多抗菌药物如青霉素、四环素类、磺胺类等均具有抗原性，能刺激体内抗体的形成而引起许多人的过敏反应。其症状多种多样，轻者体表出现红疹，发热，关节肿痛、蜂窝组织炎以及急性血管水肿，严重者休克甚至危机生命。②对人类胃肠道微生物的不良影响：残留的抗菌药可抑制或杀死胃肠道内正常的菌群，导致人们正常的免疫机能下降，体外病原更易侵入。③人类病原菌耐药性的增加：抗菌药在动物性食品中的残留，可使人类的病原菌长期接触这些低浓度的药物而产生耐药性。细菌的耐药基因可以在人群中的细菌、动物群中的细菌和生态系统中的细菌间相互传递，由此而使致病菌（沙门氏菌、肠球菌、大肠杆菌等）产生越来越强的耐药性，致使人类或动物的感染性疾病的治疗难度加大，治疗费用增加。④给新药的开发带来压力：随着病原细菌耐药性的增加，使得抗菌药物的使用寿命逐渐缩短，这就要求不断开发新的药物品种以克服耐药性，细菌的耐药性产生的越快，临床上对新药的要求就越迫切。⑤增加体内脏器的负担：残留药物进入人体后，人体在代谢这些药物时，不知不觉中增加了体内脏器的负担。例如，磺胺类药物需通过肝脏来解毒；氨基糖苷类药物有较强的肾毒性，若长期食用含有此类药物的动物性食品，就会造成慢性肾中毒，不利于人体健康。

（2）激素残留的危害。兽药的激素多为促性腺素、肾上腺素、性激素和同化激素等，这些激素在畜牧业生产中多是作为注射剂、饲料添加剂或埋植于动物皮下，以达到促进动物生长发育、增重、育肥以及促使动物发情的目的。此类物质一旦进入人体，特别是对儿童可扰乱其正常的生长发育规律；甚至出现中毒症状，例如盐酸克伦特罗就属于 β - 兴奋剂，它可使人心动过速、肌肉震颤、心悸和神经过敏等中毒反应。

（3）特殊毒性危害。特殊毒性是指致畸、致突变和致癌的作用。如雌激素、硝基呋喃类、喹噁啉类的卡巴氧、砷制剂、黄曲霉菌素、苯并芘、亚硝酸盐、多氯联苯、二噁英等均具有致癌作用。1988 年美国"国家毒理研究中心"报道：磺胺二甲嘧啶可引起大鼠甲状腺癌和肝癌的发病率大大增加，而此药又是动物的常用药，其消除半衰期长；另外，长期摄入氯霉素能引起人骨髓造血机能的损伤而引发再生障碍性贫血；苯并咪唑类药物能引起人体细胞染色体突变和诱发孕妇产生畸形胎的作用。

（4）有毒有害物质的残留。此类物质是指汞、镉、铅、砷、酚、氟等，这些物质或元素在生物体内的蓄积可引起组织器官病变或功能失调等。畜禽产品中的有毒有害物质主要来源：①自然环境中，如高氟地区的动植物体内的含氟量就高。②畜禽产品加工，饲料加工、贮存、包装运输过程中的污染，如松花蛋中汞的含量较高，盒装罐头中锡含量较高。③饲料中添加的微量元素制剂。④农药、化肥、及工业"三废"对畜禽及水产品的污染。

（5）农药残留。农药在防治病虫害，去除杂草，调节作物生长与控制人畜传染病，提高农副产品产量和质量方面确实起着重要的作用，但由于有些农药品种不易分解，如滴滴涕、六六六和部分有机磷农药等，使农作物、畜禽、水产等动植物体内受到不同程度的污染，并通过食物链的富积作用而危害人们健康与生命。早在 1983 年，国务院就决定停止生产六六六、滴滴涕。1985 年当时的农牧渔业部就发布了第 337 号文件"关于禁止使用六六六防止家畜寄生虫病的通知"。但时至今日，内蒙古每年要用掉 200 多吨林丹乳油（含丙体六六六）来防治家畜外寄生虫病，这使得内蒙古的牛、羊肉在出口海湾国家时由于有机氯残留超标而屡屡受阻。

（6）对人类生存环境带来的不良影响。动物用药后，药物以原形或代谢物的形式随排泄物排出体外，残留于环境中，而绝大多数排入环境的兽药仍具有活性，将对土壤微生物、水生动物及昆虫等造成不良影响。低剂量的抗菌药长期排入环境中，会造成环境敏感菌耐药性的增加，而且其耐药基因还可以通过水环境扩展和演化。链霉素、土霉素、泰乐菌素，竹桃霉素、螺旋霉素、杆菌肽锌、己烯雌酚、氯羟吡啶等在环境中降解非常慢，有的甚至需要半年以上才能降解。阿维菌素、伊维菌素等在粪便中可以保持八周的活性，对草原上的多种昆虫及堆肥周围的昆虫都有强大的抑制或杀灭作用。

五、防止药物残留的措施

（1）政府重视、强化监管职能、加强相关法律法规与检测标准的建设。20 世纪 90 年代，国家曾实施过"放心肉"工程，但当初的"放心肉"仅仅局限于确保无病残畜禽和注水肉的问题，根本没有涉及到药物残留和非法使用违禁药物的问题。因此，政府职能部门必须高度重视新的历史条件下"放心肉"的工程建设，加快相关法规与药物残留检测标准的建设。很多国家已把涉及安全、卫生、环保等因素的标准和规范都以法律、法令的形式公布和实施。这一点，无论是对保证国民食品安全、还是适应 WTO 规则都具有十分重要的意义。

（2）大力发展集约化畜牧业。积极推进集约化畜牧业，特别是龙头企业建设，为龙头企业配备专业技术人员，建立生产质量检测中心，从源头上根本上解决粗放型畜牧业存在的滥用、误用和恶意使用兽药的不良行为。在企业内部建立一整套规章制度，如：动物疫病防检疫制度、药物使用登录制度、药物使用检查制度、停药期制度、屠宰加工药检制度、动物粪便无害化处理制度等。扎扎实实地建立和实施科学养畜和生态畜牧业体系。

（3）建立畜禽产品绿色生产基地。畜禽生产基地应远离工矿企业，确保基地的水质量、土壤质量和大气质量；基地所生产和使用的饲料必须符合国家法规及绿色产品的要求；加强饲养管理和实施动物保护工程，保护动物的福利与权益，积极组织实施无规定疫病区县的建设工程，减少特定疫病和疾病的发生，从而减少兽药的使用；在饲养、加工、运输和包装中严格执行操作规程，杜绝污染。

（4）继续强化兽药和添加剂的监管力度。坚决打击未标明药物成分与含量的兽药、伪劣兽药，特别是违禁药品。要充分利用媒体，发挥舆论监督的强大社会影响力，规范兽药生产、经营、使用单位的行为，加大宣传、培训和普及兽药与饲料添加剂科学使用方法的力度。学会合理、科学用药，对症下药，尽快解决滥用、误用和恶意使用兽药的现象，鼓励开发和应用有益微生物、天然中草药等制剂。

（5）积极推进本行业的卫生注册和体系认证工作。随着中国加入 WTO，国际间的交流与合作变得更加便利，这为我们创造了一个良好的发展空间，目前，国际上畜产品生产加工和出口企业在遵守乌拉圭回合谈判达成的卫生和动植物检疫措施（SPS）协议的基础上，均推行卫生注册和体系认证制度，多以相互认可或输入国派专家组进行考察，合格后才能允许相关的产品输入，国际间的通行作法主要是：通过 ISO9000、ISO14000 和 HACCP 等认证方式，按照 WTO 的国民待遇原则，我们的出口产品在享受输入国对本国同类产品相应的优惠待遇的同时，也必须遵守其相关的法律法规。

（6）保护和禁食野生动物。一些动物特别是一些野生动物的体内含有病毒、细菌及寄生虫等。猎杀、倒卖和食用野生动物既是不文明的违法行为，同时，也存在着很大的危险性。据报载：杭州某市民喝蛇血"进补"，却"补"出了鞭节舌虫病，住院达三个多月；哈尔滨市曾有 10 多人吃蝗虫、甲壳虫引起过敏反应；我国西北某地有人曾因吃旱獭，而导致鼠疫。在某地，一些好吃蛇肉的食客，在吃蛇肉前用蛇胆浸酒或用蛇血与酒混着喝，更有甚者还生吞蛇胆，生喝蛇血，认为能清肝明目、活血解毒。据中医有关专家介绍：鲜蛇胆含有促进消化的成分，也具有某些解毒功能，但同时也含有有毒物质和寄生虫，盲目吞服鲜蛇胆，非常容易损伤人体内部器官，还会导致肝、肾功能衰竭。据专家介绍：灵长类动物、啮齿类动物、有蹄类动物、鸟类等多种野生动物与人共患性疾病有 100 多种，如：狂犬病、结核、B病毒、鼠疫、炭疽等。例如：我国的猕猴（二类保护动物）有 10% ~ 60% 携带 B 病毒。这样的猕猴挠人一下，甚至吐上一口，都可能致人感染，而生吃猴脑者感染 B 病毒的可能性更大。人们通常食用的野生动物，大多生存环境不明，来源不清，卫生检疫部门又难以对之进行有效的监控，许多疾病的病原体就在对野生动物的猎捕、贩运、宰杀、贮存、加工和食用过程中传播和扩散。善良的人们应该学会与野生动物和平相处，善待野生动物也是善待自己。另外，由于野生蛇、猫头鹰、穿山甲、黄鼠狼等鼠的天敌的急剧减少，我国鼠的数量已超过 30 亿只，其每年可偷吃粮食 2.5Mt，超过我国每年进口粮食的总量，经济损失高达 100 亿元以上。

六、兽药残留的控制原理

对兽药残留实施监控是一种复杂的系统工程，包括从药物研制、注册登记、生产、使用及食品和环境监测等诸多环节。从理论和技术角度，建立残留分析方法和制定最高残留限量、休药期是最基本的方面。

（1）建立残留分析方法。20 世纪 80 年代以来兽药残留分析发展迅速，特别是在近十年间有关文献数量增长很快，成为兽医学和农业化学最活跃的研究方向之一，如美国公职分析化学会杂志（AOAC）平均每期刊出 3 ~ 5 篇有关论文。残留分析属于一种多学科交叉的方法学领域，分析对象和样品基质复杂，几乎所有的分析理论和技术在残留分析中都得到了研究和应用，但色谱分析法一直占据主导地位。高选择性的免疫分析和功能强大的多残留分析技术则分别代表着当前残留分析技术发展的两个极端。这些发展趋势与兽药使用的日益广泛、样品量增多、兽药种类及结构日趋复杂和低剂量化密切相关。

（2）最高残留限量。1994年，农业部第一次发布了42种兽药在动物性食品中的最高残留限量标准，1997年，农业部又发布了47种兽药在动物性食品中的最高残留限量标准，1999年农业部再次对限量标准进行了修订，共规定了109种兽药的《动物性食品中兽药最高残留限量标准》，2002年农业部再次对已发布的兽药最高残留限量标准进行了修订并重新发布，此次共规定了134种兽药的《动物性食品中兽药最高残留限量标准》。上述技术标准的制定为我国开展兽药残留监控工作，实施残留检测计划，加快与国际接轨提供了技术依据。

（3）休药期。实际生产中影响休药期或体内残留物达到安全浓度所需时间的因素十分复杂。与药物体内过程有关的各种因素和药物使用条件均影响休药期，如剂型、剂量、给药途径、机体机能状态等。有效掌握用药的休药期及其影响因素是一个现代兽医人员的必备素质，也是良好动物生产规范的重要方面。2001年颁布执行的《中国兽药典》（2000年版）中首次规定了20多种兽药的停药期。2003年农业部第278号公告又规定了兽药国家标准和专业标准中部分品种的停药期，并确定了部分不需制定停药期规定的品种。

七、兽药残留的检测

对兽药残留检验的方法目前主要有气相色谱法、高效液相色谱法、酶联免疫法、联用技术等。

第二节 食品中兽药残留检测

一、青霉素族抗生素残留的检测

动物源性食品中青霉素族抗生素残留量采用液相色谱－质谱/质谱法测定。适用于猪肌肉、猪肝脏、猪肾脏、牛奶和鸡蛋中羟氨苄青霉素、氨苄青霉素、邻氯青霉素、双氯青霉素、乙氧萘胺青霉素、苯唑青霉素、苄青霉素、苯氧青霉素、苯咪青霉素、甲氧青霉素、苯氧乙基青霉素等11种青霉素族抗生素残留量的检测。

（1）原理：样品中青霉素族抗生素残留物用乙腈－水溶液提取，提取液经浓缩后，用缓冲溶液溶解，固相萃取小柱净化，洗脱液经氮气吹干后，用液相色谱－质谱/质谱测定，外标法定量。

（2）主要试剂：

乙腈、甲醇、甲酸：高效液相色谱级。

氯化钠。

氢氧化钠。

磷酸二氢钾。

磷酸氢二钾。

0.1mol/L氢氧化钠：称取4g氢氧化钠，并用水稀释至1000mL。

乙腈＋水（15＋2，体积比）、乙腈＋水（30＋70，体积比）。

0.05mol/L磷酸盐缓冲溶液（pH＝8.5）：称取8.7g磷酸氢二钾，超纯水溶解，稀释至

1000mL，用磷酸二氢钾调节 pH 至 8.5 ± 0.1。

0.025mol/L 磷酸盐缓冲溶液（pH = 7.0）：称取 3.4g 磷酸二氢钾，超纯水溶解，稀释至 1000mL，用氢氧化钠调节 pH 至 7.0 ± 0.1。

0.01mol/L 乙酸铵溶液（pH = 4.5）：称取 0.77g 乙酸铵，超纯水溶解，稀释至 1000mL，用甲酸调节至 pH 至 4.5 ± 0.1。

11 种青霉素族抗生素标准品：羟氨苄青霉素、氨苄青霉素、邻氯青霉素、双氯青霉素、乙氧萘胺青霉素、苯唑青霉素、苄青霉素、苯氧甲基青霉素、苯咪青霉素、甲氧苯青霉素、苯氧乙基青霉素，纯度均大于等于 95%。

11 种青霉素族抗生素标准储备溶液：分别称取适量标准品，分别用乙腈水溶液（30 + 70）溶解并定容至 100mL，各种青霉素族抗生素浓度为 100μg/mL，置于 −18℃ 冰箱避光保存，保质期 5d。

11 种青霉素族抗生素混合标准中间溶液：分别吸取适量的标准储备液于 100mL 容量瓶中，用 0.025mol/L 磷酸盐缓冲溶液（pH = 7.0）定容至刻度，配成混合标准中间溶液：各种青霉素族抗生素浓度为：羟氨苄青霉素 500ng/mL，氨苄青霉素 200ng/mL，苯咪青霉素 100ng/mL，甲氧苯青霉素 10ng/mL，苄青霉素 100ng/mL，苯氧甲基青霉素 50ng/mL，苯唑青霉素 200ng/mL，苯氧乙基青霉素 1000ng/mL，邻氯青霉素 100ng/mL，乙氧萘青霉素 200ng/mL，双氯青霉素 1000ng/mL。置于 −4℃ 冰箱避光保存，保质期 5d。

混合标准工作溶液：准确移取标准中间溶液适量，用空白样品基质配制成不同浓度系列的混合标准工作溶液（用时现配）。

Oasis HLB 固相萃取小柱，或相当者：500mg，6mL。使用前用甲醇和水预处理，即先用 2mL 甲醇淋洗小柱，然后用 1mL 水淋洗小柱。

（3）主要仪器：

液相色谱 − 质谱/质谱仪（配有电喷雾离子源），旋转蒸发器，固相萃取装置，离心机、均质机，旋涡混合器，pH 计，氮吹仪。

（4）样品制备：

取代表性样品，用组织捣碎机充分捣碎，装入洁净容器中，密封，并表明标记，于 −18℃ 以下冷冻存放。

对于肝脏、肾脏、肌肉组织、鸡蛋样品，称取约 5g 试样（精确到 0.01g）于 50mL 离心管中，加入 15mL 乙腈水溶液（15 + 2），均质 30s，4000r/min 离心 5min，上清液转移至 50mL 离心管中；另取一离心管，加入 10mL 乙腈水溶液（15 + 2）洗涤均质器刀头，用玻棒捣碎离心管中的沉淀，加入上述洗涤均质器刀头溶液，在旋涡混合器上振荡 1min，4000r/min 离心 5min，上清液合并至 50mL 离心管中，重复用 10mL 乙腈水溶液（15 + 2）洗涤刀头并提取一次，上清液合并至 50mL 离心管中，用乙腈水溶液（15 + 2）定容至 40mL。准确移取 20mL 入 100mL 鸡心瓶。

对于牛奶样品。称取 10g 样品（精确到 0.01g）于 50mL 离心管中，加入 20mL 乙腈（15 + 2），均质提取 30s，4000r/min 离心 5min，上清液转移至 50mL 离心管中；另取一离心管，加入 10mL 乙腈水溶液（15 + 2），洗涤均质器刀头，用玻棒捣碎离心管中的沉淀，加入上述洗涤均质器刀头溶液，在旋涡混合器上振荡 1min，4000r/min 离心 5min，上清液合并至 50mL 离心管中，重复用 10mL 乙腈水溶液（15 + 2）洗涤刀头并提取一次，上清液合并至 50mL 离心管中，用乙腈水溶液（15 + 2）定容至 50mL，准确移取 25mL 入 100mL 鸡心瓶。将鸡心瓶于旋

112

转蒸发器上(37℃水浴)蒸发除去乙腈(易起沫样品可加入4mL氯化钠溶液)。

(5)样品净化：

立即向已除去乙腈的鸡心瓶中加入25mL0.05mol/L磷酸盐缓冲溶液(pH=8.5)，涡旋混匀1min，用0.1mol/L氢氧化钠调节pH为8.5，以1mL/min的速度通过经过预处理的固相萃取柱，先用2mL0.05mol/L磷酸盐缓冲溶液(pH=8.5)淋洗2次，再用1mL超纯水淋洗，然后用3mL乙腈洗脱(速度控制在1mL/min)。将洗脱液于45℃下氮气吹干，用0.025mol/L磷酸盐缓冲溶液(pH=7.0)定容至1mL，过0.45μm滤膜后，立即用液相色谱－质谱/质谱仪测定。

(6)测定：

液相色谱条件：色谱柱为C_{18}柱，250mm×4.6mm(内径)，粒度5μm，或相当者。流动相：A组分是0.01mol/L乙酸铵溶液(甲酸调pH至4.5)；B组分是乙腈。梯度洗脱程序见表4－2－1。流速：0.1mL/min。进样量：100μL。

表4－2－1　梯度洗脱程序

步骤	时间/min	流速/（mL/min）	组分A/%	组分B/%
1	0.00	1.0	98.0	2.0
2	3.00	1.0	98.0	2.0
3	5.00	1.0	90.0	10.0
4	15.00	1.0	70.0	30.0
5	20.00	1.0	60.0	40.0
6	20.10	1.0	98.0	2.0
7	30.00	1.0	98.0	2.0

质谱条件：离子源：电喷雾离子源。扫描方式：正离子扫描。雾化气、气帘气、辅助气、碰撞气均为高纯氮气；使用前应调节各参数使质谱灵敏度达到检测要求。

根据试样中被测物的含量情况，选取响应值相近的标准工作液一起进行色谱分析。标准工作液和待测液中青霉素族抗生素的响应值均应在仪器线性响应范围内。对标准工作液和样液等体积进行测定。在上述色谱条件下，11种青霉素的参考保留时间分别为：羟氨苄青霉素8.5min，氨苄青霉素12.2min，苯咪青霉素16.5min，甲氧苯青霉素16.8min，苄青霉素18.1min，苯氧甲基青霉素19.4min，苯唑青霉素20.3min，苯氧乙基青霉素20.5min，邻氯青霉素21.5min，乙氧萘青霉素22.3min，双氯青霉素23.5min。

按照上述条件测定样品和建立标准工作曲线，如果样品中化合物质量色谱峰的保留时间于标准溶液相比在±2.5%的允许偏差之内；待测化合物的定性离子对重构离子色谱峰的信噪比大于或等于3(S/N≥3)，定量离子对的重构离子色谱峰的信噪比大于或等于10(S/N≥10)；定性离子对的相对丰度与浓度相当的标准溶液相比，相对丰度偏差不超过表4－2－2的规定，则可判断样品中存在相应的目标化合物。按外标法使用标准工作曲线进行定量测定。还要进行空白实验。

表4－2－2　定性确证时相对离子丰度的最大允许偏差

相对离子丰度	>50%	>20%～50%	>10%～20%	≤10%
允许的相对偏差	±20%	±25%	±30%	±50%

用色谱数据处理机或按式(4-2-1)计算样品中青霉素族抗生素残留量，计算结果需扣除空白值：

$$X = \frac{c \times V \times 1000}{m \times 1000} \tag{4-2-1}$$

式中　　X——试样中青霉素族残留量，$\mu g/kg$；

　　　　c——从标准曲线上得到的青霉素族残留溶液浓度，ng/mL；

　　　　V——样液最终定容体积，mL；

　　　　m——最终样液代表的试样质量，g。

11种青霉素族抗生素的测定底限分别为：羟氨苄青霉素 $5\mu g/kg$，氨苄青霉素 $2\mu g/kg$，苯咪青霉素 $1\mu g/kg$，甲氧苯青霉素 $0.1\mu g/kg$，苄青霉素 $1\mu g/kg$，苯氧甲基青霉素 $0.5\mu g/kg$，苯唑青霉素 $2\mu g/kg$，苯氧乙基青霉素 $10\mu g/kg$，邻氯青霉素 $1\mu g/kg$，乙氧萘青霉素 $2\mu g/kg$，双氯青霉素 $10\mu g/kg$。

二、磺胺素类兽药残留的检测

磺胺类药物进入人体后蓄积在组织中，蓄积浓度超过一定值后，对肝、肾副作用大，影响人健康。磺胺类药物残留检测方法有高效液相色谱-质谱法、气相色谱-质谱法、放射受体分析法等。

1. 高效液相色谱-质谱法

高效液相色谱-质谱法可以测得动物源性食品中磺胺类总计23种磺胺药物残留量。适用于肝、肾、肌肉、水产品和牛奶等动物源食品中磺胺脒、甲氧苄啶、磺胺索嘧啶、磺胺醋酰、磺胺嘧啶、磺胺吡啶、磺胺噻唑、磺胺甲嘧啶、磺胺鲫唑、磺胺二甲嘧啶、磺胺甲氧嗪、磺胺甲二唑、磺胺对甲氧嘧啶、磺胺间甲氧嘧啶、磺胺氯达嗪、磺胺多辛、磺胺甲鲫唑、磺胺异鲫唑、磺胺苯酰、磺胺地索辛、磺胺喹沙啉、磺胺苯吡唑和磺胺硝苯残留量的定性确证和定量测定。

（1）原理：试样中加入 C_{18} 填料后研磨均匀，其中磺胺类药物残留用乙腈-水在微波辐射辅助下进行提取，用乙腈饱和的正己烷溶液分配净化。用液相色谱-质谱/质谱测定，外标法定量。

（2）试剂和材料：

乙腈：色谱纯。

甲酸：优级纯。

正己烷：色谱纯。

正丙醇。

无水硫酸钠：优级纯500℃灼烧4h，置于干燥器中备用。

C_{18} 填料：$40\mu m$。

硅藻土：化学纯。

乙腈-水(1000+30)溶液：量取1000mL乙腈，加入30mL水，混合均匀。

乙腈-水(1+1)溶液：将乙腈与水按体积比1:1混合均匀。

水-甲酸(999+1)：准确吸取1mL甲酸于1000mL容量瓶中，用水稀释至刻度，混匀。

乙腈饱和正己烷：量取200mL正己烷于250mL分液漏斗中，加于少量乙腈，剧烈振摇数分钟，静止分层后，弃去下层乙腈层即得。

标准物质：磺胺脒（SGN）、甲氧苄啶（TMP）、磺胺索嘧啶（SIM）、磺胺醋酰（SAA）、磺胺嘧啶（SDZ）、磺胺吡啶（SPD）、磺胺噻唑（STZ）、磺胺甲嘧啶（SMR）、磺胺鲷唑（SMO）、磺胺二甲嘧啶（SDM）、磺胺甲氧嗪（SMP）、磺胺甲二唑（SMT）、磺胺对甲氧嘧啶（SMD）、磺胺间甲氧嘧啶（SMM）、磺胺氯达嗪（SCP）、磺胺多辛（SDX）、磺胺甲鲷唑（SMZ）、磺胺异鲷唑（SFZ）、磺胺苯酰（SBA）、磺胺地索辛（SDT）、磺胺喹沙啉（SQX）、磺胺苯吡唑（SPA）、磺胺硝苯（SAN），纯度大于等于99%。

23 种磺胺标准储备液：0.1mg/mL。分别准确称取按其纯度折算为100%的每种磺胺标准物质10.0mg，用乙腈溶解并定容至100mL，该标准储备液 -20℃避光保存，有效期12个月。

23 种磺胺混合标准中间溶液：10μg/mL。准确移取各种磺胺类标准储备溶液10mL于100mL棕色容量瓶中，用乙腈定容至刻度。该混合标准中间溶液在 -20℃避光保存，有效期6个月。

23 种磺胺混合标准工作溶液：根据需要用乙腈 - 水由混合标准中间溶液稀释成合适的混合标准工作溶液，现用现配。

（3）仪器和设备：

液相色谱 - 质谱串联仪：配有电喷雾离子源。

高速组织捣碎机。

均质器。

旋转蒸发器。

氮吹仪。

涡旋混匀器。

分析天平：感量0.1mg和0.01g各一台。

真空泵。

移液器：1mL，2mL。

棕色鸡心瓶：150mL。

样品瓶：2mL，带聚四氟乙烯旋盖。

大号玻璃研钵。

pH 计：测量精度 ±0.2。

离心机。

棕色分液漏斗：100mL。

具螺旋盖聚四氟乙烯离心管：50mL。

微波炉：家用，带有光波模式，功率700W。

超声波发生器。

（4）试样制备与保存：

对于肌肉、内脏、鱼和虾：从原始样品中取出代表性样品，经高速组织捣碎机均匀捣碎。用四分法缩分出适量试样，均分成两份，分别装入清洁容器内，加封后作出标记，一份作为试样，一份作为留样。将试样于 -20℃保存。

对于肠衣：从原始样品中取出代表性样品，用剪刀剪成4mm²的碎片，用四分法缩分出适量试样，均分成两份，分别装入洁净容器内，加封后作出标记，一份作为试样，一份作为留样。将试样于 -20℃保存。

牛奶样品则从原始样品中取出代表性样品，用组织捣碎机充分混匀，均分成两份，分别装入清洁容器内，加封后作出标记，一份作为试样，一份作为留样。将试样于4℃避光保存。

（5）样品处理：

提取肌肉、内脏、鱼、虾和肠衣样品，称取2g（精确至0.01g）试样置于玻璃研钵内，再称取约6g（精确至0.01g）C_{18}填料加至试样上用玻璃杆轻轻研磨，使样品与填料混合均匀（色泽均一，状态分散），装于50mL具螺旋盖聚四氟乙烯离心管中，加入25mL乙腈－水溶液，旋涡振荡1min，放入家用微波炉中在光波模式下微波辐照30s，3000r/min离心5min，将乙腈层移入100mL棕色分液漏斗中。离心后的沉淀物再加入25mL乙腈摇匀，微波辅助提取30s，3000r/min离心5min，合并乙腈提取液，待净化。

提取牛奶样品，取2g（精确至0.01g）牛奶，置于玻璃研钵内，加入6g（精确至0.01g）硅藻土，另加入6g（精确至0.01g）C_{18}填料，用玻璃杆轻轻研磨30s，使样品与填料混合均匀（色泽均一，状态分散），装于50mL具螺旋盖聚四氟乙烯离心管中，加入25mL乙腈－水溶液，旋涡振荡1min，放入家用微波炉中在光波模式下微波辐照30s，于3000r/min离心5min，将乙腈层移入100mL棕色分液漏斗中。离心后的沉淀物再加入25mL乙腈摇匀，微波辅助提取30s，于3000r/min离心5min，合并乙腈提取液，待净化。

（6）净化：

提取液中加入25mL乙腈饱和正己烷溶液，振摇5min，将底层乙腈溶液移入150mL棕色鸡心瓶中，加入10mL正丙醇，用旋转蒸发仪于45℃水浴中减压蒸发至尽干，氮气流吹干。准确加入1mL乙腈－水溶液，超声30s溶解残渣，将溶解液移入10mL棕色离心管中，加入0.5mL乙腈饱和正己烷，涡旋振荡2min，于3000r/min离心5min，弃去正己烷溶液，取底层乙腈－水溶液过0.22μm微孔滤膜，供高效液相色谱－质谱/质谱测定。

（7）测定

标准工作曲线制备：用相应的空白样品基质提取液制备混合标准浓度系列，系列为：10ng/mL、20ng/mL、100ng/mL、200ng/mL、1000ng/mL（分别相当于测试样品中含有5μg/kg、10μg/kg、20μg/kg、100μg/kg、500μg/kg的目标化合物），测定样品并制备标准曲线。

液相色谱条件：①色谱柱：IntersilODS－3，5μm，150mm×4.6mm（内径），或相当者；②流动相及洗脱条件见表4－2－3。③流速：0.8mL/min；④柱温：20℃；⑤进样量：20μL。

表4－2－3　流动相及梯度洗脱条件

时间/min	流动相A（乙腈）	流动相B（0.1%甲酸）
0.0	0.5	99.5
5.0	10	90
25.0	50	50
30.0	40	60
30.5	0.5	99.5
40.0	0.5	99.5

质谱参考条件：①离子源：电喷雾离子源；②扫描方式：正离子扫描；③检测方式：多重反应监测；④电喷雾电压：5500V；⑤雾化气压力0.065MPa；⑥气帘气压力：0.016MPa；

⑦辅助气压力：0.060MPa；⑧离子源温度：475℃。

按照上述条件测定样品和建立标准工作曲线，如果样品中化合物质量色谱峰的保留时间与标准溶液相比在±2.5%的允许偏差之内；待测化合物的定性离子对的重构离子色谱峰的信噪比大于或等于3（S/N≥3），定量离子对的重构离子色谱峰的信噪比大于或等于10（S/N≥10）；定性离子对的相对丰度与浓度相当的标准溶液相比，相对丰度偏差不超过表4-2-4的规定，则可判断样品中存在相应的目标化合物。

表4-2-4　定性时相对离子丰度的最大允许偏差

相对离子丰度	>50%	>20%~50%	>10%~20%	≤10%
允许的相对偏差	±20%	±25%	±30%	±50%

结果计算，试样中每种磺胺药物残留量利用数据处理系统计算或按式（4-2-2）计算：

$$X = \frac{c \times V \times 1000}{m \times 1000} \tag{4-2-2}$$

式中　X——试样中被测组分残留量，μg/kg；

　　　c——从标准工作曲线得到的被测组分溶液浓度，ng/mL；

　　　V——试样溶液定容体积，mL；

　　　m——试样溶液所代表的质量，g。

注计算结果应扣除空白值。

本方法在动物肝、肾、肌肉组织和牛奶中23种磺胺药物残留的定量限均为50μg/kg；在水产品中23中磺胺药物残留的定量限为10μg/kg。

2. 放射受体分析法

对于肉类和水产品中磺胺类药物残留测定可以采用放射受体分析方法。从原始样品中取出部分有代表性样品，应尽可能将脂肪剔除。将可食部分放入高速组织捣碎机均质，充分混匀，用四分法缩分不少于500g试样。装入清洁容器中，并标明标记。制样操作过程中药防止样品受到污染或发生残留物含量的变化，用于测定的样品细菌数不超过10^6 个/g。试样于-18℃以下保存，新鲜或冷冻的组织样品可在2~6℃贮存72h。

（1）测定原理：测定的基础是竞争性受体免疫反应，[³H]标记的磺胺二甲嘧啶和样品中残留的磺胺类药物与微生物细胞上的特异性受体竞争性结合，用液体闪烁计数仪测定样品中[³H]含量的计数值（cpm），计数值与样品中的磺胺类药物残留量成反比。

（2）试剂和材料：Charm Ⅱ组织中的磺胺类药物测定试剂盒：Charm Ⅱ组织中的磺胺类药物测定试剂盒和 Charm Ⅱ液体闪烁计数仪是由 Charm Science 公司提供的产品的商品名，给出这一信息是为了方便本标准的使用者，并不表示对该产品的认可。如果其它等效产品具有相同的效果，则可使用这些等效产品。

阴性对照浓缩干粉：贮存于2~6℃。使用时用10mL水溶解，配制成阴性组织液。阴性组织液可在2~6℃保存48h。如长时间不用，可用-15℃以下冷冻保存2个月，使用时将其解冻，解冻后的溶液可在2~6℃保存24h。

MSU多种维生素标准品：贮存于2~6℃。使用时用10mL水溶解，配制成MSU多种抗生素标准溶液（其中磺胺二甲嘧啶浓度为1000μg/L）。

MSU萃取缓冲液浓缩干粉：使用时用1000mL水溶解，配制成MSU萃取缓冲液，可在2~6℃保存2个月。

M2 缓冲液浓缩干粉：使用时用 50mL 水溶解，配制成 M2 缓冲液，可在 2～6℃保存 2 个月。

受体试剂片剂：白色药片，于 -15℃以下冷冻保存。

[^{3}H]标记的磺胺二甲嘧啶药物片剂：粉红色药片，于 -15℃以下冷冻保存。

1mol/L 盐酸：8.32mL 浓盐酸加水定容至 1000mL。

闪烁液。

pH 试条。

离心管：50mL。

硅硼酸盐玻璃试管及试管塞。

药片压杆。

（3）仪器和设备

Charm Ⅱ液体闪烁计数仪。

离心机：4000r/min。

高速组织捣碎机。

涡旋混合器。

加热器：90℃。

移液器：1～5mL，100～1000μL。

（4）对照液的配制：阴性对照液的配制：取 2mL 阴性组织液，加入 6mL MSU 萃取缓冲溶液中混匀，制成阴性对照液，该对照液可在室温下保存 6h。

阴性对照液的配制：取 0.3mL MSU 多种维生素标准溶液，加入 6mL 阴性组织液中混匀，然后从中取 2mL 混合溶液加入到 6mL MSU 萃取缓冲溶液中混匀，制成阳性对照液，该对照液可在室温下保存 6h。

（5）试样提取：称取 10g（精确到 0.1g）均质好的样品于 50mL 离心管，加入 30mL MSU 萃取缓冲溶液，涡旋振荡 5min。将离心管置（80±2）℃孵育器内孵育 45min，再将离心管置冰水内 10min 后，3300r/min 离心 10min。吸出上清液，注意不要将漂浮的脂肪颗粒混入上清液内。恢复室温后，用 pH 试条检查 pH 是否为 7.5。如不正确，用 M2 缓冲液或 1mol/L 盐酸调节 pH7.5，即为样品测试液。

（6）测定：用药片压杆的平端将受体试剂片剂压入一洁净的玻璃试管内，加 300μL 水到试管内用涡旋混合器振荡 10s，使药片振碎均匀。用移液器加 4mL 样品测试液，或阴性对照液或阳性对照液到试管内。用药品压杆的平端压入[^{3}H]标记的磺胺二甲嘧啶药物片剂，用涡旋混合器振荡 15s，上下来回 10 次。置（65±1）℃孵育器内，孵育 3min。取出试管，于 3300r/min 离心 3min。离心停止后立即取出试管，倒掉上清液，用吸水材料吸干管口边缘处的污渍。加 300μL 水到试管内，振荡并混合均匀，再加入 3mL 闪烁液到试管内，将试管塞盖上后，涡旋混匀。将试管放入液体闪烁计数仪内，读[^{3}H]项的计数值。注：建议 1 次同时进行 6 支试管以下的测定。

（7）控制点的确定：控制点是判断样品阴性与初筛阳性的一个界定值，可根据筛选水平自行设定。筛选水平为 20μg/kg 时，控制点设定步骤：称取 10g 均质好的同类空白组织样品，加入 0.2mL MSU 多种抗生素标准溶液，充分混匀制成标准样品，按上述方法进行测定。测定 6 个非重复的加标样品的计数值，求出平均值乘上系数 1.2，即为筛选水平 20μg/kg 的控制点。当筛选水平大于 20μg/kg 的样品时可将样品测试液适当稀释后测定。

118

（8）结果测定：当样品的计数值大于控制点时，判定为"阴性"。当样品的计数值小于或等于控制点时，应重新测定样品，且同时需要测定阴性对照液和阳性对照液。阴性对照液和阳性对照液的计数值，需在正常范围波动。当重新测定样品的计数值大于控制点时，判定为"阴性"；小于或等于控制点时，则判定为"初筛阳性"。

本方法为初筛方法，阳性结果应用其它方法进行确证。在肉类和水产品中，本方法检测限以磺胺二甲嘧啶计磺胺类药物（包括磺胺甲基嘧啶、磺胺二甲基嘧啶、磺胺间甲氧嘧啶、磺胺间二甲氧嘧啶、磺胺喹噁啉、磺胺甲噻二唑、磺胺吡啶、磺胺异噁唑、磺胺甲基异噁唑、磺胺嘧啶、磺胺噻唑、磺胺甲氧哒嗪、磺胺氯哒嗪）总量为 20μg/kg。

三、硝基呋喃类兽药残留检测

硝基呋喃类药物是人工合成的具有 5 - 硝基基本结构的广谱抗菌药物，是一类具有潜在致癌和诱导有机体产生突变的物质。硝基呋喃类药物主要包括呋喃唑酮、呋喃西林、呋喃妥因。硝基呋喃类药物常用于治疗和预防沙门菌、大肠埃希菌感染引起的猪、鱼、禽类消化系统感染。该类药物半衰期很短，在动物体内能迅速代谢，与蛋白质结合的代谢物能产生稳定的残留，常用的食品烹饪方法如蒸煮、烘烤和微波加热等均无法使代谢物降解。硝基呋喃类药物残留的检测方法主要有高效液相色谱法和紫外分光光度法。

1. 高效液相色谱法

（1）原理：组织与 C_{18} 填料研磨均匀后装柱，用正己烷冲洗，真空抽干后，用乙酸乙酯洗脱，洗脱液减压浓缩至干后用流动相溶解，过氧化铝柱之后，用高效液相色谱法测定。用于畜禽肉品中呋喃酮残留检测。

（2）主要试剂和仪器：

乙腈（色谱纯）。

正己烷。

乙酸乙酯。

甲醇。

0.015mol/L 磷酸溶液：取磷酸 1mL，用水稀释至 1000mL。

呋喃唑酮标准溶液：称取呋喃唑酮对照品（含呋喃唑酮不少于 99.0%）约 10mg，105℃干燥 4h，精密称定，置于 50mL 棕色量瓶中，加乙腈溶解并稀释至刻度，摇匀，制成浓度为 200μg/mL 的储备液，置 4℃ 冰箱中保存。临用前，取此储备液，用流动相稀释成浓度为 0.05 ~ 2.00μg/mL 的标准工作液。

高效液相色谱仪（紫外检测器）。

玻璃层析柱。

氧化铝柱：中性氧化铝（100 ~ 200 目）0.1g，装入内径 4mm 的配有砂芯滤板的柱内，用前用 5mL 乙酸乙酯预洗，晾干后使用。

（3）测定方法：取搅碎后的供测试用样品，作为测试用样品；取搅碎后的空白样品作为空白试样；取搅碎后的空白样品，添加适宜浓度的标准溶液，作为添加试样。

称取（2 ±0.05）g 试料，加 C_{18} 约 3g，置玻璃研钵中，保持轻微压力沿同一方向研磨均匀，将其转入玻璃层析柱中，层析柱置于抽气瓶上，用 20mL 正己烷冲洗层析柱，洗液弃去，用真空泵抽气至干，再用 30mL 乙酸乙酯洗脱，收集洗脱液置 50mL 锥形瓶中，于 60℃下旋转减压蒸发至近干。

用流动相 0.5 ~ 1.0mL 涡流振荡溶解残渣，过氧化铝柱，收集过柱液，用 0.45μm 微孔滤膜过滤，收集滤液作为试样溶液，供高效液相色谱测定。

取适量试样溶液和相应浓度的标准工作液，做单点或多点校准，以色谱峰面积定量。标准工作液及试样溶液中呋喃唑酮的相应值应在仪器检测的线性范围内。同时做空白试验。结果按照式(4-2-3)计算试样中呋喃唑酮的残留量：

$$X = \frac{A \cdot c_s \cdot V}{A_s \cdot m} \qquad (4-2-3)$$

式中　X——试样中呋喃唑酮的残留量，mg/kg；

　　　A——试样中呋喃唑酮的峰面积；

　　　A_s——标准工作液中呋喃唑酮的峰面积；

　　　c_s——标准工作液中呋喃唑酮的浓度，μg/mL；

　　　m——试样质量，g。

　　　V——样液提取液浓缩近干后残余物溶解的总体积，mL。

计算结果需扣除空白值。

2. 紫外分光光度法

(1)原理用于肉样中呋喃唑酮残留的检测。

(2)主要的试剂和仪器：二甲基甲酰胺、丙酮、乙酸乙酯、氧化铝层析柱、C_{18} 填料、呋喃唑酮标准工作液(20μg/mL)和紫外分光光度计。

(3)测定：准确称取 5.0g 样品于烧杯中，加丙酮 20mL，混合均匀后移入层析柱中，弃去丙酮。样品置于层析柱中，加乙酸乙酯 30mL，真空泵抽气，收集乙酸乙酯于浓缩器中，经浓缩至干。残渣于浓缩器中，加二甲基甲酰胺 5mL，溶解，待检。于 1cm 比色皿中，空白管调零，波长 369nm 比色，记录吸光度。

在比色皿中，零管调零，波长 369nm 比色，记录各管吸光度，绘制标准曲线。

结果按照式(4-2-4)计算试样中呋喃唑酮的残留量：

$$X = \frac{c_s \cdot V_2}{V_1 \cdot m} \qquad (4-2-4)$$

式中　X——试样中呋喃唑酮的残留量，mg/kg；

　　　c_s——样液吸光度查标准曲线吸光度的含量，μg；

　　　m——试样质量，g。

　　　V_1——检测用体积，mL；

　　　V_2——样液总体积，mL。

四、激素残留的检测

激素是由机体某一部分分泌的特种有机物，可影响其机能活动并协调机体各个部分的作用，促进畜禽生长。20 世纪人们发现激素后，激素类生长促进剂在畜牧业上得到广泛应用，但由于激素残留不利于人体健康，产生了许多负面影响，许多种类现已禁用。

我国农业部规定，禁止所有激素类及有激素类作用的物质作为动物促进生长剂使用，但在实际生产中违禁使用者还很多，给动物性食品安全带来很大威胁。

常见的激素按化学结构可分为：固醇或类固醇(主要有肾上腺皮质激素、雄性激素、雌性激素等)和多肽或多肽衍生物(主要有垂体激素、甲状腺素、甲状旁腺素、胰岛素、肾上腺素等)两类。按来源可分为天然激素和人工激素。天然激素指动物体自身分泌的激素；合成激素是用化学方法或生物学方法人工合成的一类激素。人工合成的激素一般较天然激素效力更高，合成激素有雄性激素、孕激素、十六亚甲基甲地孕酮以及乙烯雌酚、乙雌酚、甲基睾酮等。在畜禽饲养上应用激素制剂有许多显著的生理效应，如加速催肥、提高胴体瘦肉与脂肪的比例。使用激素处理肉牛和犊牛，可提高氮的存留量，从而提高增重率和饲料转化率。

目前检测激素类药物残留的方法主要有高效液相色谱法、气相色谱－质谱法、酶联免疫法等。其中酶联免疫法(ELISA)灵敏度高，它的中心就是让抗体与酶复合物结合，然后通过显色来检测。使抗原或抗体结合到某种固相载体表面，并保持其免疫活性。使抗原或抗体与某种酶连接成酶标抗原或抗体，这种酶标抗原或抗体既保留其免疫活性，又保留酶的活性。在测定时，把受检标本(测定其中的抗体或抗原)和酶标抗原或抗体按不同的步骤与固相载体表面的抗原或抗体起反应。用洗涤的方法使固相载体上形成的抗原抗体复合物与其它物质分开，最后结合在固相载体上的酶量与标本中受检物质的量成一定的比例。加入酶反应的底物后，底物被酶催化变为有色产物，产物的量与标本中受检物质的量直接相关，故可根据颜色反应的深浅来进行定性或定量分析。由于酶的催化频率很高，故可极大地放大反应效果，从而使测定方法达到很高的敏感度。ELISA 可用于测定抗原，也可用于测定抗体。在这种测定方法中有 3 种必要的试剂：①固相的抗原或抗体；②酶标记的抗原或抗体；③酶作用的底物。根据试剂的来源和标本的性状以及检测的具备条件，可设计出各种不同类型的检测方法。如双抗体夹心法、间接法、竞争法、异种动物抗体双夹心法、抗酶抗体法、竞争性抑制法、双夹心法和抗原直接包被法等方法，如图 4 - 2 - 1、图 4 - 2 - 2 和图 4 - 2 - 3 所示。

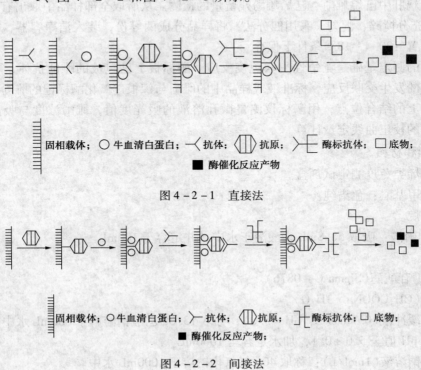

固相载体；○牛血清白蛋白；抗体；抗原；酶标抗原；□底物；
■ 酶催化反应产物

图 4 - 2 - 1 直接法

固相载体；○牛血清白蛋白；抗体；抗原；酶标抗体；□底物；
■ 酶催化反应产物；

图 4 - 2 - 2 间接法

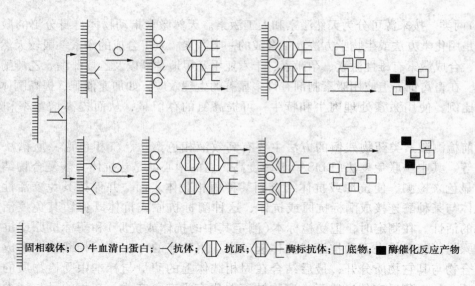

固相载体；○ 牛血清白蛋白；—< 抗体；⑪ 抗原；⑪— 酶标抗体；□ 底物；■ 酶催化反应产物

图 4 - 2 - 3　竞争法

酶免疫测定具有高度的特异性和敏感性，几乎所有的可溶性抗原 – 抗体系统均可用以检测，它的最小可测值达 ng 甚至 pg 水平。酶免疫测定在各应用领域中的普及，应归功于商品试剂盒和自动或半自动检测仪器的问世。目前应用较广的酶免疫检测项目一般有试剂盒出售。完整的 ELISA 试剂盒应包含包被好的固相载体、酶结合物、底物和各种浓缩的稀释液、缓冲液等。这些试剂在冰箱中可保存半年以上，因此实验室中只需要用蒸馏水稀释全套试剂即可。

动物源性食品中二苯乙烯类激素残留量检验方法就是采用酶联免疫法。适用于鸡肉、鱼肉、虾肉及鸡肝中己烷雌酚、己烯雌酚残留量的检测。从所取全部样品中取出有代表性的样品约 1kg，充分搅碎，混匀，采用四分法，将样品分成两等份，装入洁净容器，加封并做标识。试样放置 –20 ～ –18℃ 条件下保存。

本方法的测定基础是竞争性酶联免疫反应。酶标板上已包被的雌酚抗体，可与己烷雌酚、己烯雌酚发生交联反应，标准液或样品中的雌酚与辣根过氧化酶标记的雌酚抗原共同争夺雌酚抗体上的结合位点，用酶标仪测量微孔溶液的吸光度值，雌酚浓度与吸光度值成反比，按绘制的校正曲线定量计算。

1. 试剂和材料

二苯乙烯类免疫测定试剂盒。

叔丁基甲基醚：色谱纯。

三氯甲烷。

6mol/L 磷酸：吸取 58.8mL 磷酸溶于水中，并定容于 100mL。

乙醇。

B – 葡糖苷酸酶（Sigma G – 0876）。

乙酸钠（$CH_3COONa \cdot 3H_2O$）。

乙酸钠缓冲液（0.1mol/L，pH = 5.0）：称取 13.6g 乙酸钠溶解于 800mL 水中，用氢氧化钠溶液调节 pH 值至 5.0 ±0.1，加水定容至 1000mL。

氢氧化钠溶液（1mol/L）：称取 40g 氢氧化钠溶于 1000mL 水中。

甲醇。

标准品：己烷雌酚标准品，己烯雌酚标准品纯度均≥98%。

雌酚标准品溶液的配制：准确称取适量的己烷雌酚和己烯雌酚标准品，用甲醇配制成1mg/mL标准贮备溶液，于4~8℃条件下保存。

2. 仪器和设备

酶标仪：波长450nm。

(37±2)℃培养箱。

均质器。

天平。

离心机：3000r/min。

氮气吹干仪。

振荡器。

洗板机。

固相萃取仪。

微量加样器：20μL，50μL，100μL，200μL。

微量多通道加样器：200μL。

免疫亲和柱：50ng，5mL。

3. 样品提取和净化

肌肉样品。称取2.5g(精确到0.1g)试样于离心管中，加入15mL叔丁基甲基醚，均质30s，涡旋振荡3min。在2000r/min下离心10min，移取12mL醚层液体，在40℃氮气流下蒸发至干燥。用1mL三氯甲烷溶解干燥物，涡旋振荡3min。加2mL1mol/L氢氧化钠，涡旋振荡3min。在2000r/min下离心10min，移取上层液到另一试管中，保留1mL水相。再加入1mL1mol/L氢氧化钠到三氯甲烷溶液中，涡旋振荡3min，在2000r/min下离心10min，移取上层提取液到另一试管中，保留1mL水相。合并两次提取液，加入200μL的6mol/L磷酸中和2mL的氢氧化钠提取液后待净化。

肝脏样品。称取2.5g(精确到0.1g)试样至离心管中，加入3mL乙酸钠溶液(0.1mol/L；pH5.0)，加入8000单位β-葡糖苷酸酶，均质约30s。(37±2)℃培养2h，以下步骤同肌肉样品的提取操作。

4. 净化

以免疫亲和柱净化样品提取液。用柱储存缓冲液过柱，再用15mL柱洗涤缓冲液平衡柱子(流速≤3mL/min)。取全部中和后的样品提取液过柱(重力引流)。用5mL柱洗涤缓冲液洗涤柱子两次(流速≤2mL/min)。用5mL水洗涤柱子(流速≤2mL/min)。用3mL乙醇/水(70/30，体积比)洗脱样品中可能存在的雌激素。此步的洗脱液用干净的试管收集后用于试剂盒检测。

5. 酶联免疫测定

所有操作应在室温下(20~25℃)进行，雌酚试剂盒中所用试剂的温度均应回升至室温(20~25℃)后方可使用。

将测定需用的微孔条插入框架(标准液、样液和空白分别平行试验测定)，记录标准液和样液的位置。先吸取100μL已稀释的稀释缓冲液至酶标板各孔内，再分别吸取25μL雌酚标准溶液、样品溶液至各自的微孔，持微孔板在台面上以圆周运动方式混匀后，然后用封口膜密封孔条以防溶液挥发。将其置于20~25℃，避光孵育1h。加入75μL已稀释的酶标记抗原至每个微孔，混匀，覆盖上封口膜，20~25℃避光孵育30min。倒掉微孔中的液体，用洗涤缓冲液洗板操作12次。加入125μL发色剂至每一微孔中，充分混匀，20~25℃避光孵育20min。加入100μL终止液至每个微孔中，充分混匀，在30min内，测量并记录每个微孔溶液450nm波长的吸光度值。

除不称取试样外，均按上述步骤进行空白试验。每次测定均应做一个添加雌酚标准的样品，添加浓度为相应产品的检测限量。

结果表述按式(4-2-5)计算百分比吸光度值：

$$吸光度值 = \frac{B_{标准/样品} - B_{空白}}{B_0} \times 100\% \qquad (4-2-5)$$

式中　$B_{标量/样品}$——标准品或样品微孔的平均吸光度值，%；

　　　　$B_{空白}$——空白孔的平均吸光度值；

　　　　B_0——零标准的平均吸光度值。

以百分比吸光度值(算术级)为纵坐标，以雌酚标准溶液的浓度(ng/mL)(对数级)为横坐标，绘制出雌酚标准溶液百分比吸光度值与雌酚浓度的校正曲线。每次试验均应重新绘制校正曲线。从标准工作上得到试样中相应的雌酚浓度后，结果按式(4-2-6)进行计算：

$$X = \frac{c \cdot V \times 1000}{m \times 1000} \qquad (4-2-6)$$

式中　X——样品中的雌酚的残留量，μg/kg；

　　　　c——从标准工作曲线上得到的样品中雌酚浓度，ng/mL；

　　　　V——样品溶液的最终定容体积，mL；

　　　　m——样品溶液所代表的最终试样质量，g。

也可以用各种酶标仪的数据处理软件进行计算，所得结果保留至一位小数。本方法的检出限已烷雌酚为0.5μg/kg，已烯雌酚为1.0μg/kg。如被测样品中已烷雌酚、已烯雌酚残留量的值大于检测限时，应用仪器方法进行确证。

五、盐酸克伦特罗残留检测

盐酸克伦特罗又称"瘦肉精"，是一种平喘药，商品名有克喘素、息喘宁等。溶于水、醇、微溶于丙酮，不溶于乙醚。化学性质稳定，一般方法不能将其破坏，加热到172℃时才分解，含有盐酸克伦特罗的肉食品在加工过程中经100℃沸水煮、烧烤、微波处理等过程，其残留并不减少。

克伦特罗，为强效选择性 β_2 – 受体激动剂，有强而持久的松弛支气管平滑肌的作用，用于治疗哮喘。克伦特罗可促进动物生长，改善动物体内脂肪分配，并增加瘦肉率。20世纪90年代，我国错误地将其作为科研成果开始以饲料添加剂引入并推广，被俗称为"瘦肉精"。一连串因食用含克伦特罗的食物而引起的中毒事件发生后，使克伦特罗成了世界上普遍禁用的饲料添加剂。1997年以来，我国有关行政部门多次明令禁止畜牧行业生产、销售和使用盐酸克伦特罗。但我国各地克伦特罗中毒事件仍然频繁发生，说明非法使用克伦特罗现象依然存在。为了对畜禽产品中的克伦特罗开展监测，加强市场监督检验力度，预防中毒事件的发生，必须建立有效的检测方法。

我国在这方面的检测工作起步较晚，伴随着国际和国内对克伦特罗的禁用和监控要求，迫切需要发展适合我国国情的从筛选到确证的一套检测方法。酶联免疫法(ELISA)筛选、高效液相色谱法(HPLC)定量到气质联机法(GC-MS)确证和定量这一套方法来满足我国动物性食品中克伦特罗残留监控的需要。检出限为0.5μg/kg。气相色谱-质谱法的线性范围为0.025~2.5ng,高效液相色谱法的线性范围为0.5~4ng,酶联免疫法的线性范围为0.004~0.054ng。

1. 气相色谱-质谱法

(1)原理:固体试样剪碎,用高氯酸溶液匀浆。液体试样加入高氯酸溶液,进行超声加热提取,用异丙醇+乙酸乙醋(40+60)萃取,有机相浓缩,经弱阳离子交换柱进行分离,用乙醇+浓氨水(98+2)溶液洗脱,洗脱液浓缩,经N,O-双三甲基硅烷三氟乙酰胺(BST-FA)衍生后于气质联用仪上进行测定。以美托洛尔为内标,定量。

(2)试剂:

克伦特罗(clenbuterol hydrochloride),纯度≥99.5%。

美托洛尔(metoprolol),纯度≥99%。

磷酸二氢钠。

氢氧化钠。

氯化钠。

高氯酸。

浓氨水。

异丙醇。

乙酸乙酯。

甲醇,HPLC级。

甲苯,色谱纯。

乙醇。

衍生剂:N,O-双三甲基硅烷三氟乙酰胺(BSTFA)。

高氯酸溶液(0.1mol/L)。

氢氧化钠溶液(1mol/L)。

磷酸二氢钠缓冲液(0.1mol/L,pH=6.0)。

异丙醇+乙酸乙酯(40+60)。

乙醇+浓氨水(98+2)。

美托洛尔内标标准溶液:准确称取美托洛尔标准品,用甲醇溶解配成浓度为240mg/L的内标储备液,贮于冰箱中,使用时用甲醇稀释成2.4mg/L的内标使用液。

克伦特罗标准溶液:准确称取克伦特罗标准品,用甲醇溶解配成浓度为250mg/L的标准储备液,贮于冰箱中,使用时用甲醇稀释成0.5mg/L的克伦特罗标准使用液。

弱阳离子交换柱(LC-WCX,3mL)。

针筒式微孔过滤膜(0.45μm,水相)。

(3)仪器:

气相色谱-质谱联用仪(GC/MS)。

磨口玻璃离心管:11.5cm(长)×3.5cm(内径),具塞。

5mL玻璃离心管。

超声波清洗器。

酸度计。

125

离心机。

振荡器。

旋转蒸发器。

涡漩式混合器。

恒温加热器。

N_2 – 蒸发器。

匀浆器。

（4）提取：

肌肉、肝脏、肾脏试样。称取肌肉、肝脏或肾脏试样10g（精确到0.01g），用20mL0.1mol/L高氯酸溶液匀浆，置于磨口玻璃离心管中；然后置于超声波清洗器中超声20min，取出置于80℃水浴中加热30min。取出冷却后离心（4500r/min）15min。倾出上清液，沉淀用5mL0.1mol/L高氯酸溶液洗涤，再离心，将两次的上清液合并。用1mol/L氢氧化钠溶液调pH值至9.5±0.1，若有沉淀产生，再离心（4500r/min）10min，将上清液转移至磨口玻璃离心管中，加入8g氯化钠，混匀，加入25mL异丙醇+乙酸乙酯（40+60），置于振荡器上振荡提取20min。提取完毕，放置5min（若有乳化层稍离心）。用吸管小心将上层有机相移至旋转蒸发瓶中，用20mL异丙醇十乙酸乙酯（40+60）再重复萃取一次，合并有机相，于60℃在旋转蒸发器上浓缩至近干。用1mL0.1mol/L磷酸二氢钠缓冲液（pH6.0）充分溶解残留物，经针筒式微孔过滤膜过滤，洗涤三次后完全转移至5mL玻璃离心管中，并用0.1mol/L磷酸二氢钠缓冲液（pH6.0）定容至刻度。

尿液试样。用移液管量取尿液5mL，加入20mL0.1mol/L高氯酸溶液，超声20min混匀。置于80℃水浴中加热30min。以下同上。

血液试样。将血液于4500r/min离心，用移液管量取上层血清1mL置于5mL玻璃离心管中，加入2mL0.1mol/L高氯酸溶液，混匀，置于超声波清洗器中超声20min，取出置于80℃水浴中加热30min。取出冷却后离心（4500r/min）15min。倾出上清液，沉淀用1mL0.1mol/L高氯酸溶液洗涤，离心（4500r/min）10min，合并上清液，再重复一遍洗涤步骤，合并上清液。向上清液中加入约1g氯化钠，加入2mL异丙醇+乙酸乙酯（40+60），在涡漩式混合器上振荡萃取5min，放置5min（若有乳化层稍离心），小心移出有机相于5mL玻璃离心管中，按以上萃取步骤重复萃取两次，合并有机相。将有机相在N_2 – 蒸发器上吹干。用1mL0.1mol/L磷酸二氢钠缓冲液（pH6.0）充分溶解残留物，经筒式微孔过滤膜过滤完全转移至5mL玻璃离心管中，并用0.1mol/L磷酸二氢钠缓冲液（pH6.0）定容至刻度。

（5）净化：

依次用10mL乙醇、3mL水、3mL0.1mol/L磷酸二氢钠缓冲液（pH6.0）3mL水冲洗弱阳离子交换柱，取适量提取液至弱阳离子交换柱上，弃去流出液，分别用4mL水和4mL乙醇冲洗柱子，弃去流出液，用6mL乙醇+浓氨水（98+2）冲洗柱子，收集流出液。将流出液在N_2 – 蒸发器上浓缩至干。

（6）衍生化：

于净化、吹干的试样残渣中加入100~500μL甲醇，50μL2.4mg/L的内标工作液，在N_2 – 蒸发器上浓缩至干，迅速加入40μL衍生剂（BSTFA），盖紧塞子，在涡漩式混合器上混匀1min，置于75℃的恒温加热器中衍生90min。衍生反应完成后取出冷却至室温，在涡漩式混合器上混匀30s，置于N_2 – 蒸发器上浓缩至干。加入200μL甲苯，在涡漩式混合器上充分混匀，待气质联用仪进样。同时用克伦特罗标准使用液做系列同步衍生。

（7）气相色谱－质谱法测定：

气相色谱－质谱法测定参致设定。气相色谱柱：DB－5MS柱，30m×0.25mm×0.25μm。载气He，柱前压8psi。进样口温度240℃，进样量1μL，不分流。柱温程序70℃保持1min，以18℃/min速度升至200℃，以5℃/min的速度再升至245℃，再以25℃/min升至280℃并保持2min。EI源电子轰击能70eV。离子源温度200℃，接口温度285℃。溶剂延迟12min。EI源检测特征质谱峰：克伦特罗m/z86，187，243，262；美托洛尔：m/z72，223。

测定。吸取1μL衍生的试样液或标准液注入气质联用仪中，以试样峰（m/z86，187，243，262，264，277，333）与内标峰（m/z72，223）的相对保留时间定性，要求试样峰中至少有3对选择离子相对强度（与基峰的比例）不超过标准相应选择离子相对强度平均值的±20%或3倍标准差。以试样峰（m/z86）与内标峰（m/z72）的峰面积比单点或多点校准定量。克伦特罗标准与内标衍生后的选择性离子的总离子流图及质谱图见图4－2－4～图4－2－6。

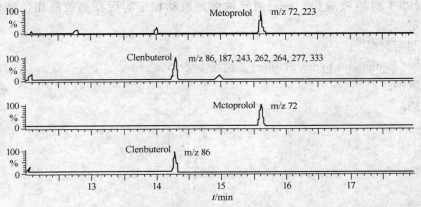

图4－2－4　克伦特罗与内标衍生物的选择性离子总离子流图

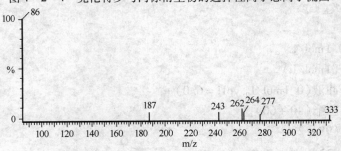

图4－2－5　克伦特罗衍生物的选择离子质谱图

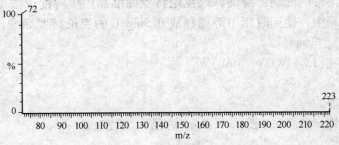

图4－2－6　内标衍生物的选择离子质谱图

结果计算按内标法单点或多点校准计算试样中克伦特罗的含量。按式(4-2-7)计算：

$$X = \frac{A \cdot f}{m} \tag{4-2-7}$$

式中　X——试样中克伦特罗的含量，µg/kg(或 µg/L)；

　　　A——试样色谱峰与内标色谱峰的峰面积比值对应的克伦特罗质量，ng。

　　　f——试样稀释倍数；

　　　m——试样的取样量，g(或 mL)。

计算结果表示到小数点后两位。在重复性条件下获得的两次独立测定结果的绝对差值不得超过算术平均值的20%。

2. 高效液相色谱法

(1) 原理：固体试样剪碎，用高氯酸溶液匀浆，液体试样加入高氯酸溶液，进行超声加热提取后，用异丙醇十乙酸乙酯(40+60)萃取，有机相浓缩，经弱阳离子交换柱进行分离，用乙醇+氨(98+2)溶液洗脱，洗脱液经浓缩，流动相定容后在高效液相色谱仪上进行测定，外标法定量。

(2) 试剂与材料：

克伦特罗(clenbuterol hydrochloride)，纯度≥99.5%。

磷酸二氢钠。

氢氧化钠。

氯化钠。

高氯酸。

浓氨水。

异丙醇。

乙酸乙酯。

甲醇：HPLC级。

乙醇。

高氯酸溶液(0.1mol/L)。

氢氧化钠溶液(1mol/L)。

磷酸二氢钠缓冲液(0.1mol/L，pH=6.0)。

异丙醇+乙酸乙酯(40+60)。

乙醇+浓氨水(98+2)。

甲醇+水(45+55)。

克伦特罗标准溶液的配制：准确称取克伦特罗标准品用甲醇配成浓度为250mg/L的标准储备液，贮于冰箱中；使用时用甲醇稀释成0.5mg/L的克伦特罗标准使用液，进一步用甲醇+水(45+55)适当稀释。

弱阳离子交换柱(LC-WCX，3mL)。

(3) 仪器：

水浴超声清洗器。

磨口玻璃离心管：11.5cm(长)×3.5cm(内径)，具塞。

5mL玻璃离心管。

酸度计。

离心机。

振荡器。

旋转蒸发器。

涡漩式混合器。

针筒式微孔过滤膜(0.45μm,水相)。

N_2 – 蒸发器。

匀浆器。

高效液相色谱仪。

(4)试样测定前的准备:

试样的提取和净化同上。于净化、吹干的试样残渣中加入100~500μL流动相,在涡漩式混合器上充分振摇,使残渣溶解,液体浑浊时用0.45μm的针筒式微孔过滤膜过滤,上清液待进行液相色谱测定。

(5)测定

液相色谱测定参考条件:色谱柱 BDS 或 ODS 柱,250mm×4.6mm,5μm。流动相甲醇+水(45+55)。流速 1mL/min。进样量 20~50μL。柱箱温度 250℃。紫外检测器 244nm。

吸取 20~50μL 标准校正溶液及试样液注入液相色谱仪,以保留时间定性,用外标法单点或多点校准法定量。克伦特罗标准的液相色谱图如图 4 – 2 – 7 所示。

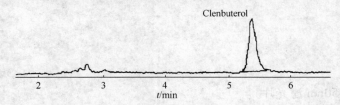

图 4 – 2 – 7 克伦特罗标准(100μg/L)的高效液相色谱图

结果计算按外标法计算试样中克伦特罗的含量。见式(4 – 2 – 8)。

$$X = \frac{A \cdot f}{m} \qquad (4 - 2 - 8)$$

式中 X——试样中克伦特罗的含量,μg/kg(或 μg/L);

   A——试样色谱峰与内标色谱峰的峰面积比值对应的克伦特罗质量,ng。

   f——试样稀释倍数;

   m——试样的取样量,g(或 mL)。

计算结果表示到小数点后两位。

3. 酶联免疫法(ELISA 筛选法)

基于抗原抗体反应进行竞争性抑制测定。微孔板包被有针对克伦特罗 IgG 的包被抗体。克伦特罗抗体被加入,经过孵育及洗涤步骤后,加入竞争性酶标记物、标准或试样溶液。克伦特罗与竞争性酶标记物竞争克伦特罗抗体,没有与抗体连接的克伦特罗标记酶在洗涤步骤中被除去。将底物(过氧化尿素)和发色剂(四甲基联苯胺)加入到孔中孵育,结合的标记酶将无色的发色剂转化为蓝色的产物。加入反应停止液后使颜色由蓝转变为黄色。在 450nm 处测量吸光度值,吸光度比值与克伦特罗浓度的自然对数成反比。

(1)试剂:

磷酸二氢钠。

高氯酸。

异丙醇。

乙酸乙酯。

高氯酸溶液(0.1mol/L)。

氢氧化钠溶液(1mol/L)。

磷酸二氢钠缓冲液(0.1mol/L，pH = 6.0)。

异丙醇 + 乙酸乙酯(40 + 60)。

针筒式微孔过滤膜(0.45μm，水相)。

克伦特罗酶联免疫试剂盒。96 孔板(12 条 × 8 孔)包被有针对克伦特罗 IgG 的包被抗体。克伦特罗系列标准液(至少有 5 个倍比稀释浓度水平，外加 1 个空白)，过氧化物酶标记物(浓缩液)，克伦特罗抗体(浓缩液)，酶底物(过氧化尿素)，发色剂(四甲基联苯胺)，反应停止液(1mol/L 硫酸)，缓冲液(酶标记物及抗体浓缩液稀释用)。

(2)仪器：

超声波清洗器。

磨口玻瑰离心管：11.5cm(长) × 3.5cm(内径)，具塞。

酸度计。

离心机。

振荡器。

旋转蒸发器。

涡漩式混合器。

匀浆器。

酶标仪(配备 450nm 滤光片)。

微量移液器：单道 20μL、50μL、100μL 和多道 50 ~ 250μL 可调。

(3)试样测定：

肌肉、肝脏及肾脏试样的提取同气相色谱 - 质谱法。尿液、血液试样的提取则先将尿液(或血液)先离心(3000r/min)10min，将上清液(或血清)适当稀释后上酶标板进行酶联免疫法筛选实验。

(4)试样准备：

竞争酶标记物的准备。提供的竞争酶标记物为浓缩液。由于稀释的酶标记物稳定性不好，仅稀释实际需用量的酶标记物。在吸取浓缩液之前，要仔细振摇。用缓冲液以1:10的比例稀释酶标记物浓缩液(如 400μL 浓缩液 + 4.0mL 缓冲液，足够 4 个微孔板条 32 孔用)。

克伦特罗抗体的准备。提供的克伦特罗抗体为浓缩液，由于稀释的克伦特罗抗体稳定性变差，仅稀释实际需用量的克伦特罗抗体。在吸取浓缩液之前，要仔细振摇。用缓冲液以 1:10 的比例稀释抗体浓缩液(如 400μL 浓缩液 + 4.0mL 缓冲液，足够 4 个微孔板条 32 孔用)。

包被有抗体的微孔板条的准备。将锡箔袋沿横向边压皱外沿剪开，取出需用数量的微孔板及框架，将不用的微孔板放进原锡箔袋中并且与提供的干燥剂一起重新密封，保存于 2 ~ 8℃。

试样准备。将提取物取 20μL 进行分析。高残留的试样用蒸馏水进一步稀释。

(5)测定：

使用前将试剂盒在室温(19 ~ 25℃)下放置 1 ~ 2h。将标准和试样(至少按双平行实验计

130

算)所用数量的孔条插入微孔架，记录标准和试样的位置。加入 100μL 稀释后的抗体溶液到每一个微孔中。充分混合并在室温孵育 15min。倒出孔中的液体，将微孔架倒置在吸水纸上拍打(每行拍打 3 次)以保证完全除去孔中的液体。用 250μL 蒸馏水充入孔中，再次倒掉微孔中液体，再重复操作两遍以上。加入 20μL 的标准或处理好的试样到各自的微孔中。标准和试样至少做两个平行实验。加入 100μL 稀释的酶标记物，室温孵育 30min。倒出孔中的液体，将微孔架倒置在吸水纸上拍打(每行拍打 3 次)以保证完全除去孔中的液体。用 250μL 蒸馏水充入孔中，再次倒掉微孔中液体，再重复操作两次以上。加入 50μL 酶底物和 50μL 发色试剂到微孔中，充分混合并在室温暗处孵育 15min，加入 100μL 反应停止液到微孔中，混合好尽快在 450nm 波长处测量吸光度值。

结果计算用所获得的标准溶液和试样溶液吸光度值与空白溶液的比值进行计算。见式(4-2-9)。

$$相对吸光度(\%) = \frac{B}{B_0} \times 100 \qquad (4-2-9)$$

式中　B——标准(或试样)溶液的吸光度值；

　　　B_0——空白(浓度为 0 的标准溶液)的吸光度值。

将计算的相对吸光度值(%)对应克伦特罗浓度(ng/L)的自然对数作半对数坐标系统曲线图，校正曲线在 0.004～0.054ng(200～2000ng/L 范围内)呈线性，对应的试样浓度可从校正曲线算出。见式(4-2-10)。

$$X = \frac{A \cdot f}{m} \qquad (4-2-10)$$

式中　X——试样中克伦特罗的含量，μg/kg(或 μg/L)；

　　　A——试样的相对吸光度(%)对应的克伦特罗含量，ng/L；

　　　f——试样稀释倍数；

　　　m——试样的取样量，g(或 mL)。

计算结果表示到小数点后两位。阳性结果需要经过第一法确证。在重复性条件下获得的两次独立测定结果的绝对差值不得超过算术平均值的 20%。

第五章 食品中农药残留的检验

农药是农业生产中重要的生产资料之一，农药的使用，可以有效的控制病虫害，消灭杂草，提高作物的产量和质量。而且农药用于公共卫生和疾病控制等方面，在增加动物性食品产量，减少虫媒传染病和寄生虫病的发生，控制人兽共患病，保障人体健康方面都起着十分重要的作用。然而许多农药又是有害物质，会对人体产生不良影响，目前食品中农药残留已成为全球性的共性问题和一些国际贸易纠纷的起因，也是当前我国农畜产品出口的重要限制因素之一，因此，为保证食品安全和人体健康，必须防止农药的污染和残留量的超标。

农药按化学成分可分为有机氯、有机磷、氨基甲酸酯类、拟除虫菊酯类及砷、汞、铜、硫黄等制剂。按用途可分为杀虫剂、杀菌剂、除草剂、植物生长调节剂和粮食熏蒸剂等。

第一节 农药污染和农药残留

一、农药污染食品的途径

食品中的农药残留途径有：施用农药后对作物或食品的直接污染；空气、水、土壤的污染造成动植物体内含有农药残留，而间接污染食品；来自食物链和生物富集作用，如：水中农药→浮游生物→水产动物→高浓度农药残留食品；运输及贮存中由于和农药混放而造成食品污染等。

二、农药残留

农药残留是指农药使用后残存于食品中的微量农药，包括农药原体、有毒代谢物、降解物和杂质。鉴于残留农药的危害(中毒)降低食品中农药残留的措施主要有：

(1) 加强安全教育。加强安全教育、提高农药安全知识水平，只有意识到农药污染及农药危害问题的严重性，才能从根本上防止农药的污染及其危害。

(2) 完善农药法规，加强执法。农药法规对人们产生法律约束力，可保障人们在法律许可的范围内正常地生产、销售、使用和处理农药，对以身试法者绳之以法。

(3) 采取有效的防护措施，配备必要的防护设备。根据农药的毒性和剂型，结合实际情况制定相应的防护措施，配备相应的防护设备以减少或杜绝农药生产管理和使用过程中的危害。

(4) 加强农药研究，开发新型农药。提供必要的人力、物力、财力加强农药的研究、开发，给农林生产、环境卫生事业提供高效、广谱、低毒、低残留的新型农药品种。

食品中农药残留检验的特点是含量低、干扰大，对样品的处理要求高。样品中脂肪含量高影响农药残留的检验，去除样液中脂肪的净化技术主要有：

皂化法(适用于碱性条件下稳定的待测物)。利用强碱(NaOH、KOH)与脂肪发生皂化反应(水解反应)，生成可溶于水的甘油和脂肪酸盐，除去脂肪，使样品提取液得到净化。

磺化法(要求待测物对浓硫酸稳定,如有机氯农药)。利用浓硫酸与脂肪反应(磺化或加成)生成可溶于 H_2SO_4 和水的强极性化合物,除去脂肪,使样品提取液得到净化。

固相萃取法。使用商品固相萃取小柱来进行样品提取液净化浓缩的方法。工作原理与柱色谱法相似。集萃取、净化、浓缩于一步,具有缩短分析时间,降低成本,节省有机溶剂,可实现半自动化、全自动化操作。由于是商品化生产,固相萃取小柱规格统一,装填均匀,操作方便,易于控制,所以该方法重现性好。

凝胶渗透色谱。工作原理与常见的色谱分离不同,凝胶是一种按相对分子质量大小来进行分离净化的样品前处理技术。大相对分子质量的物质先流出,小相对分子质量的物质后流出。常用于除去样品处理液中脂肪和相对分子质量相对较高的杂质,常用的淋洗剂有环己烷-二氯甲烷、甲苯-乙酸乙酯、二氯甲烷-丙酮、乙酸乙酯-环己烷等。

三、食品中农药残留检验技术的发展趋势

农药几乎均为有机物,且含量低,干扰多,现代农药残留分析强调多残留同时分析,可分为选择性多残留分析和多种类多残留分析。前者针对同一类农药的多个品种同时分析,后者指不同种类农药的多个品种同时分析。色谱(气相,液相)技术是主流,可以定性定量。

第二节　有机磷农药的检测

含磷酸酯结构的有机杀虫剂,广普、高效、残效期短,分解快,在体内不蓄积。急性毒性大。易急性中毒。无机磷酸中羟基(氧、氢)被有机基团取代。敌敌畏、乐果为代表在北方地区常用。抑制胆碱酯酶的活性。胆碱酯酶是调节体内乙酰胆碱的浓度,即是杀虫机理也是中毒机理。

由于有机磷农药迅速发展并大量应用于农业生产,大量施用后,可能造成食品的污染。有机磷农药在食品中的残留主要是植物性食品。动物性食品中残留甚微,并可通过加工、精制、洗涤、烹调等过程被破坏。有机磷农药的毒性以急性中毒为主,对人的毒性属于一种神经毒。多因使用不当或误食,使人体血液中胆碱酯酶活力降低而发生中毒。由于有机磷农药在生物体内能迅速转化而解毒,不易蓄积,残留期短,慢性中毒问题过去未引起人们注意。但它有烷基化作用会致癌、致突变。发现长期接触或随食品摄入有机磷可呈现一系列病理变化,具有致癌、致畸、致突变的影响,因此越来越引起人们的关注。

污染食品主要表现为在植物性食物中残留,尤其是含有芳香物质的植物,如:水果、蔬菜等作物。有机磷农药属酯类化合物,不溶于水易溶于有机溶剂,在碱性条件下易水解。磷酸中氧被硫取代的硫代物毒性小,而在光照下,硫被氧代后则生成磷酸酯类化合物。测定方法大多采用气相色谱法。

一、水果、蔬菜、谷类中有机磷农药的多残留的测定

对于水果、蔬菜、谷类中敌敌畏、速灭磷、久效磷、甲拌磷、巴胺磷、二嗪磷、乙嘧硫磷、甲基嘧啶磷、甲基对硫磷、稻瘟净、水胺硫磷、氧化喹硫磷、稻丰散、甲喹硫磷、克线磷、乙硫磷、乐果、喹硫磷、对硫磷、杀螟硫磷等二十种农药制剂的残留量分析方法,可将

试样在富氢焰上燃烧，以 HPO 碎片的形式，放射出波长 526nm 的特性光；这种光通过滤光片选择后，由光电倍增管接收，转换成电信号，经微电流放大器放大后被记录下来。试样的峰面积或峰高与标准品的峰面积或峰高进行比较定量。

1. 试剂

丙酮。

二氯甲烷。

氯化钠。

无水硫酸钠。

助滤剂 Celite545。

农药标准品如下：敌敌畏（DDVP）纯度≥99%；速灭磷（mevinphos）顺式纯度≥60%，反式纯度≥40%；久效磷（monocrotophos）纯度≥99%；甲拌磷（phorate）纯度≥98%；巴胺磷（propetumphos）纯度≥99%；二嗪磷（diazinon）纯度≥98%；乙嘧硫磷（etrimfos）纯度≥97%；甲基嘧啶磷（pirimiphos – methyl）纯度≥99%；甲基对硫磷（parathion – methyl）纯度≥99%；稻瘟净（kitazine）纯度≥99%；水胺硫磷（isocarbophos）纯度≥99%；氧化喹硫磷（po – quinalphos）纯度≥99%；稻丰散（phenthoate）纯度≥99.6%；甲喹硫磷（methdathion）纯度≥99.6%；克线磷（phenamiphos）纯度≥99.9%；乙硫磷（ethion）纯度≥95%；乐果（dimethoate）纯度≥99.0%；喹硫磷（quinaphos）纯度≥98.2；对硫磷（parathion）纯度≥99.0；杀螟硫磷（fenitrothion）纯度≥98.5%。

农药标准溶液的配制：分别准确称取农药标准品，用二氯甲烷为溶剂，分别配制成1.0mg/mL 的标准储备液，贮于冰箱（4℃）中，使用时根据各农药品种的仪器响应情况，吸取不同量的标准储备液，用二氯甲烷稀释成混合标准使用液。

2. 仪器

组织捣碎机。

粉碎机。

旋转蒸发器。

气相色谱仪：附有火焰光度检测器（FPD）。

3. 试样的制备、提取和净化

取粮食试样经粉碎机粉碎，过 20 目筛制成粮食试样；水果、蔬菜试样去掉非可食部分后制成待分析试样。

水果、蔬菜样品。称取 50.00g 试样，置于 300mL 烧杯中，加入 50mL 水和 100mL 丙酮（提取液总体积为 150mL），用组织捣碎机提取 1~2min。匀浆液经铺有两层滤纸和约 10g Celite 545 的布氏漏斗减压抽滤。取滤液 100mL 移至 500mL 分液漏斗中。

谷物。称取 25.00g 试样，置于 300mL 烧杯中，加入 50mL 水和 100mL 丙酮，以下步骤同水果、蔬菜样品。

向上述的滤液中加入 10~15g 氯化钠使溶液处于饱和状态。猛烈振摇 2~3min，静置10min，使丙酮与水相分层，水相用 50mL 二氯甲烷振摇 2min，再静置分层。将丙酮与二氯甲烷提取液合并经装有 20~30g 无水硫酸钠的玻璃漏斗脱水滤入 250mL 圆底烧瓶中，再以约 40mL 二氯甲烷分数次洗涤容器和无水硫酸钠。洗涤液也并入烧瓶中，用旋转蒸发器浓缩至约2mL，浓缩液定量转移至5~25mL容量瓶中，加二氯甲烷定容至刻度。

4. 测定

气相色谱测定参考条件：色谱柱：①玻璃柱2.6m×3mm（内径），填装涂有4.5% DC-200+2.5% OV-17 的 Chromosorb W（AWDMC S）（80~100 目）的担体。②玻璃柱2.6m×3mm（内径），填装涂有质量分数为1.5%的 QF-1 的 Chromosorb W（AWDMC S）（80~100 目）的担体。气体速度：氮气50mL/min、氢气100mL/min、空气50mL/min。柱箱240℃、汽化室260℃、检测器270℃。

吸取2~5μL混合标准液及试样净化液注入色谱仪中，以保留时间定性。以试样的峰高或峰面积与标准比较定量。组分i有机磷农药的含量按式（5-2-1）进行计算。

$$X_i = \frac{A_i \cdot V_1 \cdot V_3 \cdot E_n \times 1000}{A_n \cdot V_2 \cdot V_4 \cdot m \times 1000} \qquad (5-2-1)$$

式中　X_i——i组分有机磷农药的含量，mg/kg；

　　　A_i——试样中i组分的峰面积，积分单位；

　　　A_n——混合标准液中i组分的峰面积，积分单位；

　　　V_1——试样提取液的总体积，mL；

　　　V_2——净化用提取液的总体积，mL；

　　　V_3——浓缩后的定容体积，mL；

　　　V_4——进样体积，μL；

　　　E_n——注入色谱仪中的i标准组分的质量，ng；

　　　m——试样的质量，g。

计算结果保留两位有效数字。在重复性条件下获得的两次独立测定结果的绝对差值不得超过算术平均值的15%。16种有机磷农药的色谱图（标准溶液）的色谱图，见图5-2-1。13种有机磷农药的色谱图见图5-2-2。

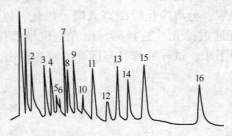

图5-2-1　16种有机磷农药（标准溶液）的色谱图

1—敌敌畏最低检测浓度0.005mg/kg；2—速灭磷最低检测浓度0.004mg/kg；

3—久效磷最低检测浓度0.014mg/kg；4—甲拌磷最低检侧浓度0.004mg/kg；

5—巴胺磷最低检测浓度0.011mg/kg；6—二嗪磷最低检测浓度0.003mg/kg；

7—乙嘧硫磷最低检测浓度0.003mg/kg；8—甲基嘧啶磷最低检测浓度0.004mg/kg；

9—甲基对硫磷最低检测浓度0.004mg/kg；10—稻瘟净最低检测浓度0.004mg/kg；

11—水胺硫磷最低检测浓度0.005mg/kg；12—氧化喹硫磷最低检测浓度0.025mg/kg；

13—稻丰散最低检测浓度0.017mg/kg；14—甲喹硫磷最低检测浓度0.014mg/kg；

15—克线磷最低检测浓度0.009mg/kg；16—乙硫磷最低检测浓度0.014mg/kg

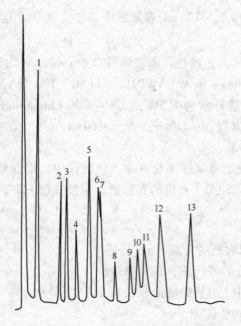

图 5 - 2 - 2   13 种有机磷农药的色谱图

1—敌敌畏；2—甲拌磷；3—二嗪磷；4—乙嘧硫磷；5—巴胺磷；
6—甲基嘧啶磷；7—异稻瘟净；8—乐果；9—喹硫磷；10—甲基对硫磷；
11—杀螟硫磷；12—对硫磷；13—乙硫磷

二、粮、菜、油中有机磷农药残留量的测定

粮食、蔬菜、食用油等食品中敌敌畏、乐果、马拉硫磷、对硫磷、甲拌磷、稻瘟净、杀螟硫磷、倍硫磷、虫螨磷的测定方法也采用气相色谱法。最低检出量为 0.1 ~ 0.3ng，进样量相当于 0.01g 试样，最低检出浓度范围为 0.01 ~ 0.03mg/kg。

试样中有机磷农药经提取、分离净化后在富氢焰上燃烧，以 HPO 碎片的形式，放射出波长 526nm 光，这种特征光通过滤光片选择后，由光电倍增管接收，转换成电信号，经微电流放大器放大后，被记录下来。试样的峰高与标准的峰高相比，计算出试样相当的含量。

1. 试剂

二氯甲烷。

无水硫酸钠。

丙酮。

中性氧化铝：层析用，经 300℃ 活化 4h 后备用。

活性炭：称取 20g 活性炭用盐酸（3mol/L）浸泡过夜，抽滤后，用水洗至无氯离子，在 120℃ 烘干备用。

硫酸钠溶液（50g/L）。

农药标准储备液：准确称取适量有机磷农药标准品，用苯（或三氯甲烷）先配制储备液，放在冰箱中保存。

农药标准使用液：临用时用二氯甲烷稀释为使用液，使其浓度为敌敌畏、乐果、马拉硫磷、对硫磷和甲拌磷每毫升各相当于 1.0μg，稻瘟净、倍硫磷、杀螟硫磷和虫螨磷每毫升各相当于 2.0μg。

2. 仪器

气相色谱仪：具有火焰光度检测器。

电动振荡器。

3. 试样的提取与净化

蔬菜：将蔬菜切碎混匀。称取 10.00g 混匀的试样，置于 250mL 具塞锥形瓶中，加 30 ~ 100g 无水硫酸钠（根据蔬菜含水量）脱水，剧烈振摇后如有固体硫酸钠存在，说明所加无水硫酸钠已够。加 0.2 ~ 0.8g 活性炭（根据蔬菜色素含量）脱色。加 70mL 二氯甲烷，在振荡器上振摇 0.5h，经滤纸过滤。量取 35mL 滤液，在通风柜中室温下自然挥发至近干，用二氯甲烷少量多次研洗残渣，移入 10mL（或 5mL）具塞刻度试管中，并定容至 2.0mL，备用。

稻谷。脱壳、磨粉、过 20 目筛、混匀。称取 10.00g，置于具塞锥形瓶中，加入 0.5g 中性氧化铝及 20mL 二氯甲烷，振摇 0.5h，过滤，滤液直接进样。如农药残留量过低，则加 30mL 二氯甲烷，振摇过滤，量取 15mL 滤液浓缩并定容至 2.0mL 进样。

小麦、玉米。将试样磨碎过 20 目筛、混匀。称取 10.00g 置于具塞锥形瓶中，加入 0.5g 中性氧化铝、0.2g 活性炭及 20mL 二氯甲烷，振摇 0.5h，过滤，滤液直接进样。如农药残留量过低，则加 30mL 二氯甲烷，振摇过滤，量取 15mL 滤液浓缩，并定容至 2mL 进样。

植物油。称取 5.0g 混匀的试样，用 50mL 丙酮分次溶解并洗入分液漏斗中，摇匀后，加 10mL 水，轻轻旋转振摇 1min，静置 1h 以上，弃去下面析出的油层，上层溶液自分液漏斗上口倾入另一分液漏斗中，尽量不使剩余的油滴倒入（如乳化严重，分层不清，则放入 50mL 离心管中，以 2500r/min 离心 0.5h，用滴管吸出上层溶液）。加 30mL 二氯甲烷，100mL 硫酸钠溶液（50g/L），振摇 1min。静置分层后，将二氯甲烷提取液移至蒸发皿中。丙酮水溶液再用 10mL 二氯甲烷提取一次，分层后，合并至蒸发皿中。自然挥发后，如无水，可用二氯甲烷少量多次研洗蒸发皿中残液移入具塞量筒中，并定容至 5mL。加 2g 无水硫酸钠振摇脱水，再加 1g 中性氧化铝、0.2g 活性炭（毛油可加 0.5g）振摇脱油和脱色，过滤，滤液直接进样。二氯甲烷提取液自然挥发后如有少量水，可用 5mL 二氯甲烷分次将挥发后的残液洗入小分液漏斗内，提取 1min，静置分层后将二氯甲烷层移入具塞量筒内，再以 5mL 二氯甲烷提取一次，合并入具塞量筒内，定容至 10mL，加 5g 无水硫酸钠，振摇脱水，再加 1g 中性氧化铝、0.2g 活性炭，振摇脱油和脱色，过滤，滤液直接进样。或将二氯甲烷和水一起倒入具塞量筒中，用二氯甲烷少量多次研洗蒸发皿，洗液并入具塞量筒中，以二氯甲烷层为准定容至 5mL，加 3g 无水硫酸钠，然后如上加中性氧化铝和活性炭依法操作。

4. 测定

色谱条件：色谱柱，玻璃柱，内径 3mm，长 1.5 ~ 2.0m。

分离测定敌敌畏、乐果、马拉硫磷和对硫磷的色谱柱。①内装涂以 2.5% SE - 30 和 3% QF - 1 混合固定液的 60 ~ 80 目 Chromosorb W（AWDMC S）；②内装涂以 1.5% OV - 17 和 2% QF - 1 混合固定液的 60 ~ 80 目 Chromosorb W（AWDMC S）；③内装涂以 2% OV - 101 和 2% QF - 1 混合固定液的 60 ~ 80 目 Chromosorb W（AWDMC S）。

分离、测定甲拌磷、虫螨磷、稻瘟净、倍硫磷和杀螟硫磷的色谱柱。①内装涂以 30% PEGA 和 5% QF - 1 混合固定液的 60 ~ 80 目 Chromosorb W（AWDMC S）；②内装涂以 2% NPGA 和 30% QF - 1 混合固定液的 60 ~ 80 目 Chromosorb W（AWDMC S）。

气流速度：载气为氮气 80mL/min，空气 50mL/min，氢气 180mL/min（氮气、空气和氢气之比按各仪器型号不同选择各自的最佳比例条件）。温度：进样口 220℃；检测器 240℃；柱温 180℃，但测定敌敌畏为 130℃。

将前所述的混合农药标准使用液 2～5μL 分别注入气相色谱仪中，可测得不同浓度有机磷标准溶液的峰高，分别绘制有机磷标准曲线。同时取试样溶液 2～5μL 注入气相色谱仪中，测得的峰高从标准曲线图中查出相应的含量。试样中有机磷农药的含量按式（5-2-2）进行计算。

$$X = \frac{A \times 1000 \times 1000}{m \times 1000} \qquad (5-2-2)$$

式中　X——试样中有机磷农药的含量，mg/kg；

　　　A——进样体积中有机磷农药的质量，ng；

　　　m——进样体积（μL）相当于试样的质量，g。

计算结果保留两位有效数字。敌敌畏、甲拌磷、倍硫磷、杀螟硫磷在重复性条件下获得的两次独立测定结果的绝对差值不得超过算术平均值的 10%。乐果、马拉硫磷、对硫磷、稻瘟净在重复性条件下获得的两次独立测定结果的绝对差值不得超过算术平均值的 15%。

三、肉类、鱼类中有机磷农药残留的测定

气相色谱法测定肉类、鱼类中敌敌畏、乐果、马拉硫磷、对硫磷的残留的检出限分别为 0.03mg/kg、0.015mg/kg、0.015mg/kg、0.008mg/kg。测定原理同上。

1. 试剂

丙酮。

二氯甲烷。

无水硫酸钠：在 700℃灼烧 4h 后备用。

中性氧化铝：在 550℃灼烧 4h。

硫酸钠溶液（20g/L）。

农药标准溶液：准确称取敌敌畏、乐果、马拉硫磷、对硫磷标准品各 10.0mg，用丙酮溶解并定容至 100mL，混匀，每毫升相当农药 0.10mg，作为储备液，保存于冰箱中。

农药标准使用液：临用时用丙酮稀释至每毫升相当 2.0μg。

2. 仪器

气相色谱仪：附火焰光度检测器（FPD）。

电动振摇器。

3. 试样的提取净化

将有代表性的肉、鱼试样切碎混匀，称取 20.00g 于 250mL 具塞锥瓶中，加 60mL 丙酮，于振荡器上振摇 0.5h，经滤纸过滤，取滤液 30mL 于 125mL 分液漏斗中，加 60mL 硫酸钠溶液（20g/L）和 30mL 二氯甲烷，振摇提取 2min 后，静置分层，将下层提取液放入另一个 125mL 分液漏斗中，再用 20mL 二氯甲烷于丙酮水溶液中同样提取后，合并二次提取液，在二氯甲烷提取液中加 1g 中性氧化铝（如为鱼肉加 5.5g），轻摇数次，加 20g 无水硫酸钠。振摇脱水，过滤于蒸发皿中，用 20mL 二氯甲烷分二次洗涤分液漏斗，倒入蒸发皿中，在 55℃

水浴上蒸发浓缩至 1mL 左右，用丙酮少量多次将残液洗入具塞刻度小试管中，定容至 2~5mL，如溶液含少量水，可在蒸发皿中加少量无水硫酸钠后，再用丙酮洗入具塞刻度小试管中，定容。

4. 测定

色谱条件：色谱柱，内径 3.2mm，长 1.6m 的玻璃柱，内装涂以 1.5% OV－17 和 2% QF－1 混合固定液的 80~100 目 Chromosorb W（AWDMC S）。流量，氮气 60mL/min，氢气 0.7kg/cm², 空气 0.5kg/cm²。温度，检测器 250℃，进样口 250℃，柱温 220℃（测定敌敌畏时为 190℃）。如同时测定四种农药可用程序升温。4 种有机磷农药的色谱图见图 5－2－3。

将标准使用液或试样液进样 1~3μL，以保留时间定性；测量峰高，与标准比较进行定量。结果计算同式（5－2－2）。在重复性条件下获得的两次独立测定结果的绝对差值不得超过算术平均值的 10%。

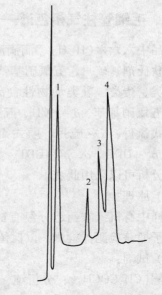

图 5－2－3　4 种有机磷农药的色谱图
1—敌敌畏；2—乐果；3—马拉硫磷；4—对硫磷。

第三节　食品中有机氯农药的检测

有机氯农药是具有杀虫活性的氯代烃的总称，常用的有机氯农药有六六六，滴滴涕、氯丹、艾氏剂等。有机氯农药一般不溶于水。易溶于有机溶剂，在生物体内的蓄积具有高度选择性，多贮存于机体脂肪组织或富含脂肪的部位，性质非常稳定，在环境中残留期长，并不断迁移和循环，从而遍及全球的每个角落。

目前，有机氯农药广泛地污染了世界环境。在我国，造成农药污染的主要是有机氯农药。由于许多国家停止生产和使用有机氯农药，食品中的有机氯残留量明显下降。我国已于 1983 年停止生产有机氯农药。有机氯农药对人和动物来说，其急性毒性仍属于中等毒性。食用有机氯农药污染的食品主要存在慢性中毒问题，其慢性毒性作用主要表现在侵害肝、肾和神经系统，可引起贫血、肝病、神经炎等病症。

以六六六，滴滴涕为代表的含氯原子的一类杀虫剂，广谱、高效、急性毒性低，化学性质稳定，在环境中残效期长，在人体内蓄积，对健康有危害。70 年代被禁用，但还有的在使用。

六六六（六氯环己烷），滴滴涕（二氯二苯三氯乙烷），极性小，易溶于丙酮、石油醚等有机溶剂，对光热酸稳定，对碱不稳定。均为脂溶性，进入人体蓄积在脂肪组织内，长期摄入致慢性中毒。工业品中六六六由四种异构体组成：α－666，γ－666，β－666，δ－666，植物食品中以 α－666 为主；其次为 γ－666，β－666，δ－666，动物性食品中以 β－666 为主，其次为 α－666，γ－666；水产品中以 γ－666 为主。如图 5－3－1 所示。

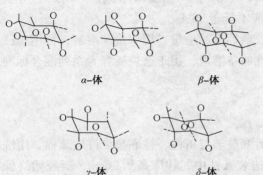

α-体　　　β-体

γ-体　　　δ-体

图 5－3－1　六六六的四种主要异构体

一、毛细管柱气相色谱——电子捕获检测器法

食品中六六六(HCH)、滴滴滴(DDD)、六氯苯、灭蚁灵、七氯、氯丹、艾氏剂、狄氏剂、异狄氏剂、硫丹、五氯硝基苯的测定方法。

肉类、蛋类、乳类动物性食品和植物(含油脂)中 α – HCH、六氯苯、β – HCH、γ – HCH、五氯硝基苯、δ – HCH、五氯苯胺、七氯、五氯苯基硫醚、艾氏剂、氧氯丹、环氧七氯、反式氯丹、α – 硫丹、顺式氯丹、p, p' – 滴滴伊(DDE)、狄氏剂、异狄氏剂、β – 硫丹、ρ, ρ' – DDD、o, ρ' – DDT、异狄氏剂醛、硫丹硫酸盐、ρ, ρ' – DDT、异狄氏剂酮、灭蚁灵的分析可以采用此法。

（1）原理：

试样中有机氯农药组分经有机溶剂提取、凝胶色谱层析净化，用毛细管柱气相色谱分离，电子捕获检测器检测，以保留时间定性，外标法定量。

（2）试剂：

丙酮(CH_3COCH_3)：分析纯，重蒸。

石油醚：沸程 30 ~ 60℃，分析纯，重蒸。

乙酸乙酯($CH_3COOC_2H_5$)：分析纯，重蒸。

环己烷(C_6H_{12})：分析纯，重蒸。

正己烷(n – C_6H_{14})：分析纯，重蒸。

氯化钠(NaCl)：分析纯，重蒸。

无水硫酸钠(Na_2SO_4)：分析纯，将无水硫酸钠置干燥箱中，于120℃干燥4h，冷却后，密闭保存。

聚苯乙烯凝胶(Bio – Beads S – X3)：200 ~ 400 目，或同类产品。

农药标准品：α – 六六六(α – HCH)、六氯苯(HCB)、β – 六六六(β – HCH)、γ – 六六六(γ – HCH)、五氯硝基苯(PCNB)、δ – 六六六(δ – HCH)、五氯苯胺(PCA)、七氯(Hepta-chlor)、五氯苯基硫醚(PCPs)、艾氏剂(Aldrin)、氧氯丹(Oxychlordane)、环氧七氯(Hepta-chlor epoxide)、反氯丹(trans – chlordane)、α – 硫丹(α – endosulfan)、顺氯丹(cis – chlor-dane)、ρ, ρ' – 滴滴伊(ρ, ρ' – DDE)、狄氏剂(Dieldrin)、异狄氏剂(Endrin)、β – 硫丹(β – endosulfan)、ρ, ρ' – 滴滴滴(ρ, ρ' – DDD)、o, ρ' – 滴滴涕(o, ρ' – DDT)、异狄氏剂醛(Endrin aldehyde)、硫丹硫酸盐(Endosulfan sulfate)、ρ, ρ' – 滴滴涕(ρ, ρ' – DDT)、异狄氏剂酮(Endrin ketone)、灭蚁灵(Mirex)，纯度均应不低于98%。

标准溶液的配制：分别准确称取或量取上述农药标准品适量，用少量苯溶解，再用正己烷稀释成一定浓度的标准储备溶液。量取适量标准储备溶液，用正己烷稀释为系列混合标准溶液。

（3）仪器：

气相色谱仪(GC)：配有电子捕获检测器(ECD)。

凝胶净化住：长30cm，内径2.3 ~ 2.5cm具活塞玻璃层析柱，柱底垫少许玻璃棉。用洗脱剂乙酸乙酯 – 环己烷(1 + 1)浸泡的凝胶，以湿法装入柱中，柱床高约26cm，凝胶始终保持在洗脱剂中。

全自动凝胶色谱系统：带有固定波长(254nm)紫外检测器，供选择使用。

旋转蒸发仪。

组织匀浆器。

振荡器。

氮气浓缩器。

（4）试样制备：

蛋品去壳，制成匀浆；肉品去筋后，切成小块，制成肉糜；乳品混匀待用。

蛋类：称取试样20g（精确到0.01g）于200mL具塞三角瓶中，加水5mL（视试样水分含量加水，使总水量约为20g。通常鲜蛋水分含量约75%，加水5mL即可），再加入40mL丙酮，振摇30min后，加入氯化钠6g，充分摇匀，再加入30mL石油醚，振荡30min。静置分层后，将有机相全部移至100mL具塞三角瓶中经无水硫酸钠干燥，并量取35mL于旋转蒸发瓶中，浓缩至约1mL，加入2mL乙酸乙酯－环己烷(1＋1)溶液再浓缩，如此重复3次，浓缩至约1mL，供凝胶色谱层析净化使用，或将浓缩液转移至全自动凝胶渗透色谱系统配套的进样试管中，用乙酸乙酯－环己烷(1＋1)溶液洗涤旋转蒸发瓶数次，将洗涤液合并至试管中，定容至10mL。

肉类：称取试样20g（精确到0.01g），加水15mL（视试样水分含量加水，使总水量约20g）。加40mL丙酮，振摇30min。以下按照蛋类试样的提取、分配步骤处理。

乳类：称取试样20g（精确到0.01g），鲜乳不需加水，直接加丙酮提取。以下按照蛋类试样的提取、分配步骤处理。

大豆油：称取试样1g（精确到0.01g），直接加入30mL石油醚，振摇30min后，将有机相全部转移至旋转蒸发瓶中，浓缩至约1mL，加入2mL乙酸乙酯－环己烷(1＋1)溶液再浓缩，如此重复3次，浓缩至约1mL，供凝胶色谱层析净化使用，或将浓缩液转移至全自动凝胶渗透色谱系统配套的进样试管中，用乙酸乙酯－环己烷(1＋1)溶液洗涤旋转蒸发瓶数次，将洗涤液合并至试管中，定容至10mL。

植物类：称取试样匀浆20g，加水5mL（视其水分含量加水，使总水量约20mL），加丙酮40mL，振荡30min，加氯化钠6g，摇匀。加石油醚30mL，再振荡30min，以下按照蛋类试样的提取、分配步骤处理。

（5）净化：

选择手动或全自动净化方法的任何一种进行。

手动凝胶色谱柱净化：将试样浓缩液经凝胶柱以乙酸乙酯－环己烷(1＋1)溶液洗脱，弃去0~35mL流分，收集35~70mL流分。将其旋转蒸发浓缩至约1mL，再经凝胶柱净化收集30~70mL流分，蒸发浓缩，用氮气吹除溶剂，用正己烷定容至1mL，留待GC分析。

全自动凝胶渗透色谱系统净化：试样由5mL试样环注入凝胶渗透色谱（GPC）柱，泵流速5.0mL/min，以乙酸乙酯－环己烷(1＋1)溶液洗脱，弃去0~7.5min流分，收集7.5~15min流分，15~20min冲洗GPC柱。将收集的流分旋转蒸发浓缩至约1mL，用氮气吹至近干，用正己烷定容至1mL，留待GC分析。

（6）测定：

气相色谱参考条件：色谱柱，DM－5石英弹性毛细管柱，长30m、内径0.32nm、膜厚0.25μm；或等效柱。柱温，程序升温

$$90℃(1min) \xrightarrow{40℃} 170℃ \xrightarrow{2.3℃} 230℃(17min) \xrightarrow{40℃} 2850℃(5min)$$

进样口温度：280℃。不分流进样，进样量1μL。检测器：电子捕获检测器（ECD）温度300℃。载气流速：氮气（N₂），流速1mL/min；尾吹，25mL/min。柱前压：0.5MPa。

分别吸取1μL混合标准液及试样净化液注入气相色谱仪中，记录色谱图，以保留时间定性，以试样和标准的峰高或峰面积比较定量。色谱图参见图5-3-2。

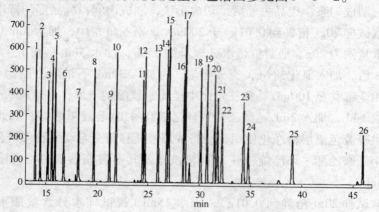

图5-3-2　有机氯农药混合标准溶液的色谱图

出峰顺序为：1—α-六六六；2—六氯苯；3—β-六六六；4—γ-六六六；5—五氯硝基苯；6—δ-六六六；7—五氯苯胺；8—七氯；9—五氯苯基硫醚；10—艾氏剂；11—氧氯丹；12—环氧七氯；13—反氯丹；14—α-硫丹；15—顺氯丹；16—ρ,ρ'-滴滴伊；17—狄氏剂；18—异狄氏剂；19—β-硫丹；20—ρ,ρ'-滴滴滴；21—o,ρ'-滴滴涕；22—异狄氏剂醛；23—硫丹硫酸盐；24—ρ,ρ'-滴滴涕；25—异狄氏剂酮；26—灭蚁灵

试样中各农药的含量按式（5-3-1）进行计算：

$$X = \frac{m_1 \cdot V_1 \cdot f \times 1000}{m \cdot V_2 \times 1000} \qquad (5-3-1)$$

式中　X——试样中各农药的含量，mg/kg；

　　　m_1——被测样液中各农药的含量，ng；

　　　V_1——样液进样体积，μL；

　　　f——稀释因子；

　　　m——试样质量，g；

　　　V_2——样液最后定容体积，mL。

计算结果保留两位有效数字。在重复性条件下获得的独立两次测定结果的绝对差值不得超过算术平均值的20%。

二、填充柱气相色谱——电子捕获检测器法

此法适用于各类食品中六六六（HCH）、滴滴涕（DDT）残留量的测定。试样中六六六、滴滴涕经提取、净化后用气相色谱法测定，与标准比较定量。电子捕获检测器对于负电极强的化合物具有极高的灵敏度，利用这一特点，可分别测出痕量的六六六、滴滴涕。不同异构体和代谢物可同时分别测定。出峰顺序：α-HCH、β-HCH、γ-HCH、δ-HCH、ρ,ρ'-DDE、o,ρ'-DDT、ρ,ρ'-DDD、ρ,ρ'-DDT。

（1）试剂：

丙酮（CH_3COCH_3）：分析纯，重蒸。

正己烷（$n-C_6H_{14}$）：分析纯，重蒸。

石油醚：沸程 $30\sim60℃$，分析纯，重蒸。

苯（C_6H_6）：分析纯。

硫酸（H_2SO_4）：优级纯。

无水硫酸钠（Na_2SO_4）：分析纯。

硫酸钠溶液（20g/L）。

农药标准品：六六六（$\alpha-HCH$、$\beta-HCH$、$\gamma-HCH$ 和 $\delta-HCH$）纯度 >99%，滴滴涕（$\rho,\rho'-DDE$、$o,\rho'-DDT$、$\rho,\rho'-DDD$、$\rho,\rho'-DDT$）纯度 >99%。

农药标准储备液：精密称取 $\alpha-HCH$、$\beta-HCH$、$\gamma-HCH$、$\delta-HCH$、$\rho,\rho'-DDE$、$o,\rho'-DDT$、$\rho,\rho'-DDD$、$\rho,\rho'-DDT$ 各 10mL，溶于苯中，分别移于 100mL 容量瓶中，以苯稀释至刻度，混匀，浓度为 100mg/L，贮存于冰箱中。

农药混合标准工作液：分别量取上述各标准储备液于同一容量瓶中，以正己烷稀释至刻度。$\alpha-HCH$、$\gamma-HCH$ 和 $\delta-HCH$ 的浓度为 0.005mg/L，$\beta-HCH$ 和 $\rho,\rho'-DDE$ 浓度为 0.01mg/L，$o,\rho'-DDT$ 浓度为 0.05mg/L，$\rho,\rho'-DDD$ 浓度为 0.02mg/L，$\rho,\rho'-DDT$ 浓度为 0.1mg/L。

（2）仪器：

气相色谱仪：具电子捕获检测器。

旋转蒸发器。

氮气浓缩器。

匀浆机。

调速多用振荡器。

离心机。

植物样本粉碎机。

（3）试样制备：

谷类制品粉末，其制品制成匀浆；蔬菜、水果及其制品制成匀浆；蛋类去壳制成匀浆；肉品去皮、筋后，切成小块，制成肉糜；鲜乳混匀待用；食用油混匀待用。

称取具有代表性的各类食品样品匀浆 20g，加水 5mL（视样品水分含量加水，使总水量约 20mL），加丙酮 40mL，振荡 30min，加氯化钠 6g，摇匀。加石油醚 30mL，再振荡 30min，静置分层。取上清液 35mL 经无水硫酸钠脱水，于旋转蒸发器中浓缩至近干，以石油醚定容至 5mL，加浓硫酸 0.5mL 净化，振摇 0.5min，于 3000r/min 离心 15min。取上清液进行 GC 分析。

称取具有代表性的 2g 粉末样品，加石油醚 20mL，振荡 30min，浓缩，定容至 5mL，加浓硫酸 0.5mL 净化，振摇 0.5min，于 3000r/min 离心 15min。取上清液进行 GC 分析。

称取具有代表性的食用油试样 0.5g，以石油醚溶解于 10mL 刻度试管中，定容至刻度。加浓硫酸 1.0mL 净化，振摇 0.5min，于 3000r/min 离心 15min。取上清液进行 GC 分析。

（4）气相色谱测定：

填充柱气相色谱条件：色谱柱，内径 3mm，长 2m 的玻璃柱，内装涂以 1.5% OV – 17 和 2% QF – 1 混合固定液的 80 ~ 100 目硅藻土；载气高纯氮，流速 110mL/min；柱温：185℃；检测器温度：225℃；进样口温度：195℃。进样量为 1 ~ 10μL。外标法定量。8 种农药的色谱图见图 5 – 3 – 3。

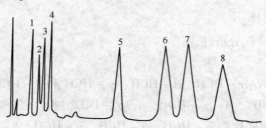

图 5 – 3 – 3　8 种农药的色谱

出峰顺序：1. 2. 3. 4 为 α – HCH、β – HCH、γ – HCH、δ – HCH；

5. 6. 7. 8 为 ρ，ρ′ – DDE、o，ρ′ – DDT、ρ，ρ′ – DDD、ρ，ρ′ – DDT

试样中六六六、滴滴涕及其异构体或代谢物的单一含量按式（5 – 3 – 2）进行计算：

$$X = \frac{A_1}{A_2} \times \frac{m_1}{m_2} \times \frac{V_1}{V_2} \times \frac{1000}{1000} \qquad (5 – 3 – 2)$$

式中　X——试样中六六六、滴滴涕及其异构体或代谢物的单一含量，mg/kg；

　　　A_1——被测定试样各组分的峰值（峰高或面积）；

　　　A_2——各农药组分标准的峰值（峰高或面积）；

　　　m_1——单一农药标准溶液的含量，ng；

　　　m_2——被测定试样的取样量，g；

　　　V_1——被测定试样的稀释体积，mL；

　　　V_2——被测定试样的进样体积，μL。

在重复性条件下获得的两次独立测定结果的绝对差值不得超过算术平均值的 15%。

第四节　食品中氨基甲酸酯农药的检测

含氨基甲酸结构的一类农药，高效、毒性低，在自然界易分解，高温易分解，残留量低。经常听说的呋喃丹就是其中之一。与有机磷农药毒性机理类似，即是抑制胆碱酯酶的活性，有机磷杀虫剂对胆碱酯酶的抑制是不可逆的，而氨基甲酸酯类杀虫剂的作用是可逆的。

氨基甲酸酯为酯类化合物，在碱性条件下易水解，生成甲胺和 CO_2 以及相应的产物。

此类化合物品种多，极性较大，提取时多使用极性有机溶剂。国标检测方法有液相色谱和气相色谱法，由于氨基甲酸酯类农药在高温下不稳定，不宜直接用气相测定，可用液相色谱法测定。

涕灭威、速灭威、呋喃丹、甲萘威、异丙威为我国常用的一类氨基甲酸酯类农药。由于动物性食品基质的特殊性，试样净化是测定方法的关键技术之一。这里介绍以凝胶渗透净化技术的动物性食品中涕灭威、速灭威、呋喃丹、甲萘威、异丙威多组分残留量测定方法。

高效液相色谱法测定动物性食品中涕灭威、速灭威、呋喃丹、甲萘威、异丙威残留量的检出限分别为 9.8μg/kg，7.8μg/kg，7.3μg/kg，3.2μg/kg 和 13.3ug/kg。试样经提取、净化、浓缩、定容，微孔滤膜过滤后进样，用反相高效液相色谱分离，紫外检测器检测，根据色谱峰的保留时间定性，外标法定量。

1. 试剂

甲醇：重蒸。

丙酮：重蒸。

乙酸乙酯：重蒸。

环己烷：重蒸。

氯化钠。

无水硫酸钠。

蒸馏水：重蒸。

凝胶：Bio - BeadsS - X，200 ~ 400 目。

氨基甲酸酯类农药（NMCs）标准：涕灭威、甲萘威、呋喃丹、速灭威、异丙威纯度均大于 99%。

NMCs 标准溶液配制：将五种 NMCs 分别以甲醇配成一定浓度的标准储备液，冰箱保存。使用前取标准储备液一定量，用甲醇稀释配成混合标准应用液。5 种 NMCs 的浓度分别为涕灭威 6.0mg/L、甲萘威 5.0mg/L，呋喃丹 5.0mg/L、速灭威 10.0mg/L、异丙威 10.0mg/L。

2. 仪器

高效液相色谱仪：附紫外检测器及数据处理器。

旋转蒸发器。

凝胶净化柱：长 50cm，内径 2.5cm 带活塞玻璃层析柱，柱底垫少量玻璃棉，用洗脱剂（乙酸乙酯 + 环己烷：1 + 1）浸泡过夜的凝胶以湿法装入柱中，柱床高约 40cm，柱床始终保持在洗脱剂中。

3. 试样制备与提取

蛋品去壳，制成匀浆；肉品切块后，制成肉糜；乳品混匀后待用。

称取蛋类试样 20g（精确到 0.01g），于 100mL 具塞三角瓶中，加水 5mL（视试样水分含量加水，使总水量约 20g。通常鲜蛋水分含量约 75%，加水 5mL 即可），加 40mL 丙酮，振摇 30min，加氯化钠 6g，充分摇匀，再加 30mL 二氯甲烷，振摇 30min。取 35mL 上清液，经无水硫酸钠滤于旋转蒸发瓶中，浓缩至约 1ml，加 2mL 乙酸乙酯 - 环己烷（1 + 1）溶液再浓缩，如此重复 3 次，浓缩至约 1mL。

称取肉类试样 20g（精确到 0.01g），加水 6mL（视试样水分含量加水，使总水量约 20g。通常鲜肉水分含量约 70%，加水 6mL 即可），以下按照蛋类试样的提取、分配步骤处理。

称取乳类试样 20g（精确到 0.01g。鲜乳不需加水，直接加丙酮提取。），以下按照蛋类试样的提取、分配步骤处理。

将此浓缩液经凝胶柱以乙酸乙酯 - 环己烷（1 + 1）溶液洗脱，弃去 0 ~ 35mL 流分，收集 35 ~ 70mL 流分。将其旋转蒸发浓缩至约 1mL，再经凝胶柱净化收集 35 ~ 70mL 流分，旋转蒸发浓缩，用氮气吹至约 1mL，以乙酸乙酯定容至 1mL，留待 HPLC 分析。

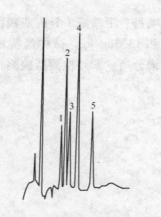

图 5 - 4 - 1 　氨基甲酸酯农药标准色谱图

1—涕灭威；2—速灭威；3—呋喃丹

4—甲萘威；5—异丙威。

4. 高效液相色谱测定

色谱条件：色谱柱，AltimaC$_{18}$4. 6mm × 25cm，。流动相，甲醇 + 水（60 + 40），流速 0.5mL/min；柱温 30℃。紫外检测波长为 210nm。

将仪器调至最佳状态后，分别将 5μL 混合标准溶液及试样净化液注入色谱仪中，以保留时间定性，以试样峰高或峰面积与标准比较定量。色谱图见图 5 - 4 - 1。

结果按式（5 - 4 - 1）计算。

$$X = \frac{m_1 \times V_2 \times 1000}{m \times V_1 \times 1000} \qquad (5 - 4 - 1)$$

式中　X——试样中各农药的含量，mg/kg；

m_1——被测样液中各农药的含量，ng；

m——试样质量，g；

V_1——样液进样体积，μL；

V_2——试样最后定容体积，mL。

计算结果保留两位有效数字。在重复性条件下获得的两次独立测定结果的绝对差值不得超过算术平均值的 15%。

第五节　食品中拟除虫菊酯类农药的检测

拟除虫菊酯类农药是一类具有类似天然除虫菊酯的合成杀虫剂。广谱、高效杀虫能力较一般杀虫剂高 1～2 个数量级，但毒性却很低。自然界中易分解，在水中溶解度小，在碱性条件下易分解。残留量低，因高效用量少残留也低。常见的拟除虫菊酯农药有氯氰菊酯、氯戊菊酯、溴氰菊酯、胺菊酯等，多采用气相色谱法测定。

气相色谱法测定粮食和蔬菜中氯氰菊酯、氯戊菊酯、溴氰菊酯的检出限分别为 2.1μg/kg，3.1μg/kg，0.88μg/kg。试样中氯氰菊酯、氯戊菊酯、溴氰菊酯经提取、净化、浓缩后用电子捕获 - 气相色谱法测定。经色谱柱分离后进入到电子捕获检测器中，便可分别测出其含量，经放大器，把讯号放大用记录器记录下峰高或峰面积。利用被测物的峰高或峰面积与标准的峰高或峰面积比进行定量。

1. 试剂

石油醚：30～60℃重蒸。

丙酮：重蒸。

无水硫酸钠：550℃灼烧 4h 备用。

层析用中性氧化铝：550℃灼烧 4h 后备用，用前 140℃烘烤 1h，加 3% 水脱活。

层析活性炭：550℃灼烧 4h 后备用。

脱脂棉：经正己烷洗涤后，干燥备用。

农药标准品：氯氰菊酯（cypermethrin）纯度 ≥96%；氰戊菊酯（fenvalerate）纯度 ≥94.4%；溴氢菊酯（deltamethrin）纯度 ≥97.5%。

标准液的配制：用重蒸石油醚或丙酮分别配制氯氰菊酯 2×10^{-7} g/mL，氰戊菊酯 4×10^{-7} g/mL，溴氰菊酯 1×10^{-7} g/mL 的标准液。吸取 10mL 氯氰菊酯、10mL 氰戊菊酯、5mL 溴氢菊酯的标准液于 25mL 容量瓶中摇匀，即成为标准使用液，浓度为氯氰菊酯 8×10^{-8} g/mL，氰戊菊酯 16×10^{-8} g/mL，溴氰菊酯 2×10^{-8} g/mL。

2. 仪器

气相色谱仪附电子捕获检测器。

高速组织捣碎机。

电动振荡器。

高温炉。

K-D 浓缩器或恒温水浴箱。

具塞三角烧瓶。

玻璃漏斗。

10μL 注射器。

3. 试样的提取和净化

谷类。称取 10g 粉碎的试样，置于 100mL 具塞三角瓶中，加入石油醚 20mL，振荡 30min 或浸泡过夜，取出上清液 2～4mL 待过柱用（相当于 1～2g 试样）。

蔬菜类。称取 20g 经匀浆处理的试样于 250mL 具塞三角瓶中，加入丙酮和石油醚各 40mL 摇匀，振荡 30min 后让其分层，取出上清液 4mL 待过柱用。

净化时，大米样品用内径 1.5cm、长 25～30cm 的玻璃层析柱，底端塞以经处理的脱脂棉。依次从下至上加入 1cm 的无水硫酸钠，3cm 的中性氧化铝，2cm 的无水硫酸钠，然后以 10mL 石油醚淋洗柱子，弃去淋洗液，待石油醚层下降至无水硫酸钠层时，迅速将试样提取液加入，待其下降至无水硫酸钠层时加入淋洗液淋洗，淋洗液用量 25～30mL 石油醚，收集滤液于尖底定容瓶中，最后以氮气流吹，浓缩体积至 1mL，供气相色谱用。面粉、玉米粉样品所用净化柱与大米样品相同，只是在中性氧化铝层上边加入 0.01g 层析活性炭粉（可视其颜色深浅适当增减层析活性炭粉的量）进行脱色净化，操作同大米样品。蔬菜类样品所用净化柱与大米样品同，只是在中性氧化铝层上加 0.02～0.03g 层析活性炭粉（可视其颜色深浅适当增减层析活性炭粉的量）进行脱色。淋洗液用量 30～35mL 石油醚，净化操作同大米样品。

4. 测定

使用具有电子捕获检测器（ECD）的气相色谱仪。色谱条件：色谱柱，玻璃柱 3mm（内径）×1.5m 或 2m，内填充 3% OV-101/Chromosorb W（AWDMC S）80～100 目。温度，柱温 245℃，进样口和检测器 260℃。载气为高纯氮气流速 140mL/min。结果计算用外标法定量，按式（5-5-1）计算。

$$c_x = \frac{h_x \cdot c_s \cdot Q_s \cdot V_x}{h_s \cdot m \cdot Q_x} \qquad (5-5-1)$$

式中　c_x——试样中农药含量，mg/mg；

　　　h_x——试样溶液峰高，mm；

　　　c_s——标准溶液浓度，g/mL；

Q_s——标准溶液进样量，μL;

V_x——试样的定容体积，mL;

h_s——标准溶液峰高，mm;

m——试样质量，g;

Q_x——试样溶液的进样量，μL。

氯氰菊醋、氰戊菊酯和溴氰菊醋的色谱图见图 5 - 5 - 1。

对于动物性食品中拟除虫菊酯的检测流程见图 5 - 5 - 2 所示。品经提取、净化和浓缩定容后，用毛细管气相色谱柱分离，电子捕获检测器检测，保留时间定性，外标法定量。

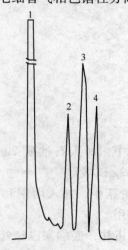

图 5 - 5 - 1 色谱分离图

1—溶剂；2—氯氰菊醋，保留时间 2min57s；

3—氰戊菊酯，保留时间 3min50s；

4—溴氰菊醋，保留时间 4min47s。

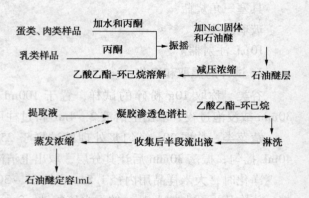

图 5 - 5 - 2 流程图

第六章　食品中有害元素的检验

　　我国的食品卫生法对食品卫生的界定是：食品是安全的，食品是有营养的，食品是能促进健康的。其中食品的安全性是食品必须具备的基本要素。然而在食品科技不断进步的今天，发生在世界各地的各种各样的食品安全事故不绝于耳，食品安全问题重新成为消费者关注的热点。危害食品安全的因素复杂。

　　首先是人口多，环境保护意识差，生存环境质量不高。如水源污染导致食源性疾患的发生，海域的污染直接影响海产品的卫生质量，二恶英污染事件起源于垃圾焚烧等，均显示环境对生存条件与食品安全有着密切关系。

　　其次是农业种植、养殖的源头污染对食品安全的威胁越来越严重。农药、兽药的滥用，造成食物中农兽药残留问题突出。很大一部分是由于使用了国家明令禁止生产和使用的甲胺磷、双氟磷、氟乙酰胺、毒鼠强、盐酸克伦特罗等农、兽药引起。可见，由于农药、兽药滥用导致农产品农药、兽药等有害物残留量超标，已成为影响食品卫生的新的重要因素。

　　第三是受我国经济发展水平不平衡的制约，一些食品生产企业的食品安全意识不强，食品生产过程中食品添加剂超标使用，污染物、重金属超标现象经常发生。更为严重的是还有少数不法生产经营者为牟取暴利，不顾消费者的安危，在食品生产经营中掺杂使假现象屡有发生。

　　食品的安全问题不仅涉及到广大人民群众的生命安全与健康，还涉及到生产经营企业的经济利益，既关系到社会的稳定，又关系到经济的发展。食品中有毒有害元素主要有铅、镉、汞、砷等；主要来源是工业"三废"、化学农药、食品加工辅料等方面的污染；有害元素污染食品后，随食品进入体内，会危害人体健康，甚至致人终身残疾或死亡。

第一节　食品中有害元素概述

一、食品中有害元素

　　在自然界中，当某些物质或含有该物质的物料被按其原来的用途正常使用时，若因该物质而导致人体生理机能、自然环境或生态平衡遭受破坏，则称该物质为有害物质。凡是以小剂量进入机体，通过化学或物理化学作用能够导致健康受损的物质，称为有毒物质。

　　食品中的有害物质可分为三类：

　　一是生物性有害物质，如黄曲霉、口蹄疫致病菌等；

　　二是化学性有害物质，如有害元素、农药残留量、黄曲霉毒素、亚硝基化合物、苯并芘、甲醇、兽药残留等；

　　三是物理性有害物质，如金属屑、石子、动物排泄物等。

　　这些有害物质的主要来源有：不当的使用农药、兽药，包括施药过量、施药期不当或使用被禁药物；来自加工、贮藏或运输中的污染，如操作不卫生、杀菌不合要求或贮藏方法不当等；来自特定食品加工工艺，如肉类熏烤、蔬菜腌制等；来自包装材料中的有害物质，某些有害物质可能移溶到被包装的食品中;来自环境污染物,如二恶英、多氯联苯等;以及来自食品原料中固有的天然有毒物质。

食品中的有害元素(微量存在)可分为三类:一是必需微量元素,如 Fe、Zn 等;二是非必需微量元素;来自空气、土壤,水等;三是有害物质,如 Pb、Hg 等。

二、食品中有害元素检测意义

食品中有毒有害元素主要是指铅、镉、汞、砷等,其主要来源是工业"三废"、化学农药、食品加工原辅料等方面的污染。它们污染食品后,随食物进入人体,将危害人的健康,甚至使人终身残疾或死亡。因此,必须对食品中有害元素进行检测,对食品中有害元素的种类及含量的了解,既可防止有害元素危害人的健康,又可给食品生产和卫生管理提供科学依据。

第二节　食品中镉的测定

镉是相对的稀有元素。在自然界中的含量很少,地壳中的平均含量在 0.02ppm 左右,广泛应用于工农业生产。镉是一种毒性很强的金属。在食品污染物中,镉排在黄曲霉毒素和砷之后,列第三位。不是人体必须的元素,且在人体内有蓄积性,危害较大。人体摄取过量被镉污染的食物和水等容易引起镉中毒,所以测定食品中镉的含量,尤其是镉污染地区的食品,对保障人体健康意义很大。

一、镉对食品的污染和危害

镉用于冶金、电镀、颜料、原子工业、农药等,含镉化肥、农药的使用,容器污染、食品加工、贮存容器或食品包装材料等所含的镉与食品接触的过程中,可溶于食品中的乳酸、柠檬酸、醋酸中,而造成镉污染。

镉及其化合物均有毒,而且毒性很强,尤其是氧化物毒性大。通过食品、饮水、吸烟、大气等途径可进入人体,并可蓄积,进入人体的镉绝大部分蓄积在肾、肝中,引起"骨痛病"、高血压、动脉粥样硬化、贫血、不育、致癌、致畸、危害无穷。食品中镉限量卫生标准见表 6-2-1。

表 6-2-1　部分食品中镉限量卫生标准

品种	指标(以 Cd 计)/(mg/kg)	品种	指标(以 Cd 计)/(mg/kg)
大米≤	0.2	肉、鱼≤	0.1
杂粮(玉米小米高粱、薯)≤	0.05	蛋≤	0.05
蔬菜≤	0.05	水果≤	0.03

二、食品中镉的测定方法

因食品中镉的含量均很低,必须尽量采用灵敏度和精密度高的测定方法才能满足需求。目前测定食品中镉的方法,常用的有原子吸收光谱法、比色法和极谱法。

原子吸收光谱法简便、灵敏度高,重现性好、精密度也较好,是目前测定食品中镉的主要方法。用原子吸收光谱法测定食品中镉时,要先将样品消化,用络合剂与 Cd^{2+} 离子作用生成络合物，然后用有机溶剂萃取，再作原子吸收测定。通常使用有机溶剂萃取镉后，可使原子吸收测定有更高的灵敏度。用于镉的络合剂有碘化钾、二硫腙、二乙氨基二硫代甲酸铵等。

比色法也是测定食品中镉的常用方法，过去经常使用二硫腙比色法，这种方法设备简单，但灵敏度低，而且所用试剂多，操作麻烦、费时，现已改用镉试剂比色法。

极谱法作为痕量镉的测定方法，可用于食品中微量镉的测定。

1. 石墨炉原子吸收光谱法

（1）原理。样品经灰化或酸消解后，注入原子吸收分光光度计石墨炉中，电热原子化后吸收 228.8nm 共振线，在一定浓度范围，其吸收值与镉含量成正比，与标准系列比较定量。检出限量：为 $0.1\mu g/kg$。

（2）样品处理。在采样和制备过程中，应注意不使试样污染。粮食、豆类去杂质后，磨碎，过 20 目筛，储于塑料瓶中，保存备用。蔬菜、水果、鱼类、肉类及蛋类等水分含量高的鲜样用食品加工机或匀浆机打成匀浆，储于塑料瓶中，保存备用。

（3）试样的消解方法

压力消解罐消解法：称取 1.00～2.00g 试样（干样、含脂肪高的试样 <1.00g，鲜样 <2.0g 或按压力消解罐使用说明书称取试样）于聚四氟乙烯内罐，加硝酸 2～4mL 浸泡过夜。再加过氧化氢（30%）2～3mL（总量不能超过罐容积的三分之一）。盖好内盖，旋紧不锈钢外套，放入恒温干燥箱，120～140℃保持 3～4h，在箱内自然冷却至室温，用滴管将消化液洗入或过滤入（视消化液有无沉淀而定）10～25mL 容量瓶中，用水少量多次洗涤罐，洗液合并于容量瓶中并定容至刻度，混匀备用。同时作试剂空白。

干法灰化：称取 1.00～5.00g（根据锅含量而定）试样于瓷坩埚中，先小火在可调式电炉上炭化至无烟，移入马弗炉 500℃灰化 6～8h 时，冷却。若个别试样灰化不彻底，则加 1mL 混合酸在可调式电炉上小火加热，反复多次直到消化完全，放冷，用硝酸（0.5mol/L）将灰分溶解，用滴管将试样消化液洗入或过滤入（视消化液有无沉淀而定）10～25mL 容量瓶中，用水少量多次洗涤瓷坩埚，洗液合并于容量瓶中并定容至刻度，混匀备用。同时作试剂空白。

过硫酸铵灰化法：称取 1.00～5.00g 试样于瓷坩埚中，加 2～4mL 硝酸浸泡 1h 以上，先小火炭化，冷却后加 2.00～3.00g 过硫酸铵盖于上面，继续炭化至不冒烟，转入马弗炉，500℃恒温 2h，再升至 800℃，保持 20min，冷却，加 2～3mL 硝酸（1.0mol/L），用滴管将试样消化液洗入或过滤入（视消化液有无沉淀而定）10～25mL 容量瓶中，用水少量多次洗涤瓷坩埚，洗液合并于容量瓶中并定容至刻度，混匀备用。同时作试剂空白。

湿式消解法：称取试样 1.00～5.00g 于三角瓶或高脚烧杯中，放数粒玻璃珠，加 10mL 混合酸，加盖浸泡过夜，加一小漏斗电炉上消解，若变棕黑色，再加混合酸，直至冒白烟，消化液呈无色透明或略带黄色，放冷用滴管将试样消化液洗入或过滤入（视消化后试样的盐分而定）10～25mL 容量瓶中，用水少量多次洗涤三角瓶或高脚烧杯，洗液合并于容量瓶中并定容至刻度，混匀备用。同时作试剂空白。

（4）测定

根据各自仪器性能调至最佳状态参考条件为波长 228.8nm，狭缝 0.5～1.0nm，灯电流 8～10mA，干燥温度 120℃，20s；灰化温度 350℃，15～20s，原子化温度 1700～2300℃，4～5s，背景校正为氘灯或塞曼效应。

标准曲线绘制：吸取上面配制的镉标准使用液 0.0、1.0mL、2.0mL、3.0mL、5.0mL、

7.0mL、10.0mL 于 100mL 容量瓶中稀释至刻度，相当于 0.0、1.0ng/mL、3.0ng/mL、5.0ng/mL、7.0ng/mL、10.0ng/mL，各吸取 10μL 注入石墨炉，测得其吸光值并求得吸光值与浓度关系的一元线性回归方程。

试样测定：分别吸取样液和试剂空白液各 10μL 注入石墨炉，测得其吸光值，代入标准系列的一元线性回归方程中求得样液中镉含量。

基体改进剂的使用：对有干扰试样，则注入适量的基体改进剂磷酸铁溶液（20g/L）（一般 <5μL）消除干扰。绘制锡标准曲线时也要加入与试样测定时等量的基体改进剂。

试样中镉含量按式（6-2-1）进行计算。

$$X = \frac{(A_1 - A_2) \times V \times 1000}{m \times 1000} \tag{6-2-1}$$

式中 X——试样中镉含量，μg/kg 或 μg/L；

A_1——测定试样消化液中镉含量，ng/mL；

A_2——空白液中镉含量，ng/mL；

V——试样消化液总体积，mL；

m——试样质量或体积，g 或 mL。

计算结果保留两位有效数字。

2. 火焰原子吸收光谱法——碘化钾-4-甲基戊酮-2 法

（1）原理。样品经处理后，在酸性溶液中镉离子与碘离子形成络合物，并经 4-甲基戊酮-2 萃取分离，导入原子吸收仪，原子化后，吸收 228.8mm 共振线，其吸收量与镉含量成正比，与标准比较定量，检出限量为 5.0μg/kg。

注意事项：①要求使用去离子水，优级纯或分析纯试剂。②该法测定镉非常稳定，而且灵敏度高。③该法可以将镉、铅、铜三种元素同时提取并进行测定，采用此法时，将三种元素混合制成各种浓度的测定用标准溶液使用。

（2）试样处理：谷类。去除其中杂物及尘土，必要时除去外壳，磨碎，过 40 目筛，混匀。称取约 5.00～10.00g 置于 50mL 瓷坩埚中，小火炭化至无烟后移入马弗炉中，500±25℃ 灰化约 8h 后，取出坩埚，放冷后再加入少量混合酸，小火加热，不使干涸，必要时加少许混合酸，如此反复处理，直至残渣中无炭粒，待坩埚稍冷，加 10mL 盐酸（1+11），溶解残渣并移入 50mL 容量瓶中，再用盐酸（1+11）反复洗涤坩埚，洗液并入容量瓶中，并稀释至刻度，混匀备用。取与试样处理相同量的混合酸和盐酸（1+11）按同一操作方法做试剂空白试验。

蔬菜、瓜果及豆类。取可食部分洗净晾干，充分切碎或打碎混匀。称取 10.00～20.00g 置于瓷坩埚中，加 1mL 磷酸（1+10），小火炭化。禽、蛋、水产及乳制品：取可食部分充分混匀。称取 5.00～10.00g 置于瓷坩埚中，小火炭化。乳类经混匀后，量取 50mL，置于瓷坩埚中，加 1mL 磷酸（1+10），在水浴上蒸干，再小火炭化。其它处理过程同谷类样品。

（3）萃取分离。吸取 25mL（或全量）上述制备的样液及试剂空白液，分别置于 125mL 分液漏斗中，加 10mL 硫酸（1+1），再加 10mL 水，混匀。吸取 0、0.25mL、0.50mL、1.50mL、2.50mL、3.50mL、5.00mL 镉标准使用液（相当 0、0.05μg、0.1μg、0.3μg、0.5μg、0.7μg、1.0μg 镉），分别置于 125mL 分液漏斗中，各加盐酸（1+11）至 25mL，再加 10mL 硫酸（1+1）及 10mL 水，混匀。于试样溶液、试剂空白液及镉标准溶液中各加 10mL 碘化钾溶液 250g/L，混匀，静置 5min，再各加 10mL4-甲基戊酮-2，振摇 2min，静置分层约 0.5h，弃去下层水相，以少许脱脂棉塞入分液漏斗下颈部，将 4 - 甲基戊酮 - 2 层经脱脂棉滤至 10mL 具塞试管中，备用。

（4）测定。将有机相导入火焰原子化器进行测定，测定参考条件，灯电流 6~7mA，波长 228.8nm，狭缝 0.15~0.2nm，空气流量 5L/min，氘灯背景校正（也可根据仪器型号，调至最佳条件），以镉含量对应浓度吸光度，绘制标准曲线或计算直线回归方程，试样吸收值与曲线比较或代入方程求出含量。试样中镉的含量按式（6-2-2）进行计算。

$$ X = \frac{(A_1 - A_2) \times 1000}{m \times \dfrac{V_1}{V_2} \times 1000} \qquad (6-2-2) $$

式中 X——试样中镉的含量，mg/kg 或 mg/L；

A_1——测定用试样液中镉的质量，μg；

A_2——试剂空白液中镉的质量，μg；

m——试样质量或体积，g 或 mL；

V_2——试样处理液的总体积，mL；

V_1——测定用试样处理液的体积，mL。

计算结果保留两位有效数字。

3. 火焰原子吸收光谱法——二硫腙 - 乙酸丁酯法

样品经处理后，在 pH = 6 左右的溶液中，镉离子与二硫腙形成络合物，并经乙酸丁酯萃取分离，导入原子吸收仪中，原子化以后，吸收 228.8nm 共振线，其吸收值与镉含量成正比，与标准系列比较定量，检出限量为 5.0μg/kg。

（1）试样处理。谷类，去除其中杂物及尘土，必要时，除去外壳。蔬菜、瓜果及豆类，取可食部分洗净晾干，切碎充分混匀。肉类食品，取可食部分，切碎充分混匀。

称取 5.00g 上述试样，置于 250mL 高脚烧杯中，加 15mL 混合酸，盖上表面皿，放置过夜，再于电热板或砂浴上加热。消化过程中，注意勿使干涸，必要时可加少量硝酸，直至溶液澄明无色或微带黄色。冷后加 25mL 水煮沸，除去残余的硝酸至产生大量白烟为止，如此处理两次，放冷。以 25mL 水分数次将烧杯内容物洗入 125mL 分液漏斗中。取与处理试样相同量的混合酸、硝酸按同一操作方法做试剂空白试验。

（2）萃取分离。吸取 0、0.25mL、0.50mL、1.50mL、2.50mL、3.50mL、5.0mL 锡标准使用液（相当 0、0.05μg、0.1μg、0.3μg、0.5μg、0.7μg、1.0μg 镉）。分别置于 125mL 分液漏斗中，各加盐酸（1 + 11）至 25mL。

于试样处理溶液、试剂空白液及镉标准溶液各分液漏斗中各加 5mL 柠檬酸钠缓冲液（2mol/L），以氨水调节 pH 至 5~6.4，然后各加水至 50mL，混匀。再各加 5.0mL 二硫腙 - 乙酸丁酯溶液（1g/L），振摇 2min，静置分层，弃去下层水相，将有机层放入具塞试管中，备用。测定过程同碘化钾 - 4 - 甲基戊酮 - 2 法。试样中镉的含量按式（6-2-3）计算。

$$ X = \frac{(A_1 - A_2) \times 1000}{m \times 1000} \qquad (6-2-3) $$

式中 X——试样中镉的含量，mg/kg；

A_1——测定用试样液中镉的质量，μg；

A_2——试剂空白液中镉的质量，μg；

m——试样质量或体积，g。

计算结果保留四位有效数字。

4. 比色法(镉试剂比色法)

样品经消化后,在碱性溶液中镉离子与 6 - 溴苯并噻唑偶氮萘酚形成红色络合物,溶于三氯甲烷,与标准系列比较定量,检出限量为 50μg/kg。注意事项:①酒石酸钾钠和柠檬酸钠主要用于除去 Ca^{2+}、Mg^{2+} 等金属离子的干扰,防止在碱性条件下生成沉淀,上述两种试剂用量较大。因此,纯度要求高些,使用前先做试剂空白试验。②锌与镉试剂也能络合,生成稳定络合物,使结果明显偏高,此时加入足够量的氢氧化钠溶液,使锌离子生成 ZnO_2^{2-} 阴离子,过高的 Cu^{2+}、Hg^{2+} 离子浓度也影响镉的测定。

(1)试样消化。称取 5.00 ~ 10.00g 试样,置于 150mL 锥形瓶中,加入 15 ~ 20mL 混合酸(如在室温放置过夜,则次日易于消化),小火加热,待泡沫消失后,可慢慢加大火力,必要时再加少量硝酸,直至溶液澄清无色或微带黄色,冷却至室温。取与消化试样相同量的混合酸、硝酸按同一操作方法做试剂空白试验。

(2)测定。将消化好的样液及试剂空白液用 20mL 水分数次洗入 125mL 分液漏斗中,以氢氧化钠溶液(200g/L)调节至 pH = 7 左右。吸取 0、0.5mL、1.0mL、3.0mL、5.0mL、7.0mL、10.0mL 镉标准使用液(相当 0、0.5μg、1.0μg、3.0μg、5.0μg、7.0μg、10.0μg 镉),分别置于 125mL 分液漏斗中,再各加水至 20mL。用氢氧化钠溶液(200g/L)调节至 pH =7左右。于试样消化液、试剂空白液及镉标准液中依次加入 3mL 柠檬酸钠溶液(250g/L),4mL 酒石酸钾溶液(400g/L)及1mL 氢氧化钠溶液(200g/L),混匀。再各加 5.0mL 三氯甲烷及 0.2mL 镉试剂,立即振摇 2min,静置分层后,将三氯甲烷层经脱脂棉滤于试管中,以三氯甲烷调节零点,于 1cm 比色杯在波长 585nm 处测吸光度。各标准点减去空白管吸收值后绘制标准曲线或计算直线回归方程,样液含量与曲线比较或代入方程求出。结果计算按式(6 - 2 - 3)计算。

5. 原子荧光法

食品试样经湿消解或干灰化后,加入硼氢化钾,试样中的镉与硼氢化钾反应生成镉的挥发性物质。由氢气带入石英原子化器中,在特制镉空心阴极灯的发射光激发下产生原子荧光,其荧光强度在一定条件下与被测定液中的镉浓度成正比。与标准系列比较定量。

(1)试样消解。称取经粉(捣)碎(过40目筛)的试样 0.50 ~ 5.00g,置于消解器中(水分含量高的试样应先置于 80℃鼓风烘箱中烘至近干),加入 5mL 硝酸 + 高氯酸(4 + 1),1mL 过氧化氢,放置过夜。次日加热消解,至消化液均呈淡黄色或无色,赶尽硝酸,用硫酸(0.20mol/L)约 25mL 将试样消解液转移至 50mL 容量瓶中,精确加入 5.0mL 二硫腙 - 四氯化碳(0.5g/L),剧烈振荡 2min,加入 10mL 硫脲(50g/L)及 1mL 含钴溶液,用硫酸(0.20mol/L)定容至 50mL,混匀待测,同时做试剂空白试验。

标准系列配制。分别吸取 50ng/mL 镉标准使用液 0.45mL、0.90mL、1.80mL、3.60mL、5.40mL 于 50mL 容量瓶中,各加入硫酸(0.20mol/L)约 25mL,精确加入 5.0mL 二硫腙 - 四氯化碳溶液(0.5g/L),剧烈振荡 2min,加入 10mL 硫脲(50g/L)及 1mL 含钴溶液,用硫酸(0.20mol/L)定容至 50mL(各相当于镉浓度 0.50ng/mL、1.00ng/mL、2.00ng/mL、4.00ng/mL、6.00ng/mL),同时做标准空白。标准空白液用量视试样份数多少而增加,但至少要配200mL。

(2)测定。根据各自仪器型号性能、参考仪器工作条件,将仪器调至最佳测定状态,在试样参数画面输入以下参数:试样质量(克或毫升)、稀释体积(45mL),并选择结果的浓度

154

单位。逐步将炉温升到所需温度，稳定后测量。连续用标准空白进样，待读数稳定后，转入标准系列测量。在转入试样测定之前，再进入空白值测量状态，用试样空白液进样，让仪器取均值作为扣底的空白值。随后依次测定试样。测定完毕后，选择"打印"报告即可将测定结果自动打印。试样中镉的含量按式（6-2-4）进行计算。

$$X = \frac{(A_1 - A_2) \times V \times 1000}{m \times 1000 \times 1000}$$ （6-2-4）

式中　X——试样中镉的含量，mg/kg 或 mg/L；

A_1——试样消化液中的镉含量，ng/mL；

A_2——试剂空白液中镉含量，ng/mL；

V——试样消化液总体积（水溶液部分），mL；

m——试样质量或体积，g 或 mL。

计算结果保留两位有效数字。

第三节　食品中汞的测定

汞又称水银，是对人体有害的元素。汞中毒已成为世界上严重公害之一，受到人们广泛的重视。汞的挥发性和生物传递性（食物链）这两个特性，使汞在环境污染中特别被重视。

汞在地球中的含量很少，对环境和食品的污染严重。平均丰度仅为 0.08mg/kg。汞及其化合物广泛用于工农业和医药等方面。所以汞对环境和食品的污染也很严重。防止和减少污染，是环保工作者的任务，然而预测汞在食品中的含量，减少汞对食品污染则是食品理化检验工作者的一项重要任务。

一、汞对食品的污染及危害

进入人体的汞主要来自被污染的食品，而食品中的汞主要来源于环境的自然释放和工业污染。例如 1953 年熊本县水湾地区，是世界上第一次发生的由环境污染所发生的甲基汞中毒事件，其中 41 人死亡。日本、意大利、美国等国的资料也表明汞对食品的污染，尤其是对水产品的污染十分严重。

汞及其化合物都是剧毒物质，不同汞盐的毒性主要取决于它们的溶解度，Hg^{2+} 的毒性比 Hg^+ 强。有机汞的毒性比无机汞大得多，其中甲基汞的毒性最强。进入人体的汞主要来自被污染的食物，且无机汞经鱼体及微生物的作用转化成毒性更强的有机汞，特别是甲基汞。人长期食用含汞食品，尤其是含甲基汞的鱼类可致慢性汞中毒，主要表现为"易兴奋症"，汞毒性震颤、汞毒性口腔炎等汞中毒的典型症状。此外，甲基汞可引起染色体断裂及基因突变。食品中汞限量卫生标准见表 6-3-1。

表 6-3-1　食品中汞限量卫生标准

品种	指标（以 Hg 计）/（mg/kg）	品种	指标（以 Hg 计）/（mg/kg）
粮食（成品粮）	≤0.02	肉、蛋（去壳）	≤0.05
薯类（土豆、白薯）、蔬菜水果	≤0.01	蛋制品	按蛋折算
牛乳	≤0.01	鱼	≤0.3，其中甲基汞≤0.02
乳制品	按牛乳折算	其它水产食品	参照鱼的标准

二、食品中总汞的测定方法

定量测定总汞的方法常用二硫腙比色法和冷原子吸收法(测汞仪法)。无论用那种方法均需对样品进行消化处理,将样品中所含的无机汞和有机汞都化为 Hg^{2+},消化方法多采用在备有回流冷凝器的玻璃烧瓶中进行 $HNO_3 - H_2SO_4$ 湿法消化样品,以减少汞的损失,也可以采用压力消解法和 V_2O_5 消化法。

二硫腙比色法在严格遵守规定的条件下,可以达到满意的结果,但灵敏度较低,冷原子吸收法测汞是较灵敏的方法,干扰因素少,简便、快速

1. 原子荧光光谱分析法

(1) 原理:试样经酸加热消解后,在酸性介质中,试样中汞被硼氢化钾(KBH_4)或硼氢化钠($NaBH_4$)还原成原子态汞,由载气(氩气)带入原子化器,在特制汞空心阴极灯照射下,基态汞原子被激发至高能态,在去活化回到基态时,发出特征波长的荧光,其荧光强与汞含量成正比,与标准系列比较定量。检出限 $0.15\mu g/kg$,标准曲线最佳线性范围 $0 \sim 60\mu g/L$。

(2) 试样消解:高压消解法:本方法适用于粮食、豆类、蔬菜、水果、瘦肉类、鱼类、蛋类及乳与乳制品类食品中总汞的测定。

粮食及豆类等干样:称取经粉碎混匀过 40 目筛的干样 $0.2 \sim 1.00g$,置于聚四氟乙烯塑料内罐中,加 5mL 硝酸,混匀后放置过夜,再加 7mL 过氧化氢,盖上内盖放入不锈钢外套中,旋紧密封。然后将消解器放入普通干燥箱(烘箱)中加热,升温至 120℃后保持恒温 2 ~ 3h,至消解完全,自然冷至室温。将消解液用硝酸溶液(1 +9)定量转移并定容至 25mL,摇匀。同时做试剂空白试验。待测。

蔬菜、瘦肉、鱼类及蛋类水分含量高的鲜样用捣碎机打成匀浆,称取匀浆 $1.00 \sim 5.00g$,置于聚四氟乙烯塑料内罐中,加盖留缝放于 65℃鼓风干燥烤箱或一般烤箱中烘至近干,取出,以下操作同上。

微波消解法:称取 $0.10 \sim 0.50g$ 试样于消解罐中加 $1 \sim 5mL$ 硝酸,$1 \sim 2mL$ 过氧化氢,盖好安全阀后,将消解罐放入微波炉消解系统中,根据不同种类的试样设置微波炉消解系统的最佳分析条件(见表 6 - 3 - 2 和表 6 - 3 - 3),至消解完全,冷却后用硝酸溶液(1 +9)定量转移并定容至 25mL(低含量试样可定容至 10mL),混匀待测。

表 6 - 3 - 2　粮食、蔬菜、鱼肉类试样微波分析条件

步骤	1	2	3
功率/%	50	75	90
压力/kPa	343	686	1096
升压时间/min	30	30	30
保压时间/min	5	7	5
排风量/%	100	100	100

表 6 - 3 - 3　油脂、糖类试样微波分析条件

步骤	1	2	3	4	5
功率/%	50	70	80	100	100
压力/kPa	343	514	686	959	1234
升压时间/min	30	30	30	30	30
保压时间/min	5	5	5	7	5
排风量/%	100	100	100	100	100

（3）标准系列配制：低浓度标准系列：分别吸取 100ng/mL 汞标准使用液 0.25mL、0.50mL、1.00mL、2.00mL、2.50mL 于 25mL 容量瓶中，用硝酸溶液（1＋9）稀释至刻度，混匀。各自相当于汞浓度 1.00ng/mL、2.00ng/mL、4.00ng/mL、8.00ng/mL、10.00ng/mL。此标准系列适用于一般试样测定。

高浓度标准系列：分别吸取 500ng/mL 汞标准使用液 0.25mL、0.50mL、1.00mL、1.50mL、2.00mL 于 25mL 容量瓶中，用硝酸溶液（1＋9）稀释至刻度，混匀。各自相当于汞浓度 5.00ng/mL、10.00ng/mL、20.00ng/mL、30.00ng/mL、40.00ng/mL。此标准系列适用于鱼及含汞量偏高的试样测定。

（4）测定：仪器参考条件：光电倍增管负高压 240V，汞空心阴极灯电流 30mA，原子化器温度 300℃，高度 8.0mm，氩气流速：载气 500mL/min，屏蔽气 1000mL/min。测量方式：标准曲线法。读数方式：峰面积，读数延迟时间 1.0s，读数时间 10.0s，硼氢化钾溶液加液时间 8.0s，标液或样液加液体积 2mL。

测定方法：根据情况任选以下一种方法。

浓度测定方式测量：设定好仪器最佳条件，逐步将炉温升至所需温度后，稳定 10～20min 后开始测量。连续用硝酸溶液（1＋9）进样，待读数稳定之后，转入标准系列测量，绘制标准曲线。转入试样测量，先用硝酸溶液（1＋9）进样，使读数基本回零，再分别测定试样空白和试样消化液，每测不同的试样前都应清洗进样器。试样测定结果按公式（6－3－1）计算。

仪器自动计算结果方式测量：设定好仪器最佳条件，在试样参数画面输入以下参数，试样质量（g 或 mL），稀释体积（mL），并选择结果的浓度单位，逐步将炉温升至所需温度，稳定后测量。连续用硝酸溶液（1＋9）进样，待读数稳定之后，转入标准系列测量，绘制标准曲线。在转入试样测定之前，再进入空白值测量状态，用试样空白消化液进样，让仪器取其均值作为扣底的空白值。随后即可依法测定试样。测定完毕后，选择"打印报告"即可将测定结果自动打印。试样中汞的含量按式（6－3－1）计算。

$$X = \frac{(c - c_0) \times V \times 1000}{m} \qquad (6-3-1)$$

式中　X——试样中汞的含量，mg/kg 或 mg/L；

　　　c——试样消化液中汞的含量，ng/mL；

　　　c_0——试剂空白液中汞的含量，ng/mL；

　　　V——试样消化液总体积，mL；

　　　m——试样质量或体积，g 或 mL。

计算结果保留三位有效数字。

2. 冷原子吸收法

汞蒸气对波长 253.7nm 的共振线具有强烈吸收作用。试样经过酸消解或催化酸消解使汞转为离子状态，在强酸性介质中以氯化亚锡还原成元素汞，以氮气或干燥空气作为载体，将元素汞吹入汞测定仪，进行冷原子吸收测定，在一定浓度范围其吸收值与汞含量成正比，与标准系列比较定量。

方法分为①压力消解法；②其它消化法。检出限：压力消解法为 0.4μg/kg，其它消解法为 10μg/kg。注意事项①冷原子吸收光谱法测汞时，常见的干扰是水气，为防止水气由汞蒸气发生器进入吸收池中，通常用装有无水氯化钙的干燥管除去。应注意这种干燥管吸湿后对汞的吸附，使用时常检查和更换。②除水气对汞有干扰外，消化过程残存于消化液中的氮氧化合物对紫外光有吸收作用，严重干扰测定，使结果偏高。消化完后加水继续加热回流10min，可将残留的氮氧化合物驱赶出去。样品中的蜡质、脂肪等不易消化的可在冷却后滤去。③用 V_2O_5 消化可直接在锥形瓶中进行，较回流法消化省器材（不需回流装置），在锥形瓶口上加一小长颈漏斗效果更好。注意在砂浴上加热时间不能太长，更不能烧干。

3. 二硫腙比色法

原理。试样经消化后，汞离子在酸性溶液中可与二硫腙生成橙红色络合物，溶于三氯甲烷，与标准系列比较定量。检出限为 $25\mu g/kg$。

注意事项①本法操作时不宜敞开暴露于空气中过久，并避免直射光照射；最好避光操作，在暗室中进行比较稳定，可保持 $1 \sim 2h$。②盐酸羟胺是一种掩蔽剂，能起一定的掩蔽作用，如消除干扰离子 Fe^{2+}、Zn^{2+} 的影响。同时盐酸羟胺还是一种还原剂，可以除去氧化物。

第四节　食品中铅的测定

铅是一种具有蓄积性的有害元素，FAO/WHO，CAC1993 年食品添加剂和污染物联合专家委员会（JECFA），建议每人每周允许摄入量（PTWI）为 $25\mu g/(g \cdot bw)$ 以人体重 60kg 计，每人每日允许摄入量为 $214\mu g$，为控制人体铅的摄入量，在食品监督领域中列为重要监测项目。食品中铅限量卫生标准规定见表 6 - 4 - 1。

表 6 - 4 - 1　食品中铅限量卫生标准

品种	指标（Pb 计）/（mg/kg）	品种	指标（Pb 计）/（mg/kg）
粮食≤	0.4	肉类≤	0.5
豆类≤	0.8	鱼虾类≤	0.5
薯类≤	0.4	蛋类≤	0.2
蔬菜≤	0.2	乳类（鲜）≤	0.05

一、食品中铅的测定意义

铅在自然界分布甚广，广泛存在于动植物体内，也是人类应用最早的金属元素之一。铅是有代表性的重金属元素。铅及其化合物在工农业生产中广泛应用，造成的污染也很普遍，是常见的环境和食品的主要污染之一。随着工农业的生产，铅对食品的污染也日趋严重，在食品卫生上也越来越被人们重视。铅并不是人体必需的元素，且对人体有很强的毒性作用，所以必须对食品中铅的含量进行测定。

二、铅对食品的污染和危害

铅是较常见的有毒重金属，其污染食品的途径较广。

很多行业如采矿、冶炼、蓄电池、交通运输、印刷、塑料、涂料、焊接、陶瓷、橡胶、农药等都使用铅及其化合物。其中蓄电池生产中铅的用量最大，全世界每年铅消耗量约为400 万吨，其中40% 用于制造蓄电池，25% 以烷基铅的形式加入汽油中作为防爆剂（作为汽油防爆剂的四乙基铅及其同系物的毒性更大），12% 用作建筑材料，6% 用作电缆外套，5%

用于制造弹药，17%用于其它方面。这些铅1/4重新回收利用，其余大部分以各种形式排放到环境中造成污染，因而也导致食品中铅的污染。

食品生产、加工、贮运过程中所造成的污染，含铅添加剂的使用和食品容器中的铅渗出。使用黄丹粉（PbO）加工松花蛋，使松花蛋受铅污染。酒精饮料中铅污染是普遍存在的，尤其是用传统的方法酿造时更容易受铅的污染。铅含量较高的食品是罐装饮料、饮用水、谷物食品、植物的根茎和果实以及动物性食品。

通过全球膳食结构所得人体每日摄入铅的量主要来自饮水和饮料。我国1990年的全国膳食研究表明，我国人们膳食中的铅主要来自谷物和蔬菜。铅中毒主要是慢性中毒，其毒性大小决定于含铅化合物的溶解度，即溶解度大，则毒性也大，其毒性为$(CH_3COO)_2Pb > Pb\text{-}SO_4 > PbS$。铅对机体很多系统都有毒性作用，主要表现在神经系统，造血系统和消化系统的毒性作用。

三、食品中铅的测定方法

测定食品中铅的方法很多，一般采用二硫腙比色法、原子吸收光谱法和极谱法。

二硫腙比色法有单色和混色法之分，单色法是用有机溶剂萃取铅与二硫腙生成红色络合物以后，将过量的蓝色二硫腙用碱性溶液洗去，只剩下单纯的红色，再进行比色测定。混色法的基本原理和操作步骤与单色法相同，区别在于过量的二硫腙不用碱性溶液洗去，而是将生成的红色络合物与剩余的蓝色二硫腙一起进行比色测定。因混色法简单，现多采用此法测铅。二硫腙比色法是测铅的经典方法，但操作繁琐，且需要熟练的操作技术，现多采用原子吸收光谱法。

原子吸收光谱法测定铅，不受其它元素的干扰，操作比较简单。因而从实用的目的出发，一般都采用此法，但由于食品中所含的铅是微量的，直接用原子吸收法测定，其灵敏度不一定满足需求，故一般要采用溶剂提取法加以浓缩，以提高灵敏度进行测定。

极谱法测铅，在没有大量Sn^{2+}离子共存时，其灵敏度和精密度都很好，完全可用，可采用普通极谱法和示波极谱法。

方法检出限：石墨炉原子吸收光谱法为5μg/kg；氢化物原子荧光法固体试样为5μg/kg，液体为1μg/kg；火焰原子能吸收光谱法为0.1mg/kg；比色法为0.25mg/kg；单扫描极谱法为0.085mg/kg。

1. 石墨炉原子吸收光谱法

试样经灰化或酸消解后，注入原子吸收分光光度计石墨炉中，电热原子化后吸收283.3nm共振线，在一定浓度范围，其吸收值与铅含量成正比，与标准系列比较定量。检出限5μg/kg。

（1）试样预处理。在采样和制备过程中，应注意不使试样污染。

粮食、豆类去杂物后，磨碎，过20目筛，储于塑料瓶中，保存备用。

蔬菜、水果、鱼类、肉类及蛋类等水分含量高的鲜样，用食品加工机或匀浆机打成匀浆，储于塑料瓶中，保存备用。

（2）试样消解（可根据实验室条件选用以下任何一种方法消解）。压力消解罐消解法：称取1~2g试样（精确到0.001g，干样、含脂肪高的试样<1g，鲜样<2g或按压力消解罐使用说明书称取试样）于聚四氟乙烯内罐，加硝酸2~4mL浸泡过夜。再加过氧化2~3mL（总量不能超过罐容积的1/3）。盖好内盖，旋紧不锈钢外套，放入恒温干燥箱，120~140℃保

持3~4h，在箱内自然冷却至室温，用滴管将消化液洗入或过滤入（视消化后试样的盐分而定）10~25mL 容量瓶中，用水少量多次洗涤罐，洗液合并于容量瓶中并定容至刻度，混匀备用；同时作试剂空白。

干法灰化：称取1~5g试样（精确到0.001g，根据铅含量而定）于瓷坩埚中，先小火在可调式电热板上炭化至无烟，移入马弗炉（500±25）℃灰化6~8h，冷却。若个别试样灰化不彻底，则加1mL混合酸[硝酸＋高氯酸（9+1）]在可调式电炉上小火加热，反复多次直到消化完全，放冷，用硝酸（0.5mol/L）将灰分溶解，用滴管将试样消化液洗入或过滤入（视消化后试样的盐分而定）10~25mL 容量瓶中，用水少量多次洗涤瓷坩埚，洗液合并于容量瓶中并定容至刻度，混匀备用；同时作试剂空白。

过硫酸铵灰化法：称取1~5g试样（精确到0.001g）于瓷坩埚中，加2~4mL硝酸浸泡1h以上，先小火炭化，冷却后加2.00~3.00g过硫酸铵盖于上面，继续炭化至不冒烟，转入马弗炉，（500±25）℃恒温2h，再升至800℃，保持20min，冷却，加2~3mL硝酸（1mol/L），用滴管将试样消化液洗入或过滤入（视消化后试样的盐分而定）10~25mL 容量瓶中，用水少量多次洗涤瓷坩埚，洗液合并于容量瓶中并定容至刻度，混匀备用；同时作试剂空白。

湿式消解法：称取试样1~5g（精确到0.001g）于锥形瓶或高脚烧杯中，放数粒玻璃珠，加10mL混合酸[硝酸＋高氯酸（9+1）]，加盖浸泡过夜，加一小漏斗于电炉上消解，若变棕黑色，再加混合酸，直至冒白烟，消化液呈无色透明或略带黄色，放冷，用滴管将试样消化液洗入或过滤入（视消化后试样的盐分而定）10~25mL 容量瓶中，用水少量多次洗涤锥形瓶或高脚烧杯，洗液合并于容量瓶中并定容至刻度，混匀备用；同时作试剂空白。

（3）测定。仪器条件：根据各自仪器性能调至最佳状态。参考条件为波长283.3nm，狭缝0.2~1.0nm，灯电流5~7mA，干燥温度120℃，20s；灰化温度450℃，持续15~20s，原子化温度：1700~2300℃，持续4~5s，背景校正为氘灯或塞曼效应。

标准曲线绘制：吸取上面配制的铅标准使用液10.0ng/mL（或μg/L），20.0ng/mL（或μg/L），40.0ng/mL（或μg/L），60.0ng/mL（或μg/L），80.0ng/mL（或μg/L）各10μL，注入石墨炉，测得其吸光值并求得吸光值与浓度关系的一元线性回归方程。

试样测定：分别吸取样液和试剂空白液各10μL，注入石墨炉，测得其吸光值，代入标准系列的一元线性回归方程中求得样液中铅含量。

基体改进剂的使用：对有干扰试样，则注入适量的基体改进剂磷酸二氢铵溶液（20g/L）（一般为5μL或与试样同量）消除干扰。绘制铅标准曲线时也要加入与试样测定时等量的基体改进剂磷酸二氢铵溶液。试样中铅含量按式（6-4-1）进行计算。

$$X = \frac{(c_1 - c_0) \times V \times 1000 \times 1000}{m \times 1000} \qquad (6-4-1)$$

式中　X——试样中铅的含量，mg/kg 或 mg/L；

　　　c_1——测定样液中铅的含量，ng/mL；

　　　c_0——空白液中铅的含量，ng/mL；

　　　V——试样消化液定量总体积，mL；

　　　m——试样质量或体积，g 或 mL。

以重复性条件下获得的两次独立测定结果的算术平均值表示，计算结果保留两位有效数字。重复性条件下获得的两次独立测定结果的绝对差值不得超过算术平均值的20%。

2. 氢化物原子荧光光谱法

试样经酸热消化后，在酸性介质中，试样中的铅与硼氢化钠（$NaBH_4$）或硼氢化钾（KBH_4）反应生成挥发性铅的氢化物（PbH_4）。以氩气为载气，将氢化物导入电热石英原子化器中原子化，在特制铅空心阴极灯照射下，基态铅原子被激发至高能态；在去活化回到基态时，发射出特征波长的荧光，其荧光强度与铅含量成正比根据标准系列进行定量。检出限：固体样 $5\mu g/kg$，液体样 $1\mu g/kg$。

（1）试样消化。湿消解：称取固体试样 $0.2\sim 2g$ 或液体试样 $2.00g$（或 mL）$\sim 10.00g$（或 mL）（均精确到 $0.001g$），置于 $50\sim 100mL$ 消化容器中（锥形瓶），然后加入硝酸＋高氯酸混合酸［硝酸＋高氯酸（$9+1$）］$5\sim 10mL$ 摇匀浸泡，放置过夜。次日置于电热板上加热消解，至消化液呈淡黄色或无色（如消解过程色泽较深，稍冷补加少量硝酸，继续消解），稍冷加入 $20mL$ 水再继续加热赶酸，至消解液 $0.5\sim 1.0mL$ 止，冷却后用少量水转入 $25mL$ 容量瓶中，并加入盐酸（$1+1$）$0.5mL$，草酸溶液（$10g/L$）$0.5mL$，摇匀，再加入铁氰化钾溶液（$100g/L$）$1.00mL$，用水准确稀释定容至 $25mL$，摇匀，放置 $30min$ 后测定。同时做试剂空白。

（2）标准系列制备。在 $25mL$ 容量瓶中，依次准确加入铅标准应用液（$1\mu g/mL$）$0.00mL$、$0.125mL$、$0.25mL$、$0.50mL$、$0.75mL$、$1.00mL$、$1.25mL$（各相当于铅浓度 $0.0ng/mL$、$5.0ng/mL$、$10.0ng/mL$、$20.0ng/mL$、$30.0ng/mL$、$40.0ng/mL$、$50.0ng/mL$），用少量水稀释后，加入 $0.5mL$ 盐酸（$1+1$）和 $0.5mL$ 草酸溶液（$10g/L$）摇匀，再加入铁氰化钾溶液（$100g/L$）$1.0mL$，用水稀释至该度，摇匀。放置 $30min$ 后待测。

（3）测定。仪器参考条件：负高压 $323V$；铅空心阴极灯灯电流 $75mA$；原子化器炉温 $750\sim 800℃$，炉高 $8mm$；氩气流速：载气 $800mL/min$；屏蔽气 $1000mL/min$；加还原剂时间 $7.0s$；读数时间 $15.0s$；延迟时间 $0.0s$；测量方式标准曲线法；读数方式峰面积；进样体积 $2.0mL$。

测量方式：设定好仪器的最佳条件，逐步将炉温升至所需温度，稳定 $10\sim 20min$ 后开始测量：连续用标准系列的零管进样，待读数稳定之后，转入标准系列的测量，绘制标准曲线，转入试样测量，分别测定试样空白和试样消化液，试样测定结果按式（$6-4-1$）计算。

3. 火焰原子吸收光谱法

试样经处理后，铅离子在一定 pH 条件下与二乙基二硫代氨基甲酸纳（DDTC）形成络合物，经 $4-$ 甲基 $-2-$ 戊酮萃取分离，导入原子吸收光谱仪中，火焰原子化后，吸收 $283.3nm$ 共振线，其吸收量与铅含量成正比，与标准系列比较定量。检出限量 $0.1mg/kg$。

（1）试样处理。饮品及酒类：取均匀试样 $10\sim 20g$（精确到 $0.01g$）于烧杯中（酒类应先在水浴上蒸去酒精），于电热板上先蒸发至一定体积后，加入混合酸［硝酸＋高氯酸（$9+1$）］消化完全后，转移、定容于 $50mL$ 容量瓶中。

包装材料浸泡液可直接吸取测定。

谷类：去除其中杂物及尘土，必要时除去外壳，碾碎，过 30 目筛，混匀。称取 $5\sim 10g$ 试样（精确到 $0.01g$），置于 $50mL$ 瓷坩埚中，小火炭化，然后移入马弗炉中，$500℃$ 以下灰化 $16h$ 后，取出坩埚，放冷后再加少量混合酸［硝酸＋高氯酸（$9+1$）］，小火加热，不使干涸，必要时再加少许混合酸，如此反复处理，直至残渣中无炭粒，待坩埚稍冷，加 $10mL$ 盐酸（$1+11$），溶解残渣并移入 $50mL$ 容量瓶中，再用水反复洗涤坩埚，洗液并入容量瓶中，并稀释至刻度，混匀备用。取与试样相同量的混合酸和盐酸(1+11),按同一操作方法作试剂空白试验。

蔬菜、瓜果及豆类:取可食部分洗净晾干,充分切碎混匀。称取 10~20g(精确到 0.01g)于瓷坩埚中,加 1mL 磷酸溶液(1+10),小火炭化,以下同谷类样品处理方法操作。

禽、蛋、水产及乳制品:取可食部分充分混匀。称取 5~10g(精确到 0.01g)于瓷坩埚中,小火炭化,以下同谷类样品处理方法操作。

乳类经混匀后,量取 50.0mL,置于瓷坩埚中,加磷酸(1+10),在水浴上蒸干,再加小火炭化,以下同谷类样品处理方法操作。

(2)萃取分离。视试样情况,吸取 25.0~50.0mL 上述制备的样液及试剂空白液,分别置于 125mL 分液漏斗中,补加水至 60mL。加 2mL 柠檬酸铵溶液(250g/L),溴百里酚蓝水溶液(1g/L)3~5 滴,用氨水(1+1)调 pH 至溶液由黄变蓝,加硫酸铵溶液(300g/L)10.0mL,DDTC 溶液(50g/L)10mL,摇匀。放置 5min 左右,加入 10.0mL4-甲基-2-戊酮(MIBK),剧烈振摇提取 1min,静置分层后,弃去水层,将 MIBK 层放入 10mL 带塞刻度管中,备用。分别吸取铅标准使用液 0.00mL、0.25mL、0.50mL、1.00mL、1.50mL、2.00mL(相当 0.0μg、2.5μg、5.0μg、10.0μg、15.0μg、20.0μg 铅)于 125mL 分液漏斗中,与试样相同方法萃取。

(3)测定。饮品、酒类及包装材料浸泡液可经萃取直接进样测定。

萃取液进样,可适当减小乙炔气的流量。

仪器参考条件:空心阴极灯电流 8mA;共振线 283.3nm;狭缝 0.4nm;空气流量 8L/min;燃烧器高度 6mm。

试样中铅含量按式(6-4-2)进行计算。

$$X = \frac{(c_1 - c_0) \times V_1 \times 1000}{m \times \frac{V_3}{V_2} \times 1000}$$ (6-4-2)

式中 X——试样中铅的含量,mg/kg 或 mg/L;

c_1——测定用试样中铅的含量,μg/mL;

c_0——试剂空白液中铅的含量,μg/mL;

m——试样质量或体积,g 或 mL;

V_1——试样萃取液定量总体积,mL;

V_2——试样处理液定量总体积,mL;

V_3——测定用试样处理液的总体积,mL。

以重复性条件下获得的两次独立测定结果的算术平均值表示,结果保留两位有效数字。在重复性条件下获得的两次独立测定结果的绝对差值不得超过算术平均值的 20%。

4. 双硫腙比色法

试样经消化后,在 pH8.5~9.0 时,铅离子与二硫腙生成红色络合物,溶于三氯甲烷。加入柠檬酸铵、氰化钾和盐酸羟胺等,防止铁、铜、锌等离子干扰,与标准系列比较定量。检出限量 0.25mg/kg。

(1)试样消化:硝酸-硫酸法

粮食、粉丝、粉条、豆干制品、糕点、茶叶等及其它含水分少的固体食品:称取 5g 或 10g 的粉碎样品(精确到 0.01g),置于 250~500mL 定氮瓶中,先加水少许使湿润,加数粒玻璃珠、10~15mL 硝酸,放置片刻,小火缓缓加热,待作用缓和,放冷。沿瓶壁加入 5mL

或 10mL 硫酸，再加热，至瓶中液体开始变成棕色时，不断沿瓶壁滴加硝酸至有机质分解完全。加大火力，至产生白烟，待瓶口白烟冒净后，瓶内液体再产生白烟为消化完全，该溶液应澄清无色或微带黄色，放冷（在操作过程中应注意防止爆沸或爆炸）。加 20mL 水煮沸，除去残余的硝酸至产生白烟为止，如此处理两次，放冷。将冷后的溶液移入 50mL 或 100mL 容量瓶中，用水洗涤定氮瓶，洗液并入容量瓶中，放冷，加水至刻度，混匀。定容后的溶液每 10mL 相当于 1g 样品，相当加入硫酸量 1mL。取与消化试样相同量的硝酸和硫酸，按同一方法做试剂空白试验。

蔬菜、水果：称取 25.00g 或 50.00g 洗净打成匀浆的试样（精确到 0.01g），置于 250～500mL 定氮瓶中，加数粒玻璃珠、10～15mL 硝酸，以下操作同粮食类样品的处理。但定容后的溶液每 10mL 相当于 5g 样品，相当加入硫酸 1mL。

酱、酱油、醋、冷饮、豆腐、腐乳、酱腌菜等：称取 10g 或 20g 试样（精确到 0.01g）或吸取 10.0mL 或 20.0mL 液体样品，置于 250～500mL 定氮瓶中，加数粒玻璃珠、5～15mL 硝酸。以下操作同粮食类样品的处理。但定容后的溶液每 10mL 相当于 2g 或 2mL 试样。

含酒精性饮料或含二氧化碳饮料：吸取 10.00mL 或 20.00mL 试样，置于 250～500mL 定氮瓶中，加数粒玻璃珠，先用小火加热除去乙醇或二氧化碳，再加 5～10mL 硝酸，混匀后，以下操作同粮食类样品的处理。但定容后的溶液每 10mL 相当于 2mL 试样。

含糖量高的食品：称取 5g 或 10g 试样（精确至 0.01g），置于 250～500mL 定氮瓶中，先加少许水使湿润，加数粒玻璃珠、5～10mL 硝酸，摇匀。缓缓加入 5mL 或 10mL 硫酸，待作用缓和停止起泡沫后，先用小火缓缓加热（糖分易炭化），不断沿瓶壁补加硝酸，待泡沫全部消失后，再加大火力，至有机质分解完全，发生白烟，溶液应澄清无色或微带黄色，放冷。以下操作同粮食类样品的处理。

水产品：取可食部分样品捣成匀浆，称取 5g 或 10g 试样（精确至 0.01g，海产藻类、贝类可适当减少取样量），置于 250～500mL 定氮瓶中，加数粒玻璃珠，5～10mL 硝酸，混匀后，以下操作同粮食类样品的处理。

灰化法：

粮食及其它含水分少的食品：称取 5g 试样（精确至 0.01g），置于石英或瓷坩锅中，加热至炭化，然后移入马弗炉中，500℃灰化 3h，放冷，取出坩锅，加硝酸（1＋1），润湿灰分，用小火蒸干，在 500℃烧 1h，放冷。取出坩锅。加 1mL 硝酸（1＋1），加热，使灰分溶解，移入 50mL 容量瓶中，用水洗涤坩锅，洗液并入容量瓶中，加水至刻度，混匀备用。

含水分多的食品或液体试样：称取 5.0g 或吸取 5.00mL 试样，置于蒸发皿中，先在水浴上蒸干，以下同上法操作。

（2）测定：

吸取 10.0mL 消化后的定容溶液和同量的试剂空白液，分别过于 125mL 分液漏斗中，各加水至 20mL。吸取 0mL，0.10mL，0.20mL，0.30mL，0.40mL，0.50mL 铅标准使用液（相当 0.0μg，1.0μg，2.0μg，3.0μg，4.0μg，5.0μg 铅），分别置于 125mL 分液漏斗中，各加硝酸（1＋99）至 20mL。于试样消化液、试剂空白液和铅标准液中各加 2.0mL 柠檬酸铵溶液（200g/L），1.0mL 盐酸羟胺溶液（200g/L）和 2 滴酚红指示液，用氨水（1＋1）调至红色，再各加 2.0mL 氰化钾溶液（100g/L），混匀。各加 5.0mL 二硫腙使用液，剧烈振摇 1min，静置分层后，三氯甲烷层经脱脂棉滤入 1cm 比色杯中，以三氯甲烷调节零点于波长 510nm 处测吸光度，各点减去零管吸收值后，绘制标准曲线或计算一元回归方程，试样与曲线比较。

试样中的铅含量按式（6－4－3）计算。

$$X = \frac{(m_1 - m_2) \times 1000}{m_3 \times \frac{V_2}{V_1} \times 1000}$$ (6－4－3)

式中　X——试样中铅的含量，mg/kg 或 mg/L；

　　　m_1——测定用试样中铅的质量，μg；

　　　m_2——试剂空白液中铅的质量，μg；

　　　m_3——试样的质量或体积，g 或 mL；

　　　V_1——试样处理液的总体积，mL；

　　　V_2——测定用试样处理液的总体积，mL。

以重复性条件下获得的两次独立测定结果的算术平均值表示，结果保留两位有效数字。在重复性条件下获得的两次独立测定结果的绝对差值不得超过算术平均值的 10%。

5. 单扫描极谱法

试样经消解后，铅以离子形式存在。在酸性介质中，Pb^{2+} 与 I^- 形成的 PbI_4^{2-} 络离子具有电活性，在滴汞电极上产生还原电流。峰电流与铅含量呈线性关系，以标准系列比较定量。检出限量为 0.085mg/kg。

（1）极谱分析参考条件：

单扫描极谱法（SSP 法）。选择起始电位为 －350mV，终止电位 －850mV，扫描速度 300mV/S，三电极，二次导数，静止时间 5s 及适当量程。与峰电位（Ep）－470mV 处，记录铅的峰电流。

（2）标准曲线绘制：

准确吸取铅标准使用溶液 0mL、0.05mL、0.10mL、0.20mL、0.30mL、0.40mL（相当于含 0μg、0.5μg、1.0μg、2.0μg、3.0μg、4.0μg 铅）于 10mL 比色管中，加底液至 10.0mL，混匀。将各管溶液依次移入电解池，置于三电极系统。按上述极谱分析参考条件测定，分别记录铅的峰电流。以含量为横坐标，其对应的峰电流为纵坐标，绘制标准曲线。

（3）试样处理：

粮食、豆类等水分含量低的试样，去杂物后磨碎过 20 目筛；蔬菜、水果、鱼类、肉类等水分含量高的新鲜试样，用均浆机均浆，储于塑料瓶。

试样处理（除食盐、白糖外，如粮食、豆类、糕点、茶叶、肉类等）：称取 1~2g 试样（精确至 0.1g）于 50mL 三角瓶中，加入 10~20mL 混合酸，加盖浸泡过夜。置带电子调节器万用电炉上的低档位加热。若消解液颜色逐渐加深，呈现棕黑色时，移开万用电炉，冷却，补加适量硝酸，继续加热消解。待溶液颜色不再加深，呈无色透明或略带黄色，并冒白烟，可高档位驱赶剩余酸液，至近干，在低档位加热得白色残渣，待测。同时作一试剂空白。

食盐、白糖：称取试样 2.0g 于烧杯中，待测。

液体试样称取 2g 试样（精确至 0.1g）于 50mL 三角瓶中（含乙醇、二氧化碳的试样应置于 80℃水浴上）。加入 1~10mL 混合酸，于带电子调节器万用电炉上的低档位加热，以下步骤同上。

（4）试样测定：

于上述待测试样及试剂空白瓶中加入 10.0mL 底液中，溶解残渣并移入电解池。以下参照标准曲线绘制项的操作，极谱图参见图 6 - 4 - 1。

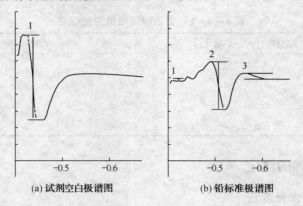

(a) 试剂空白极谱图　　　　(b) 铅标准极谱图

图 6 - 4 - 1　试剂空白、铅标准极谱图

分别记录试样及试剂空白的峰电流，用标准曲线法计算试样中铅含量。试样中铅含量按式（6 - 4 - 4）进行计算。

$$X = \frac{(A - A_0) \times 1000}{m \times 1000} \qquad (6 - 4 - 4)$$

式中　X——试样中铅的含量，mg/kg 或 mg/L；

A——由标准曲线上查得测定样液中铅的质量，μg；

A_0——由标准曲线上查得试剂空白液中铅的质量，μg；

m——试样质量或体积，g 或 mL。

以重复性条件下获得的两次独立测定结果的算术平均值表示，结果保留两位有效数字。在重复性条件下获得的两次独立测定结果的绝对差值不得超过算术平均值的 5.0%。

第五节　食品中砷的测定

砷是金属光泽的暗灰色固体，单质砷不溶于水，砷的氧化物 As_2O_3 和氢化物 AsH_3（气体）是剧毒。食品中砷的主要来源：含砷农药，食品加工中的原料和添加剂，水生生物的富集。

一、测定意义

砷属于类金属，砷及其化合物是常见的环境和食品的主要污染物之一，砷化合物在金属毒物中占有重要的地位。砷广泛分布于自然环境中，几乎所有的土壤中都含有砷。而且砷及其化合物在工农业生产中也广泛应用，所造成的环境污染是食品中砷的重要来源。砷是人体的必需微量元素之一。

二、砷污染的来源

工业"三废"的污染。农业上广泛使用砷化合物，特别是含砷农药的使用，使农作物含砷量增大。如田间除草剂亚砷酸钠等，施用于烟草的砷酸铅。有机砷可用于畜禽驱虫和疾病防治，也用于促进家畜生长发育的饲料添加剂（如对氨基苯砷酸等），其体内的残留量都可能威胁食用者的安全。表 6 - 5 - 1 列出部分食品中砷的限量指标。

表 6 - 5 - 1　食品中砷限量卫生标准

品　　种	指标（以总砷计）/（mg/kg）	品　　种	指标（以总砷计）/（mg/kg）
粮食≤	0.7	淡水鱼≤	0.5
蔬菜≤	0.5	蛋类≤	0.5
水果≤	0.5	鲜奶≤	0.2
肉类≤	0.5	酒类≤	0.5

三、食品中总砷的测定

1. 氢化物原子荧光光度法

食品试样经湿消解或干灰化后，加入硫脲使五价砷预还原为三价砷，再加入硼氢化钠或硼氢化钾使还原生成砷化氢，由氩气载入石英原子化器中分解为原子态砷，在特制砷空心阴极灯的发射光激发下产生原子荧光，其荧光强度在固定条件下与被测液中的砷浓度成正比，与标准系列比较定量。检出限 0.01mg/kg。线性范围为 0 ~ 200ng/mL。

（1）试样消解。湿消解：固体试样称样 1 ~ 2.5g，液体试样称样 5 ~ 10g（或 mL）（精确至小数点后第二位），置入 50 ~ 100mL 锥形瓶中，同时做两份试剂空白。加硝酸 20 ~ 40mL，硫酸 1.25mL，摇匀后放置过夜，置于电热板上加热消解。若消解液处至 10mL 左右时仍有未分解物质或色泽变深，取下放冷，补加硝酸 5 ~ 10mL，再消解至 10mL 左右观察，如此反复两三次，注意避免炭化。如仍不能消解完全，则加入高氯酸 1 ~ 2mL，继续加热至消解完全后，再持续蒸发至高氯酸的白烟散尽，硫酸的白烟开始冒出。冷却，加水 25mL，再蒸发至冒硫酸白烟。冷却，用水将内容物转入 25mL 容量瓶或比色管中，加入 50g/L 硫脲 2.5mL，补水至刻度并混匀，备测。

干灰化：一般应用于固体试样。称取 1 ~ 2.5g（精确至小数点后第二位）于 50 ~ 100mL 坩埚中，同时做两份试剂空白。加 150g/L 硝酸镁 10mL 混匀，低热蒸干，将氧化镁 1g 仔细覆盖在干渣上，于电炉上炭化至无黑烟，移入 550℃ 高温炉灰化 4h。取出放冷，小心加入（1+1）盐酸 10mL 以中和氧化镁并溶解灰分，转入 25mL 容量瓶或比色管中，向容量瓶或比色管中加入 50g/L 硫脲 2.5mL，另用硫酸（1+9）分次涮洗坩埚后转出合并，直至 25mL 刻度，混匀备测。

（2）标准系列制备。取 25mL 容量瓶或比色管 6 支，依次准确加入 1μg/mL 砷使用标准液 0、0.05mL、0.2mL、0.5mL、2.0mL、5.0mL（各相当于砷浓度 0、2.0ng/mL、8.0ng/mL、20.0ng/mL、80.0ng/mL、200.0ng/mL）各加硫酸（1+9）12.5mL，50g/L 硫脲 2.5mL，补加水至刻度，混匀备测。

（3）测定。仪器参考条件：光电倍增管电压 400V；砷空心阴极灯电流 35mA；原子化器温度 820 ~ 850℃；高度 7mm；氩气流速载气 600mL/min；测量方式荧光强度或浓度直读，读数方式峰面积；读数延迟时间 1s；读数时间 15s；硼氢化钠溶液加入时间 5s；标液或样液加入体积 2mL。

浓度方式测量：如直接测荧光强度，则在开机并设定好仪器条件后，预热稳定约

166

20min。进入空白值测量状态，连续用标准系列的"0"管进样，待读数稳定后，按空档键记录下空白值（即让仪器自动扣底）即可开始测量。先依次测标准系列（可不再测"0"管）。标准系列测完后应仔细清洗进样器（或更换一支），并再用"0"管测试使读数基本回零后，才能测试剂空白和试样，每测不同的试样前都应清洗进样器，记录（或打印）下测量数据。

仪器自动方式：利用仪器提供的软件功能可进行浓度直读测定，为此在开机、设定条件和预热后，还需输入必要的参数，即试样量（g 或 mL）；稀释体积（mL）；进样体积（mL）；结果的浓度单位；标准系列各点的重复测量次数；标准系列的点数（不计零点），及各点的浓度值。首先进入空白值测量状态，连续用标准系列的，"0"管进样以获得稳定的空白值并执行自动扣底后，再依次测标准系列（此时"0"管需再测一次）在测样液前，需再进入空白值测量状态，先用标准系列"0"管测试使读数复原并稳定后，再用两个试剂空白各进一次样，让仪器取其均值作为扣底的空白值，随后即可依次测试样。测定完毕后退回主菜单，选择"打印报告"即可将测定结果打出。

如果采用荧光强度测量方式，则需先对标准系列的结果进行回归运算（由于测量时"0"管强制为0，故零点值应该输入以占据一个点位），然后根据回归方程求出试剂空白液和试样被测液的砷浓度，再按式（6-5-1）计算试样的砷含量。

$$X = \frac{c_1 - c_0}{m} \times \frac{25}{1000} \qquad (6-5-1)$$

式中　X——试样的砷含量，mg/kg 或 mg/L；

　　　c_1——试样被测液的浓度，ng/mL；

　　　c_0——试样空白液的浓度，ng/mL；

　　　m——试样的质量或体积，g/mL。

计算结果保留两位有效数字。湿消解法在重复性条件下获得的两次独立测定结果的绝对差值不得超过算术平均值的10%。干灰化法在重复性条件下获得的两次独立测定结果的绝对差值不得超过算术平均值的15%。湿消解法测定的回收率为90%～105%；干灰化法测定的回收率为85%～100%。

2. 银盐法

试样经消化后，以碘化钾、氯化亚锡将高价砷还原为三价砷，然后与锌粒和酸产生的新生态氢生成砷化氢，经银盐溶液吸收后，形成红色胶态物，与标准系列比较定量。检出限0.2mg/kg。测砷装置如图6-5-1所示。

（1）试样处理：

硝酸-高氯酸-硫酸法：

粮食、粉丝、粉条、豆干制品、糕点、茶叶等及其它含水分少的固体食品：称取5.00g或10.00g的粉碎试样，置于250～500mL定氮瓶中，先加水少许使湿润，加数粒玻璃珠、10～15mL硝酸-高氯酸混合液，放置片刻，小火缓缓加热，待作用缓和，放冷。沿瓶壁加入5mL或10mL硫酸，再加热，至瓶中液体开始变成棕色时，不断沿瓶壁滴加硝酸-高氯酸混合液至有机质分解完全。加大火力，至产生白烟，待瓶口白烟冒净后，瓶内液体再产生白烟为消化完全，该溶液应澄明无色或微带黄色，放冷。（在操作过程中应注意防止爆沸或爆炸）加20mL水煮沸，除去残余的硝酸至产生白烟为止，如此处理两次，放冷。将冷后的溶液移入50mL或100mL容量瓶中，用水洗涤定氮瓶，洗液并入容量瓶中，放冷，加水至刻

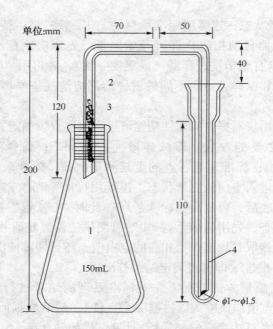

图 6-5-1　银盐法测砷装置图

1—150mL 锥形瓶；2—导气管；3—乙酸铅棉花；4—10mL 刻度离心管

度，混匀。定容后的溶液每 10mL 相当于 1g 试样，相当加入硫酸量 1mL。取与消化试样相同量的硝酸－高氯酸混合液和硫酸，按同一方法做试剂空白试验。

蔬菜、水果：称取 25.00g 或 50.00g 洗净打成匀浆的试样，置于 250～500mL 定氮瓶中，加数粒玻璃珠、10～15mL 硝酸－高氯酸混合液，以下步骤同上，但定容后的溶液每 10mL 相当于 5g 试样，相当加入硫酸 1mL。

酱、酱油、醋、冷饮、豆腐、腐乳、酱腌菜等：称取 10.00g 或 20.00g 试样（或吸取 10.0mL 或 20.0mL 液体试样），置于 250～500mL 定氮瓶中，加数粒玻璃珠、5～15mL 硝酸－高氯酸混合液。以下步骤同上，但定容后的溶液每 10mL 相当于 2g 或 2mL 试样。

含酒精性饮料或含二氧化碳饮料：吸取 10.00mL 或 20.00mL 试样，置于 250～500mL 定氮瓶中，加数粒玻璃珠，先用小火加热除去乙醇或二氧化碳，再加 5～10mL 硝酸－高氯酸混合液，混匀后，以下步骤同上，但定容后的溶液每 10mL 相当于 2mL 试样。

含糖量高的食品：称取 5.00g 或 10.0g 试样，置于 250～500mL 定氮瓶中，先加少许水使湿润，加数粒玻璃珠、5～10mL 硝酸－高氯酸混合后，摇匀。缓缓加入 5mL 或 10mL 硫酸，待作用缓和停止起泡沫后，先用小火缓缓加热（糖分易炭化），不断沿瓶壁补加硝酸－高氯酸混合液，待泡沫全部消失后，再加大火力，至有机质分解完全，发生白烟，溶液应澄明无色或微带黄色，放冷。以下步骤同上。

水产品：取可食部分试样捣成匀浆，称取 5.00g 或 10.0g（海产藻类、贝类可适当减少取样量），置于 250～500mL 定氮瓶中，加数粒玻璃珠，5～10mL 硝酸－高氯酸混合液，混匀后，以下步骤同上。

硝酸－硫酸法，以硝酸代替硝酸－高氯酸混合液进行操作。

灰化法：

粮食、茶叶及其它含水分少的食品：称取 5.00g 磨碎试样，置于坩埚中，加 1g 氧化镁及 10mL 硝酸镁溶液，混匀，浸泡 4h。于低温或置水浴锅上蒸干，用小火炭化至无烟后移入马弗炉中加热至 550℃，灼烧 3~4h，冷却后取出。加 5mL 水湿润后，用细玻棒搅拌，再用少量水洗下玻棒上附着的灰分至坩埚内。放水浴上蒸干后移入马弗炉 550℃灰化 2h，冷却后取出。加 5mL 水湿润灰分，再慢慢加入 10mL 盐酸（1+1），然后将溶液移入 50mL 容量瓶中，坩埚用盐酸（1+1）洗涤 3 次，每次 5mL，再用水洗涤 3 次，每次 5mL，洗液均并入容量瓶中，再加水至刻度，混匀。定容后的溶液每 10mL 相当于 1g 试样，其加入盐酸量不少于（中和需要量除外）1.5mL。全量供银盐法测定时，不必再加盐酸。按同一操作方法做试剂空白试验。

植物油：称取 5.00g 试样，置于 50mL 瓷坩埚中，加 10g 硝酸镁，再在上面覆盖 2g 氧化镁，将坩埚置小火上加热，至刚冒烟，立即将坩埚取下，以防内容物溢出，待烟小后，再加热至炭化完全。将坩埚移至马弗炉中，550℃以下灼烧至灰化完全，冷后取出。加 5mL 水湿润灰分，再缓缓加入 15mL 盐酸（1+1），然后将溶液移入 50mL 容量瓶中，坩埚用盐酸（1+1）洗涤 5 次，每次 5mL，洗液均并入容量瓶中，加盐酸（1+1）至刻度，混匀。定容后的溶液每 10mL 相当于 1g 试样，相当于加入盐酸量（中和需要量除外）1.5mL。按同一操作方法做试剂空白试验。

水产品：取可食部分试样捣成匀浆，称取 5.00g，置于坩埚中，加 1g 氧化镁及 10mL 硝酸镁溶液，混匀，浸泡 4h。以下步骤同上。

（2）分析步骤：

吸取一定量的消化后的定容溶液（相当于 5g 试样）及同量的试剂空白液，分别置于 150mL 锥形瓶中，补加硫酸至总量为 5mL，加水至 50~55mL。

标准曲线的绘制。吸取 0、2.0mL、4.0mL、6.0mL、8.0mL、10.0mL 砷标准使用液（相当 0、2.0μg、4.0μg、6.0μg、8.0μg、10.0μg），分别置于 150mL 锥形瓶中，加水至 40mL，再加 10mL 硫酸（1+1）。

用湿法消化液：

于试样消化液、试剂空白液及砷标准溶液中各加 3mL 碘化钾溶液（150g/L）、0.5mL 酸性氯化亚锡溶液，混匀，静置 15min。各加入 3g 锌粒，立即分别塞上装有乙酸铅棉花的导气管，并使管尖端插入盛有 4mL 银盐溶液的离心管中的液面下，在常温下反应 45min 后，取下离心管，加三氯甲烷补足 4mL。用 1cm 比色杯，以零管调节零点，于波长 520nm 处测吸光度，绘制标准曲线。

用灰化法消化液：

取灰化法消化液及试剂空白液分别置于 150mL 锥形瓶中。吸取 0、2.0mL、4.0mL、6.0mL、8.0mL、10.0mL 砷标准使用液（相当 0、2.0μg、4.0μg、6.0μg、8.0μg、10.0μg 砷），分别置于 150mL 锥形瓶中，加水至 43.5mL，再加 6.5mL 盐酸。以下同上。

试样中砷的含量按式（6-5-2）进行计算。

$$X = \frac{(A_1 - A_2) \times 1000}{m \times \frac{V_2}{V_1} \times 1000}$$ （6-5-2）

式中 X——试样中砷的含量，mg/kg 或 mg/L；

A_1——测定用试样消化液中砷的质量，μg；

A_2——试剂空白液中砷的质量，μg；

m——试样质量或体积，g 或 mL；

V_1——试样消化液的总体积，mL；

V_2——测定用试样消化液的总体积，mL。

计算结果保留两位有效数字。在重复性条件下获得的两次独立测定结果的绝对差值不得超过算术平均值的 10%。

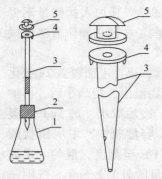

图 6 – 5 – 2　砷斑法测砷装置
1—锥形瓶；2—橡皮塞；3—测砷
管；4—管口；5—玻璃帽

3. 砷斑法

试样经消化后，以碘化钾、氯化亚锡将高价砷还原为三价砷，然后与锌粒和酸产生的新生态氢生成砷化氢，再与溴化汞试纸生成黄色至橙色的色斑，与标准砷斑比较定量。检出限 0.25mg/kg。装置如图 6 – 5 – 2 所示。

试样消化的同银盐法。吸取一定量试样消化后定容的溶液（相当于 2g 粮食，4g 蔬菜、水果，4mL 冷饮，5g 植物油，其它试样参照此量）及同量的试剂空白液分别置于测砷瓶中，加 5mL 碘化钾溶液（150g/L），5 滴酸性氯化亚锡溶液及 5mL 盐酸（试样如用硝酸 – 高氯酸 – 硫酸或硝酸 – 硫酸消化液，则要减去试样中硫酸毫升数；如用灰化法消化液，则要减去试样中盐酸毫升数），再加适量水至 35mL（植物油不再加水）。吸取 0、0.5mL、1.0mL、2.0mL 砷标准使用液（相当 0、0.5μg、1.0μg、2.0μg 砷），分别置于测砷瓶中，各 5mL 碘化钾溶液（150g/L）、5 滴酸性氯化亚锡溶液及 5mL 盐酸，各加水至 35mL（测定植物油时加水至 60mL）。于盛试样消化液、试剂空白液及砷标准溶液的测砷瓶中各加 3g 锌粒，立即塞上预先装有乙酸铅棉花及溴化汞试纸的测砷管，于 25℃ 放置 1h，取出试样及试剂空白的溴化汞试纸与标准砷斑比较。

结果计算同砷斑法。在重复性条件下获得的两次独立测定结果的绝对差值不得超过算术平均值的 20%。

4. 硼氢化物还原比色法

试样经消化，其中砷以五价形式存在。当溶液氢离子浓度大于 1.0mol/L 时，加入碘化钾 – 硫脲结合加热，能将五价砷还原为三价砷。在酸性条件下，硼氢化钾（KBH_4）将三价砷还原为负三价，形成砷化氢气体，导入吸收液中呈黄色，黄色深浅与溶液中砷含量成正比。与标准系列比较定量。检出限 0.05mg/kg。

（1）试样处理：

粮食类食品：称取 5.00g 试样于 250mL 三角瓶中，加入 5.0mL 高氯酸、20mL 硝酸、2.5mL 硫酸（1＋1），放置数小时后（或过夜），置电热板上加热，若溶液变为棕色，应补加硝酸使有机物分解完全，取下放冷，加 15mL 水，再加热至冒白烟，取下，以 20mL 水分数次将消化液定量转入 100mL 砷化氢发生瓶中。同时作试剂空白。

对于蔬菜、水果类：称取 10.00 ~ 20.00g 试样于 250mL 三角烧瓶中，加入 3mL 高氯酸、20mL 硝酸、2.5mL 硫酸（1＋1）。对于动物性食品（海产品除外）：称取 5.00 ~ 10.00g 试样于 250mL 三角烧瓶中。对于海产品：称取 0.100 ~ 1.00g 试样于 250mL 三角烧瓶中，加入 2mL 高氯酸、10mL 硝酸、2.5mL 硫酸（1＋1）。对于含乙醇或二氧化碳的饮料：吸取 10.0mL 试样于 250mL 三角烧瓶中，低温加热除去乙醇或二氧化碳后加入 2mL 高氯酸、10mL 硝酸、2.5mL 硫酸（1＋1）。对于酱油类食品：吸取 5.0 ~ 10.0mL 代表性试样于

250mL 三角烧瓶中，加入 5mL 高氯酸、20mL 硝酸、2.5mL 硫酸（1＋1）。以下操作与粮食类食品处理相同。

（2）标准系列的制备：

于 6 支 100mL 砷化氢发生瓶中，依次加入砷标准应用液 0、0.25mL、0.5mL、1.0mL、2.0mL、3.0mL（相当于砷 0、0.25μg、0.5μg、1.0μg、2.0μg、3.0μg），分别加水至 3mL，再加 2.0mL 硫酸（1＋1）。

（3）试样及标准的测定：

于试样及标准砷化氢发生瓶中，分别加入 0.1g 抗坏血酸，2.0mL 碘化钾（500g/L）－硫脲溶液（50g/L），置沸水浴中加热 5min（此时瓶内温度不得超过 80℃），取出放冷，加入甲基红指示剂（2g/L）1 滴，加入约 3.5mL 氢氧化钠溶液（400g/L），以氢氧化钠溶液（100g/L）调至溶液刚呈黄色，加入 1.5mL 柠檬酸（1.0mol/L）－柠檬酸铵溶液（1.0mol/L），加水至 40mL，加入一粒硼氢化钾片剂，立即通过塞有乙酸铅棉花的导管与盛有 4.0mL 吸收液的吸收管相连接，不时摇动砷化氢发生瓶，反应 5min 后再加入一粒硼氢化钾片剂，继续反应 5min。取下吸收管，用 1cm 比色杯，在 400nm 波长，以标准管零管调吸光度为零，测定各管吸光度。将标准系列各管砷含量对吸光度绘制标准曲线或计算回归方程。

试样中砷的含量按式（6－5－3）进行计算。

$$X = \frac{A \times 1000}{m \times 1000} \qquad (6-5-3)$$

式中 X——试样中砷的含量，mg/kg 或 mg/L；

A——测定用消化液从标准曲线查得的质量，μg；

m——试样质量或体积，g 或 mL。

计算结果保留两位有效数字。在重复性条件下获得的两次独立测定结果的绝对差值不得超过算术平均值的 15%。

四、无机砷的测定

1. 氢化物原子荧光光度法

食品中的砷可能以不同的化学形式存在，包括无机砷和有机砷。在 6mol/L 盐酸水浴条件下，无机砷以氯化物形式被提取，实现无机砷和有机砷的分离。在 2mol/L 盐酸条件下测定总无机砷。检出限固体试样为 0.04mg/kg，液体试样为 0.004mg/L。

（1）试样处理：

固体试样：称取经粉碎过 80 目筛的干样 2.50g（称样量依据试样含量酌情增减）于 25mL 具塞刻度试管中，加盐酸（1＋1）溶液 20mL，混匀，或称取鲜样 5.00g（试样应先打成匀浆）于 25mL 具塞刻度试管中，加 5mL 盐酸，并用盐酸（1＋1）溶液稀释至刻度，混匀。置于 60℃ 水浴锅 18h，其间多次振摇，使试样充分浸提。取出冷却，脱脂棉过滤，取 4mL 滤液于 10mL 容量瓶中，加碘化钾－硫脲混合溶液 1mL，正辛醇（消泡剂）8 滴，加水定容。放置 10min 后测试样中无机砷。如浑浊，再次过后测定。同时做试剂空白试验。注：试样浸提冷却后，过滤前用盐酸（1＋1）溶液定容至 25mL。

液体试样：取 4mL 试样于 10mL 容量瓶中，加盐酸（1＋1）溶液 4mL，碘化钾－硫脲混合溶液 1mL，正辛醇 8 滴，定容混匀，测定试样中总无机砷。同时做试剂空白试验。

（2）仪器参考操作条件：

光电倍增管（PMT）负高压340V；砷空心阴极灯电流40mA；原子化器高度9mm；载气流速600mL/min；读数延迟时间2s；读数时间12s；读数方式峰面积；液或试样加入体积0.5mL。

（3）标准系列：

无机砷测定标准系列：分别准确吸取1μg/mL三价砷（As^{3+}）标准使用液0、0.05mL、0.1mL、0.25mL、0.5mL、1.0mL于10mL容量瓶中，分别加盐酸（1+1）溶液4mL，碘化钾－硫脲混合溶液1mL，正辛醇8滴，定容（各相当于含三价砷（As^{3+}）浓度0、5.0ng/mL、10.0ng/mL、25.0ng/mL、50.0ng/mL、100.0ng/mL）。

试样中无机砷含量按式（6-5-4）进行计算。

$$X = \frac{(c_1 - c_2) \cdot F}{m} \times \frac{1000 \times 1000}{1000} \quad (6-5-4)$$

式中 X——试样中无机砷含量，mg/kg或mg/L；

c_1——试样测定液中无机砷浓度，ng/mL；

c_2——试样空白浓度，ng/mL；

m——试样质量或体积，g或mL；

F——固体试样：$F = 10mL \times 25mL/4mL$；液体试样：$F = 10m$。

2. 银盐法

试样在6mol/L盐酸溶液中，经70℃水浴加热后，无机砷以氯化物的形式被提取，经碘化钾、氯化亚锡还原为三价砷，然后与锌粒和酸产生的新生态氢生成砷化氢，经银盐溶液吸收后，形成红色胶态物，与标准系列比较定量。检出限0.1mg/kg，线性范围1.0～10.0ug。

（1）试样处理：

固体干试样：称取1.00～10.00g经研磨或粉碎的试样，置于100mL具塞锥形瓶中，加入20～40mL盐酸溶液（1+1），以浸没试样为宜，置70℃水浴保温1h，取出冷却后，用脱脂棉或单层纱布过滤，用20～30mL水洗涤锥形瓶及滤渣，合并滤液于测砷锥形瓶中，使总体积约为50mL。

蔬菜、水果：称取1.00～10.00g打成匀浆或剁成碎末的试样，置100mL具塞锥形瓶中加入等量的浓盐酸，再加入10～20mL盐酸溶液，以下操作同上。

肉类及水产品：称取1.00～10.00g试样，加入少量盐酸溶液（1+1），在研钵中研磨成糊状，用30mL盐酸溶液（1+1）分次转入100mL具塞锥形瓶中，以下操作同上。

液体食品：吸取10.0mL试样置测砷瓶中，加入30mL水，20mL盐酸溶液（1+1）。

（2）标准系列制备：

吸取0、1.0mL、3.0mL、5.0mL、7.0mL、9.0mL砷标准使用液（相当0、1.0μg、3.0μg、5.0μg、7.0μg、9.0μg砷），分别置于测砷瓶中，加水至40mL，加入8mL盐酸溶液（1+1）。

（3）测定：

试样液及砷标准溶液中各加3mL碘化钾溶液（150g/L），酸性氯化亚锡溶液0.5mL，混匀，静置15min。向试样溶液中加入5～10滴辛醇后，于试样液及砷标准溶液中各加入3g锌粒，立即分别塞上装有乙酸铅棉花的导气管，并使管尖端插入盛有5mL银盐溶液的刻度试管中的液面下，在常温下反应45min后，取下试管，加三氯甲烷补至5mL。用1cm比色杯，以零管调节零点，于波长 520nm 处测吸收光度，绘制标准曲线。

试样中无机砷的含量按式（6-5-5）进行计算。

$$X = \frac{m_1 - m_2}{m_3 \times 1000} \times 1000 \qquad (6-5-5)$$

式中　X——试样中无机砷的含量，mg/kg 或 mg/L；

　　　m_1——测定用试样溶液中砷的质量，μg；

　　　m_2——试剂空白中砷的质量，μg；

　　　m_3——试样质量或体积，g 或 mL。

计算结果保留两位有效数字。在重复性条件下获得的两次独立测定结果的绝对差值不得超过算术平均值的 10%。

五、有机砷的测定

总砷含量减去无机砷含量即为之。

第七章　食品中致癌物的检验

化学致癌物指能引起动物和人类肿瘤、增加其发病率或死亡率的化合物。例：黄曲霉毒素、苯并芘及苯等。现在已知诱发癌症的化学物质已有一千多种。包括天然的和人工合成的，日常所见的有：

(1) 多环性碳氢化合物，如煤焦油、沥青、粗石蜡、杂酚油、蒽油等，这些物质中含有3，4 – 苯并芘，是一种重要的致癌物质，烟草中的含量也不少。

(2) 染料，如偶氮染料、乙苯胺、联苯胺等，均有较强的致癌作用。

(3) 亚硝胺，在自然界存在的数量较少，但通过细菌的作用，在人体内可以合成大量的亚硝胺，是消化系统癌症的重要致癌物质。

(4) 霉菌毒素是某些霉菌的代谢产物，可以致癌，如黄曲霉毒素等。

(5) 其它无机物，如砷、铬、镍等及其化合物，以及石棉均有致癌作用。

虽然在日常生活中和自然界广泛存在着化学致癌物质，但不能说癌症都是化学物质引起的。即使化学致癌物在癌症的发生过程中起了主导作用，它也必须遵循量变到质变的原则。在一定条件下，化学致癌物质长期反复作用之后，达到了一定的量，才能够发生质的变化而诱发癌症。

食品中致癌物质的含量虽少，但对人类的健康和生存危害甚大，因此必须进行监测。

第一节　食品中黄曲霉毒素的检测

霉菌是菌丝体比较发达又缺乏较大子实体的一部分真菌的俗称。霉菌在自然界分布广泛，不需要较高的营养条件，在各种食品中极易繁殖。一般情况下需要氧气，适宜繁殖温度为 25 ~ 30℃。多数霉菌对人有益。也有一些霉菌对人有害无益。个别菌种或菌株能产生对人体有害的霉菌毒素。

霉菌是一些丝状真菌的通称，在自然界分布很广，几乎无处不有，主要在不通风、阴暗、潮湿和温度较高的环境中生长。霉菌很容易生长在各种食品上并产生危害性很强的霉菌毒素。目前已知的霉菌毒素约有 200 余种，与食品关系较为密切的有黄曲霉毒素、赭曲霉毒素、杂色曲霉毒素等。已知有 5 种毒素可引起动物癌症，它们是黄曲霉毒素（B、G、M）、黄天精、环氯素、杂色曲霉素和展青霉素。

霉菌污染食品可使食品的食用价值降低，甚至使之完全不能食用，造成巨大的经济损失。据统计全世界每年平均有 2% 的谷物由于霉变不能食用。霉菌毒素中毒大多是由被霉菌污染的粮食、油料作物以及发酵食品等引起的。

霉菌毒素多数有较强的耐热性，一般的烹调加热方法不能使其破坏。当人体摄入的霉菌毒素量达到一定程度后，可引起中毒。霉菌中毒往往表现为明显的地方性和季节性，临床表现较为复杂，有急性中毒、慢性中毒以及致癌、致畸和致突变等。食品中常见的三种主要的产毒霉菌属是曲霉、镰孢霉和青霉。黄曲霉毒素污染是温热气候地区的一大危害，黄曲霉和寄生曲霉是黄曲霉毒素的主要产毒菌属，其产毒菌株在适宜的温度和湿度条件下即可产生毒素。镰孢霉的适宜生长温度较低，产生的毒素种类很多，其中与动物中毒有关的主要是单端孢霉毒素、玉米赤霉烯酮、串珠镰孢霉毒素和镰孢霉毒素等。赭曲霉毒素 A 主要由青霉产生。

一、黄曲霉毒素的种类

黄曲霉毒素（Aflatoxins，简写 AFT），主要是黄曲霉、寄生曲霉和温特曲霉等产毒菌株的代谢产物，其它霉菌如青霉、毛霉、根霉等也能产生，但产量甚少。然而，并非所有的黄曲霉菌株都能产生 AFT。目前已分离到的黄曲霉毒素有 20 多种。

根据其在波长为 365nm 紫外光下呈现不同颜色的荧光而分为 B、G 二大类。B 大类于紫外光照射下呈现蓝色荧光；G 大类则呈绿色荧光。其它如 M、P 等都是 B 族或 G 族的衍生物。现知污染食品的黄曲霉毒素主要有 B_1、B_2、G_1、G_2、B_{2a}、G_{2a}。一般以 B_1 为主，其毒性最大，致癌作用最强。

二、黄曲霉毒素的结构与理化性质

黄曲霉毒素系二氢呋喃香豆素的衍生物。AFT 的的分子量为 312～346，难溶于水、乙醚、石油醚及己烷中，易溶于油和甲醇、丙酮、氯仿、苯、乙醇等有机溶剂中。AFT 是一组性质比较稳定的化合物，其对光、热、酸较稳定，而对碱和氧化剂则不稳定。分解温度为 280℃，在中性及弱酸性溶液中很稳定。在 pH1～3 的强酸性溶液中稍有分解。易被强碱或强氧化剂破坏，在 pH9～10 的碱性溶液中能迅速分解，能被强氧化剂次氯酸钠氧化。黄曲霉毒素对紫外线照射很稳定，但低浓度时对光很敏感，易被紫外线所破坏。其溶液在紫外线照射下能发出荧光。

三、黄曲霉毒素对食品的污染和对人体的危害

黄曲霉毒素在自然界中普遍存在，加之其化学性质稳定，耐高温等特点，因此，对食品的污染十分严重。自 1960 年发现黄曲霉毒素以来，由于它对粮食、饲料、肉类、乳品、发酵制品等均有严重污染，引起人畜中毒、死亡。因此对黄曲霉毒素日益引起重视。

1. 对植物性食品的污染

植物性食品可在栽培及贮存过程中被霉菌污染，在适宜条件下大量繁殖并产毒，黄曲霉毒素在南方潮湿地区较北方干燥地区污染严重。

主要污染粮油及其制品。在各类粮、油食品中，最易受污染的是玉米、花生，其次是大米、稻谷，而小麦、豆类、胡桃、杏仁及高粱等受污染较轻。辣椒、家庭自制发酵食品也能检出黄曲霉毒素。其污染程度与各种作物生物学特性和化学组成以及成熟期所处的气候条件有很大关系。一般来说，富含脂肪的粮食易产生 AFT。此外，收获季节高温、高湿，也易造成 AFT 的污染。

2. 对动物性食品的污染

除粮油等食品外，黄曲霉毒素对动物性食品也有污染，如皮蛋、奶与奶制品、腌肉、干咸鱼中有一定的检出率。对于猪来说，黄曲霉毒素 B_1 和 M_1 的含量不但是由于摄进 B_1 而引起中毒的黄疸病猪有；而且摄进了 B_1 而未发生黄疸的鲜猪肉中也有一定的含量。

黄曲霉毒素在自然界中普遍存在，对食品的污染无所不在。冷库也不例外。

3. 对人体的危害

黄曲霉毒素的急性毒性可因动物的种属、性别、年龄和营养状况的不同而有差异。

黄曲霉毒素的毒性极强，远远高于氰化钾、砷化物和有机农药。AFT－B_1属于剧毒类物质，是目前已知霉菌毒素中最强的一种，人类可因食用污染黄曲霉素的食品而发生急性中毒。

AFT是目前最强的化学致癌物质。其中AFT－B_1的毒性和致癌性最强。长期摄入黄曲霉毒素所造成的慢性中毒，在某种意义上，可能比急性中毒更有实际意义。慢性中毒除表现食欲减退、体重减轻、生长发育缓慢外，主要表现为肝脏的亚急性或慢性损伤。

黄曲霉毒素是目前发现的最强的致癌物质，还有致畸、致突变的作用。

四、食品中黄曲霉毒素的测定方法

黄曲霉毒素的测定方法，最初以纸色谱和氧化铝薄层色谱法进行，以目测法定量。灵敏度低，主要用于检测黄曲霉毒素B_1，方法需要配合生物试验以便确证。因而测定时间较长。以后改用硅藻土或硅胶作为吸附剂的薄层色谱法，以目测法定量，灵敏度较高（5μg/kg），主要用于黄曲霉毒素B_1和G_1的测定，但目测法的误差大，可达20%～30%。

薄层色谱法结合荧光光度法进行定量，可使灵敏度大大提高（达0.1～1μg/kg），可用于AFT－B_1、B_2、G_1、G_2和M_1的单独测定，许多国家已把此法作为法定的方法，现阶段我国也是用薄层色谱法结合荧光光谱法作为标准方法。

近年来，又发展了微柱色谱法，以内径0.4cm玻璃管制成氧化铝－硅镁型吸附剂为主的微柱。样品中的杂质被氧化铝吸附，而AFT则被硅镁吸附剂所吸附，将样品微柱管与AFT标准微柱管比较，即可进行定量，此法操作较薄层色谱法简单迅速，灵敏度为5～10μg/kg，可应用大批量试样的筛选试验，但此法不能分离黄曲霉毒素B_1、B_2、G_1、G_2，所以测得结果为AFT的总量。

最近几年发展起来的高效液相色谱法，已在国内外广泛使用，具有快速、准确的特点。

食品中AFT－B_1的测定中薄层色谱法检出限为5μg/kg，酶联免疫吸附法为0.01μg/kg；食品中AFT－M_1和乳中AFT－M_1的测定采用免疫亲和层析净化高效液相色谱法、免疫亲和层析净化荧光光度法，乳粉中检测限为0.08μg/kg，乳中0.008μg/L。

1. 食品中黄曲霉毒素B_1的测定

（1）薄层色谱法。样品中的黄曲霉毒素B_1经提取、浓缩、薄层分离后，在波长365nm的紫外光下产生蓝紫色荧光，根据其在薄层上显示荧光的最低检出量来测定含量。本法适用于粮食、花生及其制品、薯类、豆类、发酵食品、酒类等各种食品中黄曲霉毒素B_1的测定。

操作中所用的试剂，不得出现荧光干扰物质。作展开剂用的乙醚和三氯甲烷不应含有氧化物或过氧化物，否则会使黄曲霉毒素B_1被破坏而灵敏度降低。配制AFT－B_1或M_1标准溶液时需用百万分之一天平，称量比较困难，而且AFT－M_1见光后易被破坏。

实验过程中的防护：由于AFT是剧毒及强致癌物，所以在实验过程中应特别小心。实验过程中应戴口罩，配制标准液时应戴胶手套，并严禁散落在实验台上，取标准液或样液严禁用口吸。

加强消毒工作：若衣服被污染时，可用5% NaClO浸洗15～30min，再用清水洗净。散落于实验台上或仪器上的黄曲霉毒素可用5% NaClO去毒。当皮肤被污染时，可用2%～4%

NaClO 处理，然后用肥皂洗净。不小心弄入口内时，立即用 1% NaCO₃漱口，再用清水漱口至清洁为止。剩下的阳性样品，应先用 10% NaClO 处理后才能倒到指定的地方。

离实验室前，可在紫外灯下检查各部分是否还有未消毒干净的部位，如有，则在荧光处用 5% NaClO 处理。

（2）酶联免疫吸附法。样品中的黄曲霉毒素 B₁经提取、脱脂、浓缩后与定量特异性抗体反应，多余的游离抗体则与酶标板内的包被抗原结合，加入酶标记物和底物后显色，与标准比较定量。

2. 食品中黄曲霉毒素 B₁、B₂、G₁、G₂的测定

（1）薄层色谱法。样品经提取、浓缩、薄层分离后，在波长 365nm 的紫外光下，黄曲霉毒素 B₁、B₂产生蓝紫色荧光，黄曲霉毒素 G₁、G₂产生黄绿色荧光，根据其在薄层上显示荧光的最低检出量来测定含量。

在薄层板上的最低检出量：黄曲霉毒素 B₁、G₁为 0.004μg。B₂、G₂为 0.002μg。最低检出浓度：黄曲霉毒素 B₁、G₁为 5μg/kg，B₂、G₂为 2.5μg/kg。

（2）微柱筛选法。样品提取液通过由氧化铝与硅镁吸附剂组成的微柱层析管，杂质被氧化铝吸附，黄曲霉毒素被硅镁吸附剂吸附，在 365nm 紫外线下呈蓝紫色荧光，其荧光强度在一定范围内与黄曲霉毒素的含量成正比，由于微柱不能分离 B₁、B₂、G₁、G₂，故结果为黄曲霉毒素的总量。

本法与薄层色谱–荧光测定法相比，操作较为简单，适合于阳性率较低的样品。装柱时应注意使每一层的层面平整，再装另一层。否则将产生不均匀的荧光环，难以判断阳性。

3. 黄曲霉毒素 M₁与 B₁的薄层色谱法

本法适用于牛乳及其制品、黄油及新鲜猪组织（肝、肾、血及瘦肉）等各种食品中黄曲霉毒素 M₁和 B₁的测定。

样品经提取、浓缩、薄层分离后，黄曲霉毒素 M₁与 B₁在波长 365nm 的紫外光下产生蓝紫色荧光，根据其在薄层上显示的最低检出量来测定含量。整个操作需要在暗室条件下进行。

黄曲霉毒素 M₁是黄曲霉毒素 B₁的代谢产物，多存在于动物组织和乳中，因而测定时杂质甚多。为除去杂质，采用：①用石油醚提取脂溶性杂质三次。②用三氯甲烷萃取甲醇–水中黄曲霉毒素后，再用氯化钠溶液洗去残存的水溶性杂质。乳及乳制品可采用硅胶柱柱层析净化。

在采用喷硫酸确证时，有些有机物也有类似荧光变化，专一性较差。

第二节　苯并（a）芘的检测

苯并芘又称苯并（a）芘，英文缩写 BaP，是多环芳烃类化合物中的一种，是煤炭、木材、脂肪等物质不完全燃烧时的一种产物，分子式为 $C_{20}H_{12}$，分子量为 252，具有五环结构，其结构式如图 7–2–1。多环芳烃包括范围很广，结构复杂，毒性强弱也不一样，其中一部分具有致癌活性，并在人类环境中出现。多环芳烃（PAH）中以 BaP 污染最广，含量最多，致癌作用最强，是多环芳烃类化合物中具有代表性的物质，是一种主要的环境和食品污染物，

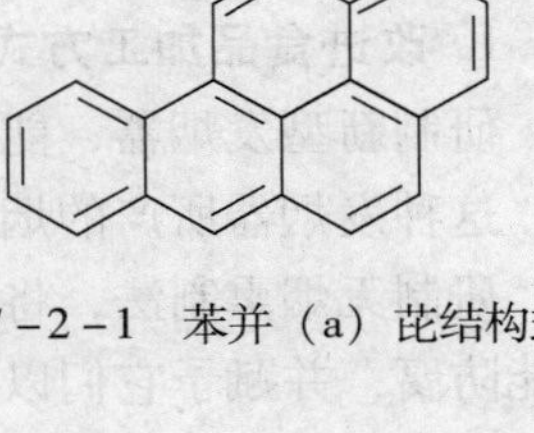

图 7–2–1　苯并（a）芘结构式

所以一般把苯并芘作为环境和食品受多环芳烃污染的指标和代表。

一、苯并（a）芘的性质

BaP 是黄色固体，在碱性溶液中较稳定，但在酸性溶液中不稳定。易与硝酸、过氯酸等起化学反应，对氯、溴等卤族元素的化学亲合力较强，能被活性炭吸附，可利用这一性质除去苯并（a）芘。微溶于水，易溶于环己烷、苯、乙醚、丙酮等有机溶剂，在波长为 $415 \sim 425nm$ 的光照射下发出黄绿色荧光，故可用荧光分光光度计进行测定。

苯并（a）芘是已发现的 200 多种多环芳烃中最主要的环境和食品污染物，是一种强致癌物质，对机体各器官，如对皮肤、肺、肝、食道、胃肠等均有致癌作用。

二、苯并（a）芘对食品的污染

1. 食品加工和贮存过程中受到的污染

BaP 是烟中的一个重要成分，所以食品在烟熏过程中使其受到污染。

烘烤和油炸是常用的食品加工方法，烘烤时，食品常与燃料产物直接接触，可受到苯并芘的污染。烘烤的温度较高，使有机物质受热分解，经环化、聚合而形成 BaP，使食品中 BaP 的含量增加。特别当食品烤焦或炭化时，BaP 含量显著增加。油炸时，油脂经多次反复的加热，可促使脂肪氧化分解产生 BaP，而使油炸制品中 BaP 含量增加。据研究报道，在烤制过程中动物食品所滴下的油滴中苯并（a）芘含量是动物食品本身的 $10 \sim 70$ 倍。当食品经烟熏或烘烤而烤焦或炭化时，苯并（a）芘生成量随着温度的上升而急剧增加。

烟熏和烘烤的食品，BaP 最初主要附着于食品的表层，随着贮存时间的延长，BaP 可逐渐向食品的深部渗透，从而造成更严重的污染。

另外，在食品加工贮存过程中，某些加工设备及包装材料中的 BaP 溶出可污染食品。

2. 环境中的 BaP 对食品的污染

工业生产、交通运输以及日常生活中使用的大量燃料，对环境造成污染。环境中的 BaP 又可转移到植物、粮食以及水产品中，从而对人类健康造成危害。

某些生物体内能合成 BaP，生物还可以通过食物链而将 BaP 浓缩等。所以说 BaP 在自然界中广泛存在，极易污染食品。

三、苯并（a）芘对人体的危害

BaP 的毒性作用主要是它的致癌性。加上有其它致癌作用的多环芳烃如二苯并芘等，可能是人类环境中散布最广的一类化学致癌物质。BaP 是最早发现的致癌物质，它可诱发多种肿瘤，也是一种致突变的化学物质，含有硝基的 BaP 毒性更大。

四、防止苯并（a）芘的污染及去毒措施

1. 改进食品加工方式

研制新型发烟器，能在更低的温度下产烟，以及用锯末代替木材作燃料，并对烟进行过滤。这种发烟器所产的烟及其熏制的食品，其 BaP 的含量大大降低。

研制无烟熏制法，将各类鱼和灌肠制品用熏制液进行加工，它们既不含致癌性多环芳烃又能防腐，并赋予它们以熏制食品特有的色、香、味。

粮食作物收割后不准在柏油公路等处脱粒或翻晒，以免被沥青污染烘烤食品采用间接加热式远红外线照射以防止 BaP 污染食品。

机械转动部分应密封严密，防止润滑油滴漏在食品中，采用植物油替代矿物润滑油，以减少 BaP 对食品的污染，采用无毒无害的涂料涂敷容器。

2. 综合治理"三废"

加强环境污染的管理和监测工作，认真做好工业"三废"的综合利用和治理工作，减少 BaP 对大气、土壤及水体的污染，以降低农作物中 BaP 的含量。

3. 去毒

对 BaP 含量高的食品原料应进行去毒。烟熏食品，揩去表面的烟油使产品中 BaP 的含量减少 20% 左右。当食品烤焦时，应刮去表面烤焦部分之后食用。氧化和吸附，食品中 BaP 经日光或紫外线照射或臭氧等氧化剂处理，可使之失去致癌作用。活性炭是从油脂中除去 BaP 的优良吸附剂。碾磨加工及稀释，粮谷类经碾磨加工去除表皮后，使 BaP 含量降低 40% ~ 60%；或根据 BaP 含量情况经过稀释使其降低到允许范围之内供食用，或改作饲料、工业原料。

五、食品中苯并（a）芘的测定方法

测定食品中 BaP 的方法有薄层色谱法，薄层扫描法，荧光分光光度法，气相色谱法，高效液相色谱法。薄层色谱能分离纯净的 BaP，由于它无需特殊设备，是我国常用的测试技术，但仅能达到半定量的水平；薄层扫描法和荧光分光光度法都是建立在薄层分离和纸层分离基础上的定量，灵敏度可达 0.1μg/kg。而荧光分光光度法是目前国际上公认的比较准确的方法，但溶液制备过程中容易造成 BaP 的损失而导致误差。

若采用荧光与薄层色谱或荧光与纸色谱结合使用，将更加有利。在薄层或纸色谱的情况下，可以用一种合适的溶剂将 BaP 提取下来，然后在溶剂中或直接在纸上或直接在薄层上进行荧光测定。

高效液相色谱法为最近几年发展起来的方法，灵敏度可达 0.003ng，它分析速度快和分离效率高的优点。

气相色谱和气相色谱－质谱联用技术近年来广泛用于多环芳烃的测定，气相色谱法可在相当短的时间内测定出 PAH 的多种化合物。用此法测定 BaP 需使用高分辨的玻璃毛细管柱和火焰离子检测器，其优点是灵敏度高并与碳的质量成线性响应。气－质联用技术是鉴定 PAH 的最有效的方法，BaP 也可采用高效液相色谱配合紫外光谱进行检测。所以可根据实验室的条件自由地选择检验方法。

1. 荧光分光光度法

试样先用有机溶剂提取，或经皂化后提取，再将提取液经液－液分配或色谱柱净化，然后在乙酰化滤纸上分离苯并（a）芘，因苯并（a）芘在紫外光照射下呈蓝紫色荧光斑点，将分离后有苯并（a）芘的滤纸部分剪下，用溶剂浸出后，用荧光分光光度计测荧光强度与标准比较定量。

（1）试剂：

苯：重蒸馏。

环己烷（或石油醚，沸程 300 ~ 600℃）：重蒸馏或经氧化铝柱处理无荧光。

二甲基甲酰胺或二甲基亚砜。

无水乙醇：重蒸馏。

乙醇（95%）。

无水硫酸钠。

氢氧化钾。

丙酮：重蒸馏。

展开剂：乙醇（95%）－二氯甲烷（2:1）。

硅镁型吸附剂：将 60～100 目筛孔的硅镁吸附剂经水洗四次（每次用水量为吸附剂质量的 4 倍）于垂融漏斗上抽滤干后，再以等量的甲醇洗（甲醇与吸附剂量克数相等），抽滤干后，吸附剂铺于干净瓷盘上，在 130℃ 干燥 5h 后，装瓶贮存于干燥器内，临用前加 5% 水减活，混匀并平衡 4h 以上，最好放置过夜。

层析用氧化铝（中性）：120℃ 活化 4h。

乙酰化滤纸：将中速层析用滤纸裁成 30cm×4cm 的条状，逐条放入盛有乙酰化混合液（180mL 苯、130mL 乙酸酐、0.1mL 硫酸）的 500mL 烧杯中，使滤纸充分地接触溶液，保持溶液温度在 21℃ 以上，时时搅拌，反应 6h，再放置过夜。取出滤纸条，在通风橱内吹干，再放入无水乙醇中浸泡 4h，取出后放在垫有滤纸的干净白瓷盘上，在室温内风干压平备用，一次可处理滤纸 15～18 条。

苯并（a）芘标准溶液：精密称取 10.0mg 苯并（a）芘，用苯溶解后移入 100mL 棕色容量瓶中，并稀释至刻度，此溶液每毫升相当于苯并（a）芘 100μg。放置冰箱中保存。

苯并（a）芘标准使用液：吸取 1.00mL 苯并（a）芘标准溶液置于 10mL 容量瓶中，用苯稀释至刻度，同法依次用苯稀释，最后配成每毫升相当于 1.0 及 0.1μg 苯并（a）芘两种标准使用液，放置冰箱中保存。

（2）仪器：

脂肪提取器。

层析柱：内径 10mm，长 350mm，上端有内径 25mm，长 80～100mm 内径漏斗，下端具有活塞。

层析缸（筒）。

K－D 全玻璃浓缩器。

紫外光灯：带有波长为 365nm 或 254nm 的滤光片。

回流皂化装置：锥形瓶磨口处连接冷凝管。

组织捣碎机。

荧光分光光度计。

（3）试样提取：

粮食或水分少的食品：称取 40.0～60.0g 粉碎过筛的试样，装入滤纸筒内，用 70mL 环己烷润湿试样，接收瓶内装 6～8g 氢氧化钾、100mL 乙醇（95%）及 60～80mL 环己烷，然后将脂肪提取器接好，于 90℃ 水浴上回流提取 6～8h，将皂化液趁热倒入 500mL 分液漏斗中，并将滤纸筒中的环己烷也从支管中倒入分液漏斗，用 50mL 乙醇（95%）分两次洗接收瓶，将洗液合并于分液漏斗。加入 100mL 水，振摇提取 3min，静置分层（约需 20min），下层液放入第二分液漏斗，再用 70mL 环己烷振摇提取一次，待分层后弃去下层液，将环己烷层合并于第一分液漏斗中，并用 6～8mL 环己烷淋洗第二分液漏斗，洗液合并。用水洗涤合并后的环己烷提取液三次，每次 100mL，三次水洗液合并于原来的第二分液漏斗中，用环己烷提取两次，每次 30mL，振摇 0.5min，分层后弃去水层液，收集环己烷液并入第一分液漏斗中，于 50～60℃水浴上，减压浓缩至 40mL，加适量无水硫酸钠脱水。

植物油：称取 20.0～25.0g 的混匀油样，用 100mL 环己烷分次洗入 250mL 分液漏斗中，以环己烷饱和过的二甲基甲酰胺提取三次，每次 40mL，振摇 1min，合并二甲基甲酰胺提取液，用 40mL 经二甲基甲酰胺饱和过的环己烷提取一次，弃去环己烷液层。二甲基甲酰胺提取液合并于预先装有 240mL 硫酸钠溶液（20g/L）的 500mL 分液漏斗中，混匀，静置数分钟后，用环己烷提取两次，每次 100mL，振摇 3min，环己烷提取液合并于第一个 500mL 分液漏斗。也可用二甲基亚砜代替二甲基甲酰胺。用 40～50℃温水洗涤环己烷提取液两次，每次 100mL，振摇 0.5min，分层后弃去水层液，收集环己烷层，于 50～60℃水浴上减压浓缩至 40mL，加适量无水硫酸钠脱水。

鱼、肉及其制品：称取 50.0～60.0g 切碎混匀的试样，再用无水硫酸钠搅拌（试样与无水硫酸钠的比例为 1:1 或 1:2，如水分过多则需在 60℃左右先将试样烘干），装入滤纸筒内，然后将脂肪提取器接好，加入 100mL 环己烷于 90℃水浴上回流提取 6～8h，然后将提取液倒入 250mL 分液漏斗中，再用 6～8mL 环己烷淋洗滤纸筒，洗液合并于 250mL 分液漏斗中，以下操作同植物油样品操作过程。

蔬菜：称取 100.0g 洗净、晾干的可食部分的蔬菜，切碎放入组织捣碎机内，加 150mL 丙酮，捣碎 2min。在小漏斗上加少许脱脂棉过滤，滤液移入 500mL 分液漏斗中，残渣用 50mL 丙酮分数次洗涤，洗液与滤液合并，加 100mL 水和 100mL 环己烷，振摇提取 2min，静置分层，环己烷层转入另一 500mL 分液漏斗中，水层再用 100mL 环己烷分两次提取，环己烷提取液合并于第一个分液漏斗中，再用 250mL 水，分两次振摇、洗涤，收集环己烷于 50～60℃水浴上减压浓缩至 25mL，加适量无水硫酸钠脱水。

饮料（如含二氧化碳先在温水浴上加温除去）：吸取 50.0～100.0mL 试样于 500mL 分液漏斗中，加 2g 氯化钠溶解，加 50mL 环己烷振摇 1min，静置分层，水层分于第二个分液漏斗中，再用 50mL 环己烷提取一次，合并环己烷提取液，每次用 100mL 水振摇、洗涤两次，收集环己烷于 50～60℃水浴上减压浓缩至 25mL，加适量无水硫酸钠脱水。

糕点类：称取 50.0～60.0g 磨碎试样，装于滤纸筒内，以下处理过程同粮食样品。

（4）净化：

于层析柱下端填入少许玻璃棉，先装入 5～6cm 的氧化铝，轻轻敲管壁使氧化铝层填实、无空隙，顶面平齐，再同样装入 5～6cm 的硅镁型吸附剂，上面再装入 5～6cm 无水硫酸钠，用 30mL 环己烷淋洗装好的层析柱，待环己烷液面流下至无水硫酸钠层时关闭活塞。

将试样环己烷提取液倒入层析柱中，打开活塞，调节流速为 1mL/min，必要时可用适当方法加压，待环己烷液面下降至无水硫酸钠层时，用 30mL 苯洗脱，此时应在紫外光灯下观察，以蓝紫色荧光物质完全从氧化铝层洗下为止，如 30mL 苯不足时，可适当增加苯量。收集苯液于 50～60℃水浴上减压浓缩至 0.1～0.5mL［可根据试样中苯并（a）芘含量而定，应注意不可蒸干］。

（5）分离：

在乙酰化滤纸条上的一端 5cm 处，用铅笔划一横线为起始线，吸取一定量净化后的浓缩液，点于滤纸条上，用电吹风从纸条背面吹冷风，使溶剂挥散，同时点 20μL 苯并（a）芘的标准使用液（1μg/mL），点样时斑点的直径不超过 3mm，层析缸（筒）内盛有展开剂，滤纸条下端浸入展开剂约 1cm，待溶剂前沿至约 20cm 时取出阴干。

在 365nm 或 254nm 紫外光灯下观察展开后的滤纸条用铅笔划出标准苯并（a）芘及与其同一位置的试样的蓝紫色斑点，剪下此斑点分别放入小比色管中，各加 4mL 苯加盖，插入 50 ~ 60℃ 水浴中不时振摇，浸泡 15min。

（6）测定：

将试样及标准斑点的苯浸出液移入荧光分光光度计的石英杯中，以 365nm 为激发光波长，以 365 ~ 460nm 波长进行荧光扫描，所得荧光光谱与标准苯并（a）芘的荧光光谱比较定性。

与试样分析的同时做试剂空白，包括处理试样所用的全部试剂同样操作，分别读取试样、标准及试剂空白于波长 406nm、（406 + 5）nm、（406 - 5）nm 处的荧光强度，按基线法由式（7 - 2 - 1）计算所得的数值，为定量计算的荧光强度。

$$F = F_{406} - \frac{F_{401} + F_{411}}{2} \qquad (7 - 2 - 1)$$

试样中苯并（a）芘的含量按式（7 - 2 - 2）进行计算。

$$X = \frac{\dfrac{S}{F} \times (F_1 - F_2)}{m \times \dfrac{V_2}{V_1} \times 1000} \qquad (7 - 2 - 2)$$

式中　X——试样中苯并（a）芘的含量，$\mu g/kg$；

　　　S——苯并（a）芘标准斑点的质量，μg；

　　　F——标准的斑点浸出液荧光强度，mm；

　　　F_1——试样斑点浸出液荧光强度，mm；

　　　F_2——试剂空白浸出液荧光强度，mm；

　　　V_1——试样浓缩液体积，mL；

　　　V_2——点样体积，mL；

　　　m——试样质量，g。

计算结果表示到一位小数。在重复性条件下获得的两次独立测定结果的绝对差值不得超过算术平均值的 20%。

2. 目测比色法

试样经提取、净化后于乙酰化滤纸上层析分离苯并（a）芘，分离出的苯并（a）芘斑点，在波长 365nm 的紫外灯下观察，与标准斑点进行目测比色概略定量。所需要的试剂和仪器、试样的提取和净化同荧光光度法。

吸取 5μL、10μL、15μL、20μL 或 50μL 试样浓缩液 [可根据试样中苯并（a）芘含量而定] 及 10μL、20μL 苯并（a）芘标准使用液（0.1μg/mL），点于同一条乙酰化滤纸上，展开，取出阴干。于暗室紫外灯下目测比较，找出相当于标准斑点荧光强度的试样浓缩液体积，如试样含量太高，可稀释后再重点，尽量使试样浓度在两个标准斑点之间。试样中苯并（a）芘的含量按式（7 - 2 - 3）进行计算。

$$X = \frac{m_2}{m_1 \times \dfrac{V_2}{V_1} \times 1000} \qquad (7 - 2 - 3)$$

式中　X——试样中苯并（a）芘的含量，$\mu g/kg$；

　　　m_2——试样斑点相当苯并（a）芘的质量，μg；

V_1——试样浓缩总体积，mL；

V_2——点样体积，mL；

m_1——试样质量，g。

注意事项：

（1）采样的均匀性对测定结果影响很大，特别是对熏烤食品，表里污染程度差异很大，更应注意掺合均匀。

（2）所用溶剂须经仔细蒸馏提纯。所用玻璃仪器，临用前须用丙酮冲洗，再用石油醚冲洗，不得含有荧光（可于365nm或者245nm紫外灯下观察）。

（3）BaP等多环芳烃类容易氧化，故操作时应避免紫外光及阳光照射，实验室里的光线要柔和一些。

（4）BaP为强致癌物质，可以通过皮肤吸收，故实验时应注意保护。操作要细心，应戴防护手套，用后立即销毁；应避免BaP溶液污染皮肤和实验台；接触过BaP的玻璃仪器应用有机溶剂或洗液浸泡过夜，以消除BaP的任何残留。

第三节　食品中二噁英的检测

二噁英（TCDD），俗又称二恶因。属于氯代三环芳烃类化合物，是由200多种异构体、同系物等组成的混合体。其毒性以半致死量（LD50）表示。比氰化钾要毒约100倍，比砒霜要毒约900倍。为毒性最强，非常稳定又难以分解的一级致癌物质。它还具有生殖毒性、免疫毒性及内分泌毒性。

世界卫生组织将其列为与杀虫剂DDT毒性相当的有毒化学品，环保组织更是将其视为危害环境的大敌之一，因而引起了各国科学家的广泛关注，对其分析方法、毒性，环境行为和健康效应进行了深入研究。动物实验资料表明，TCDD容易被胃肠道吸收，分布于动物体内各个部位，由于二噁英同脂肪具有较强的亲和力，二噁英进入动物体后一般在肝、脂肪、皮肤或肌肉中蓄积，或是进入富含脂肪的禽畜产品，如牛奶及蛋黄。当人食用了被二噁英污染的禽畜肉、蛋、奶及其制成品，如黄油、奶酪、香肠、火腿等，二噁英也就进入了人体，同样在人体的脂肪层或脏器中蓄积起来，并几乎不可能通过消化系统排出体外。连续接触TCDD，体内蓄积可以达到一个稳定水平。二噁英有强烈的致癌和致畸作用，动物实验表明，二噁英首先诱发肝脏和呼吸系统癌症，其次还导致免疫系统疾病，增加机体受感染的机会，属于最危险的环境污染物，国际癌症研究中心将二噁英列为人类一级致癌物。

一、二噁英来源

二噁英的发生源主要有两个，一是在制造包括农药在内的化学物质，尤其是氯系化学物质，象杀虫剂、除草剂、木材防腐剂、落叶剂、多氯联苯等产品的过程中派生；二是来自对垃圾的焚烧。焚烧温度低于800℃，塑料之类的含氯垃圾不完全燃烧，极易生成二噁英。二噁英随烟雾扩散到大气中，通过呼吸进入人体的是极小部分，更多的则是通过食品被人体吸收。以鱼类为例，二噁英粒子随雨落到江湖河海。被水中的浮游生物吞食，浮游生物被小鱼吃掉，小鱼又被大鱼吃掉，二噁英在食物链全程中慢慢积淀浓缩，等聚在大鱼体内的浓度已是水中的3000多倍了，而处于食物链顶峰上的人类体内将会聚集更多的二噁英。可怕的是一旦摄入二噁英就很难排出体外，积累到一定程度，它就引起一系列严重疾病。

二、二噁英危害

二噁英对人体有毒，中毒后先出现非特异症状，如眼睛、鼻子和喉咙等部位有刺激感，头晕，不适感和呕吐。接着在裸露的皮肤上，如脸部，颈部出现红肿，数周后出现"氯座疮"等皮肤受损症状，有1mm到1cm的囊肿，中间有深色的粉刺，周边皮肤有色素沉着，有时伴有毛发增生。氯座疮可持续数月乃至数年。

此外，二噁英急性中毒症状还有肝肿，肝组织受损，肝功能改变，血脂和胆固醇增高，消化不良，腹泻，呕吐等。精神-神经系统症状主要为失眠，头痛，烦躁不安，易激动，视力和听力减退以及四肢无力，感觉丧失，性格变化，意志消沉等。

最令人注目的是二噁英的致癌性和致畸性，动物实验已证实二噁英的致癌性。观察表明，长期接触二噁英的工人和越战老兵（接触了含有二噁英的落叶剂），其癌症发病率明显提高。

国际组织已把二恶英从可疑致癌物重新划分为人类一级致癌物。

三、二噁英治理

为减少垃圾污染，不少地方正兴起一股垃圾焚烧热，但若处理不当造成二次污染，同样容易出现令人头疼的二噁英。二噁英的温床——炉排炉垃圾直接焚烧炉应进行严格管理乃至关闭，小型炉排炉直接焚烧炉的炉温一般为850～1000℃，这使得焚烧时产生的二噁英难于完全分解，分片建设200～300t/d的垃圾热解气化焚烧发电厂已是当务之急。

由于二噁英的剧毒性，各国环境保护部门都规定了严格的排放标准。如德国规定的垃圾焚烧设备二噁英排放限值为0.1毫微克。

二噁英在高温下产生，也在更高温下（1200℃）被除掉，故可以通过高温焚烧的方法达到净化的。

四、二噁英类化合物的检测方法

食品中二噁英类化合物的检验属于超痕量级、多组分和前处理复杂的技术，对特异性、选择性和灵敏度的要求极高，因此成为当今食品分析领域的难点。其分析通常分为样品采集、提取、净化和富集、分离和定量分析5个步骤。常用的提取方法可以分为磺化法、碱解法、层析法、索氏提取法、溶剂提取法等。近年来，常用超声提取、超临界流体萃取、加速溶剂萃取、微波提取法代替索式提取技术，不仅缩短提取时间，而且减少有毒溶剂的使用量。将干燥后的样品旋转蒸发并将旋转液溶于正己烷中，用无水硫酸钠干燥，然后用旋转蒸发器蒸发，接着进行净化步骤。萃取和净化流程分别如图7-3-1和图7-3-2所示。

提取液的净化大多采用柱色谱法，目前主要采用的色谱柱有复合硅胶柱、碱性氧化铝柱和活性炭柱。柱层析往往采取几根层析柱串联或多种填料填柱的方法。近年来也有用薄层色谱来净化提取物。

$$
样品 \begin{cases} 固体样品—风干 \xrightarrow{\text{加入}^{13}C\text{替代内标}} 甲苯索氏提取20h \\ 生物样品—无水硫酸钠干燥1～4h \xrightarrow{\text{加入}^{13}C\text{替代内标}} \\ 二氯甲烷：正己烷（1:1，体积比）索氏提取 \\ 液体样品—加入^{13}C替代内标 \xrightarrow{\text{二氯甲烷液液萃取}} 无水硫酸钠干燥 \end{cases}
$$

图7-3-1 二噁英类化合物的萃取流程图

萃取浓缩液 —加入^{37}Cl-2,3,7,8-TCDD内标→ 酸性（碱性）硝酸银硅胶柱→旋转蒸发→

碱性氧化铝柱 —洗脱→ 旋转蒸发→旋转蒸发液溶于正己烷→二次纯化：重复氧化（铝、活性炭、硅胶柱）

图7-3-2　二噁英类化合物的净化流程图

最早报道了二噁英类化合物检测方法，用于大白兔皮肤检测。他们将2，3，7，8-TCDD涂布于大白兔内耳皮肤，观察它们的炎症反应。后来Jones和Krizek拓展了该方法。根据检测原理不同，可将二噁英类化合物的检测方法分为化学分析法、生物检测法、免疫学方法、电化学及激光技术等，其中色谱法是主要的化学分析方法。

色谱法有气相色谱法、液相色谱法、胶束电动色谱法、质谱法及其联用技术。色谱学方法是目前国际认可的检测二噁英类化合物分析的标准方法，主要以高分辨气相色谱与高分辨质谱（HRGC/HRMS）联用技术为主。20世纪60年代起人们开始使用气相色谱测定实际样品的检测方法。该方法可以分为内标法、外标法和同位素稀释法。与内标法和外标法相比，同位素稀释法具有检出限低、选择性好、特异性强，还可以分离该类物质的同分异构体等很多优点，能消除内标法和外标法响应不同所带来的误差。但是其样品前处理复杂，样品测试周期长，对操作人员要求高，检测成本高的缺点。另外，检测的方法必须使用标准物质，但目前还有部分标准物质国内外都没有。全球只有少数实验室具备二噁英检测能力，1996年我国建立第一个二噁英研究实验室。世界上某些国家建立了自己的检测方法。

生物检测法（BDMs）是依据二噁英的毒性作用机制，基于一些关键生物分子（如受体、酶等）识别二噁英类物质的结构特征，或细胞或生物体对二噁英类物质的特殊反应能力。最早建立的生物检测方法是在20世纪70年代，通过荧光定量来检测被二噁英诱导产生的多环芳烃酶活力的增加。2000年美国环保局规定了生物筛选方法；2001年美国食品及药品管理局把该方法应用到食品中的二噁英的检测。2002年7月欧盟将利用细胞和利用试剂盒的生物检测法作为筛选方法。2004年日本国土交通省首次公布了河流及湖泊底泥二噁英检测中采用生物检测技术并于2005年发布二噁英检测的生物分析方法的检测细节。生物学检测方法虽不能检测二噁英类化合物的各个成分，但它简便、快速、费用低，并且能更准确地反映二噁英类化合物对生物体当前以及潜在的作用。由于生物检测方法在灵敏度和精确度上较传统方法稍低，适合于大量样品的筛选和快速半定量检测。常见的生物分析法如表7-3-1所示。

表7-3-1　二噁英类化合物的生物检测方法

方　　法	特　　点
7-乙氧基异吩噁唑酮-脱乙基酶法（EROD）	建立较早、用的最多的生物方法，测定结果偏高
酶联免疫吸附测定法（ELISA）	提供能反映毒性当量值的无细胞系统，用于检测PCDD/PCDF类化合物
化学激活荧光表达法（CALUX）	Murk等于1996年创立，是美国环保局推荐使用的方法
化学活性荧光素酶表达法（CAFLUX）	Nagy等于2002年创立该法，不需破碎细胞，可以做到实时检测
PCR技术	二噁英特异性受体与芳烃结合，然后与DNA结合，然后除去未结合的DRE，进行PCR技术
体外DNA结合凝胶阻滞电泳生物检测法（GRAB）	简便快速，可检测出fmol级的DNA结合蛋白
生物标记分析法	通过标记蛋白检测二噁英，适用于植物、动物和人体中的二噁英类化合物的检测

免疫法是从二噁英的致毒机理出发，当二噁英类化合物与细胞接触时，首先会与细胞内的芳香烃受体相结合，然后转移到细胞内。二噁英类化合物在体内和芳香烃受体结合，结合的紧密程度决定其毒性水平。因芳香烃受体是二噁英类化合物发挥毒性作用机制的基础物质，它的被活化程度与该物质毒性一致。用芳香烃受体法测定的是二噁英与芳香烃受体的结合程度，通过芳香烃活化程度的测定来间接的表达二噁英的国际毒性当量（TEQ）。芳香烃受体是 TEQ 的生物学基础，所以用芳香烃受体法更适用于健康评价。2002 年美国食品及药品管理局规定把酶免疫分析法用于土壤中的二噁英测定。常见的方法有 EROD 细胞培养法、荧光素酶法、EIA 酶免疫法、时间分析荧光免疫法（DELFIA）和通讯基因检测法等，DELFIA 是目前最先进的免疫方法。免疫法具有简便快速的优点，但是抗体难于获得且不能检测所有同系物，还可能出现假阳性和假阴性问题，适合于作现场研究，特别是需要得到快速结果的场合。根据国内外文献报道总结了化学分析法、生物分析法及免疫学方法的优缺点，如表 7 - 3 - 2 所示。

表 7 - 3 - 2　化学法、生物法、免疫法的优缺点比较

方　　法	优　　点	缺　　点
化学法	可分离各种成分，检测限低	高要求，高成本，费力耗时
生物法	简便、快速、低廉、高通量	不能分别各个同系物
免疫法	选择性好，灵敏度高，耗时少，费用低	难获得抗体，不能检测所有同系物

电化学方法用于研究二噁英的电化学性质也有报道，日本学者用电解的方法电解二噁英实验获得成功。二噁英的主要成份氯经电解后，在溶液中形成氯化物或氯离子，该方法简单，使用电压低、生成物的毒性较弱，如进一步电解，可达到无毒化，因而具有广泛应用的可能性。日本大阪大学和大阪激光技术综合研究所开发了激光快速测定的仪器来检测二噁英，利用低能量的激光将食品中的二噁英变成气态，然后再利用高能量的激光让二噁英分子带电，最后根据这些分子在测试装置内移动的时间就可以计算出食品中二噁英的含量。

食品中二噁英的检测——气相色谱 - 质谱法。样品经过索氏抽提、自动纯化、浓缩后，采用高分辨双聚焦磁式质谱仪对样品中二噁英进行痕量分析和定量检测。

（1）色谱条件：

毛细管柱：DB - 5MS（60m 长 × 0.25mm 内径 × 0.32μm 膜厚）；进样口温度 280℃；传输线温度 280℃；进样方式不分流；载气流量 1.0mL/min（恒流）。升温程序：$120℃\xrightarrow{1min}120℃\xrightarrow{2.3min}220℃\xrightarrow{15min}250℃\xrightarrow{18min}250℃\xrightarrow{1.5min}310℃\xrightarrow{8min}310℃$

质谱条件离子源：电子轰击源（EI 源）；电子能量 60eV；温度 260℃；多离子检测（MID），检测 M^+，中（$M+2$）$^+$ 的质量色谱峰；加速电压 5000V；分辨率用全氟三丁胺（FC43）为调谐标准化合物对质谱仪参数进行优化，调一起分辨率至少达 10000（10% 峰谷定义）。

（2）样品处理：

将 10μL15 个 2，3，7，8 - TCDD 的稳定同位素标记的同系物加入到纸套筒，然后依次加入 10g 左右的无水硫酸钠，1～50g 样品，10g 左右的无水硫酸钠，采用 300mL 的二氯甲烷 - 正己烷（1+1）溶液，用索氏抽提仪提取 24h。同时做空白实验。

采用旋转蒸发仪，将提取液浓缩到 0.5mL，向提取液加入 $^{37}Cl_4 - 2，3，7，8 - TCDD$ 净

化标准，以检测净化过程的效率。采用自动纯化系统对样品有机提取液进行净化。首先采用正己烷对整个管路、硅胶柱、铝柱及碳柱进行老化，然后采用大约20mL的正己烷将提取液加到硅胶柱上，采用不同极性的溶剂淋洗硅胶柱及铝柱，将目标化合物转移到碳柱上，最后用150mL甲苯反向淋洗碳柱，收集洗脱液于250mL洁净的烧瓶内。纯化结束后，分别用甲苯、二氯甲烷－正己烷（1+1）及正己烷冲洗管路及整个系统，防止下次实验系统的污染。

样品浓缩采用旋转蒸发仪将收集液浓缩至0.5mL左右，再采用氮气吹扫蒸发仪，在细小的氮气流下将样品浓缩之干，加入10μL壬烷和10μL进样内标溶液（$^{13}C_{12}-1，2，3，4-TCDD$和$^{13}C_{12}-1，2，3，7，8，9-HxCDD$）混匀。采用多离子检测（MID）进行高分辨气相色谱/高分辨质谱分析（HRGC/HRMS）。

（3）17个2，3，7，8-TCDD的定性分析和定量检测：

进样2μL的窗口定义标准溶液，定义不同氯取代基的PCDDs/Fs在毛细管柱的流出时间，以建立MID检测的时间窗口，并验证毛细管柱的分辨能力。由于待测样品中二噁英浓度含量较低。为了建立一条待测物浓度在线性范围的标准曲线，需将CS_1的浓度稀释5倍，称为$CS_{0.2}$，分别连续进样2μL$CS_{0.2}-CS_4$校正标准溶液，建立浓度与峰面积关系曲线，并得到RR值。进样20μL日常校正标准CS_3，对仪器性能进行质量控制，以验证仪器的性能稳定性。进样2μL的样品提取液，进行定性和定量分析。

（4）计算：

采用内标法和外标法，根据峰面积与浓度的相对响应值，采用仪器装配的Xcalibur软件和Quandesk软件进行样品的定性定量，计算公式（7-3-1）：

$$RR = \frac{A_n \times c_1}{A_1 \times c_n} \qquad (7-3-1)$$

式中　RR——非标记PCDDs/Fs与其对应的标记同系物的相对响应；

A_n——校正标准溶液中每一个非标记的PCDD/PCDF的两个主要分子、离子峰的总面积；

A_1——校正标准溶液中每一个标记的PCDD/PCDF的两个主要分子、离子峰的总面积；

c_1——校正标准溶液中标记的PCDD/PCDF的浓度，pg/μL；

c_n——校正标准中非标记的PCDD/PCDF的浓度，pg/μL。

通过5个校正浓度，可计算每一个PCDD/PCDF的平均RR，进一步计算样品中化合物的浓度。按式（7-3-2）计算样品中每一个PCDD/PCDF的浓度：

$$c = \frac{A_n \times c_1}{A_1 \times RR_{av}} \times V \times \frac{1}{m} \qquad (7-3-2)$$

式中　c——样品中待测的PCDDs/Fs的浓度，pg/g；

A_n——样品提取液中每一个非标记的PCCD/PCDF的两个主要分子、离子峰的总面积；

A_1——样品提取液中每一个标记的PCDD/PCDF的两个主要分子、离子峰的总面积；

c_1——样品提取液中标记的PCDDs/Fs的浓度，pg/μL；

RR_{av}——PCDDs/Fs的平均RR；

V——样品提取液的最终定容体积，μL；

m——提取的样品质量，g。

注意：本法适用于环境及生物材料中PCDDs/Fs的分析。该方法灵敏，定性、定量准确，为目前国际上权威认可的二噁英定量检测方法。样品的取样量依样品类型、污染水平、潜在干扰物质与方法的检测限而定。一般样品为 $1 \sim 50g$，对于含脂低、污染轻的样品必要时可增加到 $100 \sim 1000g$。FAO/WHO 食品法典委员会正在着手建立食品二噁英限量标准和相应检验方法，起草人认为高分辨气相色谱与高分辨质谱联用技术（HRGC – HRMS）是目前唯一适用的化学方法。而用 DNA 重组技术建立的生物学方法在二噁英总 TEQ 水平测定可达到特异性、选择性和灵敏度的要求，且所测结果与 HRGC – HRMS 方法相当，可作为大量样品筛选手段。

第四节　亚硝胺类化合物的检测

凡是具＝N—N＝O 这种基本结构的化合物统称为 N - 亚硝基化合物。亚硝胺是亚硝胺类化合物的简称，包括亚硝胺和亚硝酰胺两类。低分子量的亚硝胺在常温下是黄色液体，高分子量的亚硝胺为固体。除二甲基亚硝胺和二乙基亚硝胺外，均稍溶于水和脂肪，易溶于醇、醚和二氯甲烷等有机溶剂。

亚硝胺类化合物化学性质稳定，不易水解，在中性及碱性条件下较稳定。但在酸性溶液中及紫外光照射下可缓慢分解，在哺乳动物体内经酶解可转化为有致癌活性的代谢物。有的亚硝胺具有挥发性。

一、亚硝胺对食品的污染及毒性作用

食品中霉菌和细菌污染能促进亚硝胺的合成。胺类化合物在酸性介质中，经亚硝化作用易生成亚硝胺。在甲醛催化作用下，胺在碱性介质中也能发生亚硝化而生成亚硝胺。

各种亚硝胺化合物的毒性相差很大，对动物的毒性除少数为剧毒外，一般的毒性较低。亚硝胺类毒性随着烃链的延长而逐渐降低。亚硝胺对动物的毒性常因动物种属不同而异。亚硝胺的急性毒性主要是造成肝脏损伤，包括出血及小叶中心性坏死，还可引起肺出血等。

亚硝胺类化合物是一类强致癌物。目前尚未发现哪种动物能耐受亚硝胺而不致癌的。亚硝胺具有对任何器官诱发肿瘤的能力，被认为是最多面性的致癌物之一。亚硝胺还有致突变和致畸作用。

二、防止食品中亚硝胺致癌的方法

从目前已知的动物实验和流行病学调查资料推测，亚硝胺和人类的癌症有一定关系。因此，降低食品中的亚硝胺，是预防人类肿瘤及保护人体健康的有效途径之一。

（1）阻断食品中亚硝胺。利用与寻找一些阻断剂与亚硝酸盐反应而减少亚硝胺的合成，如食品加工过程中加入维生素 C 等。

（2）改进食品加工方法。在肉制品加工中，不用或尽量少用硝酸盐及亚硝酸盐。

（3）钼肥的利用。在土壤缺钼地区推广施用钼肥，降低粮食蔬菜中硝酸盐、亚硝酸盐的含量。

（4）改变饮食习惯。多吃新鲜蔬菜、水果及动物食品，特别增加膳食中充足的维生素，同时要注意少食用腌制蔬菜。

三、食品中亚硝胺的测定方法

食品中亚硝胺的含量一般很低，所以，应用痕量分析的方法才能满足需要。测定食品中痕量挥发性亚硝胺的方法，过去常用比色法，薄层色谱法和气相色谱法。

比色法测定的是亚硝胺的总量，即在适当的化学条件下，利用亚硝胺分裂产生相应的二级胺和亚硝酸根，再进行重氮、偶合反应，然后比色测定。

利用薄层色谱法和气相色谱法可测定单一亚硝胺的含量，其中薄层色谱可进行定性或半定量测定，也可作为亚硝胺的净化手段，然后将每个斑点刮下来，再使用其它更有效的方法进行测定（如气相色谱法）。

气相色谱法是测定单一挥发性亚硝胺较有效的方法，其优点是灵敏度高，并能进一步分辨样品提取液中的亚硝胺和残留杂质。一般采用电子捕获检测器和氢火焰离子化检测器来进行定量分析。

自 20 世纪 70 年代以来，进一步采用了气相色谱 - 质谱联用技术，对亚硝胺类化合物的鉴定具有高的分辨率和特异性。可对单一亚硝胺进行准确的定性和定量测定，已逐渐为各国采用。但高分辨率的气质联用仪仅能在大型实验室配备，一般实验室难以承受，尽管气相色谱 - 热能分析仪法对亚硝胺不是绝对特异，但作为常规检测完全可以替代 GC - MS 法。

1. 气相色谱 - 热能分析仪法

试样中 N - 亚硝胺经硅藻土吸附或真空低温蒸馏，用二氯甲烷提取、分离，气相色谱 - 热能分析仪（GC - TEA）测定。自气相色谱仪分离后的亚硝胺在热解室中经特异性催化裂解产生 NO 基团，后者与臭氧反应生成激发态 NO^*。当激发态 NO^* 返回基态时发射出近红外区光线（$600 \sim 2800nm$）。产生的近红外区光线被光电倍增管检测（$600 \sim 800nm$）。由于特异性催化裂解与冷阱或 CTR 过滤器出去杂质，使热能分析仪仅仅能检测 NO 基团，而成为亚硝胺特异性检测器。仪器的最低检出量为 0.1ng，在试样取样量为 50g，浓缩体积为 0.5mL，进样体积为 $10\mu L$ 时，本方法的最低检出浓度为 $0.1\mu g/kg$；在取样量为 20g，浓缩体积为 1.0mL，进样体积为 $5\mu L$ 时，本方法的最低检出浓度为 $1.0\mu g/kg$。本法适用于啤酒中 N - 亚硝基二甲胺含量的测定。

（1）试剂：

二氯甲烷：每批取 100mL 在水浴上用 K - D 浓缩器浓缩至 1mL，在热能分析仪上无阳性响应。如有阳性响应，则需经全玻璃装置重蒸后再试，直至阴性。

氢氧化钠溶液（1mol/L）：称取 40g 氢氧化钠（NaOH），用水溶解后定容至 1L。

硅藻土：Extrelut（Merck）。

氮气。

盐酸（0.1mol/L）。

无水硫酸钠。

N - 亚硝胺标准储备液（200mg/L）：吸取 N - 亚硝胺标准溶液 $10\mu L$（约相当于 10mg），置于已加入 5mL 无水乙醇并称重的 50mL 棕色容量瓶中，称量（准确到 0.0001g）。用无水乙醇稀释定容，混匀。分别得到 N - 亚硝基二甲胺、N - 亚硝基二丙胺、N - 亚硝基吗啉的储备液。此溶液用安瓿密封分装后避光冷藏（$-30℃$）保存，两年有效。

N - 亚硝胺标准工作液（$200\mu g/L$）：吸取 N - 亚硝胺标准储备液 $100\mu L$，置于 10mL 棕色容量瓶中，用无水乙醇稀释定容，混匀。此溶液用安瓿密封分装后避光冷藏（4℃）保存，三个月有效。

（2）仪器：

气相色谱仪。

热能分析仪。

玻璃层析柱：带活塞，8mm 内径，400mm 长。

减压蒸馏装置。

K－D 浓缩器。

恒温水浴锅。

（3）提取和浓缩：

硅藻土吸附法：称取 20.00g 预先脱二氧化碳的试样于 50mL 烧杯中，加 1mL 氢氧化钠溶液（1mol/L）和 1mL N－亚硝基二丙胺内标工作液（200μg/L），混匀后备用。将 12g Extrelut 干法填于层析柱中，用手敲实。将啤酒试样装于柱顶。平衡 10～15min 后，用 6×5mL 二氯甲烷直接洗脱提取。

真空低温蒸馏法：在双颈蒸馏瓶中加入 50.00g 预先脱二氧化碳气的试样和玻璃珠，4mL 氢氧化钠溶液（1mol/L），混匀后连接好蒸馏装置。在 53.3kPa 真空度低温蒸馏，待试样剩余 10mL 左右时，把真空度调节到 93.9kPa，直至试样蒸至近干为止。把蒸馏液移入 250mL 分液漏斗，加 4mL 盐酸（0.1mol/L），用 20mL 二氯甲烷提取三次，每次 3min，合并提取液。用 10g 无水硫酸钠脱水。

浓缩时，将二氯甲烷提取液转移至 K－D 浓缩器中，于 55℃ 水浴上浓缩至 10mL，再以缓慢的氮气吹至 0.4～1.0mL，备用。

（4）试样测定：

气相色谱条件：气化室温度 220℃。色谱柱温度 175℃，或从 75℃ 以 5℃/min 速度升至 175℃ 后维持。色谱柱内径 2～3mm，长 2～3m 玻璃柱或不锈钢柱，内装涂以固定液质量分数为 10% 的聚乙二醇 20mol/L 和氢氧化钾（10g/L）或质量分数为 13% 的 Carbowax20M/TPA 于载体 Chromosorb WAW－DMCS（80～100 目）。载气氩气，流速 20～40mL/min。

热能分析仪条件：接口温度 250℃，热解室温度 500℃，真空度 133Pa～266Pa，冷阱用液氮调至 －150℃（可用 CTR 过滤器代替）。

测定时分别注入试样浓缩剂和 N－亚硝胺标准工作液 5～10μL，利用保留时间定性，峰高或峰面积定量。试样中 N－亚硝基二甲胺的含量按式（7－4－1）进行计算。

$$X = h_1 \times V_2 \times c \times \frac{V}{h_2 \times V_1 \times m} \times 1000 \qquad (7-4-1)$$

式中　X——试样中 N－亚硝基二甲胺的含量，μg/kg；

　　　h_1——试样浓缩中 N－亚硝基二甲胺的峰高（mm）或峰面积；

　　　h_2——标准工作液中 N－亚硝基二甲胺的峰高（mm）或峰面积；

　　　c——标准工作液中 N－亚硝基二甲胺的浓度，μg/L；

　　　V_1——试样浓缩液的进样体积，μL；

　　　V_2——标准工作液的进样体积，μL；

　　　V——试样浓缩液的浓缩体积，μL；

　　　m——试样的质量，g。

计算结果表示到两位有效数位。在重复性条件下获得的两次独立测定结果的绝对值不得

190

超过16%。

2. 气相色谱－质谱仪法

试样中的N－亚硝胺类的化合物经水蒸气蒸馏和有机溶剂萃取后，浓缩至一定量，采用气相色谱－质谱联用仪的高分辨峰匹配法进行确认和定量。本法适用于酒类、肉及肉制品、蔬菜、豆制品、茶叶等食品中N－亚硝基二甲胺、N－亚硝基二乙胺、N－亚硝基二丙胺及N－亚硝基吡咯烷含量的测定。

（1）试剂：

二氯甲烷：应用全玻璃蒸馏装置重蒸。

无水硫酸钠。

氯化钠：优级纯。

硫酸（1＋3）。

氢氧化钠溶液（120g/L）。

N－亚硝胺标准溶液：用二氯甲烷作溶剂，分别配制N－亚硝基二甲胺、N－亚硝基二乙胺、N－亚硝基二丙胺及N－亚硝基吡咯烷的标准溶液，使每毫升分别相当于0.5mg N－亚硝胺。

N－亚硝胺标准使用液：在四个10mL容量瓶中，加入适量二氯甲烷，用微量注射器各吸取100μL N－亚硝胺标准溶液，分别置于上述四个容量瓶中，用二氯甲烷稀释至刻度。此溶液每毫升分别相当于5μg N－亚硝胺。

耐火砖颗粒：将耐火砖破碎，取直径为1～2mm的颗粒，分别用乙醇、二氯甲烷清洗后，在马弗炉中（400℃）灼烧1h，作助沸石使用。

（2）仪器：

水蒸气蒸馏装置：如图7－4－1所示。

K－D浓缩器。

气相色谱－质谱联用仪。

（3）分析步骤：

水蒸气蒸馏：称取200g切碎（或绞碎、粉碎）后的试样，置于水蒸气蒸馏装置的蒸馏瓶中（液体试样不加水），摇匀。在蒸馏瓶中加入120g氯化钠，充分摇动，使氯化钠溶解。将蒸馏瓶与水蒸气发生器及冷凝器连接好，并在锥形接受瓶中加入40mL二氯甲烷及少量冰块，收集400mL馏出液。

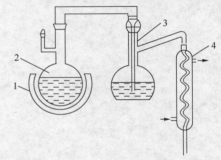

图7－4－1 水蒸气蒸馏装置
1—加热器；2—2000mL水蒸气发生器；
3—1000mL蒸馏瓶；4—冷凝器

萃取纯化：在锥形接收瓶中加入80g氯化钠和3mL的硫酸（1＋3），搅拌使氯化钠完全溶解。然后转移到500mL分液漏斗中，振荡5min，静止分层，将二氯甲烷层分至另一锥形瓶中，再用120mL二氯甲烷分三次提取水层，合并四次提取液，总体积为160mL。对于含有较高浓度乙醇的试样，如蒸馏酒、配制酒等，应用50mL氢氧化钠溶液（120g/L）洗有机层两次，以除去乙醇的干扰。

浓缩：将有机层用10g无水硫酸钠脱水后，转移至K－D浓缩器中，加入一粒耐火砖颗粒，于50℃水浴上浓缩至1mL，备用。

气相色谱－质谱联用测定条件。色谱条件气化室温度190℃，色谱柱温度对N－亚硝基二甲胺、N－亚硝基二乙胺、N－亚硝基二丙胺、N－亚硝基吡咯烷分别130℃、145℃、

191

130℃、160℃。色谱柱内径 1.8 ~ 3.0mm，长 2m 的玻璃柱，内装图忆质量分数为 15% 的 PEG20M 固定液和氢氧化钾溶液（10g/L）的 80 ~ 100 目 Chromosorb WAWDWCS。载气氦气，流速为 40mL/min。

质谱仪条件：分辨率≥7000，离子化电压 70V，离子化电流 300μA，离子源温度 180℃，离子源真空度 1.33×10⁻⁴Pa，界面温度 180℃。

测定采用电子轰击源高分辩峰匹配法，用全氟煤油（PFK）的碎片离子（它们的质荷比为 68.99527、99.9936、130.9920、99.9936）分别监视 N - 亚硝基二甲胺、N - 亚硝基二乙胺、N - 亚硝基二丙胺及 N - 亚硝基吡咯烷的分子、离子（它们的质荷比为 74.0480、102.0793、130.1106、100.0630），结合它们的保留时间来定性，以示波器上该分子、离子的峰高来定量。试样中某一 N - 亚硝胺化合物的含量按式（7 - 4 - 2）进行计算。

$$X = \frac{h_1}{h_2} \times c \times \frac{V}{m} \times \frac{1}{1000} \qquad (7-4-2)$$

式中 X——试样中某一 N - 亚硝胺化合物的含量，μg/kg 或 μg/L；

h_1——浓缩液中该 N - 亚硝胺化合物的峰高，mm；

h_2——标准使用液中该 N - 亚硝胺化合物的峰高，mm；

c——标准使用液中该 N - 亚硝胺化合物的浓度，μg/mL；

V——试样浓缩液的体积，mL；

m——试样质量或体积，g 或 mL。

计算结果保留到两位有效数字。

第八章　食品中添加剂的检验

当你来到食品商店时，也许会被那里的色彩所吸引，如生日蛋糕上的彩装，五颜六色的各种饮料和糖果，真是琳琅满目，如品尝一下，味道酸甜可口。但是你们想过没有，这些颜色和味道是怎样形成的？其实这些颜色和味道大多是食品在生产、加工过程中加入的一些化学物质产生的，这些化学物质就称之为食品添加剂。一般讲，食品添加剂不一定有什么营养价值，之所以向食品加入，是为了满足以下要求：

（1）使食品有感官性状（包括色、香、味和外观）良好，如加入香料、色素和人工甜味剂。

（2）控制食品中微生物的繁殖，防止食品腐败变质，如加入防腐剂。

（3）防止食品在保存过程中变色、变味，如加入抗氧化剂。

（4）满足食品加工工艺的要求，如漂白剂和增稠剂等。因此，合理使用食品添加剂可使食物丰富多彩，满足不同档次消费者的需要。

为了使各种各样的食品运到各个地方仍能保持新鲜和可口，食品添加剂行业也得到了飞速的发展。食品添加剂正成为食品工业最富有魅力的神奇物质。但最近几年，从苏丹红到日落黄、对位红、漂白剂、防腐剂……一连串名字"古怪"的食品添加剂频频走进人们的视线，食品添加剂带来的安全隐患再次引起人们的关注。一些标榜为纯天然、不添加任何添加剂的食品成为人们的追求目标，在不少人眼里任何含添加剂的食品都变得对健康有害了。

第一节　食品添加剂概述

一、食品添加剂

为改善食品品质、色、香、味以及防腐和加工工艺的需要而加入食品中的化学合成或者天然物质。这些物质在产品中必须不影响食品的营养价值，并具有增强食品感官性状或提高食品质量的作用，这些物质本身不作为食用目的，也不一定有营养价值。但不包括污染物、残留农药。

《中华人民共和国食品卫生法》对食品添加剂的定义为"为了改善食品品质和色、香、味以及为满足防腐和加工工艺的需要而加入食品中的化学合成物或者天然物质。"该法还规定了食品强化剂的定义是"为增强营养成分而加入食品中的天然或人工合成的属于天然营养范围的食品添加剂"。

世界各国对此的定义不尽相同。如欧共体和联合国规定：食品添加剂"不包括为改进营养价值而加入的物质"，美国规定食品添加剂不但包括营养物质，还包括各种间接使用的添加剂，如包装材料中少量迁移物。

食品添加剂的特点是无营养性，其功能是保持食品营养，防止腐败变质，增强食品感官性状，满足加工工艺要求，提高食品质量。

二、食品添加剂的分类

目前世界上直接使用的食品添加剂大约有 4000 多种，批准使用的 3000 多种，常用的有 600～1000 多种。我国包括香料在内的也有 1200 多种。对各种添加剂中允许使用的品种和用量都作了详细的规定。

按来源分为天然、合成两大类。天然食品添加剂：利用动植物或微生物的代谢提取所得的天然添加剂。一般对人体无害，长期为人们所广泛使用，如红曲色素。化学合成的食品添加剂：以煤焦油等化工产品为原料通过化学手段，包括氧化还原、综合、聚合成盐等合成反应所得到的化合物。有的具有一定的毒性，若无限制的使用，对食用者的健康将造成危害。即使被认为是安全的化学合成添加剂，也不属食品的正常成分，它们在生产过程中可能混入有害杂质，这都将影响食品的品质。

按用途分为防腐剂、漂白剂、发色剂、着色剂、甜味剂、酸味剂、香料、凝固剂、疏松剂、增稠剂、消泡剂、抗结剂、品质改良剂、乳化剂、其他共 15 种。

三、食品添加剂的作用

食品添加剂作为食品的重要组成部分。虽然它只在食品中添加 0.01%～0.1%，却对改善食品的性状、提高食品的档次等都发挥着极其重要的作用。其主要作用有利于食品的保藏，防止腐败变质。如防腐剂的使用，可防止由微生物引起的食品腐败变质。保持和提高食品的营养价值，改善食品的感官性状。如适当使用着色剂、发色剂、漂白剂、甜味剂、营养强化剂、食用香料等，则可明显提高食品的营养价值和感官质量。有利于食品的加工操作、适应机械化、连续化大生产。

四、食品添加剂的使用

在以上几大类常用添加剂中不难看出，维生素类、阿斯巴甜、番茄红素等本身就是天然食物的组成成分，也是人体可利用的营养成分。如阿斯巴甜可用于糖尿病患者作糖的代用品，其成分是人体正常需要的 18 种氨基酸之一，在人体内代谢不会升高血糖，而且甜味是蔗糖的几十倍。胡萝卜、番茄红素等已证明对防癌、抗衰老有一定功效。

其次，国家批准使用的大多数食品添加剂是低毒性的合成物，如山梨酸对小鼠的半数致死量为 4.2g/kg，也就是说，如果用一个体重 50kg 的成人身上，每天摄入 210g，才可能产生毒性反应。按照食品卫生规定山梨酸用于食品中的最高量是 50mg/kg，也就是要每天食用 4200kg 此食物，才会造成毒性反应。但稍有点常识的人都会知道，这根本是不可能的。食品卫生法规对使用食用添加剂的剂量有严格限制，在低剂量下，使用含食品添加剂的食品是绝对安全的。

当然，食品添加剂作为人为引入食品中的外来成分，除了它对某些食品具有特效功能以外，绝大多数对食用者具有一定的毒性，食品添加剂也可能危害健康。例如：过期的食品添加剂，和过期食品一样的有害或更甚；不纯的食品添加剂，如汞、铝等未清除；长期过量食用食品添加剂；使用已禁止使用的食品添加剂。因此，只要我们认真了解食品添加剂的性能和作用，认真检查食品中添加剂的成分，使用量及有效期，就能避免其对我们身体造成的损害，并充分利用食品添加剂的作用，为我们增添更多、更美味新鲜的食品，丰富我们的餐桌。

为保证食品的质量，避免因添加剂的使用不当造成不合格食品流入消费领域，在食品的生产、检验、管理中对食品添加剂的测定是十分必要的。特别应该提及的是对那些具有一定毒性的食品添加剂，应尽可能不用或少用。必须使用时，应严格控制使用范围和使用量。

国家标准对食品添加剂的生产和使用都有严格的规定，使用食品添加剂应遵循以下原则：

（1）经过规定的食品毒理学安全评价程序的评价，证明在使用限量内长期使用对人体安全无害，尽可能不用或少。必须使用时，应当严格控制使用范围和使用量，不得随意扩大。添加于食品中能被分析鉴定出来。

（2）不影响食品感官性质和原味对食品营养成分不应有破坏作用。进入人体的添加剂能正常代谢排出。在允许的使用范围内，长期摄入后对食用者不引起慢性毒害作用。

（3）不得由于使用添加剂而降低良好的加工措施和卫生要求。食品添加剂应有严格的质量标准，并按《食品添加剂卫生管理办法》进行卫生管理。其有害杂质不得超过允许限量。不得使用食品添加剂来掩盖食品的缺陷，（如霉变、腐败）或作为伪造手段。不得由于使用食品添加剂而降低良好的加工措施和卫生要求。

（4）未经卫生部允许婴儿及儿童食品不得加入食品添加剂。

五、食品添加剂的检测

使用食品添加剂对防止食品腐败变质，改善食品质量，满足人们对食品品种日益增多的需要等方面均起到积极的作用。但是，①滥用或过量使用食品添加剂；②使用不合格的食品添加剂；③绝大多数食品添加剂是化学合成的，有的具有一定的毒性，有的在食品中起变态反应，或转化成其它有毒物质。有些物质有"三致"作用。④即使认为是安全的食品添加剂，它们终究不是食品的正常成分。因此测定食品添加剂的含量以控制其用量。监督、保证和促进正确合理地使用食品添加剂，确保人民的身体健康。

食品添加剂的检测也是先分离再测定。分离——蒸馏法、溶剂萃取法、色层分离等。测定——比色法、紫外分光光度法、TLC、GC、HPLC 等。

第二节　食品中亚硝酸盐（和硝酸盐）的检测

硝酸盐和亚硝酸盐是广泛存在于自然环境中的化学物质，特别是在食物中，如粮食、蔬菜、肉类和鱼类都含有一定量的硝酸盐和亚硝酸盐。亚硝酸盐俗称工业用盐，为白色粉末，易溶于水，除了工业用途外，硝酸盐和亚硝酸盐在食品生产中作为食品添加剂使用。

在肉类制品中为了保持其鲜红的色泽，经常使用发色剂或称护色剂；常用的发色剂主要有硝酸盐和亚硝酸盐、抗坏血酸及尼克酰胺等。

蔬菜中的亚硝酸盐。由于蔬菜在生产过程中施用氮肥等因素，会使蔬菜植物体内产生硝酸盐。而硝酸盐在植物体内的含量是不均衡的，蔬菜品种不同硝酸盐含量变化很大。不同种类蔬菜的新鲜可食部分中硝酸盐含量按其均值大小排列为：根菜类＞薯类＞绿叶菜类＞白菜＞葱蒜类＞豆类＞茄果类。如根茎类蔬菜中的甜菜根、萝卜等，叶菜类中菠菜、芹菜、灰菜、荠菜等都含有较高的硝酸盐。其中甜菜根、莴苣和菠菜硝酸盐含量多数高于 2500mg/kg。凡有利于某些还原菌，例如大肠杆菌、产气杆菌和革兰氏阳性球菌等生长和繁殖的各种因素（温度、水分、pH 和渗透压等）都可促进硝酸盐还原为亚硝酸盐。因此新鲜蔬菜在贮存过程中，腐烂蔬菜及放置过久的煮熟蔬菜，亚硝酸盐的含量明显增高。

腌制蔬菜中的亚硝酸盐。蔬菜在腌制过程中，亚硝酸盐含量也会增高，例如腌制过程中青菜的亚硝酸盐含量可达 78mg/kg，远超过我国对腌肉制品亚硝酸盐标准（30mg/kg）。蔬菜在腌制过程中亚硝酸盐的含量与食盐的浓度密切相关，食盐在 5% ~ 10%，如腌制泡菜、酸菜时，温度愈高，所产生的亚硝酸盐亦愈多；而盐浓度达 15% 时温度在 15 ~ 20℃ 或 37℃，亚硝酸盐含量均无明显变化。在腌制过程中亚硝酸盐的浓度随时间的延长也会发生相应的变化，最初 2 ~ 4 天亚硝酸盐含量有所增加，7 ~ 14 天时，含量最高，之后则趋于下降。所以食盐浓度在 15% 以下时，初腌的蔬菜（14 天内），容易引起亚硝酸盐中毒。

肉制品中的亚硝酸盐。（亚）硝酸钠或（亚）硝酸钾作为一食品添加剂添加到肉制品中。但由于亚硝酸盐是致癌物质——亚硝胺的前体，因此在加工过程中常以抗坏血酸钠或异构抗坏血酸钠、烟酰胺等辅助发色，以降低肉制品中亚硝酸盐的使用量。亚硝酸盐还是一种防腐剂能抑制微生物的生长。对提高肉制品的风味也有一定功效。

一、亚硝酸盐的作用

发色作用。亚硝酸盐在肉制品中首先被还原成亚硝酸，生成的 HNO_2 性质不稳定，在常温下分解为亚硝基，亚硝基很快与肌红蛋白反应生成一氧化氮肌红蛋白，这是一种含 Fe^{2+} 的鲜亮红色的化合物，这种物质性质稳定，即使加热 Fe^{2+} 与 NO^- 也不易分离，这就使肉制品呈现诱人的鲜红色，增加消费者的购买欲，提高肉制品的商品性。

抑菌作用。亚硝酸盐是良好的抑菌剂，它在 pH4.5 ~ 6.0 的范围内对金黄色葡萄球菌和肉毒梭菌的生长起到抑制作用，其主要作用机理在于 NO_2^- 与蛋白质生成一种复合物（铁 – HITROY 复合物），从而阻止丙酮降解生成 ATP，抑制了细菌的生长繁殖；而且硝酸盐及亚硝酸盐在肉制品中形成 HNO_2 后，分解产生 NO_2，再继续分解成 NO^- 和 O_2，氧可抑制深层肉中严格厌氧的肉毒梭菌的繁殖，从而防止肉毒梭菌产生肉毒毒素而引起的食物中毒，起到了抑菌防腐的作用。

腌制作用。亚硝酸盐与食盐作用改变了肌红细胞的渗透压，增加盐分的渗透作用，促进肉制品成熟风味的形成，可以使肉制品具有弹性，口感良好，消除原料肉的异味，提高产品品质。

螯合和稳定作用。在肉制品腌制过程中，亚硝酸盐能使泡胀的胶原蛋白的数量增多，从而增加肉的黏度和弹性，是良好的螯合剂。另外，亚硝酸盐能提高肉品的稳定性，防止脂肪氧化而产生的不良风味。

二、亚硝酸盐的危害与防治

近来，亚硝酸盐引起社会的广泛关注，因缺乏正确引导使人们产生相当大的误解，甚至出现亚硝酸盐恐慌，一时间，不少消费者奶粉不敢吃了，牛奶不敢喝了，罐头不敢碰了，连羊肉串都不敢尝了。这种状况已在一定程度上影响了人们的正常生活，对食品工业也产生了负面作用。

亚硝酸盐是一种允许使用的食品添加剂，但大剂量的亚硝酸盐能够使血色素中二价铁氧化成为三价铁，产生大量高铁血红蛋白从而使其失去携氧和释氧能力，引起全身组织缺氧，产生肠源性青紫症。当少量的亚硝酸盐进入血液时，形成的高铁血红蛋白通过以上还原机制自行缓解，不表现缺氧等中毒症状。但如果进入的亚硝酸盐过多，使高铁血红蛋白的形成速度超过还原速度，则出现高铁血红蛋白血症，即产生亚硝酸盐中毒。人体摄人 0.3 ~ 0.5g 亚硝酸盐可引起中毒，3g 可致死。

引起亚硝酸盐中毒主要原因是误食。由于市场上硝酸酸盐和亚硝酸盐销售比较混乱，使用中又缺乏有效的管理，因而每年都有因误将亚硝酸盐当作食盐使用从而引起急性中毒事件的发生。而由于给婴儿喂食菠菜汁、芹菜汁等（特别是过夜放置等时间较长者）和饮用苦井水等也是造成肠源性青紫症的重要原因。

另外食品中添加亚硝酸盐过量也可能引起中毒。由于中枢神经对氧缺最敏感，并有头晕、头痛、心率加速、呼吸急促、恶心、呕吐、腹痛等症状，严重者可以引起呼吸困难、循环衰竭和中枢神经损害，出现心率不齐、昏迷、常死于呼吸衰竭。

其次，亚硝酸盐被摄入到胃里后，在胃酸作用下与蛋白质分解产物二级胺反应生成亚硝胺。胃内还有一类细菌叫硝酸还原菌，也能使亚硝酸盐与胺类结合成亚硝胺，胃酸缺乏时，此类细菌生长旺盛，故不论胃酸多少均有利于亚硝胺的产生。亚硝胺具有强烈的致癌作用，主要引起食管癌、胃癌、肝癌和大肠癌等。在已知的 100 多种亚硝胺类化合物中，已证实有80% 左右可使动物致癌，而且目前尚未发现有一种动物能受亚硝胺而不致癌。亚硝胺具有对任何器官诱发肿瘤的能力，特别是它可通过胎盘传给后代引起癌肿。

除上述危害外，亚硝酸盐还能够通过胎盘进入婴儿体内，6 个月以内的婴儿对亚硝酸盐特别敏感，对胎儿有致畸作用。欧共体建议亚硝酸盐不得用于婴儿食品，而硝酸盐应限制使用。20 世纪 80 年代南澳有一种新生儿先天性畸形，主要是中枢神经系统疾病，经对流行病的大量调查，发现地下水含硝酸根离子较高是致病的原因。另有研究指出，因水中含硝酸根超过 15mg/L 时，先天畸形的风险提高 4 倍。此外，经研究认为高硝酸盐摄入能减少人体对碘的吸收，从而导致甲状腺肿。

为了控制硝酸盐和亚硝酸盐的用量，许多国家都制定了限量卫生标准以限制其使用范围和使用量。我国食品添加剂使用卫生标准定在肉制品中硝酸盐的使用量不得超过 0.5g/kg，亚硝酸盐的使用量不得超过 0.15g/kg。在肉制品中的最终残留量不得超过 50mg/kg，肉罐头中不得超过 30mg/kg，而婴儿配方乳粉中的残留量不得超过 2mg/kg。

硝酸钠为白色粉末，味咸、苦，溶于水。硝酸钠的 LD50（半致死量）为 3200mg/kg，ADI（每日允许摄入量）为 5mg/kg 体重（不包括食品中天然存在量）。硝酸盐在细菌作用下可还原为亚硝酸盐，若饮水中含有 100mg/kg（以 NO_3^- 计），即可引起婴儿中毒，个别情况下 50mg/kg 可引起中毒。

亚硝酸钠为白色或淡黄色结晶，无臭，微咸，吸湿性强，溶于水，在空气中易氧化为硝酸盐。

亚硝酸钠的 LD50 为 220mg/kg，ADI 为 0.2mg/kg（以 $NaNO_2$ 计）。亚硝酸盐可使血液中二价铁离子氧化为三价铁离子，使正常血红蛋白转变为高铁血红蛋白，失去携氧能力，出现亚硝酸盐中毒症状。亚硝酸钠还可干扰碘的代谢，造成甲状腺肿大、氧化破坏维生素 A 和影响体内胡萝卜素向维生素 A 的转化，并可抑制动物生长发育，缩短寿命。亚硝酸盐又是致癌性 N – 亚硝基化合物的前体物，研究证明人体内和食物中的亚硝酸盐只要与胺类或酰胺类同时存在，就可能形成致癌性的亚硝基化合物。因此我国制订食品中的卫生标准及其允许使用量标准。

防治亚硝酸盐的危害从饮食方面减少摄入量。①食剩的熟菜不可在高温下存放长时间后再食用。②不喝长时间煮熬的蒸锅剩水。③尽量少吃或不吃腌制、熏制、腊制的鱼、肉类、香肠、腊肉、火腿、罐头食品、渍酸菜、盐腌不久的菜（包括腌制时间在 24h 之内的咸菜）。④禁食腐烂变质蔬菜或变质的腌菜。白菜食用时，应注意剥掉外面几层含有相当多的硝酸盐的菜叶。再者，人们选购蔬菜时应注意观察其外表，如果黄瓜、土豆、西葫芦的外表下渗出黄点，反映硝酸盐含量高。⑤多吃一些含 VC 和 VE 丰富的蔬菜、水果以及茶叶、食醋等可以阻止亚硝酸盐的形成。

另外还要从食品生产加工等方面严格控制。①妥善保管亚硝酸盐，防止误食。②严格食品添加剂卫生管理，控制硝酸盐、亚硝酸盐作为发色剂的使用范围、使用剂量及食品残留量。联合国粮农组织（FAO）/世界卫生组织（WHO）、联合国食品添加剂法规委员会（JECFA）建议在目前还没有理想代替品之前，把用量限制在最低水平。我国规定，硝酸盐在肉制品中的最大用量为 0.5g/kg，亚硝酸盐在肉罐头和肉制品中的最大用量为 0.15g/kg；残留量以亚硝酸钠计，肉类罐头不得超过 0.05g/kg，肉制品不得超过 0.03g/kg。③在土壤中施用钼肥以减少粮食、蔬菜中亚硝酸盐含量。钼肥在植物中起到的作用是固氮和还原硝酸盐。如大白菜和萝卜使用钼肥后，VC 含量比对照组高 38%，亚硝酸盐平均下降 26.5%。若植物缺钼，则硝酸盐含量增加。④改良水质，对饮用水中含硝酸盐较高的地区进行水质处理。⑤低温保存食物，以减少蛋白质分解和亚硝酸盐生成。⑥防止微生物污染和食物霉变。做好食品保藏，防止蔬菜、鱼、肉腐败变质，产生亚硝酸盐及仲胺。⑦合理加工、烹调操作可降低蔬菜中可食部分硝酸盐含量。商品蔬菜经过烧煮后，硝酸盐含量下降幅度为 50% ~ 70%；蔬菜食前经过沸水浸泡 3min 处理能有效降低硝酸盐含量，且效果好于清水浸泡 10 分钟或锅炒 3min；将马铃薯放在浓度为 1% 的食盐水或 VC 溶液中浸泡一昼夜，马铃薯中硝酸盐的含量可减少 90%；蔬菜在烹调食用前先焯水、弃汤后再烹炒也可大大降低其中的硝酸盐含量。⑧加强监督管理。美国、法国、德国等国家已制定了一系列的法令，对食品（包括蔬菜、罐头、肉制品和乳制品）中硝酸盐的含量进行了限制。在荷兰、比利时、德国等国家，蔬菜必须持有合格证方可进入蔬菜商店。合格证上记录着硝酸盐的准确含量，消费者通过使用一种试纸条快速测试方法可立即证实硝酸盐含量。相比之下，我国这方面的工作还存在许多要完善的地方。

我国《食品添加剂使用标准》（GB 2760—2011）规定：亚硝酸盐用于腌制肉类、肉类罐头、肉制品时的最大使用量为 0.15g/kg，硝酸钠最大使用量为 0.5g/kg，残留量（以亚硝酸钠计）肉类罐头不得超过 0.05g/kg，肉制品不得超过 0.03g/kg。

三、食品中亚硝酸盐含量的分析

格里斯试剂比色法——亚硝酸盐的测定。样品经沉淀蛋白质、除去脂肪后，在弱酸性条件下，亚硝酸盐与对氨基苯磺酸重氮化，产生重氮盐，此重氮盐再与偶合试剂（盐酸萘乙二胺）偶合形成紫红色染料，染料的颜色深浅与亚硝酸根含量成正比，其最大吸收波长为538nm，测定其吸光度后，可与标准比较定量。

$$2HCl + NaNO_2 + H_2N-\!\!\!\!\!\!\!\!-\!\!\!\!\!\!\!\!-SO_3H \xrightarrow{\text{重氮化}} Cl-N=\!\!\!\!\!\!\!\!-\!\!\!\!\!\!\!\!-SO_3H + NaCl + H_2O$$

$$Cl-N=\!\!\!\!\!\!\!\!-\!\!\!\!\!\!\!\!-SO_3H + \text{(萘环)}-NHCH_2CH_2NH_2 \cdot 2HCl \xrightarrow[-HCl]{\text{偶合}}$$

$$HO_3S-\!\!\!\!\!\!\!\!-\!\!\!\!\!\!\!\!-N=N-\text{(萘环)}-NHCH_2CH_2NH_2 \cdot 2HCl$$

样品的处理。原样→捣碎→取匀样 0.5g 加入硼砂液 12.5mL→沸水浴 15min→加亚铁氰化钾和乙酸锌各 5mL（沉淀蛋白质）→定容，放置 0.5h→撇去脂肪层→过滤（弃去不溶物）→滤液待测。

注意事项：①实验中使用重蒸水可以减少试验误差。②亚铁氰化钾和乙酸锌溶液作为蛋白质沉淀剂，是利用产生的亚铁氰化锌与蛋白质共沉淀；③硫酸锌溶液（30%）也可作为蛋白质沉淀剂使用。④饱和硼砂的作用有二：一是亚硝酸盐的提取剂，二是蛋白质沉淀剂。⑤盐酸萘乙二胺有致癌作用，使用时应注意安全。⑥当亚硝酸盐含量过高时，过量的亚硝酸盐可以使偶氮化合物氧化，生成黄色，而使红色消失，这时应将样品处理液稀释后再做，最好是样品的吸光度落在标准曲线的吸光度之内。

本法测得的是样品中的亚硝酸盐（以亚硝酸钠计）的含量，不包括硝酸盐含量。亚硝酸盐容易氧化为硝酸盐，样品处理时，加热的时间与温度均要控制。配制标准溶液的固体亚硝酸钠可长期保存在硅胶干燥器中，若有必要，可在 80℃烘去水分后称量。

四、离子色谱法测定食品中亚硝酸盐和硝酸盐

试样经沉淀蛋白质、除去脂肪后，采用相应的方法提取和净化，以氢氧化钾溶液为淋洗液，阴离子交换柱分离，电导检测器检测。以保留时间定性，外标法定量。亚硝酸盐和硝酸盐检出限分别为 0.2mg/kg 和 0.4mg/kg。

（1）试剂和材料：

超纯水：电阻率 >18.2mΩ·cm。

乙酸（CH_3COOH）：分析纯。

氢氧化钾（KOH）：分析纯。

乙酸溶液（3%）：量取乙酸 3mL 于 100mL 容量瓶中，以水稀释至刻度，混匀。

亚硝酸根离子（NO_2^-）标准溶液（100mg/L，水基体）。

硝酸根离子（NO_3^-）标准溶液（1000mg/L，水基体）。

亚硝酸盐（以 NO_2^- 计，下同）和硝酸盐（以 NO_3^- 计，下同）混合标准使用液：准确移取亚硝酸根离子（NO_2^-）和硝酸根离子（NO_3^-）的标准溶液各 1.0mL 于 100mL 容量瓶中，用水稀释至刻度，此溶液每 1L 含亚硝酸根离子 1.0mg 和硝酸根离子 10.0mg。

（2）仪器和设备：

离子色谱仪：包括电导检测器，配有抑制器，高容量阴离子交换柱，50μL 定量环。

食物粉碎机。

超声波清洗器。

天平：感量为 0.1mg 和 1mg。

离心机：转速≥10000 转/分钟，配 5mL 或 10mL 离心管。

0.22μm 水性滤膜针头滤器。

净化柱：包括 C_{18} 柱、Ag 柱和 Na 柱或等效柱。

注射器：1.0mL 和 2.5mL。

注：所有玻璃器皿使用前均需依次用 2mol/L 氢氧化钾和水分别浸泡 4h，然后用水冲洗 3～5 次，晾干备用。

（3）试样预处理：

新鲜蔬菜、水果：将试样用去离子水洗净，晾干后，取可食部切碎混匀。将切碎的样品

用四分法取适量，用食物粉碎机制成匀浆备用。如需加水应记录加水量。

肉类、蛋、水产及其制品：用四分法取适量或取全部，用食物粉碎机制成匀浆备用。

乳粉、豆奶粉、婴儿配方粉等固态乳制品（不包括干酪）：将试样装入能够容纳2倍试样体积的带盖容器中，通过反复摇晃和颠倒容器使样品充分混匀直到使试样均一化。

发酵乳、乳、炼乳及其它液体乳制品：通过搅拌或反复摇晃和颠倒容器使试样充分混匀。

干酪：取适量的样品研磨成均匀的泥浆状。为避免水分损失，研磨过程中应避免产生过多的热量。

（4）提取：

水果、蔬菜、鱼类、肉类、蛋类及其制品等：称取试样匀浆5g（精确至0.01g，可适当调整试样的取样量，以下相同），以80mL水洗入100mL容量瓶中，超声提取30min，每隔5min振摇一次，保持固相完全分散。于75℃水浴中放置5min，取出放置至室温，加水稀释至刻度。溶液经滤纸过滤后，取部分溶液于10000r/min离心15min，上清液备用。

腌鱼类、腌肉类及其它腌制品：称取试样匀浆2g（精确至0.01g），以80mL水洗入100mL容量瓶中，超声提取30min，每5min振摇一次，保持固相完全分散。于75℃水浴中放置5min，取出放置至室温，加水稀释至刻度。溶液经滤纸过滤后，取部分溶液于10000r/min离心15min，上清液备用。

乳：称取试样10g（精确至0.01g），置于100mL容量瓶中，加水80mL，摇匀，超声30min，加入3%乙酸溶液2mL，于4℃放置20min，取出放置至室温，加水稀释至刻度。溶液经滤纸过滤，取上清液备用。

乳粉：称取试样2.5g（精确至0.01g），置于100mL容量瓶中，加水80mL，摇匀，超声30min，加入3%乙酸溶液2mL，于4℃放置20min，取出放置至室温，加水稀释至刻度。溶液经滤纸过滤，取上清液备用。

取上述备用的上清液约15mL，通过0.22μm水性滤膜针头滤器、C_{18}柱，弃去前面3mL（如果氯离子大于100mg/L，则需要依次通过针头滤器、C_{18}柱、Ag柱和Na柱，弃去前面7mL），收集后面洗脱液待测。

固相萃取柱使用前需进行活化，如使用OnGuard II RP柱（1.0mL）、OnGuard II Ag柱（1.0mL）和OnGuard II Na柱（1.0mL），其活化过程为：OnGuard II RP柱（1.0mL）使用前依次用10mL甲醇、15mL水通过，静置活化30min。OnGuard II Ag柱（1.0mL）和On-Guard II Na柱（1.0mL）用10mL水通过，静置活化30min。

（5）参考色谱条件：

色谱柱：氢氧化物选择性，可兼容梯度洗脱的高容量阴离子交换柱，如Dionex IonPac AS11 - HC 4mm×250mm（带IonPac AG11 - HC型保护柱4mm×50mm），或性能相当的离子色谱柱。

淋洗液：一般试样：氢氧化钾溶液，浓度为6~70mmol/L；洗脱梯度为6mmol/L 30min，70mmol/L 5min，6mmol/L 5min；流速1.0mL/min。粉状婴幼儿配方食品：氢氧化钾溶液，浓度为5~50mmol/L；洗脱梯度为5mmol/L 33min，50mmol/L 5min，5mmol/L 5min；流速1.3mL/min。

抑制器：连续自动再生膜阴离子抑制器或等效抑制装置。

检测器：电导检测器，检测池温度为35℃。

进样体积：50μL（可根据试样中被测离子含量进行调整）。

（6）测定：

移取亚硝酸盐和硝酸盐混合标准使用液，加水稀释，制成系列标准溶液，含亚硝酸根离子浓度为 0.00mg/L、0.02mg/L、0.04mg/L、0.06mg/L、0.08mg/L、0.10mg/L、0.15mg/L、0.20mg/L；硝酸根离子浓度为 0.0mg/L、0.2mg/L、0.4mg/L、0.6mg/L、0.8mg/L、1.0mg/L、1.5mg/L、2.0mg/L 的混合标准溶液，从低到高浓度依次进样。得到上述各浓度标准溶液的色谱图（图 8－2－1）。以亚硝酸根离子或硝酸根离子的浓度（mg/L）为横坐标，以峰高（μS）或峰面积为纵坐标，绘制标准曲线或计算线性回归方程。

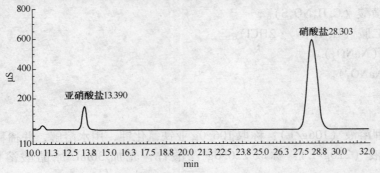

图 8－2－1　亚硝酸盐和硝酸盐混合标准溶液的色谱图

分别吸取空白和试样溶液 50μL，在相同工作条件下，依次注入离子色谱仪中，记录色谱图。根据保留时间定性，分别测量空白和样品的峰高（μS）或峰面积。试样中亚硝酸盐（以 NO_2^- 计）或硝酸盐（以 NO_3^- 计）含量按式（8－2－1）计算：

$$X = \frac{(c - c_0) \times V \times f \times 1000}{m \times 1000}$$ （8－2－1）

式中　X——试样中亚硝酸根离子或硝酸根离子的含量，mg/kg；

　　　c——测定用试样溶液中的亚硝酸根离子或硝酸根离子浓度，mg/L；

　　　c_0——试剂空白液中亚硝酸根离子或硝酸根离子的浓度，mg/L；

　　　V——试样溶液体积，mL；

　　　f——试样溶液稀释倍数；

　　　m——试样取样量，g。

说明：试样中测得的亚硝酸根离子含量乘以换算系数 1.5，即得亚硝酸盐（按亚硝酸钠计）含量；试样中测得的硝酸根离子含量乘以换算系数 1.37，即得硝酸盐（按硝酸钠计）含量。以重复性条件下获得的两次独立测定结果的算术平均值表示，结果保留两位有效数字。在重复性条件下获得的两次独立测定结果的绝对值差不得超过算术平均值的 10%。

五、分光光度法测定食品中亚硝酸盐和硝酸盐

亚硝酸盐采用盐酸萘乙二胺法测定，硝酸盐采用镉柱还原法测定。试样经沉淀蛋白质、除去脂肪后，在弱酸条件下亚硝酸盐与对氨基苯磺酸重氮化后，再与盐酸萘乙二胺偶合形成紫红色染料，外标法测得亚硝酸盐含量。采用镉柱将硝酸盐还原成亚硝酸盐，测得亚硝酸盐总量，由此总量减去亚硝酸盐含量，即得试样中硝酸盐含量。亚硝酸盐和硝酸盐检出限分别

为 1mg/kg 和 1.4mg/kg。

（1）试剂和材料：

亚铁氰化钾 [$K_4Fe(CN)_6 \cdot 3H_2O$]。

乙酸锌 [$Zn(CH_3COO)_2 \cdot 2H_2O$]。

冰醋酸（CH_3COOH）。

硼酸钠（$Na_2B_4O_7 \cdot 10H_2O$）。

盐酸（$\rho = 1.19g/mL$）。

氨水（25%）。

对氨基苯磺酸（$C_6H_7NO_3S$）。

盐酸萘乙二胺（$C_{12}H_{14}N_2 \cdot 2HCl$）。

亚硝酸钠（$NaNO_2$）。

硝酸钠（$NaNO_3$）。

锌皮或锌棒。

硫酸镉；

亚铁氰化钾溶液（106g/L）：称取 106.0g 亚铁氰化钾，用水溶解，并稀释至 1000mL；

乙酸锌溶液（220g/L）：称取 220.0g 乙酸锌，先加 30mL 冰醋酸溶解，用水稀释至 1000mL。

饱和硼砂溶液（50g/L）：称取 5.0g 硼酸钠，溶于 100mL 热水中，冷却后备用。

氨缓冲溶液（pH9.6～9.7）：量取 30mL 盐酸，加 100mL 水，混匀后加 65mL 氨水，再加水稀释至 1000mL，混匀。调节 pH 至 9.6～9.7。

氨缓冲液的稀释液：量取 50mL 氨缓冲溶液，加水稀释至 500mL，混匀。

盐酸（0.1mol/L）：量取 5mL 盐酸，用水稀释至 600mL。

对氨基苯磺酸溶液（4g/L）：称取 0.4g 对氨基苯磺酸，溶于 100mL 20%（体积比）盐酸中，置棕色瓶中混匀，避光保存。

盐酸萘乙二胺溶液（2g/L）：称取 0.2g 盐酸萘乙二胺，溶于 100mL 水中，混匀后，置棕色瓶中，避光保存。

亚硝酸钠标准溶液（200μg/mL）：准确称取 0.1000g 于 110～120℃ 干燥恒重的亚硝酸钠，加水溶解移入 500mL 容量瓶中，加水稀释至刻度，混匀。

亚硝酸钠标准使用液（5.0μg/mL）：临用前，吸取亚硝酸钠标准溶液 5.00mL，置于 200mL 容量瓶中，加水稀释至刻度。

硝酸钠标准溶液（200μg/mL，以亚硝酸钠计）：准确称取 0.1232g 于 110～120℃ 干燥恒重的硝酸钠，加水溶解，移入 500mL 容量瓶中，并稀释至刻度。

硝酸钠标准使用液（5μg/mL）：临用时吸取硝酸钠标准溶液 2.50mL，置于 100mL 容量瓶中，加水稀释至刻度。

（2）仪器和设备：

天平：感量为 0.1mg 和 1mg。

组织捣碎机。

超声波清洗器。

恒温干燥箱。

分光光度计。

（3）镉柱：

海绵状镉的制备：投入足够的锌皮或锌棒于500mL硫酸镉溶液（200g/L）中，经过3h～4h，当其中的镉全部被锌置换后，用玻璃棒轻轻刮下，取出残余锌棒，使镉沉底，倾去上层清液，以水用倾泻法多次洗涤，然后移入组织捣碎机中，加500mL水，捣碎约2s，用水将金属细粒洗至标准筛上，取20～40目之间的部分。

镉柱的装填：如图8-2-2。用水装满镉柱玻璃管，并装入2cm高的玻璃棉做垫，将玻璃棉压向柱底时，应将其中所包含的空气全部排出，在轻轻敲击下加入海绵状镉至8～10cm高，上面用1cm高的玻璃棉覆盖，上置一贮液漏斗，末端要穿过橡皮塞与镉柱玻璃管紧密连接。

如无上述镉柱玻璃管时，可以25mL酸式滴定管代用，但过柱时要注意始终保持液面在镉层之上。当镉柱填装好后，先用25mL盐酸（0.1mol/L）洗涤，再以水洗两次，每次25mL，镉柱不用时用水封盖，随时都要保持水平面在镉层之上，不得使镉层夹有气泡。

镉柱每次使用完毕后，应先以25mL盐酸（0.1mol/L）洗涤，再以水洗两次，每次25mL，最后用水覆盖镉柱。镉柱还原效率的测定：吸取20mL硝酸钠标准使用液，加入5mL氨缓冲液的稀释液，混匀后注入贮液漏斗，使流经镉柱还原，以原烧杯收集流出液，当贮液漏斗中的样液流完后，再加5mL水置换柱内留存的样液。取10.0mL还原后的溶液（相当10μg亚硝酸钠）于50mL比色管中，吸取0.00mL、0.20mL、0.40mL、0.60mL、0.80mL、1.00mL、1.50mL、2.00mL、2.50mL亚硝酸钠标准使用液（相当于0.0μg、1.0μg、2.0μg、3.0μg、4.0μg、5.0μg、7.5μg、10.0μg、12.5μg亚硝酸钠），分别置于50mL带塞比色管中。于标准管与试样管中分别加入2mL对氨基苯磺酸溶液，混匀，静置3～5min后各加入1mL盐酸萘乙二胺溶液，加水至刻度，混匀，静置15min，用2cm比色杯，以零管调节零点，于波长538nm处测吸光度，绘制标准曲线。根据标准曲线计算测得结果，与加入量一致，还原效率应大于98%为符合要求。还原效率按式（8-2-2）进行计算。

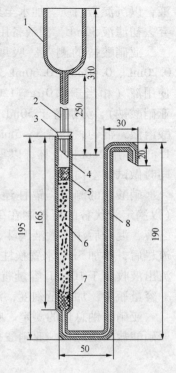

图8-2-2　镉柱示意图
1—贮液漏斗，内径35mm，外径37mm；2—进液毛细管，内径0.4mm，外径6mm；3—橡皮塞；4—镉柱玻璃管，内径12mm，外径16mm；5、7—玻璃棉；6—海绵状镉；8—出液毛细管，内径2mm，外径8mm。

$$X = \frac{A}{10} \times 100\% \qquad (8-2-2)$$

式中　X——还原效率，%；

　　　A——测得亚硝酸钠的含量，μg；

　　10——测定用溶液相当亚硝酸钠的含量，μg。

（4）分析步骤：

试样处理同上。称取5g（精确至0.01g）制成匀浆的试样（如制备过程中加水，应按加水量折算），置于50mL烧杯中，加12.5mL饱和硼砂溶液，搅拌均匀，以70℃左右的水约300mL将试样洗入500mL容量瓶中，于沸水浴中加热15min，取出置冷水浴中冷却，并放置至室温。在振荡上述提取液时加入 5mL 亚铁氰化钾溶液，摇匀，再加入 5mL 乙酸锌溶液，以沉淀蛋白质。加水至刻度，摇匀，放置 30min，除去上层脂肪，上清液用滤纸过滤，弃去初滤液 30mL，滤液备用。

亚硝酸盐的测定。吸取 40.0mL 上述滤液于 50mL 带塞比色管中，另吸取 0.00mL、0.20mL、0.40mL、0.60mL、0.80mL、1.00mL、1.50mL、2.00mL、2.50mL 亚硝酸钠标准使用液（相当于 0.0μg、1.0μg、2.0μg、3.0μg、4.0μg、5.0μg、7.5μg、10.0μg、12.5μg 亚硝酸钠），分别置于 50mL 带塞比色管中。于标准管与试样管中分别加入 2mL 对氨基苯磺酸溶液，混匀，静置 3～5min 后各加入 1mL 盐酸萘乙二胺溶液，加水至刻度，混匀，静置 15min，用 2cm 比色杯，以零管调节零点，于波长 538nm 处测吸光度，绘制标准曲线比较。同时做试剂空白。

硝酸盐的测定。镉柱还原先以 25mL 稀氨缓冲液冲洗镉柱，流速控制在 3～5mL/min（以滴定管代替的可控制在 2～3mL/min）。吸取 20mL 滤液于 50mL 烧杯中，加 5mL 氨缓冲溶液，混合后注入贮液漏斗，使流经镉柱还原，以原烧杯收集流出液，当贮液漏斗中的样液流尽后，再加 5mL 水置换柱内留存的样液。将全部收集液如前再经镉柱还原一次，第二次流出液收集于 100mL 容量瓶中，继以水流经镉柱洗涤三次，每次 20mL，洗液一并收集于同一容量瓶中，加水至刻度，混匀。

亚硝酸钠总量的测定。吸取 10～20mL 还原后的样液于 50mL 比色管中。以下按操作同亚硝酸盐测定过程。亚硝酸盐（以亚硝酸钠计）的含量按式（8 - 2 - 3）进行计算。

$$X_1 = \frac{A_1 \times 1000}{m \times \dfrac{V_1}{V_0} \times 1000} \qquad (8 - 2 - 3)$$

式中　X_1——试样中亚硝酸钠的含量，mg/kg；

　　　A_1——测定用样液中亚硝酸钠的质量，μg；

　　　m——试样质量，g；

　　　V_1——测定用样液体积，mL；

　　　V_0——试样处理液总体积，mL。

以重复性条件下获得的两次独立测定结果的算术平均值表示，结果保留两位有效数字。

硝酸盐（以硝酸钠计）的含量按式（8 - 2 - 4）进行计算。

$$X_2 = \left[\frac{A_2 \times 1000}{m \times \dfrac{V_2}{V_1} \times \dfrac{V_4}{V_3} \times 1000} - X_1 \right] \times 1.232 \qquad (8 - 2 - 4)$$

式中　X_2——试样中硝酸钠的含量，mg/kg；

　　　A_2——经镉粉还原后测得总亚硝酸钠的质量，μg；

　　　m——试样的质量，g；

　　1.232——亚硝酸钠换算成硝酸钠的系数；

　　　V_2——测总亚硝酸钠的测定用样液体积，mL；

　　　V_0——试样处理液总体积，mL；

　　　V_3——经镉柱还原后样液总体积，mL；

　　　V_4——经镉柱还原后样液的测定用体积，mL；

　　　X_1——由式（8 - 2 - 3）计算出的试样中亚硝酸钠的含量，mg/kg。

以重复性条件下获得的两次独立测定结果的算术平均值表示，结果保留两位有效数字。在重复性条件下获得的两次独立测定结果的绝对差值不得超过算术平均值的10%。

注意事项：在制做海绵状镉或处理镉柱时，不要用手直接接触，注意不要弄到皮肤上。一旦接触应立即用水冲洗。最好在水中进行，以免镉粒暴露于空气而氧化。

六、乳及乳制品中亚硝酸盐与硝酸盐的测定

试样经沉淀蛋白质、除去脂肪后，用镀铜镉粒使部分滤液中的硝酸盐还原为亚硝酸盐。在滤液和已还原的滤液中，加入磺胺和 $N-1-$ 萘基 $-$ 乙二胺二盐酸盐，使其显粉红色，然后用分光光度计在538nm波长下测其吸光度。将测得的吸光度与亚硝酸钠标准系列溶液的吸光度进行比较，就可计算出样品中的亚硝酸盐含量和硝酸盐还原后的亚硝酸总量；从两者之间的差值可以计算出硝酸盐的含量。亚硝酸盐和硝酸盐检出限分别为 0.2mg/kg 和 1.5mg/kg。

（1）试剂和材料：

亚硝酸钠（$NaNO_2$）。

硝酸钾（KNO_3）。

镀铜镉柱：镉粒直径 0.3~0.8mm。也可将适量的锌棒放入烧杯中，用 40g/L 的硫酸镉（$CdSO_4 \cdot 8H_2O$）溶液浸没锌棒。在 24h 之内，不断将锌棒上的海绵状镉刮下来。取出锌棒，滗出烧杯中多余的溶液，剩下的溶液能浸没镉即可。用蒸馏水冲洗海绵状镉 2~3 次，然后把镉移入小型搅拌器中，同时加入 400mL0.1mol/L 的盐酸。搅拌几秒钟，以得到所需粒度的颗粒。将搅拌器中的镉粒连同溶液一起倒回烧杯中，静置几小时，这期间要搅拌几次以除掉气泡。倾出大部分溶液，立即镀铜。

硫酸铜溶液：溶解 20g 硫酸铜（$CuSO_4 \cdot 5H_2O$）于水中，稀释至 1000mL。

盐酸-氨水缓冲溶液：pH9.60~9.70。用 600mL 水稀释 75mL 浓盐酸（质量分数为 36%~38%）。混匀后，再加入 135mL 浓氨水（质量分数等于 25% 的新鲜氨水）。用水稀释至 1000mL，混匀。用精密 pH 计调 pH 值为 9.60~9.70。

盐酸（2mol/L）：160mL 的浓盐酸（质量分数为 36%~38%）用水稀释至 1000mL。

盐酸（0.1mol/L）：50mL 2mol/L 的盐酸用水稀释至 1000mL。

沉淀蛋白和脂肪的溶液：硫酸锌溶液：将 53.5g 的硫酸锌（$ZnSO_4 \cdot 7H_2O$）溶于水中，并稀释至 100mL。亚铁氰化钾溶液：将 17.2g 的三水亚铁氰化钾 [$K_4Fe(CN)_6 \cdot 3H_2O$] 溶于水中，稀释至 100mL。

EDTA 溶液：用水将 33.5g 的乙二胺四乙酸二钠（$Na_2C_{10}H_{14}N_2O_3 \cdot 2H_2O$）溶解，稀释至 1000mL。

显色液 1：体积比为 450:550 的盐酸。将 450mL 浓盐酸（质量分数为 36%~38%）加入到 550mL 水中，冷却后装入试剂瓶中。

显色液 2：5g/L 的磺胺溶液。在 75mL 水中加入 5mL 浓盐酸（质量分数为 36%~38%），然后在水浴上加热，用其溶解 0.5g 磺胺（$NH_2C_6H_4SO_2NH_2$）。冷却至室温后用水稀释至 100mL，必要时进行过滤。

显色液 3：1g/L 的萘胺盐酸盐溶液。将 0.1g 的 $N-1-$ 萘基 $-$ 乙二胺二盐酸盐。（$C_{10}H_7NHCH_2CH_2NH_2 \cdot 2HCl$）溶于水，稀释至 100mL。必要时过滤。

注：此溶液应少量配制，装于密封的棕色瓶中，冰箱中 2~5℃ 保存。

亚硝酸钠标准溶液：相当于亚硝酸根的浓度为 0.001g/L。将亚硝酸钠在 110～120℃ 的范围内干燥至恒重。冷却后称取 0.150g，溶于 1000mL 容量瓶中，用水定容。在使用的当天配制该溶液。取 10mL 上述溶液和 20mL 缓冲溶液于 1000mL 容量瓶中，用水定容。每 1mL 该标准溶液中含 1.00μg 的 NO_2^-。

硝酸钾标准溶液，相当于硝酸根的浓度为 0.0045g/L。将硝酸钾在 110～120℃ 的温度范围内干燥至恒重，冷却后称取 1.4580g，溶于 1000mL 容量瓶中，用水定容。在使用当天，于 1000mL 的容量瓶中，取 5mL 上述溶液和 20mL 缓冲溶液，用水定容。每 1mL 的该标准溶液含有 4.50μg 的 NO_3^-。

（2）仪器和设备：

天平：感量为 0.1mg 和 1mg。

烧杯：100mL。

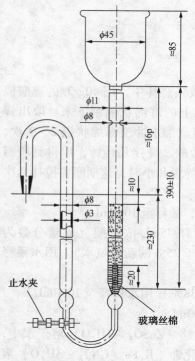

图 8-2-3 硝酸盐还原装置

锥形瓶：250mL，500mL。

容量瓶：100mL、500mL 和 1000mL。

移液管：2mL、5mL、10mL 和 20mL。

吸量管：2mL、5mL、10mL 和 25mL。

量筒：根据需要选取。

玻璃漏斗：直径约 9cm，短颈。

定性滤纸：直径约 18cm。

还原反应柱：简称镉柱，如图 8-2-3 所示。

分光光度计：测定波长 538nm，使用 1～2cm 光程的比色皿。

pH 计：精度为 ±0.01，使用前用 pH7 和 pH9 的标准溶液进行校正。

（3）制备镀铜镉柱

置镉粒于锥形瓶中（所用镉粒的量以达到要求的镉柱高度为准）。加足量的盐酸以浸没镉粒，摇晃几分钟。滗出溶液，在锥形烧瓶中用水反复冲洗，直到把氯化物全部冲洗掉。在镉粒上镀铜。向镉粒中加入硫酸铜溶液（每克镉粒约需 2.5mL），振荡 1min。滗出液体，立即用水冲洗镀铜镉粒，注意镉粒要始终用水浸没。当冲洗水中不再有铜沉淀时即可停止冲洗。在用于盛装镀铜镉粒的玻璃柱的

底部装上几厘米高的玻璃纤维（见图 8-2-3）。在玻璃柱中灌入水，排净气泡。将镀铜镉粒尽快地装入玻璃柱，使其暴露于空气的时间尽量短。镀铜镉粒的高度应在 15～20cm 的范围内（避免在颗粒之间遗留空气。注意不能让液面低于镀铜镉粒的顶部）。

新制备柱的处理。将由 750mL 水、225mL 硝酸钾标准溶液、20mL 缓冲溶液和 20mLEDTA 溶液组成的混合液以不大于 6mL/min 的流量通过刚装好镉粒的玻璃柱，接着用 50mL 水以同样流速冲洗该柱。

检查柱的还原能力，每天至少要进行两次，一般在开始时和一系列测定之后。用移液管将 20mL 的硝酸钾标准溶液移入还原柱顶部的贮液杯中，再立即向该贮液杯中添加 5mL 缓冲溶液。用一个 100mL 的容量瓶收集洗提液。洗提液的流量不应超过 6mL/min。在贮液杯将

要排空时，用约 15mL 水冲洗杯壁。冲洗水流尽后，再用 15mL 水重复冲洗。当第二次冲洗水也流尽后，将贮液杯灌满水，并使其以最大流量流过柱子。当容量瓶中的洗提液接近 100mL 时，从柱子下取出容量瓶，用水定容至刻度，混合均匀。移取 10mL 洗提液于 100mL 容量瓶中，加水至 60mL 左右。然后按标准曲线操作过程进行。根据测得的吸光度，从标准曲线上可查得稀释洗提液中的亚硝酸盐含量（μg/mL）。据此可计算出以百分率表示的柱还原能力（NO^- 的含量为 0.067μg/mL 时还原能力为 100%）。如果还原能力小于 95%，柱子就需要再生。

柱子再生：柱子使用后，或镉柱的还原能力低于 95% 时，需进行再生。在 100mL 水中加入约 5mL EDTA 溶液和 2mL 盐酸，以 10mL/min 左右的速度过柱。当贮液杯中混合液排空后，按顺序用 25mL 水、25mL 盐酸和 25mL 水冲洗柱子。检查镉柱的还原能力，如低于 95%，要重复再生。

（4）样品的称取和溶解：

液体乳样品：量取 90mL 样品于 500mL 锥形瓶中，用 22mL 50~55℃ 的水分数次冲洗样品量筒，冲洗液倾入锥形瓶中，混匀。

乳粉样品：在 100mL 烧杯中称取 10g 样品，准确至 0.001g。用 112mL 50~55℃ 的水将样品洗入 500mL 锥形瓶中，混匀。

乳清粉及以乳清为原料生产的粉状婴幼儿配方食品样品：在 100mL 烧杯中称取 10g 样品，准确至 0.001g。用 112mL 50~55℃ 的水将样品洗入 500mL 锥形瓶中，混匀。用铝箔纸盖好锥形瓶口，将溶好的样品在沸水中煮 15min，然后冷却至约 50℃。

（5）脂肪和蛋白的去除：

按顺序加入 24mL 硫酸锌溶液、24mL 亚铁氰化钾溶液和 40mL 缓冲溶液，加入时要边加边摇，每加完一种溶液都要充分摇匀。静置 15min~1h。然后用滤纸过滤，滤液用 250mL 锥形瓶收集。

（6）硝酸盐还原为亚硝酸盐：

移取 20mL 滤液于 100mL 小烧杯中，加入 5mL 缓冲溶液，摇匀，倒入镉柱顶部的贮液杯中，以小于 6mL/min 的流速过柱。洗提液（过柱后的液体）接入 100mL 容量瓶中。

当贮液杯快要排空时，用 15mL 水冲洗小烧杯，再倒入贮液杯中。冲洗水流完后，再用 15mL 水重复一次。当第二次冲洗水快流尽时，将贮液杯装满水，以最大流速过柱。当容量瓶中的洗提液接近 100mL 时，取出容量瓶，用水定容，混匀。

（7）测定：

分别移取 20mL 洗提液和 20mL 滤液于 100mL 容量瓶中，加水至约 60mL。在每个容量瓶中先加入 6mL 显色液 1，边加边混；再加入 5mL 显色液 2。小心混合溶液，使其在室温下静置 5min，避免直射阳光。加入 2mL 显色液 3，小心混合，使其在室温下静置 5min，避免直射阳光。用水定容至刻度，混匀。在 15min 内用 538nm 波长，以空白试验液体为对照测定上述样品溶液的吸光度。

（8）标准曲线的制作：

分别移取（或用滴定管放出）0mL、2mL、4mL、6mL、8mL、10mL、12mL、16mL 和 20mL 亚硝酸钠标准溶液于 9 个 100mL 容量瓶中。在每个容量瓶中加水，使其体积约为 60mL。在每个容量瓶中先加入 6mL 显色液 1，边加边混；再加入 5mL 显色液 2，小心混合溶液，使其在室温下静置 5min，避免直射阳光；加入 2mL 显色液 3，小心混合，使其在室温下静置 5min，避免直射阳光。用水定容至刻度，混匀。在 15min 内，用 538nm 波长，以第一个溶液（不含亚硝酸钠）为对照测定另外八个溶液的吸光度。将测得的吸光度对亚硝酸根质量浓度作图。亚硝酸根的质量浓度可根据加入的亚硝酸钠标准溶液的量计算出。亚硝酸根的质量浓度为横坐标，吸光度为纵坐标。亚硝酸根的质量浓度以 $\mu g/100mL$ 表示。样品中亚硝酸盐含量按式（8-2-5）计算。

$$X = \frac{20000 \times c_1}{m} \times V_1 \qquad (8-2-5)$$

式中　X——样品中亚硝酸根含量，mg/kg；

　　　c_1——根据滤液的吸光度，从标准曲线上读取的 NO_2^- 的浓度，$\mu g/100mL$；

　　　m——样品的质量（液体乳的样品质量为 $90 \times 1.030g$），g；

　　　V_1——所取滤液的体积，mL。

样品中以亚硝酸钠表示的亚硝酸盐含量，按式（8-2-6）计算：

$$W(NaNO_2) = 1.5 \times W(NO_2^-) \qquad (8-2-6)$$

式中　$W(NO_2^-)$——样品中亚硝酸根的含量，mg/kg；

　　　$W(NaNO_2)$——样品中以亚硝酸钠表示的亚硝酸盐的含量，mg/kg。

以重复性条件下获得的两次独立测定结果的算术平均值表示，结果保留两位有效数字。

样品中硝酸根含量按式（8-2-7）计算：

$$X = 1.35 \times \left[\frac{100000 \times c_2}{m \times V_2} - W(NO_2^-) \right] \qquad (8-2-7)$$

式中　　　X——样品中硝酸根含量，mg/kg；

　　　　　c_2——根据洗提液的吸光度，从标准曲线上读取的亚硝酸根离子浓度，$\mu g/100mL$；

　　　　　m——样品的质量，g；

　　　　　V_2——所取洗提液的体积，mL；

$W(NO_2^-)$——根据式（8-2-5）计算出的亚硝酸根含量。

若考虑柱的还原能力，样品中硝酸根含量按式（8-2-8）计算：

$$\text{样品中的硝酸根含量}(mg/kg) = 1.35 \times \left[\frac{100000 \times c_2}{m \times V_2} - W(NO_2^-) \right] \times \frac{100}{r}$$

$$(8-2-8)$$

式中　r——测定一系列样品后柱的还原能力。

样品中以硝酸钠计的硝酸盐的含量按式（8-2-9）计算：

$$W(NaNO_3) = 1.371 \times W(NO_3^-) \qquad (8-2-9)$$

式中　$W(NO_3^-)$——样品中硝酸根的含量，mg/kg；

　　　$W(NaNO_3)$——样品中以硝酸钠计的硝酸盐的含量，mg/kg。

以重复性条件下获得的两次独立测定结果的算术平均值表示，结果保留两位有效数字。由同一分析人员在短时间间隔内测定的两个亚硝酸盐结果之间的差值，不应超过 1mg/kg。由同一分析人员在短时间间隔内测定的两个硝酸盐结果之间的差值，在硝酸盐含量小于 30mg/kg 时，不应超过 3mg/kg；在硝酸盐含量大于 30mg/kg 时，不应超过结果平均值的 10%。由不同实验室的两个分析人员对同一样品测得的两个硝酸盐结果之差，在硝酸盐含量小于 30mg/kg 时，差值不应超过 8mg/kg；在硝酸盐含量大于或等于 30mg/kg 时，该差值不应超过结果平均值的 25%。

208

第三节　食品中丁基羟基茴香醚的检测

抗氧化剂是能阻止或延迟食品氧化，以提高食品的稳定性、延长贮存期的物质。氧化是导致食品品质变劣的重要因素之一，特别是油脂或含油食品。氧化除使食品中的油脂变质，产生臭味以外，还会使食品褪色、褐变、维生素破坏，从而降低食品质量和营养价值，甚至产生有害物质，引起食物中毒。因此，防止氧化，已成为食品工业中的一个重要问题。

防止食品氧化，应着重从原料、加工、保藏等环节上采取相应的避光、降温、干燥、排气充氮、密封等措施，而作为化学的方法，就是在食品中添加抗氧化剂。

植物油，特别是种子油里含有抗氧化的天然物质（VE），因此不容易变质。但是，油脂精炼过程中会除去或破坏这些抗氧化的天然物质。油脂的氧化，开始是通过空气中的氧气、日光、水、热、金属盐、微生物、酵母等作用缓慢进行，然后很快氧化，这个初期的缓慢进程叫做诱导期。抗氧化剂的作用，就是将它添加到新鲜的油脂里，使这个诱导期延长到某个程度，但是完全防止氧化是不可能的。

按其溶解性能，抗氧化剂可分为油溶性的和水溶性的两类；按来源可分为天然的和合成的两类。我国允许使用的油溶性抗氧化剂主要有：丁基羟基茴香醚（BHA）；二丁基羟基甲苯（BHT）；没食子酸丙酯（PG）；叔丁基 – 对苯二酚（TBHQ）；2，4，5 – 三羟基苯丁酮（THBP）；乙氧喹（EMQ）以及混合生育酚（VE）、愈创树脂（GR）、卵磷脂等。水溶性的主要有：抗坏血酸及其钠盐；异抗坏血酸及其钠盐；植酸；除了有抗氧化作用外，还用于食品的护色、保持风味等。

一、主要抗氧化剂

丁基羟基茴香醚（BHA，$C_{11}H_{16}O_2$）有两种异构体：2 – BHA 和 3 – BHA，其结构式如图 8 – 3 – 1。

BHA 不溶于水，溶于油脂和酒精，易溶于丙二醇；对热相当稳定，在弱碱性条件下不易被破坏，与金属离子不着色，抗霉效力较对羟基苯酸丙酯高。所以经常作为焙烤食品用的抗氧化剂 LD50：2900mg/kg 体重；ADI：0.5mg/kg 体重。

二丁基羟基甲苯（BHT，$C_{15}H_{24}O$），其结构式如图 8 – 3 – 2。

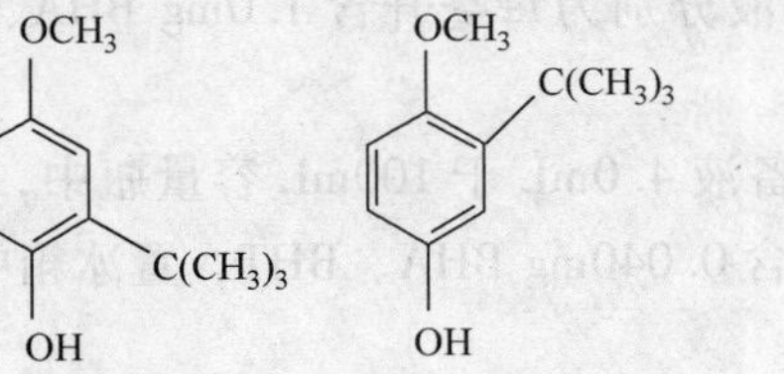

图 8 – 3 – 1　2 – BHA 和 3 – BHA 结构式 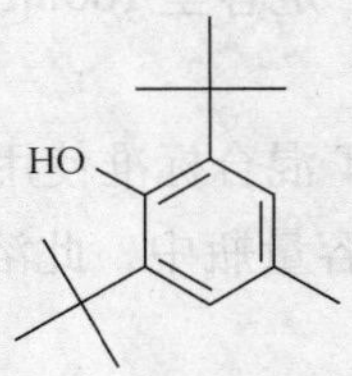　　　　图 8 – 3 – 2　二丁基羟基甲苯结构式

BHT 不溶于水，溶于油脂及酒精等，抗氧化能力强，耐热性好。但如与 BHA 合并使用可明显提高抗氧化效果，抗氧化性强于 BHA；中毒性大于 BHA。LD50：1700 ~ 2000mg/kg 体重中；ADI：0.5mg/kg 体重。

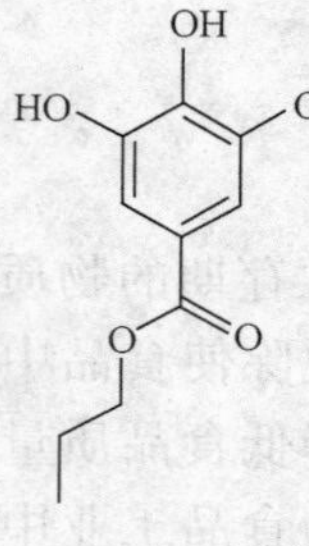

图 8 - 3 - 3 没食子酸
丙酯的结构式

没食子酸丙酯（PG，$C_{10}H_{12}O_5$），其结构式如图 8 - 3 - 3。易溶于乙醇、乙醚、丙酮，难溶于氯仿、脂肪与水，有吸湿性；对热稳定，见光易分解。易与铜、铁等金属离子反应呈紫色或暗紫色，当与柠檬酸或酒石酸混用时，因螯合作用，不仅可增效，还可防止变色。它对猪油的抗氧化作用较 BHA 或 BHT 强，加增效剂效果更好。LD50：2000～3500mg/kg 体重；ADI：0.2mg/kg 体重。

目前我国常用的抗氧化剂主要用于油脂及高油脂类食品中，因为食品中的脂肪在长期储存中会出现油脂变质的酸败味，加入抗氧化剂能阻止、延迟脂肪自动氧化，延缓食品的氧化变质以及由氧化所导致的褐色、褐变、维生素破坏等。抗氧化性最强是混合使用，二种抗氧化剂混合使用效果最好。测定方法一般有气相色谱法、薄层色谱法、比色法。

二、食品中 BHA 和 BHT 抗氧化剂的检测

油脂及含脂肪高的食品中 BHA、BHT 的测定，采用溶剂提取，溶液分配以及水蒸汽蒸馏等方法，样品中提取液可以用薄层层析、比色分析、气相色谱、高效液相色谱法测定。

1. 气相色谱法

试样中的叔丁基羟基茴香醚（BHA）和 2，6 - 二叔丁基对甲酚（BHT）用石油醚提取，通过层析柱使 BHA 与 BHT 净化，浓缩后，经气相色谱分离后用氢火焰离子化检测器检测，根据试样峰高与标准峰高比较定量。检出量为 2.0μg，油脂取样量为 0.50g 时检出浓度为 4.0mg/kg。最佳线性范围：0.0～100.0μg。

（1）试剂：

石油醚：沸程 30～60℃。

二氯甲烷，分析纯。

二硫化碳，分析纯。

无水硫酸钠，分析纯。

硅胶 G：60～80 目于 120℃活化 4h 放干燥器中备用。

弗罗里矽土（Florisil）：60～80 目于 120℃活化 4h 放干燥器中备用。

BHA、BHT 混合标准储备液：准确称取 BHA、BHT（纯度为 99.0%）各 0.1g 混合后用二硫化碳溶解，定容至 100mL 容量瓶中，此溶液分别为每毫升含 1.0mg BHA、BHT，置冰箱保存。

BHA、BHT 混合标准使用液：吸取标准储备液 4.0mL 于 100mL 容量瓶中，用二硫化碳定容至 100mL 容量瓶中，此溶液分别为每毫升含 0.040mg BHA、BHT，置冰箱中保存。

（2）仪器：

气相色谱仪：附 FID 检测器。

蒸发器：容积 200mL。

振荡器。

层析柱：1cm×30cm 玻璃柱，带活塞。

气相色谱住：柱长 1.5m，内径 3mm 的玻璃柱内装涂质量分数为 10% 的 QF - 1Gas

Chrom Q（80～100 目）。

（3）试样处理：

称取 500g 含油脂较多的试样，含油脂少的试样取 1000g，然后用对角线取四分之二或六分之二，或根据试样情况取有代表性试样，在玻璃乳钵中研碎，混合均匀后放置广口瓶内保存于冰箱中。

含油脂高的试样（如桃酥等）：称取 50g，混合均匀，置于 250mL 具塞锥形瓶中，加 50mL 石油醚（沸程 30～60℃），放置过夜，用快速滤纸过滤后，减压回收溶剂，残留脂肪备用。

含油脂中等的试样（如蛋糕、江米条等）：称取 100g 左右，混合均匀，置于 500mL 具塞锥形瓶中，加 100～200mL 石油醚（沸程 30～60℃），放置过夜，用快速滤纸过滤后，减压回收溶剂，残留脂肪备用。

含油脂少的试样（如面包、饼干等）：称取 250～300g，混合均匀后于 500mL 具塞锥形瓶中，加入适量石油醚浸泡试样，放置过夜，用快速滤纸过滤后，减压回收溶剂残留脂肪备用。

（4）分析步骤：

气相色谱参考条件：色谱柱长 1.5m，内径 3mm 玻璃柱，质量分数为 10% QF-1 的 Gas Chrom Q（80～100 目）。检测器：FID。检测室 200℃，进样口 200℃，柱温 140℃。载气氮气流量 70mL/min；氢气 50mL/min，空气 500mL/min。

层析柱的制备：于层析柱底部加入少量玻璃棉，少量无水硫酸钠，将硅胶-弗罗里矽土（6+4）共 10g，用石油醚湿法混合装柱，柱顶部再加入少量无水硫酸钠。

试样制备：称取已制备的脂肪样品 0.50～1.00g，用 25mL 石油醚溶解移入层析柱上，再以 100mL 二氯甲烷分五次淋洗，合并淋洗液，减压浓缩近干时，用二硫化碳定容至 2.0mL，该溶液为待测溶液。

植物油试样的制备：称取混合均匀试样 2.00g，放入 50mL 烧杯中，加入 30mL 石油醚溶解，转移到层析柱上，再用 10mL 石油醚分数次洗涤烧杯中，并转移到层析柱，用 100mL 二氯甲烷分五次淋洗，合并淋洗液，减压浓缩近干，用二硫化碳定容至 2.0mL，该溶液为待测溶液。

测定：注入气相色谱 3.0μL 标准使用液，绘制色谱图，分别量取各组分峰高或面积，进 3.0μL 试样待测溶液（应视试样含量而定），绘制色谱图，分别量取峰高或面积，于标准峰高或面积比较计算含量。待测溶液 BHA（或 BHT）的质量按式（8-3-1）进行计算。

$$m_1 = \frac{h_i}{h_s} \times \frac{V_m}{V_i} \times V_s \times c_s \qquad (8-3-1)$$

式中　m_1——待测溶液 BHA（或 BHT）的质量，mg；

h_i——注入色谱试样中 BHA（或 BHT）的峰高或面积；

h_s——标准使用液中 BHA（或 BHT）的峰高或面积；

V_i——注入色谱试样溶液的体积，mL；

V_m——待测试样定容的体积，mL；

V_s——注入色谱中标准使用液的体积，mL；

c_s——标准使用液的浓度，mg/mL。

食品中以脂肪计 BHA（或 BHT）的含量按式（8－3－2）进行计算。

$$X_1 = \frac{m_1 \times 1000}{m_2 \times 1000}$$ （8－3－2）

式中　X_1——食品中以脂肪计 BHA（或 BHT）的含量，g/kg；

　　　m_1——待测溶液中 BHA（或 BHT）的质量，mg；

　　　m_2——油脂（或食品中脂肪）的质量，g。

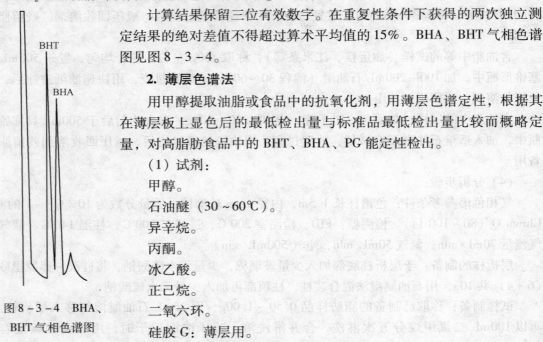

图 8－3－4　BHA、BHT 气相色谱图

计算结果保留三位有效数字。在重复性条件下获得的两次独立测定结果的绝对差值不得超过算术平均值的 15%。BHA、BHT 气相色谱图见图 8－3－4。

2. 薄层色谱法

用甲醇提取油脂或食品中的抗氧化剂，用薄层色谱定性，根据其在薄层板上显色后的最低检出量与标准品最低检出量比较而概略定量，对高脂肪食品中的 BHT、BHA、PG 能定性检出。

（1）试剂：

甲醇。

石油醚（30～60℃）。

异辛烷。

丙酮。

冰乙酸。

正己烷。

二氧六环。

硅胶 G：薄层用。

聚酰胺粉 200 目。

可溶性淀粉。

BHT、BHA、PG 混合标准溶液的配制：分别准确称取 BHT、BHA、PG（纯度为 99.9% 以上）各 10mg，分别用丙酮溶解，转入三个 10mL 容量瓶中，用丙酮稀释至刻度。每毫升含 1.0mg BHT、BHA、PG，吸取 BHT（1.0mg/mL）1.0mL，BHA（1.0mg/mL）、PG（1.0mg/mL）各 0.3mL 置同一 5mL 容量瓶中，用丙酮稀释至刻度。此溶液每毫升含 0.20mg BHT、0.060mg BHA、0.060mg PG。

显色剂：2，6－二氯醌－氯亚胺的乙醇溶液（2g/L）。

（2）仪器：

减压蒸馏装置。

具刻度尾管的浓缩瓶。

层析槽：24cm×6cm×4cm；20cm×13cm×8cm。

玻璃板：5cm×20cm、10cm×20cm。

微量注射器：10.0μL。

（3）样品提取：

植物油（花生油、豆油、菜籽油、芝麻油）：称取 5.00g 油置 10mL 具塞离心管中，加入 5.0mL 甲醇，密塞振摇 5min，放置 2min，离心（3000～3500r/min）5min，吸取上层清液置 25mL 容量瓶中，如此重复提取共五次，合并每次甲醇提取液，用甲醇稀释至刻度。吸取 5.0mL 甲醇提取液置一浓缩瓶中，于 40℃水浴上减压浓缩至 0.5mL，留作薄层色谱用。

猪油：称取 5.00g 猪油置 50mL 具磨口的锥形瓶中，加入 25.0mL 甲醇，装上冷凝管于 75℃水浴上放置 5min，待猪油完全溶化后将锥形瓶连同冷凝管一起自水浴中取出，振摇 30s，再放入水浴 30s；如此振摇三次后放入 75℃水浴，使甲醇层与油层分清后，将锥形瓶连同冷凝管一起置冰水浴中冷却，猪油凝固，甲醇提取液通过滤纸滤入 50mL 容量瓶中，再自冷凝管顶端加入 25mL 甲醇，重复振摇提取一次，合并二次甲醇提取液，将该容量瓶置暗处放置，待升至室温后，用甲醇稀释至刻度。吸取 10mL 甲醇提取液置一浓缩瓶中，于 40℃水浴上减压浓缩至 0.5mL，留作薄层色谱用。

食品（油炸花生米、酥糖、巧克力、饼干）：先测定脂肪的含量，并称取约 2.00g 的脂肪，根据提取出的油脂是植物油还是动物性脂肪而决定提取方法。

（4）测定：

薄层板的制备。硅胶 G 薄层板：称取 4g 硅胶 G 置玻璃乳钵中，加 10mL 水。研磨至黏稠状，铺成 5cm×20cm 的薄层板三块置空气中干燥后于 80℃烘 1h，存放于干燥器中。聚酰胺板：称取 2.40g 聚酰胺粉，0.60g 可溶性淀粉置于玻璃乳钵中，加约 15mL 水，研磨至浆状，铺成 10cm×20cm 的薄层板三块，置空气中干燥后于 80℃烘 1h，置干燥器中保存。

点样。用 10μL 微量注射器在 5cm×20cm 的硅胶 G 薄层板 I 上距下端 2.5cm 处点三点：标准溶液 5.0μL、试样提取液 6.0～30.0μL、加标准溶液 5.0μL。另取一块硅胶 G 薄层板 II 点三点：标准溶液 5.0μL、试样提取液 1.5～3.6μL、试样提取液 1.5～3.6μL 加标准溶液 5.0μL。用 10μL 微量注射器在 10cm×20cm 的聚酰胺薄层板上距下端 2.5cm 处点：标准溶液 5.0μL，试样提取液 10.0μL，试样提取液 10.0μL 加标准溶液 5.0μL，边点样边用吹风机吹干点上一滴吹干后再继续滴加。

显色。溶剂系统：硅胶 G 薄层板，正己烷 - 二氧六环 - 乙酸（42＋6＋3），异辛烷 - 丙酮 - 乙酸（70＋5＋12）。聚酰胺板，①甲醇 - 丙酮 - 水（30＋10＋10），②甲醇 - 丙酮 - 水（30＋10＋12.5），③甲醇 - 丙酮 - 水（30＋10＋15），对甲醇 - 丙酮 - 水系统，芝麻油只能用①，菜籽油用②，食用油③。展开系统中水的比例对花生油、豆油、猪油中 PG 的分离无影响。将点好样的薄层板置预先经溶剂饱和的展开槽内展开 16cm。

展开。硅胶 G 板自层析槽中取出，薄层板置通风橱中挥干至 PG 标准点显示灰黑色斑点，即可认为溶剂已基本挥干，喷显色剂，置 110℃烘箱中加热 10min，比较色斑颜色及深浅，趁热将板置氨蒸气槽中放置 30s，观察各色斑颜色变化。聚酰胺板自层析槽中取出，薄层板置通风橱中吹干，喷显色剂，再通风挥干，直至 PG 斑点清晰。

评定。定性根据试样中显示出的 BHT、BHA、PG 点与标准 BHT、BHA、PG 点比较 R_f 值和显色后斑点的颜色反应定性。如果样液点显示检出某种抗氧化剂，则试样中抗氧化剂的斑点应与加入内标的抗氧化剂斑点重叠。

当点大量样液时由于杂质多，使试样中抗氧化剂点的 R_f 值略低于标准点。这时应在试样点上滴加标准溶液作内标，比较 R_f 值，见表 8 - 3 - 1。

表 8 – 3 – 1　BHT、BHA、PG 在薄层板上的最低检出量 R_f 值及斑点颜色

抗氧化剂	硅胶 G 板结果			聚酰胺板结果		
	R_f 值	最低检出量 / μg	色斑颜色	R_f 值	最低检出量 / μg	色斑颜色
BHT	0.73	1.00	桔红→紫红	—	—	—
BHA	0.37	0.30	紫红→蓝紫	0.52	0.30	灰棕
PG	0.04	0.30	灰→黄棕	0.66	0.30	蓝

注：PG 在硅胶 G 板上定性及半定量不可靠，有干扰，且 R_f 值太小，应进一步用聚酰胺板展开。

根据薄层板上样液点抗氧化剂所显示的色斑深浅与标准抗氧化剂色斑比较而估计含量，如果在硅胶 G 薄层板 I 上，试样中各抗氧化剂所显色斑浅于标准抗氧化剂色斑，则试样中各抗氧化剂含量在本方法的定性检出限以下（BHA、PG 点样量为 6.0μL，BHT 点样量为 30.0μL）。如果在硅胶 G 薄层板 II 上，试样中各抗氧化剂所显色斑的颜色浅于标准抗氧化剂色斑，则试样中各抗氧化剂的含量没有超过使用卫生标准（BHA、PG 点样量为 1.5μL，BHT 点样量为 3.6μL）。如果试样点色斑颜色较标准点深，可稀释后重新点样，估计含量。

试样中抗氧化剂（以脂肪计）含量按式（8 – 3 – 3）进行计算。

$$X = \frac{m_1 \times D \times 1000 \times 1000}{m_2 \times \frac{V_2}{V_1} \times 1000} \qquad (8-3-3)$$

式中　X——试样中抗氧化剂 BHA、BHT、PG（以脂肪计）的含量，g/kg；

　　　m_1——薄层板上测得试样点抗氧化剂的质量，μg；

　　　V_1——供薄层层析用点样液定容后的体积，mL；

　　　V_2——滴加样液的体积，mL；

　　　D——样液的稀释倍数；

　　　m_2——定容后的薄层层析用样液相当于试样的脂肪质量，g。

部分试样中各抗氧化剂定性检出限度，见表 8 – 3 – 2。

表 8 – 3 – 2　部分试样中各抗氧化剂定性检出限度

试　样	检出浓度/（mg/kg）		
	BHT	BHA	PG
油炸花生米	25	10	10
酥糖	10	10	10
饼干	10	10	10
巧克力	25	25	25
油脂	25	25	25

3. 比色法

试样通过水蒸气蒸馏，使 BHT 分离，用甲醇吸收，遇邻联二茴香胺与亚硝酸钠溶液生成橙红色，用三氯甲烷提取，与标准比较定量。检出量为 10.0μg，油脂取样量为 0.25g 时检出浓度为 0.4mg/kg。

（1）试剂：

无水氯化钙。

甲醇。

三氯甲烷。

甲醇（50%）。

亚硝酸钠溶液（3g/L）：避光保存。

邻联二茴香胺溶液：称取125mg邻联二茴香胺于50mL棕色容量瓶中，加25mL甲醇，振摇使全部溶解，加50mg活性炭，振摇5min过滤，取20.0mL滤液，置于另一50mL棕色容量瓶中，加盐酸（1+11）至刻度。临用时现配并避光保存。

BHT标准溶液：准确称取0.0500gBHT，用少量甲醇溶液溶解，移入100mL棕色容量瓶中，并稀释至刻度，避光保存。此溶液每毫升相当于0.50mg BHT。

BHT标准使用液：临用时吸取1.0mL BHT标准溶液，置于50mL棕色容量瓶中，加甲醇至刻度，混匀，避光保存。此溶液每毫升相当于10.0μg BHT。

（2）仪器：

水蒸气蒸馏装置。

甘油浴。

分光光度计。

（3）分析步骤：

称取2~5g试样（约含0.40mg BHT）于100mL蒸馏瓶中，加16.0g无水氯化钙粉末及10.0mL水，当甘油浴温度达到165℃恒温时，将蒸馏瓶浸入甘油浴中，连接好水蒸气发生装置及冷凝管。冷凝管下端浸入盛有50mL甲醇的200mL容量瓶中，进行蒸馏，蒸馏速度每分钟1.5~2mL，在50~60min内收集约100mL馏出液（连同原盛有的甲醇共约150mL，蒸气压不可太高，以免油滴带出），以温热的甲醇分次洗涤冷凝管，洗液并入容量瓶中并稀释至刻度。

准确吸取25.0mL上述处理后的试样溶液，移入用黑纸（布）包扎的100mL分液漏斗中，另准确吸取0、1.0mL、2.0mL、3.0mL、4.0mL、5.0mL BHT标准使用液（相当于0.0、10.0μg、20.0μg、30.0μg、40.0μg、50.0μg BHT），分别置于黑纸（布）包扎的60mL分液漏斗，加入甲醇（50%）至25mL。分别加入5mL邻联二茴香胺溶液，混匀，再各加2mL亚硝酸钠溶液（3g/L），振摇1min，放置10min，再各加10mL三氯甲烷，剧烈振摇1min，静置3min后，将三氯甲烷层分入黑纸（布）包扎的10mL比色管中，管中预先放入2mL甲醇，混匀。用1cm比色杯，以三氯甲烷调节零点，于波长520nm处测吸光度，绘制标准曲线比较。

试样中BHT的含量按式（8-3-4）进行计算。

$$X = \frac{m_2 \times 1000 \times 1000}{m_1 \times \dfrac{V_2}{V_1} \times 1000} \qquad (8-3-4)$$

式中　X——试样中BHT的含量，g/kg；

m_2——测定用样液中BHT的质量，μg；

m_1——试样质量，g；

V_1——蒸馏后样液总体积，mL；

V_2——测定用吸取样液的体积，mL。

计算结果保留三位有效数字。在重复性条件下获得的两次独立测定结果的绝对差值不得超过算术平均值的 10%。

三、食品中 PG 的检测

试样经石油醚溶解，用乙酸铵水溶液提取后，没食子酸丙酯(PG)与亚铁酒石酸盐起颜色反应，在波长 540nm 处测定吸光度，与标准比较定量。测定试样相当于 2g 时，最低检出浓度为 25mg/kg。本法适用于油脂中 PG 的测定，检出限为 50μg。

（1）试剂和仪器：

石油醚：沸程 30 ~ 60℃。

乙酸铵溶液(100g/L 及 16.7g/L)。

显色剂：称取 0.100g 硫酸亚铁($FeSO_4 \cdot 7H_2O$)和 0.500g 酒石酸钾钠($NaKC_4H_4O_6 \cdot 4H_2O$)，加水溶解，稀释至 100mL，临用前配制。

PG 标准溶液：准确称取 0.0100g PG 溶于水中，移入 200mL 容量瓶中，并用水稀释至刻度。此溶液每毫升含 50.0μg PG。

分光光度计。

（2）分析步骤：

称取 10.00g 试样，用 100mL 石油醚溶解，移入 250mL 分液漏斗，加 20mL 乙酸铵溶液(16.7g/L)，振摇 2min，静置分层，将水层放入 125mL 分液漏斗中(如乳化，连同乳化层一起放下)，石油醚层再用 20mL 乙酸铵溶液(16.7g/L)重复提取两次，合并水层。石油醚层用水振摇洗涤两次，每次 15mL，水洗涤并入同一 125mL 分液漏斗中，振摇静置。将水层通过干燥滤纸滤入 100mL 容量瓶中，用少量水洗涤滤纸，加 2.5mL 乙酸铵溶液(100g/L)，加水至刻度，摇匀。将此溶液用滤纸过滤，弃去初滤液的 20mL，收集滤液供比色测定用。

吸取 20.0mL 上述处理后的试样提取液于 25mL 具塞比色管中，加入 1mL 显色剂，加 4mL 水，摇匀。另准确吸取 0、1.0mL、2.0mL、4.0mL、6.0mL、8.0mL、10.0mL PG 标准溶液(相当于 0、50μg、100μg、200μg、300μg、400μg、500μg PG)，分别置于 25mL 带塞比色管中，加入 2.5mL 乙酸铵溶液(100g/L)，准确加水至 24mL，加入 1mL 显色剂，摇匀。用 1cm 比色杯，以零管调节零点，在波长 540nm 处测定吸光度，绘制标准曲线比较。结果按照式(8 - 3 - 5)计算。

$$X = \frac{A \times 1000 \times 1000}{m \times \dfrac{V_2}{V_1} \times 1000} \qquad (8-3-5)$$

式中 X——试样中 PG 的含量，g/kg；

A——测定用样液中 PG 的质量，μg；

m——试样质量，g；

V_1——提取后样液总体积，mL；

V_2——测定用吸取样液的体积，mL。

计算结果保留两位有效数字。在重复性条件下获得的两次独立测定结果的绝对差值不得超过算术平均值的 10%。乙酸铵溶液萃取 PG 时容易产生乳化现象，因此振摇时不宜用力过猛。

216

第四节　食品中氯化钠的检测

NaCl 是肉类腌制的基本成分。也是必不可少的。可以突出食品的鲜味；还可以防腐。

一、间接沉淀滴定法

试液经酸化处理后，加入过量的硝酸银溶液，以硫酸铁铵为指示剂（佛尔哈特法），用硫氰酸钾标准滴定溶液滴定过量的硝酸银。根据硫氰酸钾标准滴定溶液的消耗量，计算食品中氯化钠的含量。

1. 试剂和溶液

冰乙酸。

蛋白质沉淀剂。沉淀剂 I：称取 106g 亚铁氰化钾，溶于水中，转移到 1000mL 容量瓶中，用水稀释至刻度。沉淀剂 II：称取 220g 乙酸锌，溶于水中，加入 30mL 冰乙酸，转移到 1000mL 容量瓶中，用水稀释至刻度。

硝酸溶液（1:3）：1 体积浓硝酸与 3 体积水混匀。使用前应煮沸，冷却。

乙醇溶液（80%）：80mL 95% 乙醇与 15mL 水混匀。

0.1mol/L 硝酸银标准滴定溶液的配制：称取 17g 硝酸银，溶于水中，转移到 1000mL 容量瓶中，用水稀释至刻度，摇匀，置于避光处。

0.1mol/L 硫氰酸钾标准滴定溶液的配制：称取 9.7g 硫氰酸钾，溶于水中，转移到 1000mL 容量瓶中，用水稀释至刻度，摇匀。

硫酸铁铵饱和溶液：称取 50g 硫酸铁铵，溶于 100mL 水中，如有沉淀应过滤。

0.1mol/L 硝酸银标准滴定溶液和 0.1mol/L 硫氰酸钾标准滴定溶液的标定。

（1）氯化物沉淀。称取 0.10 ~ 0.15g 基准试剂氯化钠（或经 500 ~ 600℃ 灼烧至恒重的分析纯氯化钠），精确至 0.0002g，于 100mL 烧杯中，用水溶解，转移到 100mL 容量瓶中，加入 5mL 硝酸溶液（1:3），边剧烈摇动边加入 30.00mL（V_1）0.1mol/L 硝酸银标准滴定溶液，用水稀释至刻度，摇匀。在避光处放置 5min，用快速滤纸过滤，弃去最初滤液 10mL。

（2）过量硝酸银的滴定。取上述滤液 50.00mL 于 250mL 锥形瓶中，加入 2mL 硫酸铁铵饱和溶液，边剧烈摇动边用 0.1mol/L 硫氰酸钾标准滴定溶液滴定至出现淡棕红色，保持 1min 不褪色。记录消耗硫氰酸钾标准滴定溶液的体积的数值（V_2）。

（3）硝酸银标准滴定溶液与硫氰酸钾标准滴定溶液体积比的确定。取 0.1mol/L 硝酸银标准滴定溶液 20.00mL（V_3）于 250mL 锥形瓶中，加入 30mL 水、5mL 硝酸溶液（1:3）和 2mL 硫酸铁铵饱和溶液。边剧烈摇动边用 0.1mol/L 硫氰酸钾标准滴定溶液滴定至出现淡棕红色，保持 1min 不褪色。记录消耗硫氰酸钾标准滴定溶液的体积的数值（V_4）。

按照式（8 - 4 - 1）、式（8 - 4 - 2）、式（8 - 4 - 3）分别计算硝酸银标准滴定溶液的准确的数值（c_1）和硫氰酸钾标准滴定溶液浓度的准确的数值（c_2）。

$$F = \frac{V_3}{V_4} = \frac{c_1}{c_2} \qquad\qquad (8 - 4 - 1)$$

式中　F——硝酸银标准滴定溶液与硫氰酸钾标准滴定溶液的体积比；

$\quad\ V_3$——确定体积比（F）时，硝酸银标准滴定溶液的体积的数值，mL；

$\quad\ V_4$——确定体积比（F）时，硫氰酸钾标准滴定溶液的体积的数值，mL；

c_1——硫氰酸钾标准滴定溶液浓度的准确的数值，mol/L；

c_2——硝酸银标准滴定溶液浓度的准确的数值，mol/L；

$$c_2 = \frac{\dfrac{m_0}{0.05844}}{V_1 - 2 \times V_2 \times F} \tag{8-4-2}$$

式中　c_2——硝酸银标准滴定溶液浓度的准确数值，mol/L；

　　　m_0——氯化钠的质量的数值，g；

　　　V_1——沉淀氯化物时加入硝酸银标准滴定溶液的体积的数值，mL；

　　　V_2——滴定过量硝酸银时消耗硫氰酸钾标准滴定溶液的体积的数值，mL；

　　　F——硝酸银标准滴定溶液与硫氰酸钾标准滴定溶液的体积比；

0.05844——与 1.00mL 硝酸银标准滴定溶液 $[c(\text{AgNO}_3) = 1.000\text{mol/L}]$ 相当的氯化钠的质量的数值，g。

$$c_1 = c_2 \times F \tag{8-4-3}$$

式中　c_1——硫氰酸钾标准滴定溶液浓度的准确的数值，mol/L；

　　　c_2——硝酸银标准滴定溶液浓度的准确的数值，mol/L；

　　　F——硝酸银标准滴定溶液与硫氰酸钾标准滴定溶液的体积比。

2. 仪器和设备

组织捣碎机。

粉碎机。

研钵。

振荡器。

水浴锅。

分析天平：感量 0.0001g。

3. 试样的制备

取有代表性的块状或颗粒状样品至少 200g，用粉碎机粉碎或用研钵研细，置于密闭的玻璃容器内。

取有代表性的粉末状、糊状或液体样品 200g，充分混匀，置于密闭的玻璃容器内。

取有代表性的固、液体样品至少 200g，用组织捣碎机捣碎，置于密闭的玻璃容器内。

4. 试液的制备

肉禽及水产制品。称取约 20g 试样，精确至 0.001g，于 250mL 锥形瓶中。加入 100mL 70℃热水，煮沸 15min，并不断摇动。冷却至室温，依次加入 4mL 沉淀剂Ⅰ、4mL 沉淀剂Ⅱ。每次加入沉淀剂充分摇匀。在室温静置 30min。将锥形瓶中的内容物全部转移到 200mL 容量瓶中，用水稀释至刻度，摇匀。用滤纸过滤，弃去最初滤液。

蛋白质、淀粉含量较高的蔬菜制品（如蘑菇、青豆）。称取约 10g 试样，精确至 0.001g，于 100mL 烧杯中。用乙醇溶液将试样转移到 100mL 容量瓶中，稀释至刻度，振摇 15min（或用振荡器振荡 15min）。用滤纸过滤，弃去最初滤液。

一般蔬菜制品称取约 20g 试样（腌制品称取约 10g 试样；淀粉制品称取约 20g 试样），精确至 0.001g，于 250mL 锥形瓶中，加入 100mL 70℃热水中，振摇 15min（或用振荡器振荡 15min）。将锥形瓶中的内容物转移到 200mL 容量瓶中，用水稀释至刻度，摇匀。用滤纸过滤，弃去最初滤液。

218

调味品。称取约 5g 试样，精确至 0.001g，于 100mL 烧杯中，加入适量水，搅拌均匀。将烧杯中的内容物转移到 200mL 容量瓶中（液体样品可直接转移），用水稀释至刻度，摇匀。用滤纸过滤，弃去最初滤液。

5. 分析步骤

氯化物的沉淀。取含有 50~100mg 氯化钠的试液，于 100mL 容量瓶中。加入 5mL 硝酸（1:3）溶液，剧烈摇动时，准确滴加 20.00~40.00mL 0.1mol/L 硝酸银标准滴定溶液，用水稀释至刻度，在避光处静置 5min。用快速滤纸过滤，弃去 10mL 最初滤液。当加入 0.1mol/L 硝酸银标准滴定溶液后，如不出现氯化银凝聚沉淀，而呈现胶体溶液时，应在定容、摇匀后移入 250mL 锥形瓶中，置沸水浴中加热数分钟（不得用直接火加热），直至出现氯化银凝聚沉淀，取出，在冷水中迅速冷却至室温，用快速滤纸过滤，弃去 10mL 初滤液。

滴定。取 50.00mL 滤液于 250mL 锥形瓶中，加入 2mL 硫酸铁铵饱和溶液。边剧烈摇动边用 0.1mol/L 硫氰酸钾标准滴定溶液滴定至出现淡棕红色，保持 1min 不褪色。记录消耗 0.1mol/L 硫氰酸钾标准滴定溶液的毫升数（V_5）。

空白实验用 50mL 水代替 50.00mL 滤液，准确加入沉淀试样氯化物时滴加 0.1mol/L 硝酸银标准滴定溶液体积二分之一，滴定，记录消耗 0.1mol/L 硫氰酸钾标准滴定溶液的毫升数（V_6）。

食品中氯化钠的含量以质量分数 X_1 计，数值以% 表示，按式（8-4-4）计算：

$$X_1 = \frac{0.05844 \times c_1 \times (V_0 - V_5) \times K_1}{m} \times 100 \qquad (8-4-4)$$

式中   0.05844——与 1.00mL 硝酸银标准滴定溶液 $[c(AgNO_3) = 1.000mol/L]$ 相当的氯化钠的质量的数值，g；

        c_1——硫氰酸钾标准滴定溶液浓度的准确的数值，mol/L；

        V_0——空白试验消耗硫氰酸钾标准滴定溶液浓度的体积的数值，mL；

        V_5——滴定试样时消耗 0.1mol/L 硫氰酸钾标准滴定溶液的体积的数值，mL；

        K_1——稀释倍数；

        m——试样的质量的数值，g。

计算结果表示到小数点后两位。同一样品两次平行测定结果之差，每 100g 试样不得超过 0.2g。

二、电位滴定法

试液经酸化处理后，加入丙酮，以玻璃电极为参比电极，银电极为指示电极，用硝酸银标准滴定溶液滴定试液中的氯化钠。根据电位的"突跃"，确定滴定终点。按硝酸银标准滴定溶液的消耗量，计算食品中氯化钠的含量。

1. 试剂和溶液

蛋白质沉淀剂（同间接沉淀滴定法）。

硝酸溶液（1:3）。

丙酮。

0.01mol/L 氯化钠基准溶液：称取 0.05844g 基准试剂氯化钠（或经 500~600℃ 灼烧至恒重的分析纯氯化钠），精确至 0.0002g，于 100mL 烧杯中，用少量水溶解，转移到 1000mL 容量瓶中，稀释至刻度，摇匀。

0.02mol/L 硝酸银标准滴定溶液：称取 3.40g 硝酸银，精确至 0.01g，于 100mL 烧杯中，用少量水溶解，转移到 1000mL 容量瓶中，用水定容，摇匀，避光贮存，或转移到棕色容量瓶中。吸取 10.00mL 0.01mol/L 氯化钠基准溶液于 50mL 烧杯中，加入 0.2mL 硝酸溶液 (1:3)、25mL 丙酮。将玻璃电极和银电极浸入溶液中，启动电磁搅拌器。从滴定管滴入 V mL 硝酸银标准滴定溶液（所需量的 90%），测量溶液的电位数值（E）。继续滴入硝酸银标准滴定溶液，每滴入 1mL 立即测量溶液电位数值（E）。继续滴入硝酸银标准滴定溶液，直至溶液电位数值不再明显改变。记录每次滴入硝酸银标准滴定溶液的体积数值和电位数值。根据滴定记录，按硝酸银标准滴定溶液的体积数值（V）和电位的数值（E），用列表方式（见表 8 – 4 – 1）计算 ΔE、ΔV、一级微商和二级微商。

表 8 – 4 – 1 硝酸银标准滴定溶液滴定氯化钠基准溶液的记录

V	E	ΔE[①]	ΔV[②]	一级微商[③]（$\Delta E / \Delta V$）	二级微商[④]（$\Delta^2 E / \Delta V^2$）
0.00	400				
		70	4.00	18	
4.00	470				22
		20	0.50	40	
4.50	490				60
		10	0.10	100	
4.60	500				50
		15	0.10	150	
4.70	515				50
		20	0.10	200	
4.80	535				650
		85	0.10	850	
4.90	620				− 350
		50	0.10	500	
5.00	670				− 300
		20	0.10	200	
5.10	690				− 100
		10	0.10	100	
5.20	700				

①相对应的电位变化的数值。
②连续滴入硝酸银标准滴定溶液的体积增加的数值。
③单位体积硝酸银标准滴定溶液引起的电位变化的数值。
④相当于相邻的一级微商的数值之差。

当一级微商最大、二级微商等于零时，即为滴定终点，按照式（8 – 4 – 5）计算滴定到终点时硝酸银标准滴定溶液的体积数值（V_6）。

$$V_6 = V_a + \frac{a}{a \times b} \times \Delta V \qquad (8 – 4 – 5)$$

式中　V_6——滴定到终点时消耗硝酸银标准滴定溶液的体积的数值，mL；

　　　V_a——在 a 时消耗硝酸银标准滴定溶液的体积的数值，mL；

　　　a——二级微商为零前的二级微商数值；

220

b——二级微商为零后的二级微商数值；

a——二级微商为零前的二级微商数值；

ΔV——a 与 b 之间的数值，mL。

示例：从表中找出一级微商最大值为 850，则二级微商等于零时应在 650 与 -350 之间，所以 $a=650$，$b=-350$，$V_a=4.8\text{mL}$，$\Delta V=0.10\text{mL}$。

$$V_6 = V_a + \left(\frac{a}{a \times b} \times \Delta V \right) = 4.8 + \left(\frac{650}{650-(-350)} \times 0.01 \right) = 4.8 + 0.065 = 4.87\text{mL}$$

即滴定终点时，硝酸银标准滴定溶液的用量为 4.87mL。

硝酸银标准滴定溶液浓度的确定：硝酸银标准滴定溶液浓度的准确数值 c_4，按照式（8-4-6）

$$c_4 = \frac{10 \times c_3}{V_6} \tag{8-4-6}$$

式中 c_3——氯化钠基准溶液浓度的准确数值，mol/L；

V_6——滴定到终点时消耗硝酸银标准滴定溶液的体积的数值，mL。

2. 仪器和设备

精密 pH 计：精度 ±0.1。

玻璃电极。

银电极。

电磁搅拌器。

滴定管：10mL。

3. 试样和试液的制备同间接沉淀滴定法

其中，蛋白质、淀粉含量较高的蔬菜制品（如蘑菇、青豆）的试液制备步骤为：称取约 10g 试样，精确至 0.001g，于 100mL 烧杯中，用水将试样转移到 100mL 容量瓶中，稀释至刻度，振摇 15min（或用振荡器振荡 15min）。用滤纸过滤，弃去最初滤液。

取含有 5~10mg 氯化钠试液，于 50mL 烧杯中，加入 5mL 硝酸溶液（1:3）和 25mL 丙酮，分析步骤同二级微商法，按式（8-4-5）计算滴定到终点时消耗硝酸银标准滴定溶液的体积的数值（V_7）。

食品中氯化钠的含量以质量分数 X_2 计，数值以 % 表示，按式（8-4-7）计算。

$$X_2 = \frac{0.05844 \times c_4 \times V_7 \times K_2}{m_2} \times 100 \tag{8-4-7}$$

式中 0.05844——与 1.00mL 硝酸银标准滴定溶液 $[c(AgNO_3)=1.000\text{mol/L}]$ 相当的氯化钠的质量的数值，g；

c_4——硝酸银标准滴定溶液浓度的准确的数值，mol/L；

V_7——滴定试液时消耗硝酸银标准滴定溶液浓度的体积的数值，mL；

K_2——稀释倍数；

m_2——试样的质量的数值，g。

计算结果表示到小数点后两位。同一试样两次平行测定结果之差，每 100g 试样不得超过 0.2g。

第五节　食品中山梨酸、苯甲酸的检测

防腐剂是具有杀灭或抑制微生物增殖作用的一类物质的总称。在食品生产中，为防止食品腐败变质、延长食品保存期，在采用其它保藏手段的同时，也常配合使用防腐剂，以期收到更好的效果。

我国允许使用的防腐剂品种分为无机防腐剂和有机防腐剂两类，有机防腐剂主要有苯甲酸（及其钠盐）、山梨酸（及其钾盐）、对羟基苯甲酸丙酯、乳酸及醋酸、脱氢乙酸和乙酸衍生物、丙酸、2 - (4 - 噻唑) - 苯并咪唑(TBZ)、低级脂肪酸甘油酯、氨基酸、维生素等。无机防腐剂主要有硝酸盐和亚硝酸盐、亚硫酸及其盐类、游离氯与次氯酸盐、二氧化碳等。

常用的防腐剂有苯甲酸及钠盐，山梨酸及钾盐。允许使用的防腐剂中使用其钠盐或钾盐的主要原因一般是为了提高其溶解度。这些防腐剂的毒性都较低，苯甲酸、山梨酸等由于代谢过程参与体内现有的代谢渠道，因此毒性很低。有些防腐剂还有其它用途，如亚硫酸及其盐类常用作漂白剂；硝酸盐与亚硝酸盐主要用作肉类制品腌制时的发色剂，国外使用山梨酸、山梨酸钾代替发色剂亚硝酸盐，既防止肉毒梭菌芽孢的发育又降低亚硝酸盐的含量。非允许的防腐剂：硼砂、水杨酸、氯霉素、青霉素

一、山梨酸（钾）与苯甲酸（钠）

山梨酸为无色、无臭的针状结晶，山梨酸难溶于水，易溶于乙醇、乙醚、氯仿等有机溶剂。山梨酸钾易溶于水，难溶于有机溶剂，与酸作用生成山梨酸。山梨酸不仅能有效地阻止霉菌、酵母、好气性腐败菌的发育，而且有杀菌作用，但是它们对厌气性细菌和乳酸菌几乎没有作用。在细菌过多的情况下，也发挥不了作用。因此，在食品生产的过程中要注意卫生。

山梨酸的毒性比较微弱，目前普遍认为是比较安全的保存剂。山梨酸是一种不饱和脂肪酸。在机体内可正常地参与新陈代谢。基本上和天然不饱和脂肪酸一样可以在机体内生成 CO_2 和水。因此，山梨酸可看作是食品的成分。按目前的资料可以认为对人体无害。

苯甲酸是世界上被广泛采用的防腐剂。苯甲酸，为白色有丝光的鳞片或针状结晶，微溶于水，易溶于氯仿、丙酮、乙醇、乙醚等有机溶剂，化学性质较稳定。苯甲酸钠易溶于水，难溶于有机溶剂，与酸作用生成苯甲酸。苯甲酸是酸性的，作为酸性保存剂使用于酸性食品中。苯甲酸像脂肪酸一样，能在肠内很好被吸收。进入机体后，大部分在 9 ~ 15h 内与甘氨酸生成马尿酸从尿中排除。剩余部分与葡萄糖醛酸化合而解毒。用示踪 C_{14} 试验证明，苯甲酸不在机体内蓄积。以上两种解毒作用都是在肝脏中进行的。因此苯甲酸对肝功能衰弱的人可能不适宜。

总的来说，苯甲酸与山梨酸两种防腐剂主要用于酸性食品的防腐。

山梨酸俗名花楸酸，化学名称 2, 4 - 己二烯酸，化学结构式 $CH_3CH = CHCH = CHCOOH$，分子式为 $C_6H_8O_2$，相对分子质量 112.13。山梨酸为无色单斜晶体或结晶性粉末，具有特殊气味和酸味。熔点 134.5℃，沸点 228℃（分解）。微溶于水(0.16g/100mL)，溶于乙醇(10g/100mL)、乙醚(5g/100mL)、丙酮(9.7g/100mL)及乙酸(11.5g/100mL)，其饱和水溶液的 pH 值为 3.6。对光、热均稳定，在 140℃下加热 3h 无变化，但在空气中长

期放置易被氧化着色。山梨酸对霉菌、酵母菌和好气性细菌的生长发育起抑制作用，而对厌气性细菌几乎无效。本品为酸型防腐剂，在酸性介质中对微生物有良好的抑制作用，随 pH 值增大防腐效果减小，pH 值为 8 时丧失防腐作用，适用于 pH 值在 5.5 以下的食品防腐。山梨酸是一种不饱和脂肪酸，在体内可参加正常脂肪代谢，最后被氧化为二氧化碳和水，是目前被认为最安全的一类食品防腐剂。

配制山梨酸溶液时，可先将山梨酸溶解在乙醇、碳酸氢钠或碳酸钠的溶液中，随后再加入食品中。山梨酸用于需要加热的产品时，为防止山梨酸受热挥发，应在加热过程的后期添加。山梨酸在食品被严重污染，微生物数量过高的情况下，不仅不能抑制微生物繁殖，反而会成为微生物的营养物质，加速食品腐败，因此，应特别注意食品卫生。山梨酸与山梨酸钾同时使用时，以山梨酸计不得超过最大使用量，不得延长保质期。

山梨酸钾，化学名称为 2,4-己二烯酸钾，化学结构为 $CH_3CH=CHCH=CH-C=O(OK)$ 相对分子质量 150.22。山梨酸钾为无色至浅黄色鳞片状结晶或结晶性粉末，无臭或稍具臭味，在空气中易被氧化而着色，有吸湿性。相对密度 1.363，熔点 270℃（分解）。易溶于水及乙醇水溶液，微溶于无水乙醇，难溶于乙醚，1% 的溶液 pH 值为 7~8。抑菌特性同山梨酸，但由于其在水中溶解性好而经常使用。由于 1% 山梨酸钾水溶液的 pH 值为 7~8，有使食品 pH 值升高的的倾向，不利于抑菌，应予以注意。其余同山梨酸。

苯甲酸，俗称安息香酸，相对分子质量 122.12。苯甲酸具有光泽的白色鳞片状或针状结晶，无臭或略有气味。熔点 122.4℃，沸点 249.2℃，约 100℃ 开始升华，在酸性条件下可随水蒸气挥发。相对密度 1.2659，酸性电离常数 $K = 6.46 \times 10^{-5}$（25℃）。有吸湿性，在常温下难溶于水（0.348g/100mL，25℃），可溶于热水（4.55g/100mL，90℃），也溶于乙醇、氯仿、乙醚、丙酮和挥发性、非挥发性油中。水溶液 pH 值为 2.8。在 pH 值低的环境中，苯甲酸对较广范围的微生物有效，唯对产酸菌作用弱。在 pH 值 5.5 以上时对很多霉菌和酵母没什么效果。苯甲酸抑菌的最适 pH 值为 2.5~4.0。由于苯甲酸在水中溶解度低。故实际多是加适量的碳酸钠或碳酸氢钠。用 90℃ 以上热水溶解。若必须使用苯甲酸，可先用适量乙醇溶解后再用。苯甲酸最适抑菌 pH 值为 2.5~4.0。pH 值低时抑菌能力提高，但在酸性溶液中其溶解度降低，故不能单靠提高酸性来提高其抑菌活性。苯甲酸在酱油、清凉饮料中与对羟基苯甲酸酯类一起使用，效果更好。

苯甲酸钠，又名安息香酸钠，相对分子质量为 144.11。苯甲酸钠为白色颗粒或结晶性粉末，无臭或微带臭味，有甜涩味。在空气中稳定，露置空气中可吸潮。易溶于水（53.0g/100mL，25℃），可溶于乙醇（1.4g/100mL，25℃），其水溶液的 pH 值为 8。1g 苯甲酸钠相当于苯甲酸 0.847g，或 1g 苯甲酸相当于 1.18g 苯甲酸钠。一般使用方法是加适量的水将苯甲酸纳溶解后，再加入食品中搅拌均匀即可，但加入时机要掌握好。在一般汽水、果汁中使用时，应在配制糖浆时添加。即先将糖溶化、煮沸、过滤后，一边搅拌一边将苯甲酸钠投入糖浆中。也可在溶糖时添加。待苯甲酸钠充分溶解后，再分别先后加入悬浊剂（有必要时）和柠檬酸。应特别注意，苯甲酸钠和柠檬酸必须分别先后加入，如同时加入，有可能生成苯甲酸，溶解度降低，就会出现絮状物。

用于酱油中，苯甲酸钠要在加热杀菌工序中添加。通常是将生酱油放入杀菌装置，加热到杀菌温度时（一般为 65~75℃，根据季节与品质具体掌握）添加苯甲酸钠。苯甲酸钠先用适量的热水或近 80℃ 的三淋油溶解。用于醋中，应在淋出及调整好酸度后再添加。在酸性食品中使用本品时应注意防止由于苯甲酸钠转交成苯甲酸而造成沉淀和降低使用效果。

二、山梨酸(钾)与苯甲酸(钠)的测定

1. 气相色谱法

试样酸化后，用乙醚提取山梨酸、苯甲酸，用附氢火焰离子化检测器的气相色谱仪进行分离测定，与标准系列比较定量。

（1）试剂和仪器：

乙醚：不含过氧化物。

石油醚：沸程 30 ~ 60℃。

盐酸。

无水硫酸钠。

盐酸（1 + 1）：取 100mL 盐酸，加水稀释至 200mL。

氯化钠酸性溶液（40g/L）：于氯化钠溶液（40g/L）中加入少量盐酸（1 + 1）酸化。

山梨酸、苯甲酸标准溶液：准确称取山梨酸、苯甲酸各 0.2000g，置于 100mL 容量瓶中，用石油醚 - 乙醚（3 + 1）混合溶剂溶解后并稀释至刻度。此溶液每毫升相当于 2.0mg 山梨酸或苯甲酸。

山梨酸、苯甲酸标准使用液：吸取适量的山梨酸、苯甲酸标准溶液，以石油醚 - 乙醚（3 + 1）混合溶剂稀释至每毫升当于 50μg、100μg、150μg、200μg、250μg 山梨酸或苯甲酸。

气相色谱仪：具有氢火焰离子化检测器。

（2）分析步骤：

试样提取。称取 2.50g 事先混合均匀的试样，置于 25mL 带塞量筒中，加 0.5mL 盐酸（1 + 1）酸化，用 15mL、10mL 乙醚提取两次，每次振摇 1min，将上层乙醚提取液吸入另一个 25mL 带塞量筒中，合并乙醚提取液。用 3mL 氯化钠酸性溶液（40g/L）洗涤两次，静止 15min，用滴管将乙醚层通过无水硫酸钠滤入 25mL 容量瓶中。加乙醚至刻度，混匀。准确吸取 5mL 乙醚提取液于 5mL 带塞刻度试管中，置 40℃ 水浴上挥干，加入 2mL 石油醚 - 乙醚（3 + 1）混合溶剂溶解残渣，备用。

色谱参考条件：色谱柱玻璃柱内径 3mm，长 2m，内装涂以 5% DEGS + 1% 磷酸固定液的 60 ~ 80 目 Chromosorb WAW。载气为氮气，气流速度 50mL/min（氮气和空气、氢气的比例按各仪器型号不同选择各自的最佳比例条件）。进样口检测器和柱温分别为 230℃、230℃ 和 170℃。

测定进样 2μL 标准系列中各浓度标准使用液于气相色谱仪中，可测得不同浓度山梨酸、苯甲酸的峰高，以浓度为横坐标，相应的峰高值为纵坐标，绘制标准曲线。同时进样 2μL 试样溶液，测定峰高与标准曲线比较定量。试样中山梨酸或苯甲酸的含量按式(8 - 5 - 1)进行计算。

$$X = \frac{A \times 1000}{m \times \frac{5}{25} \times \frac{V_2}{V_1} \times 1000} \qquad (8 - 5 - 1)$$

式中　X——试样中山梨酸或苯甲酸的含量，mg/kg；

　　　A——测定用试样液中山梨酸或苯甲酸的质量，μg；

V_1——加入石油醚－乙醚（3＋1）混合溶剂的体积，mL；

V_2——测定时进样的体积，μL；

m——试样的质量，g；

5——测定时吸取乙醚提取液的体积，mL；

25——试样乙醚提取液的总体积，mL。

由测得的苯甲酸的量乘以1.18，即为试样中苯甲酸钠的含量，计算结果保留两位有效数字。山梨酸和苯甲酸的气相色谱图如图8－5－1。

2. 高效液相色谱法

试样加温除去二氧化碳和乙醇，调 pH 至近中性，过滤后进高效液相色谱仪，经反相色谱分离后，根据保留时间和峰面积进行定性和定量。

（1）试剂：

甲醇：经 0.5μmL 滤膜过滤。

稀氨水（1＋1）：氨水加水等体积混合。

乙酸铵溶液（0.02mol/L）：称取 1.54g 乙酸铵，加水至 1000mL，溶解，经 0.45μmL 滤膜过滤。

碳酸氢钠（20g/L）：称取 2g 碳酸氢钠（优级纯），加水至 100mL，振摇溶解。

苯甲酸标准储备溶液：准确称取 0.1000g 苯甲酸，加碳酸氢钠（20g/L）5mL，加热溶解，移入 100mL 容量瓶中，加水定容至 100mL，苯甲酸含量为 1mg/mL，作为储备溶液。

图 8－5－1　山梨酸和苯甲酸的气相色谱图

山梨酸标准储备溶液：准确称取 0.1000g 山梨酸，加碳酸氢钠（20g/L）5mL，加热溶解，移入 100mL 容量瓶中，加水定容至 100mL，山梨酸含量为 1mg/mL，作为储备溶液。

苯甲酸、山梨酸标准混合使用溶液：取苯甲酸、山梨酸标准储备溶液各 10.0mL，放入 100mL 容量瓶中，加水至刻度。此溶液含苯甲酸、山梨酸各 0.1mg/mL。经 0.45μmL 滤膜过滤。

高效液相色谱仪（带紫外检测器）。

（2）分析步骤：

试样处理：汽水样品称取 5.0～10.0g，放入小烧杯中，微温搅拌除去二氧化碳，用氨水（1＋1）调 pH 约 7，加水定容至 10～20mL，经 0.45μmL 滤膜过滤。果汁类样品称取 5.0～10.0g，用氨水（1＋1）调 pH 约 7，加水定容至适当体积，离心沉淀，上清液经 0.45μmL 滤膜过滤。配制酒类样品称取 10.0g，放入小烧杯中，水浴加热除去乙醇，用氨水（1＋1）调 pH 约 7，加水定容至适当体积，经 0.45μmL 滤膜过滤。

高效液相色谱参考条件：YWG－C$_{18}$色谱柱，4.6mm×250mm，10μmL 不锈钢柱。甲醇：乙酸铵溶液（0.02mol/L）（5：95）流动相，流速 1mL/min。进样量 10μL。紫外检测器波长 230nm，0.2AUFS。根据保留时间定性，外标峰面积法定量。

试样中苯甲酸或山梨酸的含量按照式（8－5－2）进行计算。

$$X = \frac{A \times 1000}{m \times \dfrac{V_2}{V_1} \times 1000}$$

(8-5-2)

式中　X——试样中山梨酸或苯甲酸的含量，g/kg；

A——进样体积中山梨酸或苯甲酸的质量，mg；

V_1——试样稀释总体积，mL；

V_2——进样体积，mL；

m——试样的质量，g。

计算结果保留两位有效数字。

3. 薄层色谱法

试样酸化后，用乙醚提取苯甲酸、山梨酸。将试样提取液浓缩，点于聚酰胺薄层板上，展开。显色后，根据薄层板上苯甲酸、山梨酸的比移值。与标准比较定性，并可进行概略定量。

（1）试剂与仪器：

异丙醇。

正丁醇。

石油醚：沸程 30 ~ 60℃。

乙醚：不含过氧化物。

氨水。

无水乙醇。

聚酰胺粉：200 目。

盐酸（1 + 1）：取 100mL 盐酸，加水稀释至 200mL。

氯化钠酸性溶液（40g/L）：于氯化钠溶液（40g/L）中加少量盐酸（1 + 1）酸化。

展开剂：正丁醇 + 氨水 + 无水乙醇（7 + 1 + 2）；异丙醇 + 氨水 + 无水乙醇（7 + 1 + 2）。

山梨酸标准溶液：准确称取 0.2000g 山梨酸，用少量乙醇溶解后移入 100mL 容量瓶中，并稀释至刻度，此溶液每毫升相当于 2.0mg 山梨酸。

苯甲酸标准溶液：准确称取 0.2000g 苯甲酸，用少量乙醇溶解后移入 100mL 容量瓶中，并稀释至刻度，此溶液每毫升相当于 2.0mg 苯甲酸。

显色剂：溴甲酚紫 - 乙醇（50%）溶液（0.4g/L），用氢氧化钠（4g/L）调至 pH = 8。

吹风机。

层析缸。

玻璃板：10cmg × 18cmg。

微量注射器：10μL，100μL。

喷雾器。

（2）分析步骤：

试样提取：称取 2.50g 事先混合均匀的试样，置于 25mL 带塞量筒中，加 0.5mL 盐酸（1 + 1）酸化，用 15mL、10mL 乙醚提取两次，每次振摇 1min，将上层醚提取液吸入到一个 25mL 带塞量筒中，合并乙醚提取液。用 3mL 氯化钠酸性溶液（40g/L）洗涤两次，静止 15min，用滴管将乙醚层通过无水硫酸钠滤入 25mL 容量瓶中。加乙醚至刻度，混匀。吸取 10.0mL 乙醚提取液分两次置于 10mL 带塞离心管中，在约 40℃ 的水浴上挥干，加入 0.10mL

乙醇溶解残渣，备用。

聚酰胺粉板的制备：称取 1.6g 聚酰胺粉，加 0.4g 可溶性淀粉，加约 15mL 水，研磨 3~5min，立即倒入涂布器内制成 10cmg×18cmg、厚度 0.3mm 的薄层板两块，室温干燥后，于 80℃ 干燥 1h，取出，置于干燥器中保存。

点样：在薄层板下端 2cm 的基线上，用微量注射器点 1μL、2μL 试样液，同时各点 1μL、2μL 山梨酸、苯甲酸标准溶液。

展开与显色：将点样后的薄层板放入预先盛有展开剂的展开槽内，展开槽周围贴有滤纸，待溶剂前沿上展开至 10cmg，取出挥干，喷显色剂，斑点成黄色，背景为蓝色。试样中所含山梨酸、苯甲酸的量与标准斑点比较定量（山梨酸、苯甲酸的比移值依次为 0.82、0.73）。

实验中苯甲酸或山梨酸的含量按式（8-5-3）计算。

$$X = \frac{A \times 1000}{m \times \frac{10}{25} \times \frac{V_2}{V_1} \times 1000} \qquad (8-5-3)$$

式中　X——试样中山梨酸或苯甲酸的含量，g/kg；

　　A——测定用试样液中山梨酸或苯甲酸的质量，mg；

　　V_1——加入乙醇的体积，mL；

　　V_2——测定时点样的体积，mL；

　　m——试样的质量，g；

　　10——测定时吸取乙醚提取液的体积，mL；

　　25——试样乙醚提取液的总体积，mL。

本方法还可以同时测定果酱、果汁中的糖精。

三、禁用防腐剂定性试验

1. 硼酸、硼砂

（1）试剂：

盐酸(1+1)。

碳酸钠溶液(40g/L)。

氢氧化钠溶液(4g/L)。

姜黄试纸：称取 20g 姜黄粉末，用冷水浸渍 4 次，每次各 100mL，除去水溶性物质后，残渣在 100℃ 干燥，加 100mL 乙醇，浸渍数日，过滤。取 1cmg×8cmg 滤纸条，浸入溶液中，取出，于空气中干燥，贮于玻璃瓶中。

（2）分析步骤：

试样处理：称取 3~5g 固体试样，加碳酸钠溶液(40g/L)充分湿润后，于小火上烘干，炭化后再置高温炉中灰化。量取 10~20mL 液体试样，加碳酸钠溶液(40g/L)至呈碱性后，置于水浴上蒸干、炭化后再置高温炉中灰化。

定性试验：姜黄试纸法，取一部分灰分，滴加少量水与盐酸(1+1)至微酸性，边滴边搅拌，使残渣溶解，微温后过滤。将姜黄试纸浸入滤液中，取出试纸置表面皿上，于 60~70℃ 干燥，如有硼酸、硼砂存在时，试纸显红色或橙红色，在其变色部分熏乙氨即转为绿黑色。焰色反应法，取灰分置于坩埚中，加硫酸数滴及乙醇数滴，直接点火，硼酸或硼砂存在

227

时，火焰呈绿色。

2. 水杨酸

（1）试剂：

三氯化铁溶液（10g/L）。

亚硝酸钾溶液（100g/L）。

乙酸（50%）。

硫酸铜溶液（100g/L）：称取10g硫酸铜（$CuSO_4 \cdot 5H_2O$），加水溶解至100mL。

（2）分析步骤：

试样提取：饮料、冰棍、汽水样品取10.0mL（如试样中含有二氧化碳，先加热除去，如试样中含有酒精，加4%氢氧化钠溶液使其呈碱性，在沸水浴中加热除去），置于100mL分液漏斗中，加2mL盐酸（1+1），用30mL、20mL、20mL乙醚提取三次，合并乙醚提取液，用5mL盐酸酸化的水洗涤一次，弃去水层。乙醚层通过无水硫酸钠脱水后，挥发乙醚，加2.0mL乙醇溶解残留物，密塞保存，备用。

酱油、果汁、果酱等样品称取20.0g或吸取20.0mL均匀试样，置于100mL容量瓶中，加水至约60mL，加20mL硫酸铜溶液（100g/L），混匀，再加4.4mL氢氧化钠（40g/L），加水至刻度，混匀，静置30min，过滤，取50mL滤液置于150mL分液漏斗中，以下操作同上。

固体果汁粉等样品称取20.0磨碎的均匀试样，置于200mL容量瓶中，加100mL水，加温使溶解，以下操作同上。

定性实验：三氯化铁法，残渣加1~2滴三氯化铁溶液（10g/L），水杨酸存在时显紫堇色。确证实验，溶解残渣于少量热水中，冷后加4~5滴亚硝酸钾溶液（100g/L），4~5滴乙酸（50%）及1滴硫酸铜溶液（100g/L），混匀，煮沸0.5h，静置片刻，水杨酸存在时呈血红色（苯甲酸不显色）。

第六节 食品中着色剂的检测

色、香、味、形是构成食品感官性状的四大要素。食品的颜色是人们对食品的"第一印象"，是人们评价和选购食品的重要因素，在现代生活中人们对食品的色、香、味的要求越来越高。因为食品的色、香、味不仅是一种感官上的享受，而且有利于增进食欲，帮助消化和吸收，尤其是食品的颜色能诱导人的食欲。红色：给人以味浓成熟、好吃的感觉，比较鲜艳，引人注目。黄色：给人以芳香成熟、可口、食欲大增的感觉。橙色：给人以甘甜成熟、醇美的感觉。绿色、蓝色：给人以新鲜、清爽的感觉，多用于酒类、方便菜、饮料等食品中。咖啡色：给人以风味独特、质地浓郁的感觉。

为了弥补食品中本来特有的色泽在加工、储藏中的损失，使其尽可能恢复至原来的颜色，除采取一定护色措施外，往往还得添加一定量的食用色素，进行着色。这些靓丽的色泽能促进人的食欲，给人以美感，增加消化液的分泌。在各种花色蛋糕、冰棒、糖果、果脯、饮料、色酒、果酱、罐头中都有色素。食品着色剂是以食品着色和改善食品色泽为目的的食品添加剂，在食品生产过程中有着严格的规定。

着色剂也称食用色素，用于食品的着色，以改善食品的色泽，增进大众对食品的嗜好性，对改善食品质量有很大的作用。着色素按来源可分为天然和人工合成两类。天然着色剂

228

主要来自于动、植物组织或微生物代谢产物，多数比较安全，有些还有一定的营养价值，稳定性差（对光热酸碱等敏感），易氧化，着色力不强，难调色，资源不丰富，但个别的也具有毒性，如藤黄有剧毒不能用于食品。天然色素在生产过程中因其化学结构的可能变化和有害杂质的引入，也会引起天然色素可能具有一定的毒性。我国允许使用的天然色素主要有：植物色素（如甜菜红、姜黄、叶绿素铜钠盐、辣椒红，β-胡萝卜素等）、昆虫类色素（如虫胶红色素）、微生物色素（如红曲色素）、酱色等。在酱色生产过程中，为了加速反应速度往往加入铵盐作为催化剂，很易生成氮杂环化合物类代谢产物——4-甲基咪唑，毒理学试验结果表明，4-甲基咪唑为致惊厥物。国外规定加铵法生产的酱色中4-甲基咪唑含量不得超过200mg/kg，我国只允许使用不加铵盐的酱色。人工合成色素的主要特点为着色力强，色泽鲜艳，稳定性好，能随意调色，成本较低。但人工合成色素是从煤焦油中制取，或以苯、甲苯、萘等芳香烃化合物为原料合成制得，因此又称煤焦油色素或苯胺色素。这类色素多属偶氮化合物，在体内进行转化可形成芳香胺，芳香胺在体内经N-羟化和酯化可转变为易与生物大分子亲核中心结合的终致癌物，而具有致癌性。另外人工合成色素在合成过程中可能会因原料不纯而受到有害物质（如铅、砷等）的污染。我国批准使用的人工合成色素主要有苋菜红、胭脂红、赤藓红、新红、柠檬黄、日落黄、靛蓝、亮蓝、诱惑红九种。

一、主要着色剂的性质与毒性

苋菜红，化学名称为1-氨基萘-4-磺酸经重氮化后与2-萘酚-3，6-二磺酸钠偶合而成的染料，是世界上许多国家常用的色素之一。其分子式为$C_{20}H_{11}N_2Na_3O_{10}S_3$，结构式为：

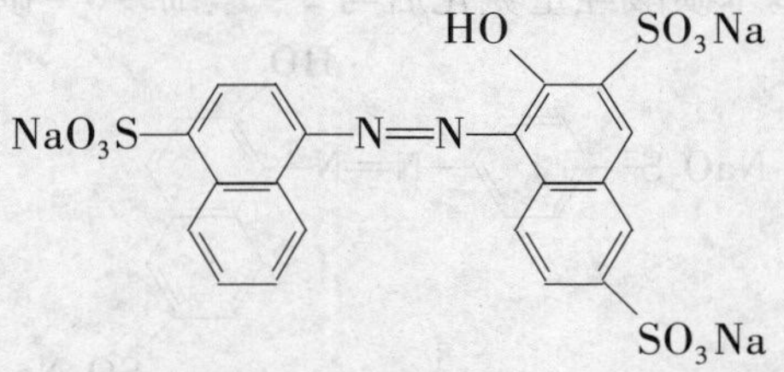

苋菜红为红褐色或暗红色粒状粉末，溶于水、甘油、丙二醇，难溶于乙醇，不溶于油，耐光、耐热、耐盐，对柠檬酸、酒石酸稳定，遇碱呈暗红色，对氧化还原敏感。$\lambda_{max} = 520 \pm 2nm$。毒理学试验证明有致肿癌性，有报道具有致畸性。代谢产物氨基苯磺酸钠与R盐对胎儿有毒，引起致死的剂量为200mg/kg，WHO规定苋菜红的ADI为0~0.5mg/kg体重。国外允许使用在苹果沙司、梨罐头、果酱、果冻等食品中，使用量为0.2g/kg（单用或与其它着色剂混用），虾或对虾0.03g/kg（单用或与其它着色剂混用）；冷饮10.0g/kg。

胭脂红，化学名称为1-氨基萘-4-磺酸经重氮化后与2-萘酚-6，8-二磺酸钠偶合而成的染料。结构式为：

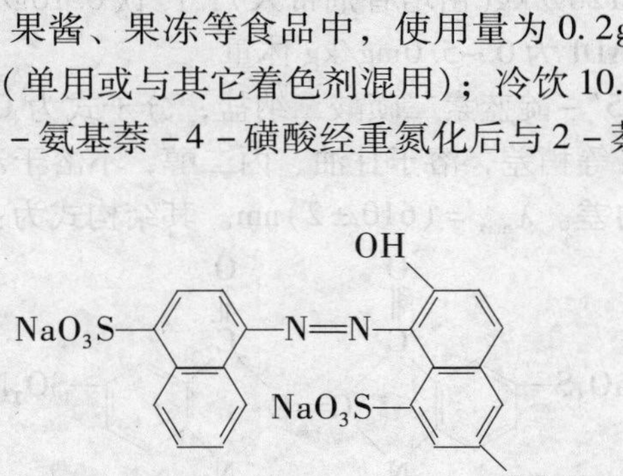

本品为红色或暗红色粒状粉末，溶于水呈红色、溶于甘油、乙醚，不溶于油，耐光、耐

酸、不耐热，易还原，遇碱呈褐色。$\lambda_{max}=(508\pm2)nm$。毒理学试验结果显示，以0.05%、1%浓度饲喂大鼠未见异常现象。WHO规定ADI为0.125mg/kg体重。

柠檬黄，化学名称为3-羧基-5羟基-（对苯磺酸）-4-（对苯磺酸偶氮）-吡唑三纳盐，分子式为$C_{16}H_9O_9N_4Na_3S_3$。为双羟基酒石酸与苯肼对磺酸缩合，或对氨基苯磺酸经重氮化后与1-（4′-磺基苯）-3-羧基-5-吡唑酮偶合而成。其结构式为：

$$NaO_3S-\!\!\!\!\!\bigcirc\!\!\!\!\!-N=C-\!C-COONa,\ HO-C-N,\ N$$

本品外观为橙黄或橙色粉末，溶于水呈黄色，溶于甘油，难溶于乙醇，不溶于油。耐光、耐热，对柠檬酸、酒石酸稳定，遇碱呈红色，还原时脱色，易氧化。$\lambda_{max}=428\pm2nm$。国外允许使用在苹果沙司、梨罐头、果酱和果冻中为200mg/kg（单用或与胭脂红合用量）；速冻或罐装的虾或对虾0.030g/kg（单用或与其它着色剂合用量）；午餐肉0.015g/kg（仅用于补充因产品使用黏合剂而损失的色素）；发酵后热处理的增香酸奶为0.027g/kg（由增香剂带入）；冷饮0.1g/kg（色素总量可达0.28g/kg）。WHO建议ADI值为0~0.1mg/kg体重。

日落黄，化学名称为1-（4′-磺基-1′-苯偶氮）-2-萘酚-6-磺酸二纳，分子式为$C_{16}H_{10}O_7N_2Na_2S_2$。为对氨基苯磺酸经重氮化后与2-萘酚-6-磺酸钠偶合而成。结构式：

$$NaO_3S-\!\!\!\!\!\bigcirc\!\!\!\!\!-N=N-\text{（萘酚-}SO_3Na\text{）},\ HO$$

本品外观为橙黄色粉末，溶于水、甘油、丙二醇，难溶于乙醇，不溶于油。耐光、耐热，对柠檬酸、酒石酸稳定，遇碱呈红褐色。$\lambda_{max}=(482\pm2)nm$。国外规定，可用于调味酱、果酱、果冻、桔皮果冻，最高限量为0.2g/kg（单用或合用量）；虾或对虾罐头0.030g/kg；发酵后热处理的增香酸奶0.0128g/kg（由增香剂带入）；冷饮0.10g/kg（最终产品内色素总量可达0.30g/kg）。WHO建议ADI为0~5.0mg/kg体重。

靛蓝，化学名称为5,5′-靛蓝素二磺酸二纳盐，分子式为$C_{16}H_8N_2Na_2O_8S_2$，为蓝色粉末，溶于水的能力较苋菜红等稍差，溶于甘油、丙二醇，不溶于乙醇、油脂。着色力强，耐光、热、酸、碱，氧化能力差。$\lambda_{max}=(610\pm2)nm$。其结构式为：

这种色素是美国于 1970 年批准使用的着色剂。美国规定的使用限量为糖果和蜜饯中 0.1g/kg；饮料中为 0.075g/kg；焙烤食品为 0.05g/kg；冰淇淋、冻果汁为 0.030g/kg，香肠、腊肠、红肠表面 0.125g/kg。ADI 为 0~7mg/kg 体重。

以上合成色素均为酸性，溶于水，并能被聚酰胺和羊毛吸附，在碱性条件下又能解吸附，而天然色素无此性质。在实际工作中常利用此特性区别天然色素和合成色素。举例说明，以羊毛例：其表面为游离的氨基酸残基，酸性条件下带正电的氨基可以吸附带负电的合成色素母体，而在碱性条件下氨基上的正电被中和，从而解吸出合成色素。

$$NaD \longrightarrow Na^+ + D^-$$

（酸性水溶性色素）　（色素母体）

$$\underset{NH_2}{\overset{COOH}{R}} \xrightarrow{H^+} \underset{NH_3^+}{\overset{COOH}{R}} \xrightarrow{D^-} \underset{NH_3^+D^-}{\overset{COOH}{R}} \xrightarrow{OH^-} \underset{NH_2}{\overset{COOH}{R}} + D^-$$

（羊毛）

二、着色剂测定的意义和测定方法

食品中合成着色剂的种类很多，国际上允许使用的有 30 余种，我国允许使用的主要有苋菜红、胭脂红、赤藓红、新红、苋菜红、诱惑红、柠檬黄、日落黄、亮蓝、靛蓝等。由于许多合成色素本身或其代谢产物具有一定的毒性、致泻性、致癌性，因此必须对合成色素的使用范围及用量加以限制，确保其安全性。

目前，在食品行业中使用单一色素已经比较少，大多数使用复合色素方可达到比较满意色泽，因而给分析工作者带来一定困难。目前合成色素的测定方法主要采用高效液相色谱法（食品中合成着色剂的测定）、薄层色谱法（经典分析方法，干扰大，样品前处理复杂）、示波极谱法（快速简便，可以连续测定多种色素）。

食品中添加的色素大多是调配后使用，食品本身的颜色也是多元的，因此测定时关键在于各种色素的分离，常见的分离技术主要有纸色谱、薄层色谱、气相色谱、高效液相色谱、羊毛吸附等。导数光谱、双波长吸收光谱等光谱分析方法及极谱等电化学方法也被应用于色素的测定。

测定食品中人工合成色素时，必须对样品进行前处理，去除样品中的糖、蛋白质、还原性物质等干扰物质，然后进行色素的提取、测定工作。提取色素的方法也有很多，如聚酰胺吸附法、羊毛染色法、离子交换法、分子筛分离法、吸附柱色谱法、溶剂抽提法、喹啉等化合物结合法。国家标准方法采用聚酰胺吸附法。对吸附和分离两种以上色素是目前较为理想的方法，并广泛使用。聚酰胺在酸性溶液中能与色素牢固地结合，并能在很稀的溶液中吸附色素，但对天然色素的吸附不紧密，能被甲醇-甲酸洗脱下来。

1. 高效液相色谱法

本方法适用于清凉饮料、配制酒、糖、果汁等食品中酸性人工合成色素的测定。食品中人工合成着色剂用聚酰胺吸附法或液-液分配法提取，制成水溶液，注入高效液相色谱仪，经反相色谱分离，根据保留时间定性和与峰面积比较进行定量。

（1）试剂

正己烷。

盐酸。

乙酸。

甲醇：经 0.5μmL 滤膜过滤。

聚酰胺粉(尼龙 6)：过 200 目筛。

乙酸铵溶液(0.02mol/L)：称取 1.54g 乙酸铵，加水至 1000mL，溶解，经 0.45μmL 滤膜过滤。

氨水：量取氨水 2mL，加水至 100mL，混匀。

氨水 – 乙酸铵溶液(0.02mol/L)：量取氨水 0.5mL，加乙酸铵溶液(0.02mol/L)至 1000mL，混匀。

甲醇 – 甲酸(6+4)溶液：量取甲醇 60mL，甲酸 40mL，混匀。

柠檬酸溶液：称取 20g 柠檬酸($C_6H_8O_7 \cdot H_2O$)，加水至 100mL，溶解混匀。

无水乙醇 – 氨水 – 水(7+2+1)溶液；量取无水乙醇 70mL、氨水 20mL、水 10mL，混匀。

三正辛胺正丁醇溶液(5%)：量取三正辛胺 5mL，加正丁醇至 100mL，混匀。

饱和硫酸钠溶液。

硫酸钠溶液(2g/L)。

pH=6 的水：水加柠檬酸溶液调 pH 值到 6。

合成着色剂标准溶液：准确称取按其纯度折算为 100% 质量的柠檬黄、日落黄、苋菜红、胭脂红、新红、赤藓红、亮蓝、靛蓝各 0.100g，置 100mL 容量瓶中，加 pH=6 水到刻度，配成水溶液(1.00mg/mL)。

合成着色剂标准使用液：临用时上述溶液加水稀释 20 倍，经 0.45μmL 滤膜过滤，配成每毫升相当于 50.0μg 的合成着色剂。

(2) 仪器：

高效液相色谱仪，带紫外检测器，254nm 波长。

(3) 分析步骤：

试样处理：桔子汁、果味水、果子露汽水等样品，称取 20.0~40.0g，放入 100mL 烧杯中，含二氧化碳试样加热驱除二氧化碳。配制酒类样品，称取 20.0~40.0g，放 100mL 烧杯中，加小碎瓷片数片，加热驱除乙醇。硬糖、蜜饯类、淀粉软糖类样品，称取 5.00~10.00g 粉碎试样，放入 100mL 小烧杯中，加水 30mL，温热溶解，若试样溶液 pH 值较高，用柠檬酸溶液调 pH 值到 6 左右。巧克力豆及着色糖衣制品，称取 5.00~10.00g，放入 100mL 小烧杯中，用水反复洗涤色素，到试样无色素为止，合并色素漂洗液为试样溶液。

色素提取：聚酰胺吸附法，试样溶液加柠檬酸溶液调 pH 值到 6，加热至 60℃，将 1g 聚酰胺粉加少许水调成粥状，倒入试样溶液中，搅拌片刻，以 G3 垂融漏斗抽滤，用 60℃ pH=4 的水洗涤 3~5 次，然后用甲醇 – 甲酸混合溶液洗涤 3~5 次，再用水洗至中性，用乙醇 – 氨水 – 水混合溶液解吸 3~5 次，每次 5mL，收集解吸液，加乙酸中和，蒸发至近干，加水溶解，定容至 5mL。经 0.45μmL 滤膜过滤，取 10μL 进高效液相色谱仪。

液 – 液分配法(适用于含赤藓红的试样)，将制备好的试样溶液放入分液漏斗中，加 2mL 盐酸、三正辛胺正丁酸溶液(5%)10~20mL，振摇提取，分取有机相，重复提取至有机色相，合并有机相，用饱和硫酸钠溶液洗 2 次，每次 10mL，分取有机相，放蒸发皿中，水浴加热浓缩至 10mL，转移至分液漏斗中，加 60mL 正己烷，混匀，加氨水提取 2~3 次，每次 5mL，合并氨水溶液层（含水溶性酸性色素），用正己烷洗 2 次，氨水层加乙酸调成中性，水浴加热蒸发至近干，加水定容至 5mL。经滤膜 0.45μmL 过滤，取 10μL 进高效液相色谱仪。

高效液相色谱参考条件：YWG – C$_{18}$ 10μmL 不锈钢柱，4.6mm（id）×250mm。流动相甲醇：乙酸铵溶液（pH = 4，0.02mol/L）。梯度洗脱甲醇：20% ~ 35%，3%/min；35% ~ 98%，9%/min；98% 继续 6min。流速 1mL/min。紫外检测器，254nm 波长。

测定取相同体积样液和合成着色剂标准使用液分别注入高效液相色谱仪，根据保留时间定性，外标封面积法定量。色谱图见图 8 – 6 – 1。

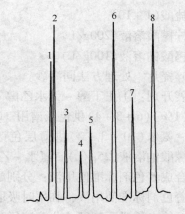

图 8 – 6 – 1　八种着色剂色谱分离图
1—新红；2—柠檬黄；3—苋菜红；4—靛蓝；
5—胭脂红；6—日落黄；7—亮蓝；8—赤藓红

试样中着色剂的含量按式（8 – 6 – 1）进行计算。

$$X = \frac{A \times 1000 \times 1000}{m \times \dfrac{V_2}{V_1} \times 1000}$$

（8 – 6 – 1）

式中　X——试样中着色剂的含量，g/kg；

A——样液中着色剂的质量，μg；

V_2——进样体积，mL；

V_1——试样稀释总体积，mL；

m——试样质量，g。

计算结果保留两位有效数字。在重复性条件下获得的两次独立测定结果的绝对差值不得超过算术平均值的 10%。

2. 薄层色谱法

水溶性酸性合成着色剂在酸性条件下被聚酰胺吸附，而在碱性条件下解吸附，再用纸色谱法或薄层色谱法进行分离后，与标准比较定性、定量。最低检测出量为 50μg。点样量为 1μL 时，检出浓度约为 50mg/kg。

（1）试剂：

石油醚：沸程 60 ~ 90℃。

甲醇。

聚酰胺粉（尼龙 6）：200 目。

硅胶 G。

硫酸：（1 + 10）。

甲醇 – 甲酸溶液：（6 + 4）。

氢氧化钠溶液（50g/L）。

海砂：先用盐酸（1 + 10）煮沸 15min，用水洗至中性，再用氢氧化钠溶液（50g/L）煮沸 15min，用水洗至中性，再于 105℃ 干燥，贮于具玻璃塞的瓶中，备用。

乙醇（50%）。

乙醇 – 氨溶液：取 1mL 氨水，加乙醇（70%）至 100mL。

pH = 6 的水：用柠檬酸溶液（20%）调节至 pH = 6。

盐酸(1+10)。

柠檬酸溶液(200g/L)。

钨酸钠溶液(100g/L)。

碎瓷片：处理方法同海砂。

展开剂：①正丁醇－无水乙醇－氨水(1%)(6+2+3)供色纸谱用。②正丁醇－吡啶－氨水(1%)(6+3+4)供色纸谱用。③甲乙酮－丙酮－水(7+3+3)供色纸谱用。④甲醇－乙二胺－氨水(10+3+2)供薄层色谱用。⑤甲醇－氨水－乙醇(5+1+10)供薄层色谱用。⑥柠檬酸钠溶液(25g/L)－氨水－乙醇(8+1+2)供薄层色谱用。

合成着色剂标准使用液：分别配制着色剂的标准溶液浓度为每毫升相当于1.0mg。

着色剂标准使用液：临用时吸取色素标准溶液各5.0mL，分别置于50mL容量瓶中，加pH=6的水稀释至刻度。此溶液每毫升相当于0.10mg着色剂。

（2）仪器：

可见分光光度计。

微量注射器或血色素吸管。

展开槽，25cmg×6cmg×4cmg。

层析缸。

滤纸：中速滤纸，纸色谱用。

薄层板：5cm×20cm。

电吹风机。

水泵。

（3）试样处理：

果味水、果子露、汽水样品，称取50.0g试样于100mL烧杯中，汽水需加热驱除二氧化碳。

配制酒样品，称取100.0g试样于100mL烧杯中。加碎瓷片数块，加热驱除乙醇。

硬糖、蜜饯类、淀粉软糖类样品，称取5.00g或10.0g粉碎的试样，加30mL水，温热溶解，若样液pH值较高，用柠檬酸溶液(200g/L)调至pH4左右。

奶糖样品，称取10.0g粉碎均匀的试样，加30mL乙醇－氨溶液溶解，置水浴上浓缩至约20mL，立即用硫酸溶液(1+10)调至微酸性，再加1.0mL硫酸(1+10)，加1mL钨酸钠(100g/L)，使蛋白质沉淀、过滤，用少量水洗涤，收集滤液。

蛋糕类样品，称取10.0g粉碎均匀的试样，加海砂少许，混匀，用热吹风吹干用品(用手摸已干燥即可)加入30mL石油醚搅拌，放置片刻，倾出石油醚，如此重复处理三次，以除去脂肪，吹干后研细，全部倒入G3垂融漏斗或普通漏斗中，用乙醇－氨溶液提取色素，直至着色剂全部提完，再置水浴上浓缩至约20mL，立即用硫酸溶液(1+10)调至微酸性，再加1.0mL硫酸(1+10)，加1mL钨酸钠(100g/L)，使蛋白质沉淀、过滤，用少量水洗涤，收集滤液。

（4）吸附分离：

将处理后所得的溶液加热至70℃，加入0.5~1.0g聚酰胺粉充分搅拌，用柠檬酸溶液(200g/L)调至pH至4，使着色剂完全被吸附，如溶液还有颜色，可以再加一些聚酰胺粉。将吸收着色剂的聚酰胺全部转入G3垂融漏斗中过滤(如用G3垂融漏斗过滤可以用水泵慢慢地抽滤)。用pH4的70℃水反复洗涤，每次20mL，边洗边搅拌，若含有天然着色剂。再用甲醇－

234

甲酸溶液洗涤 1～3 次，每次 20mL，至洗液无色为止，再用 70℃ 水多次洗涤至流出的溶液为中性。洗涤过程中应充分搅拌。然后用乙醇－氨溶液分次解吸全部着色剂，收集全部解吸液，于水浴上驱氨。如果为单色，则用水准确稀释至 50mL，用分光光度法进行测定。如果为多种着色剂混合液，则进行纸色谱或薄层色谱法分离后测定，即将上述溶液置于水浴上浓缩至 2mL后移入 5mL 容量瓶中，用 50% 乙醇洗涤容器，洗液并入容量瓶中并稀释至刻度。

（5）定性测定：

纸色谱法，取色谱用纸，在距底边 2cm 的起始线上分别点 3～10μL 试样溶液、1～2μL着色剂标准溶液，挂于分别盛有展开剂（Ⅰ）和（Ⅱ）的层析缸中，用上行法展开，待溶剂前沿展至 15cm 处，将滤纸取出于空气中晾干，与标准斑比较定性。也可以取 0.5mL 样液，在起始线上从左到右点成条状，纸的左边点着色剂标准溶液，依法展开，晾干后先定性后再供定量用。靛蓝在碱性条件下易褪色，可以用展开剂（Ⅲ）。

薄层色谱法，称取 1.6g 聚酰胺粉、0.4g 可溶性淀粉及 2g 硅胶 G，置于合适的研钵中，加 15mL 水研匀后，立即置涂布器中铺成厚度为 0.3mm 的板。在室温晾干后，于 80℃ 干燥1h，置于干燥器中备用。

离板底边 2cmg 处将 0.5mL 样液从左到右点成与底边平行的条状，板的左边点 2μL 色素标准溶液。

苋菜红与胭脂红用展开剂（Ⅳ）展开，靛蓝与亮蓝用展开剂（Ⅴ）展开，柠檬黄与其它着色剂用展开剂（Ⅵ）展开。取适量展开剂倒入展开槽中，将薄层板放入展开，待着色剂明显分开后取出，晾干，与标准比较，如 R_f 相同即为同一色素。

（6）定量测定：

试样测定。将纸色谱的条状色斑剪下，用少量热水洗涤数次，洗液移入 10mL 比色管中，并加水稀释至刻度，作比色测定用。

将薄层色谱的条状色斑包括有扩散的部分，分别用刮刀刮下，移入漏斗中，用乙醇－氨溶液解吸着色剂，少量反复多次至解吸液于蒸发皿中，于水浴上挥去氨，移入 10mL 比色管中，加水至刻度，作比色用。

标准曲线制备。分别吸取 0、0.5mL、1.0mL、2.0mL、3.0mL、4.0mL 胭脂红、苋菜红、柠檬黄、日落黄色谱标准使用溶液，或 0、0.2mL、0.4mL、0.6mL、0.8mL、1.0mL 亮蓝、靛蓝色素标准使用溶液，分别置于 10mL 比色管中，各加水稀释至刻度。上述试样于标准管分别用 1cmg 比色杯，以零管调节零点，于一定波长下（胭脂红 510nm，苋菜红 520nm，柠檬黄 430nm，日落黄 482nm，亮蓝 627nm，靛蓝 620nm），测定吸光度，分别绘制标准曲线比较或与标准系列目测比较。

试样中着色剂的含量按式（8－6－2）进行计算。

$$X = \frac{A \times 1000}{m \times \frac{V_2}{V_1} \times 1000} \qquad (8-6-2)$$

式中 X——试样中着色剂的含量，g/kg；

A——测定用样液中色素的质量，mg；

V_2——样液点板（纸）体积，mL；

V_1——试样解吸后总体积，mL；

m——试样质量或体积，g 或 mL。

计算结果保留两位有效数字。

3. 示波极谱法

食品中的合成着色剂，在特定的缓冲溶液中，在滴汞电极上可产生敏感的极谱波，波高与着色剂的浓度成正比，当食品中存在一种或两种以上互不影响测定的着色剂时，可用其进行定性和定量分析。

（1）试剂：

底液 A：磷酸盐缓冲液（常用于红色或黄色复合色素），可作苋菜红、胭脂红、日落黄、柠檬黄以及靛蓝着色剂的测定底液。称取 13.6g 无水磷酸二氢钾（KH_2PO_4）和 14.1g 无水磷酸氢二钠（Na_2HPO_4）〔或 35.6g 含结晶水的磷酸氢二钠（$Na_2HPO_4 \cdot 12H_2O$）〕及 10.0g 氯化钠，加水溶解后稀释至 1L。

底液 B：乙酸盐缓冲液（常用于绿色和蓝色复合色素），可作靛蓝、亮蓝、柠檬黄、日落黄着色剂的测定底液。量取 40.0mL 冰乙酸，加水约 400mL，加入 20.0g 无水乙酸钠，溶解后加水稀释至 1L。

柠檬酸溶液：200g/L。

乙醇－氨溶液：取 1mL 浓氨水，加乙醇（70%）至 100mL。

着色剂标准溶液：准确称取按其纯度折算为 100% 质量的人工合成着色剂 0.100g，溶解后置于 100mL 容量瓶中，加水至刻度。此溶液 1mL 含 1.00mg 着色剂。

着色剂标准使用溶液：吸取着色剂标准溶液 1.00mL，置于 100mL 容量瓶中，加水至刻度。此溶液 1mL 含 10.0μg 着色剂。

（2）仪器：

微机极谱仪。

常用玻璃仪器。

（3）试样处理：

饮料和酒类，取样 10.0～25.0mL，加热驱除二氧化碳和乙醇，冷却后用 200g/L 氢氧化钠和盐酸（1＋1）调至中性，然后加蒸馏水至原体积。

表层色素类，取样 5.0～10.0g，用蒸馏水反复漂洗直至色素完全被洗脱。合并洗脱液并定容至一定体积。

水果糖和果冻类，取样 5.0g，用水加热溶解，冷却后定容至 25.0mL。

奶油类，取样 5.0g 于 50mL 离心管中，用石油醚洗涤三次，每次约 20～30mL，用玻璃棒搅匀，离心，弃上清液。低温挥去残留的石油醚后用乙醇－氨溶液溶解并定容至 25.0mL，离心，取上清液一定量水浴蒸干，用适量的水加热溶解色素，用水洗入 10mL 容量瓶并定容。

奶糖类，取样 5.0g 溶于乙醇－氨溶液至 25.0mL，离心。取上清液 20.0mL，加水 20mL，加热挥去约 20mL，冷却，用 200g/L 柠檬酸调至 pH4，加入 200 目聚酰胺粉 0.5～1.0g，充分搅拌使色谱完全吸附后，用 30～40mL 酸性水洗入 50mL 离心管，离心，弃上层液体。沉淀物反复用酸性水洗涤 3～4 次后，用适量酸性水洗入含滤纸的漏斗中。用乙醇－氨溶液洗脱色素，将洗脱液水浴蒸干，用适量的水加热溶解色素，用水洗入 10mL 容量瓶并定容。

（4）测定：

极谱条件：滴汞电极，一阶导数，三电极制，扫描速度 250mV/s，底液 A 的初始扫描电位为 －0.2V，终止扫描电位为 －0.9V。参考峰电位为苋菜红 －0.42V、日落黄 －0.50V、

236

柠檬黄 $-0.56V$、胭脂红 $-0.69V$、靛蓝 $-0.29V$。底液 B 的初始扫描电位为 $0.0V$，终止扫描电位为 $-1.0V$。参考峰电位（溶液、底液偏酸使出峰电位正移，偏碱使出峰电位负移）为靛蓝 $-0.16V$、日落黄 $-0.32V$、亮蓝 $-0.80V$。

标准曲线：吸取着色剂标准使用溶液 0、$0.50mL$、$1.00mL$、$2.00mL$、$3.00mL$、$4.00mL$ 分别于 $10mL$ 比色管中，加入 $5.00mL$ 底液，用水定容至 $10.0mL$（浓度分别为 0、$0.50\mu g/mL$、$1.00\mu g/mL$、$2.00\mu g/mL$、$3.00\mu g/mL$、$4.00\mu g/mL$），混匀后于微机极谱仪上测定。0 为试剂空白溶液。

试样测定：取试样处理液 $1.00mL$，或一定量（复合色素峰电位较近时，尽量取稀溶液），加底液 $5.00mL$，加水至 $10.00mL$，摇匀后与标准系列溶液同时测定。

试样中着色剂含量按式（8 - 6 - 3）进行计算。

$$X = \frac{c_x \times 10 \times 100}{m \times V_1 \times V_2 \times 1000 \times 1000} \qquad (8-6-3)$$

式中　X——试样中着色剂的含量，g/kg 或 g/L；

$\quad c_x$——试样测定液中着色剂的含量，$\mu g/mL$；

$\quad V_2$——样液稀释后的总体积，mL；

$\quad V_1$——试样测定液中试样处理液的体积，mL；

$\quad m$——试样取样质量或体积，g 或 mL。

计算结果保留两位有效数字。

第七节　食品中甜味剂的检测

甜味剂是赋予食品甜味的添加剂，可分为天然甜味剂和人工合成甜味剂。天然甜味剂中包括蔗糖、果糖、葡萄糖、麦芽糖等天然糖类和糖的衍生物（如木糖醇、麦芽糖醇等）以及其它天然甜味物（如甜菊糖甙、甘草酸、某些蛋白质等）。人工合成甜味剂主要是一些具有甜味的化学物质，其甜度一般比蔗糖高数十倍仍至数百倍，但不具有任何营养价值。

我国批准并广泛使用的主要有①糖精钠、②环已基氨基磺酯钠（甜蜜素）、③天门冬酰苯丙氨酸甲酯（甜味素、阿斯巴甜）等。对食品的风味进行调节和增强；将不良风味进行掩蔽；改进食品的可口性和其它食品的工艺特性。

一、糖精钠

糖精化学名称为邻 - 磺酰苯甲酰亚胺其分子式为 $C_7H_5O_3NS$，白色结晶或白色晶状粉末，难溶于水，溶于乙醚、乙醇、氯仿等有机试剂，化学性质不稳定，遇热易分解。糖精钠为糖精的钠盐，是含有两个水分子的无色或白色结晶，分解出来的阴离子有强甜味，而在分子状态下没有甜味，反而有苦味。在空气中风化失去结晶水后成粉末状。溶于水，不溶乙醚、乙醇、氯仿等有机试剂，化学性质较为稳定。

糖精钠、糖精对人体无营养价值，不分解、不吸收，随尿排出，致癌性有争议，ADI 值

$0 \sim 2.5$。糖精对人体无营养价值，一般认为糖精钠在体内不被利用，大部分由尿排出。有试验表明，过量摄入糖精钠可导致实验动物肿瘤发生率增大。国际上对糖精钠的利用普遍采取限制态度。美国允许使用在软饮料 $0.072g/L$；冷饮 $0.150g/L$；糖果 $2.1 \sim 2.6g/kg$；烘焙食品 $0.012g/kg$。FAO/WHO 规定糖精的 ADI 为 $2.5mg/kg$ 体重，在膳食治疗中为 $10mg/kg$ 体重。婴幼儿食品、病人食品、主食中禁用。果酒、露酒、黄酒、啤酒、白酒、肉类、水产类、水果蔬菜类罐头中禁止使用糖精。

二、糖精钠的检验

糖精钠的定性鉴别：间苯二酚法检验；火焰法；熔点测定法。糖精钠的定量测定主要有高效液相法、薄层色谱法、离子选择电极测定法等。

1. 高效液相色谱法

试样加温除去二氧化碳和乙醇，调 pH 至近中性，过滤后进高效液相色谱仪，经反相色谱分离后，根据保留时间和峰面积进行定性和定量。高效液相色谱法为取样量为 $10g$，进样量为 $10\mu L$ 时检出量为 1.5 ng。

（1）试剂和仪器：

甲醇：经 $0.5\mu m$ 滤膜过滤。

氨水（$1+1$）：氨水加等体积水混合。

乙酸铵溶液（$0.02mol/L$）：称取 $1.54g$ 乙酸铵，加水至 $1000mL$ 溶解，经 $0.45\mu m$ 滤膜过滤。

糖精钠标准储备溶液：准确称取 $0.0851g$ 经 $120℃$ 烘干 4h 后的糖精钠（$C_6H_4CONNaSO_2 \cdot 2H_2O$），加水溶解定容至 $100mL$。糖精钠含量 $1.0mg/mL$，作为储备溶液。

糖精钠标准使用溶液：吸取糖精钠标准储备液 $10mL$，放入 $100mL$ 容量瓶中，加水至刻度，经 $0.45\mu m$ 滤膜过滤，该溶液每毫升相当于 $0.10mg$ 的糖精钠。

高效液相色谱仪（附紫外检测器）。

（2）试样处理：

汽水：称取 $5.00 \sim 10.00g$ 放入小烧杯中，微温搅拌除去二氧化碳，用氨水（$1+1$）调 pH 约 7。加水定容至适当的体积，经 $0.45\mu m$ 滤膜过滤。

果汁类：称取 $5.00 \sim 10.00g$，用氨水（$1+1$）调 pH 约 7，加水定容至适当的体积，离心沉淀，上清液经 $0.45\mu m$ 滤膜过滤。

配制酒类：称取 $10.00g$，放小烧杯中，水浴加热除去乙醇，用氨水（$1+1$）调 pH 约 7，加水定容至 $20mL$，经 $0.45\mu m$ 滤膜过滤。

高效液相色谱参考条件：YWG - C_{18} 柱，$4.6mm \times 250mm$ $10\mu m$ 不锈钢柱。甲醇：乙酸铵溶液（$0.02mol/L$）（$5+95$）流动相，流速 $1mL/min$。紫外检测器 230nm 波长，$0.2AUFS$。

测定取处理液和标准使用液各 $10\mu L$（或相同体积）注入高效液相色谱仪进行分离，以其标准溶液峰的保留时间为依据进行定性，以其峰面积求出样液中被测物质的含量，供计算。试样中糖精钠含量按式（$8-7-1$）进行计算。

$$X = \frac{A \times 1000}{m \times \dfrac{V_2}{V_1} \times 1000} \qquad (8-7-1)$$

式中　X——试样中糖精钠含量，g/kg；

238

A——进样体积中糖精钠的质量，mg；

　　V_2——进样体积，mL；

　　V_1——试样稀释液总体积，mL；

　　m——试样质量，g。

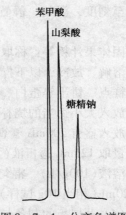

图 8 – 7 – 1　分离色谱图

　　计算结果保留三位有效数字。在重复性条件下获得的两次独立测定结果的绝对差值不得超过算术平均值的 10%。在该分离条件可以同时测定苯甲酸、山梨酸和糖精钠，其分离色谱图见图 8 – 7 – 1。

2. 薄层色谱法

　　在酸性条件下，食品中的糖精钠用乙醚提取、浓缩、薄层色谱分离、显色后与标准比较，进行定性和半定量测定。

　　（1）试剂：

　　乙醚：不含过氧化物。

　　无水硫酸钠。

　　无水乙醇及乙醇（95%）。

　　聚酰胺粉：200 目。

　　盐酸（1 + 1）：取 100mL 盐酸，加水稀释至 200mL。

　　展开剂：正丁醇 + 氨水 + 无水乙醇（7 + 1 + 2）。异丙醇 + 氨水 + 无水乙醇（7 + 1 + 2）。

　　显色剂：溴甲酚紫溶液（0.4g/L）：称取 0.04g 溴甲酚紫，用乙醇（50%）溶解，加氢氧化钠溶液（4g/L）1.1mL 调制 pH 为 8，定容至 100mL。

　　硫酸铜溶液（100g/L）：称取 10g 硫酸铜（$CuSO_4 \cdot 5H_2O$），用水溶解并稀释至 100mL。

　　氢氧化钠溶液（40g/L）。

　　糖精钠标准溶液：准确称取 0.0851g 经 120℃ 干燥 4h 后的糖精钠，加乙醇溶解，移入 100mL 容量瓶中，加乙醇（95%）稀释至刻度，此溶液每毫升相当于 1mg 糖精钠（$C_6H_4CON\text{-}NaSO_2 \cdot 2H_2O$）。

　　（2）仪器：

　　玻璃纸：生物制品透析袋或不含增白剂的市售玻璃纸。

　　玻璃喷雾器。

　　微量注射器。

　　紫外光灯：波长 253.7nm。

　　薄层板：10cm × 20cm 或 20cm × 20cm。

　　展开槽。

　　（3）试样提取：

　　饮料、冰棍、汽水：取 10.0mL 均匀试样（如试样中含有二氧化碳，先加热除去。如试样中含有酒精，加 4% 氢氧化钠溶液使其呈碱性，在沸水浴中加热除去），置于 100mL 分液漏斗中，加 2mL 盐酸（1 + 1），用 30mL、20mL、20mL 乙醚提取三次，合并乙醚提取液，用 5mL 盐酸酸化的水洗涤一次，弃去水层。乙醚层通过无水硫酸钠脱水后，挥发乙醚，加入 2.0mL 乙醇溶解残留物，密塞保存，备用。

　　酱油、果汁、果酱等：称取 20.0g 或吸取 20.0mL 均匀试样，置于 100mL 容量瓶中，加水至约 60mL，加 20mL 硫酸铜溶液（100g/L），混匀，再加 4.4mL 氢氧化钠溶液（40g/L），加水至刻度，混匀，静置30min，过滤，取50mL滤液置于150mL分液漏斗中，以下操作同上。

固体果汁粉等：称取20.0g磨碎的均匀试样，置于200mL容量瓶中，加100mL水，加温使溶解、放冷，以下操作同上。

糕点、饼干等蛋白、脂肪、淀粉多的食品：称取25.0g均匀试样，置于透析用的玻璃纸中，放入大小适当的烧杯内，加50mL氢氧化钠溶液(0.8g/L)。调成糊状，将玻璃纸口扎紧，放入盛有200mL氢氧化钠溶液(0.8g/L)的烧杯中，盖上表面皿，透析过夜。

量取125mL透析液(相当12.5g试样)，加约0.4mL盐酸(1+1)使成中性，加20mL硫酸铜溶液(100g/L)，混匀，再加4.4mL氢氧化钠溶液(40g/L)，混匀，静置30min，过滤。取120mL(相当10g试样)，置于250mL分液漏斗中，以下操作同上。

(4) 薄层板的制备与点样：

称取1.6g聚酰胺粉，加0.4g可溶性淀粉，加约7.0mL水，研磨3~5min，立即涂成0.25~0.30mm厚的10cmg×20cmg的薄层板，室温干燥后，在80℃下干燥1h。置于干燥器中保存。

在薄层板下端2cmg处，用微量注射器点10μL和20μL的样液两个点，同时点3.0μL、5.0μL、7.0μL、10.0μL糖精钠标准溶液，各点间距1.5cmg。

(5) 展开与显色：

将点好的薄层板放入盛有展开剂的展开槽中，展开剂液层约0.5cmg，并预先已达到饱和状态。展开至10cmg，取出薄层板，挥干，喷显色剂，斑点显黄色，根据试样点和标准点的比移值进行定性，根据斑点颜色深浅进行半定量测定。

试样中糖精钠的含量按式(8-7-2)进行计算。

$$X = \frac{A \times 1000}{m \times \dfrac{V_2}{V_1} \times 1000} \qquad (8-7-2)$$

式中　X——试样中糖精钠的含量，g/kg或g/L；

　　　A——测定用样液中糖精钠的质量，mg；

　　　m——试样质量或体积，g或mL；

　　　V_1——试样提取液残留物加入乙醇的体积，mL；

　　　V_2——点板液体积，mL。

3. 离子选择电极测定方法

糖精选择电极是以季铵盐所制PVC薄膜为感应膜的电极，它和作为参比电极的饱和甘汞电极配合使用以测定食品中糖精钠的含量。当测定温度、溶液总离子强度和溶液接界电位条件一致时，测得的电位遵守能斯特方程式，电位差随溶液中糖精离子的活度(或浓度)改变而变化。

被测溶液中糖精钠含量在0.02~1mg/mL范围内。电极值与糖精离子浓度的负对数成直线关系。

(1) 试剂：

乙醚：使用前用盐酸(6mol/L)饱和。

无水硫酸钠。

盐酸(6mol/L)：取100mL盐酸，加水稀释至200mL，使用前以乙醚饱和。

氢氧化钠溶液（0.06mol/L）：取2.4g氢氧化钠溶解并稀释至1000mL。

硫酸铜溶液（100g/L）：称取硫酸铜（$CuSO_4 \cdot 5H_2O$）10g溶于100mL水中。

氢氧化钠溶液（40g/L）。

氢氧化钠溶液（0.02mol/L）：将氢氧化钠溶液（0.06mol/L）稀释而成。

磷酸二氢钠$[c(NaH_2PO_4 \cdot 2H_2O) = 1mol/L]$溶液：取78g $NaH_2PO_4 \cdot 2H_2O$溶解后转入500mL容量瓶中溶解后，加水稀释至刻度，摇匀。

磷酸氢二钠$[c(Na_2HPO_4 \cdot 12H_2O) = 1mol/L]$溶液：取89.5g $Na_2HPO_4 \cdot 12H_2O$于250mL容量瓶中溶解后，加水稀释至刻度，摇匀。

总离子强度调节缓冲液：87.7mL磷酸二氢钠溶液（1mol/L）与12.3mL磷酸氢二钠溶液（1mol/L）混合即得。

糖精钠标准溶液：准确称取0.0851g经120℃干燥4h后的糖精钠结晶移入100mL容量瓶中，加水稀释至刻度，摇匀备用。此溶液每毫升相当于1.0mg糖精钠（$C_6H_4CONNaSO_2 \cdot 2H_2O$）。

（2）仪器：

精密级酸度计或离子活度计或其它精密级电位计，准确到±1 mV。

糖精选择电极。

217型甘汞电极：具双盐桥式甘汞电极，下面的盐桥内装入含1%琼脂的氯化钾溶液（3mol/L）。

磁力搅拌器。

透析用玻璃纸。

半对数纸。

（3）试样提取：

液体试样：浓缩果汁、饮料、汽水、汽酒、配制酒等。准确吸取25mL均匀试样（汽水、汽酒等需先除去二氧化碳后取样）置于250mL分液漏斗中，加2mL盐酸（6mol/L），用20mL、20mL、10mL乙醚提取三次。合并乙醚提取液，用5mL经盐酸酸化的水洗涤一次，弃去水层，乙醚层转移至50mL容量瓶，用少量乙醚洗涤原分液漏斗合并入容量瓶，并用乙醚定容至刻度，必要时加入少许无水硫酸钠，摇匀，脱水备用。

含蛋白质、脂肪、淀粉量高的食品：糕点、饼干、酱菜、豆制品、油炸食品、称取20.00g切碎试样，置透析用玻璃纸中，加50mL氢氧化钠溶液（0.02mol/L），调匀后将玻璃纸口扎紧，放入盛有200mL氢氧化钠溶液（0.02mol/L）的烧杯中，盖上表面皿，透析24h，并不是搅动浸泡液。量取125mL透析液，加约0.4mL盐酸（6mol/L）使成中性，加20mL硫酸铜溶液混匀，再加4.4mL氢氧化钠溶液（40g/L），混匀。静置30min，过滤。取100mL滤液于250mL分液漏斗中，以下操作同上。

蜜饯类：称取10.00g切碎的均匀试样，置透析用玻璃纸中，加50mL氢氧化钠溶液（0.06mol/L），调匀后将玻璃纸扎紧，放入盛有200mL氢氧化钠溶液（0.06mol/L）的烧杯中，透析、沉淀、提取操作同上。

糯米制食品：称取25.00g切成米粒状的小块的均匀试样，以下操作同上。

（4）测定

标准曲线的绘制：准确吸取0、0.5mL、1.0mL、2.5mL、5.0mL、10.0mL糖精钠标准溶液（相当于0、0.5mg、1.0mg、2.5mg、5.0mg、10.0mg糖精钠）。分别置于50mL容量瓶

中，各加5mL总离子强度调节缓冲液，加水至刻度，摇匀。

将糖精选择电极和甘汞电极分别与测量仪器的负端和正端相连接，将电极插入盛有水的烧杯中，按其仪器的说明书调节至使用状态，在搅拌下用水洗至电极起始电位(例如某些电极起始电位达 -320 mV)。取出电极用滤纸吸干，将上述标准系列溶液按低浓度到高浓度逐个测定，得其在搅拌时的平衡电位值($-$ mV)。

在半对数纸上以毫升(毫克)为纵坐标；电位值($-$ mV)为横坐标绘制标准曲线。

准确吸取20mL乙醚提取液置于50mL烧杯中，挥发至干，残渣加5mL总离子强度调节缓冲液。小心转动，振摇烧杯内容物全部定量转移入50mL容量瓶中，原烧杯用少量水多次漂洗后，并入容量瓶中，最后加水至刻度摇匀。依法测定其电位值($-$ mV)，查标准曲线求得测定液中糖精钠毫克数。

试样中糖精钠的含量按式(8-7-3)进行计算。

$$X = \frac{A \times 1000}{m \times \frac{V_2}{V_1} \times 1000} \qquad (8-7-3)$$

式中　X——试样中糖精钠的含量，g/kg 或 g/L；

　　　A——测定液中糖精钠的质量，mg；

　　　V_1——乙醚提取液的体积，mL；

　　　V_2——分取乙醚提取液的体积，mL；

　　　m——试样的质量或体积，g 或 mL。

本法对苯甲酸钠的浓度在 200~1000mg/kg 时无干扰；山梨酸的浓度在 50~500mg/kg，糖精钠含量在 100~150mg/kg 范围内，约有 3%~10% 的正误差；水杨酸及对羟基苯甲酸酯等对本法的测定有严重干扰。

第八节　食品中漂白剂的检测

漂白剂是指可使食品中的有色物质经化学作用分解转变为无色物质，或使其褪色的一类食品添加剂。漂白剂是能破坏、抑制食品的发色因素，使色素褪色或使食品免于褐变的物质。依据作用原理分氧化型漂白剂和还原型漂白剂两类。氧化漂白剂是通过其本身强烈的氧化作用使着色物质被氧化破坏，从而达到漂白的目的(如过氧化氢、漂白粉等)。氧化漂白剂在食品中实际应用较少，还原型漂白剂有亚硫酸钠、焦亚硫酸钠(钾)、低亚硫酸钠、二氧化硫等。食品中使用的主要为还原型漂白剂。另外，在面粉生产中为了达到较好的外观品质，生产企业常常添加过氧化苯甲酰，使面粉中的胡萝卜素、黄色素褪色，起到增白的作用。

目前，我国使用的大都是还原型漂白剂，还原漂白剂大多是亚硫酸及其盐类，它们通过 SO_2 的还原作用可使果蔬褪色(对花色素苷作用明显，类胡萝卜素次之，而叶绿素则几乎不褪色)，还有抑菌及抗氧化作等作用。

我国从古到今所用"熏硫漂白"，亦是利用其所产生的 SO_2 的作用。

由于漂白剂具有一定的毒性，用量过多还会破坏食品中的营养成分，故应严格控制其残留量。

我国《食品添加使用标准》规定：①亚硫酸用于葡萄酒、果酒时的用量为 0.25g/kg，残留量（以 SO_2 计）不超过 0.05g/kg。②在蜜饯、葡萄糖、食糖、冰糖、糖果、液体葡萄糖、竹笋、蘑菇及其罐头的最大使用量为 0.4~0.6g/kg；残留量（以 SO_2 计）不超过 0.05g/kg。③薯类淀粉为 0.20g/kg；残留量（以 SO_2 计）不超过 0.03g/kg。

漂白剂是为使食品保持特有的色泽、退色或不褐变。依靠漂白剂的氧化或还原能力，破坏食品的变色因子。食品中的漂白剂本身无营养价值。严格控制使用量，因为对人体健康有一定影响。要求对食品的品质、营养价值及保存期不应有不良影响。

一、漂白剂的作用及毒性

亚硫酸除具有漂白作用外，还具有防腐、脱色和抗氧化作用。亚硫酸毒性较小，少量摄取时，在体内代谢成硫酸盐，通过尿液排出体外；浓度较大时，有一定腐蚀性，使食品有异味，还会破坏食品中的营养成分，也会造成人胃肠的损害，引起腹泻。因此严格控制使用量，以免影响人体健康。

食品中的漂白剂本身无营养价值。要求对食品的品质、营养价值及保存期不应有不良影响。

二、二氧化硫及亚硫酸盐的测定方法

二氧化硫及亚硫酸盐的测定方法有多种，如盐酸副玫瑰苯胺比色法、滴定法、碘量法、离子色谱法、高效液相色谱法和极谱法等。盐酸副玫瑰苯胺法简便，快速，是经典的分析方法；滴定法和碘量法操作简单，无需特殊设备，但灵敏度较低、干扰大；离子色谱法特异性好、灵敏度高，可同时测定多种成分。

亚硫酸钠（$Na_2SO_3 \cdot 7H_2O$）是无色或白色结晶，易溶于水，水溶液呈碱性，在空气中可风化为硫酸钠。与酸反应生产二氧化硫，二氧化硫遇水生成亚硫酸而发挥其漂白作用。亚硫酸对细菌、霉菌、酵母菌等有抑制作用，在酸性条件下具有防腐效果，我国在食品加工中多用于处理水果或其半成品。

亚硫酸的漂白与防腐机理为：亚硫酸为强还原剂可有效地消耗组织中的氧而阻断微生物重量氧化过程，抑制微生物的繁殖；亚硫酸被氧化时可将有色物质还原褪色，使食品保持鲜艳色泽；亚硫酸的漂白作用是由于与非酶促褐变过程的中间产物结合，也可与酶促褐变过程的氧化酶作用，同时对类黑精色素具有漂白作用，因而亚硫酸有效地抑制了食品褐变（包括酶性褐变和非酶性褐变）。

亚硫酸盐在人体内被代谢为硫酸盐，通过解毒过程排出到体外，一天摄入游离的亚硫酸 4~6g 对肠胃有刺激作用，过量摄入可发生多发神经炎与骨髓萎缩等症状，并可引起生长障碍。亚硫酸在食品中存在时可破坏食品中的硫胺素（维生素 B_1）。亚硫酸盐不适用于肉、鱼等动物性食品，因为其残留的气味会掩盖肉、鱼等食品的腐败味而引起细菌性食物中毒。因此我国对其使用范围和用量都作了规定。

低亚硫酸钠（$Na_2S_2O_4$，又称保险粉）以及焦亚硫酸钠（$Na_2S_2O_5$）的性质和毒性与亚硫酸钠相似。

过氧化苯甲酰又称过氧化二苯甲酰，是一种商品面粉品质改良剂和漂白剂，目前在制粉行业应用十分广泛。其分子式为 $C_{14}H_{10}O_4$，添加到面粉中后，遇还原性物质分解为苯甲酸。

1. 盐酸副玫瑰苯胺法

亚硫酸盐与四氯汞钠反应生成稳定的络合物，再与甲醛及盐酸副玫瑰苯胺作用，经分子重排，生成紫红色络合物，于550nm处有最大吸收，其颜色深浅与亚硫酸含量成正比，故通过测定吸光度，可与标准比较定量。这种方法关键是把样品中SO_2提取出来，常用四氯汞钠做萃取液（主要是在分析中为了避免SO_2的损失，常以Na_2HgCl_4作吸收液）。

在甲醛存在的酸性溶液中会产生如下反应：生成的化合物$HO-CH_2-SO_3H$能与盐酸副玫瑰品红起显色反应。20min即发色完全，在2~3h是稳定的。

（1）试剂和仪器：

四氯汞钠吸收液（Na_2HgCl_4）：称取13.6g氯化高汞及6.0g氯化钠，溶于水中并稀释至1000mL，放置过夜，过滤后备用。

氨基磺酸铵溶液（12g/L）。

甲醛溶液（2g/L）：吸取0.55mL无聚合沉淀的甲醛（36%），加水稀释至100mL，混匀。

淀粉指示液：称取1g可溶性淀粉，用少许水调成糊状，缓缓倾入100mL沸水中，随加随搅拌，煮沸，放冷备用，此溶液临用时现配。

亚铁氰化钾溶液：称取10.6g亚铁氰化钾[$K_4Fe(CN)_6 \cdot 3H_2O$]，加水溶解并稀释至100mL。

乙酸锌溶液：称取22g乙酸锌[$Zn(CH_3COO)_2 \cdot 2H_2O$]溶于少量水中，加入3mL冰乙酸，加水稀释至100mL。

盐酸副玫瑰苯胺溶液：称取0.1g盐酸副玫瑰苯胺（$C_{19}H_{18}N_2Cl \cdot 4H_2O$）于研钵中，加少量水研磨使溶解并稀释至100mL。取出20mL置于100mL容量瓶中，加盐酸（1+1），充分摇匀后使溶液由红变黄，如不变黄再滴加少量盐酸至出现黄色，再加水稀释至刻度，混匀后备用（如无盐酸副玫瑰苯胺可用盐酸品红代替）。

碘溶液[$c(1/2I_2)=0.100mol/L$]。

硫代硫酸钠标准溶液[$c(Na_2S_2O_3 \cdot 5H_2O)=0.100mol/L$]。

二氧化硫标准溶液：称取0.5g亚硫酸氢钠，溶于200mL四氯汞钠吸收液中，放置过夜，上清液用定量滤纸过滤备用。

二氧化硫使用液：临用前将二氧化硫标准溶液以四氯汞钠吸收液稀释成每毫升相当于2μg二氧化硫。

氢氧化钠溶液（20g/L）。

硫酸（1+71）。

分光光度计。

（2）试样处理：

水溶性固体样品的处理（如白砂糖等）。称取样品约10.00g（试样量可视含量高低而定），用少量水溶解转移到100mL容量瓶，加4mL NaOH溶液（20g/L），5min后加入4mLh$_2SO_4$（1+71），然后加入20mL Na_2HgCl_4吸收液，以水稀释至刻度。

其它固体试样（如饼干、粉丝等）可称取5.0~10.0g研磨均匀的试样，以少量水湿润并移入100mL容量瓶中，然后加入20mL Na_2HgCl_4吸收液，浸泡4h以上，若上层不澄清可加入亚铁氰化钾溶液及乙酸锌溶液各2.5mL，最后用水稀释至100mL，过滤后备用。

液体样品（如葡萄酒等）可直接吸取样液5.0~10.0mL于100mL容量瓶中，加少量水稀释，加Na_2HgCl_4吸收液20mL，摇匀，最后加水至刻度，混匀，必要时过滤备用。

（3）测定：

吸取 0.50～5.0mL 上述试样处理液于 25mL 带塞比色管中。另取 0、0.20mL、0.40mL、0.60mL、0.80mL、1.00mL、1.50mL、2.00mL 二氧化硫标准使用液（相当于 0、0.4μg、0.8μg、1.2μg、1.6μg、2.0μg、3.0μg、4.0μg 二氧化硫），分别置于 25mL 带塞闭塞管中。

于试样及标准管中各加入 Na_2HgCl_4 吸收液 10mL，然后再加入 1mL 氨基磺酸铵溶液（12g/L）、1mL 甲醛溶液（2g/L）及 1mL 盐酸副玫瑰苯胺溶液，摇匀，放置 20min。用 1cmg 比色杯，以零管调节零点，于波长 550nm 处测吸光度，绘制标准曲线比较。

试样中二氧化硫的含量按照式（8-8-1）进行计算。

$$X = \frac{A \times 1000 \times 1000}{m \times \dfrac{V}{100} \times 1000} \qquad (8-8-1)$$

式中 X——试样中二氧化硫的含量，g/kg；

A——测定用样液中二氧化硫的质量，μg；

m——试样质量，g；

V——测定用样液的体积，mL。

计算结果表示到三位有效数字。

注意事项：本方法适用于各类食品中游离型和结合型亚硫酸盐残留量的测定。盐酸副玫瑰苯胺加盐酸后，应放置过夜，以空白管不显色为宜。盐酸用量对显色有影响，加入过多，显色浅；量少，显色深。因此要严格控制其用量。加碱可使结合型亚硫酸释放出来，多余的碱用硫酸中和，以保证显色反应在微酸性条件进行。亚硝酸对反应有干扰，加入氨基磺酸铵使亚硝酸分解。显色时间在 10～30min 内，温度 20～50℃ 为宜。四氯汞钠的作用是稳定亚硫酸盐。标准溶液是二氧化硫标准应用液。颜色较深样品，需用活性炭脱色。样品中加入四氯汞钠吸收液以后，溶液中的二氧化硫含量在 24h 之内稳定，测定需在 24h 内进行。（四氯汞钠作为萃取剂，如果用水萃取，易造成 SO_2 的丢失，20℃时，1 体积水溶解 40 体积 SO_2）。此方法适用于含 $SO_2 < 50 \times 10^{-6}$，含量高时适于用碘量法及中和法测定。四氯汞钠毒性甚大，有人研究用 EDTA 代替。

2. 蒸馏法

在密闭容器中对试样进行酸化并加热蒸馏，以释放出其中的二氧化硫，释放物用乙酸铅溶液吸收。吸收后用浓盐酸酸化，再以碘标准溶液滴定，根据所消耗的碘标准溶液量计算出试样中的二氧化硫含量。本法适用于色酒及葡萄糖糖浆、果脯。

（1）试剂和仪器：

盐酸（1+1）。

乙酸铅溶液（20g/L）：称取 2g 乙酸铅，溶于少量水中并稀释至 100mL。

碘标准溶液 $[c(1/2I_2) = 0.010mol/L]$。

淀粉指示液（10g/L）：称取 1g 可溶性淀粉，用少许水调成糊状，缓缓倾入 100mL 沸水中，随加随搅拌，煮沸 2min，放冷，备用，此溶液应临用时新制。

全玻璃蒸馏器。

碘量瓶。

酸式滴定管。

（2）分析步骤：

试样处理：固体试样用刀切或剪刀剪成碎末后混匀，称取约 5.00g 均匀试样（试样量可视含量高低而定）。液体试样可直接吸取 5.0~10.0mL 试样，置于 500mL 圆底蒸馏烧瓶中。

测定：先蒸馏，将称好的试样置入圆底蒸馏烧瓶中，加入 250mL 水，装上冷凝装置，冷凝管下端应插入碘量瓶中的 25mL 乙酸铅（20g/L）吸收液中，然后在蒸馏瓶中加入 10mL 盐酸（1+1），立即盖塞，加热蒸馏。当蒸馏液约 200mL 时，使冷凝管下端离开液面，再蒸馏 1min。用少量蒸馏水冲洗插入乙酸铅溶液的装置部分。在检测试样的同时要做空白试验。

再滴定：向取下的碘量瓶中依次加入 10mL 浓盐酸、1mL 淀粉指示液（10g/L）。摇匀之后用碘标准滴定溶液（0.010mol/L）滴定至变蓝且在 30 s 内不褪色为止。

试样中二氧化硫的总含量按式（8-8-2）进行计算。

$$X = \frac{(A - B) \times 0.01 \times 0.032 \times 1000}{m} \qquad (8-8-2)$$

式中　X——试样中二氧化硫总含量，g/kg；

　　　A——滴定试样所用碘标准滴定溶液（0.1mol/L）的体积，mL；

　　　B——滴定试剂空白所用碘标准滴定溶液（0.01mol/L）的体积，mL；

　　　m——试样质量，g。

0.032——1mL 碘标准溶液 $[c(1/2I_2) = 1.0mol/L]$ 相当的二氧化硫的质量，g。

第九节　食品中违禁成分的检测

一、食品中苏丹红的检测

苏丹红是一种人工合成的偶氮类、油溶性的化工染色剂，1896 年科学家达迪将其命名为苏丹红并沿用至今。苏丹红被大量地用在生物、化学等领域，用于机油、汽车蜡和鞋油等工业产品。随着人们对苏丹红结构及致毒性的逐步了解，国际癌症研究机构（IARC）将苏丹红归为第 3 类可致癌物质，这类物质虽缺乏足够的直接使人类致癌的证据，但是具有潜在的致癌危险。

苏丹红为亲脂性偶氮化合物，外观呈暗红色或深黄色片状晶体，难溶于水，主要包括 Ⅰ、Ⅱ、Ⅲ 和Ⅳ四种类型。其中Ⅱ、Ⅲ 和Ⅳ均为 Ⅰ 的化学衍生物。结构式为：

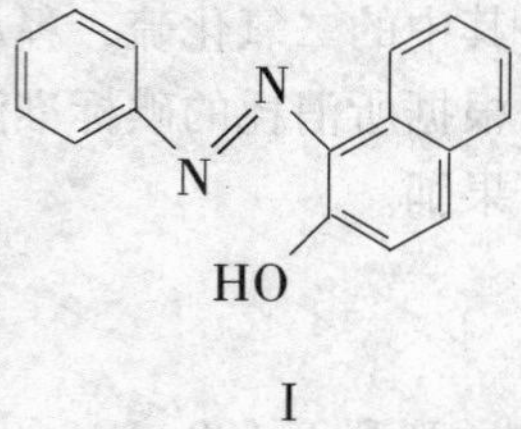

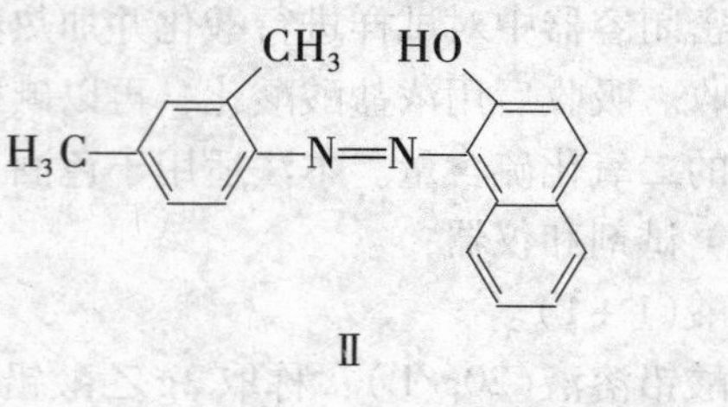

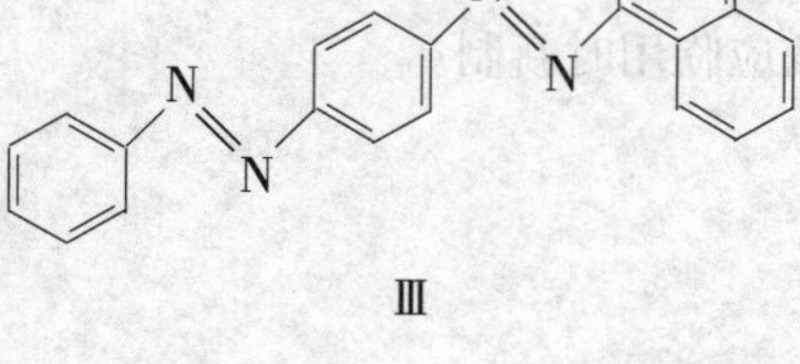

246

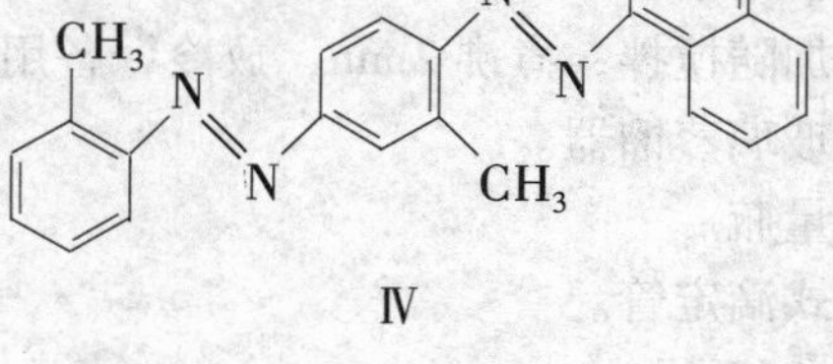

苏丹红Ⅰ为1-苯基偶氮-2-萘酚,橙红色粉末。苏丹红Ⅱ为1-[(2,4-二甲基苯)偶氮]-2-萘酚,红色粉末。苏丹红Ⅲ为1-{[4-(苯基偶氮)苯基]偶氮}-2-萘酚,红棕色粉末。苏丹红Ⅳ为1-{{2-甲基-4-[(2-甲基苯)偶氮]苯基}偶氮}-2-萘酚,深褐色粉末。

苏丹红属偶氮染料,可用芳胺做为前体通过重氮化反应生成重氮离子再通过亲电取代反应和萘酚偶联制得偶氮化合物。在人体还原酶的作用下在体内生成相应的胺类物质。在多项化学与生物实验中发现,苏丹红的致毒性与代谢生成的胺类及萘酚类物质有关。苏丹红Ⅰ在体内的代谢产物为苯胺和1-氨基-2-萘酚。苯胺是制造染料、橡胶促进剂及抗氧剂等的原料,是一种重要的有机合成中间体。然而一旦苯胺接触人体皮肤或进入消化系统以后,一方面由于苯胺可直接作用于肝细胞,引起中毒性肝病,还有可能诱发肝脏细胞基因发生变异,增加了人体癌变的几率;另一方面,有可能因为苯胺将血红蛋白结合的 Fe(Ⅱ)氧化为 Fe(Ⅲ),导致血红蛋白无法结合氧而患上高铁血红蛋白症。另据报道,长期摄入苯胺还可造成人体的神经系统损害。萘酚作为中间体,主要应用在染料、油脂、农药的合成与生产中,还可用作着色剂用于染发剂中。萘酚具有致癌、致畸、致敏、致突变的潜在毒性,对眼睛、皮肤、粘膜有强烈刺激作用,大量吸收可引起出血性肾炎。苏丹红Ⅱ、苏丹红Ⅲ、苏丹红Ⅳ在体内代谢的其它各产物均为苯胺或萘酚的衍生物,这些衍生物均被国际癌症研究机构 IARC 列为第2类(对动物怀疑有致癌性物质)或第3类致癌物质,具有遗传毒性,摄入对人体有害。苏丹红的测定方法:

(1)电喷雾解吸电离质谱法(DESI-MS):

该法能够对表面上吸附的物质直接进行解吸电离,对辣椒面、番茄酱和煎鸡蛋等典型的复杂样品无须样品预处理即可采用二级质谱快速检测其中的微量苏丹红Ⅰ等染料。使用的喷雾液选定酸性甲醇-水-醋酸混合溶液,因其对苏丹红染料的信号有较大增强作用。对待测物具有较好的质子化效果。

(2)电喷雾解吸电离质谱法(DESI-MS):

苏丹红Ⅰ、Ⅱ、Ⅲ、Ⅳ染料的质子化分子离子峰的荷质比分别为249,257,353,381,在含脂肪量高的样品中信号较弱,原因是苏丹红为脂溶性染料对脂肪的亲和力高从而难以被离子化。虽然,DESI-MS 具有在不需要样品预处理的情况下对复杂样品中的微量组分进行快速检测的能力。但是,在实际样品分析时,为排除测定结果的假阳性,对未知样的分析结果需要通过二级质谱作确认。同时,该法的检出限比其它方法的要低一些。

(3)高效液相色谱法(HPLC):

迄今为止,国际上食品中苏丹染料的常用检测方法是高效液相色谱法,而高效液相-质谱联用法和前面所述的电喷雾解析电离质谱法等用于检测结果的确证。欧洲委员会推荐的液相色谱法是由样品经匀浆化或粉碎后,加入乙腈(苏丹红Ⅲ、Ⅳ加入氯仿)提取,过滤,滤液用反相高效液相色谱仪进行色谱分析。以波长可变的紫外-可见检测器定性和定量。检测波长:苏丹红Ⅰ、Ⅱ在478nm 波长有最大吸收,苏丹红Ⅲ、Ⅳ在520nm 波长有最大吸收。苏丹红Ⅰ的检测限是13μg/L,定量的最低浓度为106μg/L,在辣椒粉样品中的添加回收率高于90%。

我国国家质量监督检验检疫总局、国家标准化管理委员会发布的高效液相色谱法在欧洲委员会公布的检测方法基础上做了改进。国标法的提取液由乙腈改为正己烷,将液体、浆状样品混合均匀,固体样品磨细后用正己烷提取、过滤,必要时加入无水硫酸钠脱水后稍加温溶解，用旋转蒸发仪蒸发浓缩，然后慢慢加入氧化铝层析柱中萃取净化后用丙酮转移定容待测。

溶剂采用甲酸，乙腈和丙酮的混合溶液，采用梯度流动相，用反相高效液相色谱—紫外可见光检测器进行色谱分析，外标法定量。检测波长（30℃）为：苏丹红 I 478nm，苏丹红 II、苏丹红 III、苏丹红 IV 520nm。

除以上方法外，鉴于我国实验室配置气相色谱仪较高效液相色谱仪为多，也可采用气相色谱 – 质谱连用技术检测苏丹红染料，更符合我国实际情况。

二、食品中甲醛次硫酸氢钠检测

吊白块又称雕白粉，即为"甲醛次硫酸氢钠"，化学名称为二水合次硫酸氢钠甲醛或二水甲醛合次硫酸氢钠，为半透明白色结晶或小块，易溶于水。高温下具有极强的还原性，有漂白作用。遇酸即分解，生成钠盐和吊白块酸：$NaHSO_2 \cdot CH_2O \cdot 2H_2O + H^+ == Na^+ + CH_2OHS(==O)—OH + 2H_2O$（吊白块酸为弱酸），120℃下分解产生甲醛、二氧化硫和硫化氢等有毒气体。吊白块水溶液在 60℃ 以上就开始分解出有害物质。吊白块在印染工业用作拔染剂和还原剂，生产靛蓝染料、还原染料等。还用于合成橡胶，制糖以及乙烯化合物的聚合反应。

吊白块是一种有毒的工业用漂白剂。人食用后会损坏肾脏、肝脏，严重的会导致癌变和畸形病变，一次性只要食用 10g 的吊白块就会有生命危险。甲醛对人体中枢神经系统有毒性作用，并能刺激肺部引起中毒性肺水肿，经消化道中毒，可使口腔糜烂、上腹绞痛、呕血、昏迷、肝损害等症状。该物质在工业上是制造人造树脂、炸药、染料、皮革用，医学上作为尸体防腐剂。

吊白块是工业添加剂，对人体有致癌作用，国家规定甲醛、吊白块不允许作为食品添加剂使用。据了解，甲醛、吊白块添加到腐竹中，主要作用是凝固蛋白，增强韧性耐腐、色泽光亮，食用爽滑可口，但对人体的危害较大。

吊白块在使用过程中易分解，通过测定其分解的产物甲醛、二氧化硫在食品中的残留量判定是否含有吊白块。目前，我国已有的甲醛测定方法主要是针对包装材料、化工原料、化妆品、大气等，而腐竹中甲醛含量的测定方法还没有国家标准。甲醛的测定方法有分光光度法、气相色谱法、液相色谱法、离子色谱法、示波极谱法、荧光光度法等。

分光光度法测定食品中甲醛次硫酸氢钠。

根据吊白块在酸性条件下可分解出甲醛以及甲醛沸点很低的特点，对检样进行水蒸汽蒸馏，用水吸收，甲醛馏出后再与乙酰丙酮作用，生成黄色的 3，5 – 二乙酰基 – 1，4 – 二氢吡啶二碳酸，依颜色深浅比色定量。

（1）仪器与试剂

分光光度计。

10%（体积比）磷酸溶液。

液体石蜡。

乙酰丙酮溶液：于 100mL 蒸馏水中加入醋酸铵 25g，冰醋酸 3mL 和乙酰丙酮 0.40mL，振摇促溶，贮于棕色瓶中。此液可稳定 1 个月

甲醛标准应用液：取甲醛 1g 放入盛有 5mL 水的 100mL 容量瓶中精密称量后，加水至刻度。从该溶液中吸取 10.0mL 放入典量瓶中加 0.10mol/L 碘溶液 50mL，1.0mol/L 的 KOH 溶

液 20mL，在室温放置 15 分钟后，加 10% 硫酸 15mL，以淀粉溶液为指示剂用 0.1mol/L 的 $Na_2S_2O_3$ 滴定，同时以 10mL 蒸馏水做空白。甲醛含量按照式(8-9-1)计算。

$$X = (V_1 - V_2) \times c \times 15 \times \frac{1000}{10} \qquad (8-9-1)$$

式中　X——甲醛含量，mg/L；

　　　V_1——空白滴定消耗 0.025mol/L 硫代硫酸钠溶液的体积，mL；

　　　V_2——滴定甲醛消耗 0.025mol/L 硫代硫酸钠溶液的体积，mL；

　　　c——硫代硫酸钠溶液当量；

　　　15——为 1mol/L 碘相当甲醛的质量，mg。

甲醛标准使用液：临用时以蒸馏水将标准贮备液稀释成 5μg/mL。

（2）分析步骤：

样品处理：称取经粉碎的腐竹样品 5.00g(馒头或凉皮，可称取湿样 5~10g)置于蒸馏瓶中，加入蒸馏水 20mL、液体石蜡 2.5mL 和 10% 磷酸溶液 10mL，立即通水蒸汽蒸馏。冷凝管下口应事先插入盛有 10mL 蒸馏水且置于冰浴的容器中，准确收集蒸馏液至于 150mL。另做空白蒸馏。

显色操作：视检品中吊白块含量高低，吸取检品蒸馏液 2~10mL 补充蒸馏水至 10mL，加入乙酰丙酮溶液 1mL 混匀，置沸水中浴 3~10min，取出冷却。然后以蒸馏水调零，于波长 435nm 处，以 1cmg 比色杯进行比色，记录吸光度。查标准曲线计算结果。

标准曲线制备：吸取 5μg/L 甲醛标准液 0、0.50mL、1.00mL、3.00mL、5.00mL 和 7.00mL，补充蒸馏水至 10mL，以下从加乙酰丙酮溶液起同样操作。减去零管吸光度后，绘制标准曲线。

吊白块含量按式(8-9-2)进行计算。

$$X = (A_1 - A_2) \times \frac{5.133}{w_2} \times \frac{V_2}{V_1} \qquad (8-9-2)$$

式中　X——样品中吊白块含量，mg/kg；

　　　A_1——样品的吸光度；

　　　A_2——空白的吸光度；

　5.133——甲醛换算系数；

　　　w_2——取样量，g；

　　　V_1——测定用样品体积，mL；

　　　V_2——蒸馏液总体积，mL。

样品蒸馏液可用于 SO_2 含量的测定，可作为在甲醛存在下确定是否有吊白块的依据。

说明：蒸馏瓶宜选用 500mL 长颈烧瓶，以保证馏液清澈；液体石腊起除泡沫作用，有部分馏去，吸取馏液时，把吸管插入近液体底部即可。要采用水蒸汽蒸馏(不宜直火蒸馏)，以免试样中糖分可能分解产生甲醛。沸水浴加热显色时间可延长至于 10min。采样后要当天测定。结果报告如遇有微弱显色的样品，可计算测定用样品液中甲醛含量(μg 扣空白后)，如小于标准系列最低管 2.5μg 的即可报未检出。对低含量(2.5~5μg)难下结论时，可同时加检二氧化硫。

三、食品中盐酸克伦特罗检测

盐酸克伦特罗又称"瘦肉精"（CLB），是一种平喘药。该药物既不是兽药，也不是饲料添加剂，而是肾上腺类神经兴奋剂。克伦特罗在家畜和人体内吸收好，而且与其它 β - 兴奋剂相比，它的生物利用度高，以至食用了含有克伦特罗的猪肉出现中毒。盐酸克伦特罗可明显促进动物生长，并增加瘦肉率。它能够改变动物体内的代谢途径，促进肌肉，特别是骨骼肌中蛋白质的合成，抑制脂肪的合成，从而加快生长速度，瘦肉相对增加，改善胴体品质。这一新发现很快被一些国家用于养殖业，饲料中添加了盐酸克伦特罗后，可使猪等畜禽生长速率、饲料转化率、胴体瘦肉率提高 10% 以上，所以盐酸克伦特罗在作为饲料添加剂销售时的商品名又称为"瘦肉精"、"肉多素"等。自 2002 年 9 月 10 起在中国境内禁止在饲料和动物饮用水中使用盐酸克伦特罗。

盐酸克伦特罗是白色或类白色的结晶粉末，无臭、味苦。熔点 174～175.5℃，分子式：$C_{12}H_{18}Cl_2N_2O \cdot HCl$，结构式为：

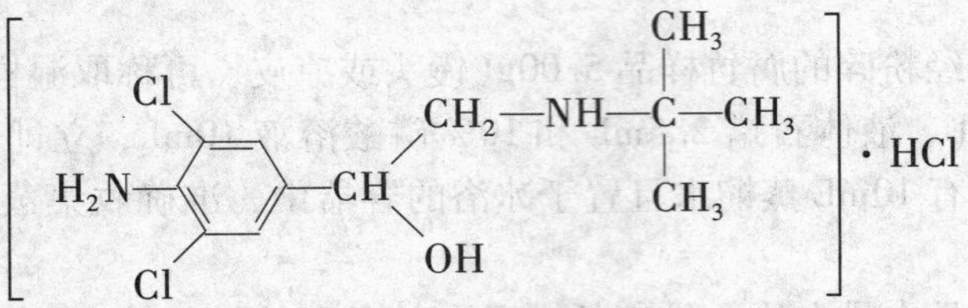

化学名为"2 -［(叔丁氨基)甲基］- 4 - 氨基 - 3，5 - 二氯苯甲醇盐酸盐"，相对分子质量 313.7，易溶于水、乙醇、甲醇，微溶于丙酮、氯仿，不溶于乙醚。由于本品化学性质稳定，加热到 172℃时才分解，因此一般加热方法不能将其破坏。

盐酸克伦特罗属于中度蓄积性药物，在动物组织内的蓄积与其剂量和给药持续时间有关，其残留量随停药期的延长逐渐下降。大量试验已证明盐酸克伦特罗在动物体内的残留主要集中在眼睛、毛发、肺、肝、肾及肌肉和脂肪组织。其中眼睛的视网膜和脉络膜、毛发中残留最高，是因为其消除最慢；其次是肺、肝和肾；肌肉组织和脂肪组织中的残留情况大致相当，约为肝脏中的 1/5。克伦特罗在肺、肝脏中的残留普遍高于肾脏，且残留时间较长。

检测 CLB 残留常用的方法有气相色谱 - 质谱联用法、高效液相色谱、酶标记免疫吸附测定法等，适用于新鲜或冷冻的畜、禽肉与内脏及其制品中克伦特罗残留的测定，也适用于生物材料(人或动物血液、尿液)中克伦特罗的测定。

1. 气相色谱 - 质谱法

固体试样剪碎，用高氯酸溶液匀浆。液体试样加入高氯酸溶液，进行超声加热提取，用异丙醇 + 乙酸乙酯(40 + 60)萃取，有机相浓缩，经弱阳离子交换柱进行分离，用乙醇 + 浓氨水(98 + 2)溶液洗脱，洗脱液浓缩，经 N，O - 双三甲基硅烷三氟乙酰胺(BSTFA)衍生后于气质联用仪上进行测定。以美托洛尔为内标，定量。气相色谱 - 质谱法的检出限为 0.5μg/kg，线性范围为 0.025～2.5 ng。

(1)试剂：

克伦特罗(clenbuterol hydrochloride)，纯度≥99.5%。

美托洛尔(metoprolol)，纯度≥99%。

磷酸二氢钠。

氢氧化钠。

氯化钠。

高氯酸。

250

浓氨水。

异丙醇。

乙酸乙酯。

甲醇：色谱纯。

甲苯：色谱纯。

乙醇。

衍生剂：N, O – 双三甲基硅烷三氟乙酰胺（BSTFA）。

高氯酸溶液（0.1mol/L）。

氢氧化钠溶液（1mol/L）。

磷酸二氢钠缓冲液（0.1mol/L，pH = 6.0）。

异丙醇 + 乙酸乙酯（40 + 60）。

乙醇 + 浓氨水（98 + 2）。

美托洛尔内标标准溶液：准确称取美托洛尔标准品，用甲醇溶解配成浓度为240mg/L的内标储备液，贮于冰箱中，使用时用甲醇稀释成2.4mg/L的内标使用液。

克伦特罗标准溶液：准确称取克伦特罗标准品，用甲醇溶解配成浓度为250mg/L的标准储备液，贮于冰箱中，使用时用甲醇稀释成0.5mg/L的克伦特罗标准使用液。

弱阳离子交换柱（LC – WCX）（3mL）。

针筒式微孔过滤膜（0.45μm，水相）。

（2）仪器：

气相色谱 – 质谱联用仪。

磨口玻璃离心管：11.5cm（长）×3.5cm（内径），具塞。

5mL玻璃离心管。

超声波清洗器。

酸度计。

离心机。

振荡器。

旋转蒸发器。

涡漩式混合器。

恒温加热器。

N_2 – 蒸发器。

匀浆器。

（3）样品提取：

肌肉、肝脏、肾脏试样。称取肌肉、肝脏或肾脏试样10g（精确到0.01g），用20mL 0.1mol/L高氯酸溶液匀浆，置于磨口玻璃离心管中；然后置于超声波清洗器中超声20min，取出置于80℃水浴中加热30min。取出冷却后离心（4500 r/min）15min。倾出上清液，沉淀用5mL 0.1mol/L高氯酸溶液洗涤，再离心，将两次的上清液合并。用1mol/L氢氧化钠溶液调pH值至9.5 ±0.1，若有沉淀产生，再离心（4500 r/min）10min，将上清液转移至磨口玻璃离心管中，加入8g氯化钠，混匀，加入25mL异丙醇 + 乙酸乙酯（40 + 60），置于振荡器上振荡提取20min。提取完毕，放置5min（若有乳化层稍离心一下）。用吸管小心将上层有机相移至旋转蒸发瓶中，用20mL异丙醇 + 乙酸乙酯（40 + 60）再重复萃取一次，合并有机相，于60℃在旋转蒸发器上浓缩至近干。用1mL 0.1mol/L磷酸二氢钠缓冲液（pH 6.0）充分溶解残留物，经针筒式微孔过滤膜过滤，洗涤三次后完全转移至5mL玻璃离心管中，并用0.1mol/L磷酸二氢钠缓冲液（pH 6.0）定容至刻度。

尿液试样。用移液管量取尿液5mL，加入20mL 0.1mol/L高氯酸溶液，超声20min混匀。置于80℃水浴中加热30min。以下操作同上。

血液试样。将血液于4500 r/min离心，用移液管量取上层血清1mL置于5mL玻璃离心管中，加入2mL 0.1mol/L高氯酸溶液，混匀，置于超声波清洗器中超声20min，取出置于80℃水浴中加热30min。取出冷却后离心（4500r/min）15min。倾出上清液，沉淀用1mL 0.1mol/L高氯酸溶液洗涤，离心（4500 r/min）10min，合并上清液，再重复一遍洗涤步骤，合并上清液。向上清液中加入约1g氯化钠，加入2mL异丙醇＋乙酸乙酯（40＋60），在涡漩式混合器上振荡萃取5min，放置5min（若有乳化层稍离心一下），小心移出有机相于5mL玻璃离心管中，按以上萃取步骤重复萃取两次，合并有机相。将有机相在N_2-浓缩器上吹干。用1mL 0.1mol/L磷酸二氢钠缓冲液（pH 6.0）充分溶解残留物，经筒式微孔过滤膜过滤完全转移至5mL玻璃离心管中，并用0.1mol/L磷酸二氢钠缓冲液（pH 6.0）定容至刻度。

（4）净化和衍生化：

依次用10mL乙醇、3mL水、3mL 0.1mol/L磷酸二氢钠缓冲液（pH 6.0），3mL水冲洗弱阳离子交换柱，取适量提取液至弱阳离子交换柱上，弃去流出液，分别用4mL水和4mL乙醇冲洗柱子，弃去流出液，用6mL乙醇＋浓氨水（98＋2）冲洗柱子，收集流出液。将流出液在N_2-蒸发器上浓缩至干。

于净化、吹干的试样残渣中加入100～500μL甲醇，50μL 2.4mg/L的内标工作液，在N_2-蒸发器上浓缩至干，迅速加入40μL衍生剂（BSTFA），盖紧塞子，在涡漩式混合器上混匀1min，置于75℃的恒温加热器中衍生90min，衍生反应完成后取出冷却至室温，在涡漩式混合器上混匀30 s，置于N_2-蒸发器上浓缩至干。加入200μL甲苯，在涡漩式混合器上充分混匀，待气质联用仪进样。同时用克伦特罗标准使用液做系列同步衍生。

（5）测定：

气相色谱－质谱法测定参致设定。气相色谱柱 DB－5MS 柱，30 m×0.25mm×0.25μmL。载气 He，柱前压8 psi。进样口温度240℃，进样量1μL，不分流。柱温程序70℃保持1min，以18℃/min速度升至200℃，以5℃/min的速度再升至245℃，再以25℃/min升至280℃并保持2min，EI源电子轰击能70 eV，离子源温度200℃，接口温度285℃，溶剂延迟12min。EI源检测特征质谱峰：克伦特罗 m/z 86、187、243、262；美托洛尔 m/z 72、223。

吸取1μL衍生的试样液或标准液注入气质联用仪中，以试样峰（m/z 86、187、243、262、264、277、333）与内标峰（m/z 72、223）的相对保留时间定性，要求试样峰中至少有3对选择离子相对强度（与基峰的比例）不超过标准相应选择离子相对强度平均值的±20%或3倍标准差。以试样峰（m/z 86）与内标峰（m/z 72）的峰面积比单点或多点校准定量。克伦特罗标准与内标衍生后的选择性离子的总离子流圈及质谱图见图8－9－1、图8－9－2和图8－9－3。

按内标法单点或多点校准计算试样中克伦特罗的含量，见式（8－9－3）。

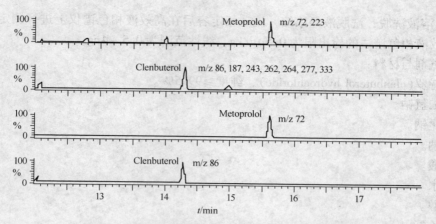

图 8 – 9 – 1 克伦特罗与内标衍生物的选择离子总离子流图

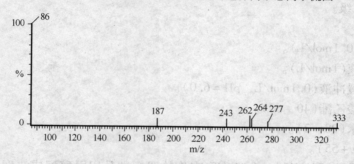

图 8 – 9 – 2 克伦特罗衍生物的选择离子质谱图

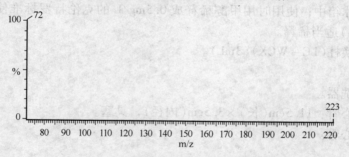

图 8 – 9 – 3 内标衍生物的选择离子质谱图

$$X = \frac{A \times f}{m} \tag{8 – 9 – 3}$$

式中 X——试样中克伦特罗的含量，$\mu g/kg$ 或 $\mu g/L$；

  A——试样色谱峰与内标色谱峰的峰面积比值对应的克伦特罗质量，ng；

  f——试样稀释倍数；

  m——试样的取样量，g 或 mL。

计算结果表示到小数点后两位。在重复性条件下获得的两次独立测定结果的绝对差值不得超过算术平均值的 20%。

2. 高效液相色谱法

固体试样剪碎，用高氯酸溶液匀浆，液体试样加入高氯酸溶液，进行超声加热提取后，用异丙醇＋乙酸乙酯(40＋60)萃取，有机相浓缩，经弱阳离子交换柱进行分离，用乙醇＋

氨(98+2)溶液洗脱，洗脱液经浓缩，流动相定容后在高效液相色谱仪上进行测定，外标法定量。高效液相色谱法的检出限为0.5μg/kg，线性范围为0.5~4ng。

（1）试剂与材料：

克伦特罗(clenbuterol hydrochloride)，纯度≥99.5%。

磷酸二氢钠。

氢氧化钠。

氯化钠。

高氯酸。

浓氨水。

异丙醇。

乙酸乙酯。

甲醇：HPLC级。

乙醇。

高氯酸溶液(0.1mol/L)。

氢氧化钠溶液(1mol/L)。

磷酸二氢钠缓冲液(0.1mol/L，pH=6.0)。

异丙醇+乙酸乙酯(40+60)。

乙醇+浓氨水(98+2)。

甲醇+水(45+55)。

克伦特罗标准溶液的配制：准确称取克伦特罗标准品用甲醇配成浓度为250mg/L的标准储备液，贮于冰箱中；使用时用甲醇稀释成0.5mg/L的克伦特罗标准使用液，进一步用甲醇+水(45+55)适当稀释。

弱阳离子交换柱(LC-WCX)(3mL)。

（2）仪器：

水浴超声清洗器。

磨口玻璃离心管：11.5cm(长)×3.5cm(内径)，具塞。

5mL玻璃离心管。

酸度计。

离心机。

振荡器。

旋转蒸发器。

涡漩式混合器。

针筒式微孔过滤膜(0.45μm，水相)。

N_2-蒸发器。

匀浆器。

高效液相色谱仪。

（3）分析步骤：

试样的提取同气相色谱-质谱法。样品测定前于净化、吹干的试样残渣中加入100~500μL流动相，在涡游式混合器上充分振摇，使残渣溶解，液体浑浊时用0.45μm的针筒式微孔过滤膜过滤，上清液待进行液相色谱测定。

254

液相色谱测定参考条件：色谱柱 BDS 或 ODS 柱，250mm×4.6mm，5μm。流动相甲醇＋水（45＋55），流速 1mL/min，进样量 20～50μL。柱箱温度 25℃，紫外检测器 244nm。

吸取 20～50μL 标准校正溶液及试样液注入液相色谱仪，以保留时间定性，用外标法单点或多点校准法定量。克伦特罗标准的液相色谱图见图 8－9－4。

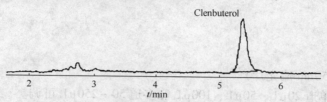

图 8－9－4　克伦特罗标准（100μg/L）的高效液相色谱图

结果计算按式（8－9－3）外标法计算试样中克伦特罗的含量。

3. 酶联免疫法（ELISA 筛选法）

基于抗原抗体反应进行竞争性抑制测定。微孔板包被有针对克伦特罗 IgG 的包被抗体。克伦特罗抗体被加入，经过孵育及洗涤步骤后，加入竞争性酶标记物、标准或试样溶液。克伦特罗与竞争性酶标记物竞争克伦特罗抗体，没有与抗体连接的克伦特罗标记酶在洗涤步骤中被除去。将底物（过氧化尿素）和发色剂（四甲基联苯胺）加入到孔中孵育，结合的标记酶将无色的发色剂转化为蓝色的产物。加入反应停止液后使颜色由蓝转变为黄色。在 450nm 处测量吸光度值，吸光度比值与克伦特罗浓度的自然对数成反比。酶联免疫法的检出限为 0.5μg/kg，线性范围为 0.004～0.054 ng。

（1）试剂：

磷酸二氢钠。

高氯酸。

异丙醇。

乙酸乙酯。

高氯酸溶液（0.1mol/L）。

氢氧化钠溶液（1mol/L）。

磷酸二氢钠缓冲液（0.1mol/L，pH＝6.0）。

异丙醇＋乙酸乙酯（40＋60）。

针筒式微孔过滤膜（0.45μm，水相）。

克伦特罗酶联免疫试剂盒。

96 孔板（12 条×8 孔）包被有针对克伦特罗 IgG 的包被抗抗体。

克伦特罗系列标准液（至少有 5 个倍比稀释浓度水平，外加 1 个空白）。

过氧化物酶标记物（浓缩液）。

克伦特罗抗体（浓缩液）。

酶底物：过氧化尿素。

发色剂：四甲基联苯胺。

反应停止液：1mol/L 硫酸。

缓冲液：酶标记物及抗体浓缩液稀释用。

（2）仪器：

超声波清洗器。

磨口玻瑰离心管：11.5cm（长）×3.5cm（内径），具塞。

酸度计。

离心机。

振荡器。

旋转蒸发器。

涡漩式混合器。

匀浆器。

酶标仪（配备 450nm 滤光片）。

微量移液器：单道 20μL、50μL、100μL 和多道 50～250μL 可调。

（3）试样测定：

试样的提取方法同气相色谱－质谱法。

竞争酶标记物。提供的竞争酶标记物为浓缩液。由于稀释的酶标记物稳定性不好，仅稀释实际需用量的酶标记物。在吸取浓缩液之前，要仔细振摇。用缓冲液以 1∶10 的比例稀释酶标记物浓缩液（如 400μL 浓缩液 +4.0mL 缓冲液，足够 4 个微孔板条 32 孔用）。

克伦特罗抗体。提供的克伦特罗抗体为浓缩液，由于稀释的克伦特罗抗体稳定性变差，仅稀释实际需用量的克伦特罗抗体。在吸取浓缩液之前，要仔细振摇。用缓冲液以 1∶10 的比例稀释抗体浓缩液（如 400μL 浓缩液 +4.0mL 缓冲液，足够 4 个微孔板条 32 孔用）。

包被有抗抗体的微孔板条。将锡箔袋沿横向边压皱外沿剪开，取出需用数量的微孔板及框架，将不用的微孔板放进原锡箔袋中并且与提供的干燥剂一起重新密封，保存于 2～8℃。

试样准备，将提取物取 20μL 进行分析。高残留的试样用蒸馏水进一步稀释。使用前将试剂盒在室温（19～25℃）下放置 1～2h。将标准和试样（至少按双平行实验计算）所用数量的孔条插入微孔架，记录标准和试样的位置。加入 100μL 稀释后的抗体溶液到每一个微孔中。充分混合并在室温孵育 15min。倒出孔中的液体，将微孔架倒置在吸水纸上拍打（每行拍打 3 次）以保证完全除去孔中的液体。用 250μL 蒸馏水充入孔中，再次倒掉微孔中液体，再重复操作两遍以上。加入 20μL 的标准或处理好的试样到各自的微孔中。标准和试样至少做两个平行实验。加入 100μL 稀释的酶标记物，室温孵育 30min。倒出孔中的液体，将微孔架倒置在吸水纸上拍打（每行拍打 3 次）以保证完全除去孔中的液体。用 250μL 蒸馏水充入孔中，再次倒掉微孔中液体，再重复操作两次以上。加入 50μL 酶底物和 50μL 发色试剂到微孔中，充分棍合并在室温暗处孵育 15min。加入 100μL 反应停止液到微孔中。混合好尽快在 450nm 波长处测量吸光度值。

结果计算，用所获得的标准溶液和试样溶液吸光度值与空白溶液的比值进行计算，见式（8－9－4）。

$$相对吸光度（\%） = \frac{B}{B_0} \times 100 \qquad (8-9-4)$$

式中　B——标准（或试样）溶液的吸光度值；

　　　B_0——空白（浓度为 0 的标准溶液）的吸光度值。

将计算的相对吸光度值（%）对应克伦特罗浓度（ng/L）的自然对数作半对数坐标系统曲线图，校正曲线在 0.004～0.054 ng（200～2000 ng/L 范围内）呈线性，对应的试样浓度可从校正曲线算出。见式（8－9－5）。

$$X = \frac{A \times f}{m \times 1000}$$
(8-9-5)

式中 X——试样中克伦特罗的含量，$\mu g/kg$（或 $\mu g/L$）；

　　A——试样的相对吸光度值（%）对应的克伦特罗含量，ng/L；

　　f——试样稀释倍数；

　　m——试样的取样量，g（或 mL）。

计算结果表示到小数点后两位。阳性结果需要经过第一法确证。在重复性条件下获得的两次独立测定结果的绝对差值不得超过算术平均值的 20%。

第九章 保健食品功效成分的检验

按照《保健食品管理办法》的要求，企业在申报保健食品时应提供产品的功效成分和功效成分的定性、定量测定方法，并说明功效成分在保健食品中所处地位。功效成分是保健食品保健功能的关键所在，也是产品质量的主要指标，国内外对保健食品(功能食品)的开发研究都十分重视功效成分的研究。在保健食品国际研讨会上，中外学者一致认为保健食品要长期稳定地健康发展，必须首先明确功效成分，解决功效成分的测定方法，特别是以草本植物为原料的保健食品，弄清其功效成分更有着极其重要的意义。我国传统的保健食品长期在低水平徘徊，没有确定功效成分及解决功效成分的测定方法是一个主要因素。

第一节 概 述

保健食品是指声称具有特定保健功能或者以补充维生素、矿物质为目的的食品，即适宜于特定人群食用，具有调节机体功能，不以治疗疾病为目的，并且对人体不产生任何急性、亚急性或者慢性危害的食品。保健食品是食品的一个种类，具有一般食品的共性，保健(功能)食品在欧美各国被称为"健康食品"，在日本被称为"功能食品"。我国保健(功能)食品的兴起是在 20 世纪 80 年代末 90 年代初，经过一、二代的发展，也将迈入第三代，即保健食品不仅需要人体及动物实验证明该产品具有某项生理调节功能，更需查明具有该项保健功能因子的结构、含量、作用机理以及在食品中应有的稳定形态。

将保健食品混同于普通食品或药品进行宣传，是一些保健食品生产企业进行违法宣传的惯用手段。保健食品与普通食品、药品有着本质的区别。保健食品是指具有特定保健功能的食品。作为食品的一个种类，保健食品具有一般食品的共性，既可以是普通食品的形态，也可以使用片剂、胶囊等特殊剂型。但保健食品的标签说明书可以标示保健功能。保健食品标签和说明书必须符合国家有关标准和要求，并标明下列内容：①保健作用和适宜人群；②食用方法和适宜的食用量；③贮藏方法；④功效成分的名称及含量。因在现有技术条件下，不能明确功效成分的，则须标明与保健功能有关的原料名称；⑤保健食品批准文号；⑥保健食品标志；⑦有关标准或要求所规定的其它标签内容。

我国的保健食品发展以来，各地食品卫生检验机构、大专院校、科研院所投入了大量人力、物力研究保健食品功效成分的测定方法。从目前的保健食品来看，国产保健食品主要是含皂甙类、黄酮类、多糖类成分和以草本植物为原料的保健食品。进口保健食品的功效成分主要为鱼油、褪黑素、磷脂类和膳食补充剂。

我国食品卫生领域能够测定的功效成分主要有：洛伐它丁、褪黑素、二十二碳六烯酸(DHA)、二十碳五烯酸(EPA)、二十二碳五烯酸(DPA)、脱氢表雄酮(DHEA)、角鲨烯、10-羟基-α-癸烯酸、总黄酮、β-胡萝卜素、γ-亚麻酸、吡啶甲酸铬、茶多酚、大黄(总蒽醌化合物)、前花青素、烷基甘油(AKG)、L-肉碱、L-谷氨酰胺、吡咯烷酮羧酸离子(PCA)、人参皂甙、红景天皂甙、绞股蓝皂甙、葡萄籽提取物、核苷酸、Sennal leaf、低聚糖、大蒜素、免疫球蛋白、黄芪甲甙、番茄红素、粗多糖、SOD 酶等，以及视作功效成分的 VA、VC、VD、VE、VB1、VB2、VB6、VB12、烟酰胺、叶酸、肌醇、牛磺酸等。这些测定方法在一定程度上满足了保健食品技术评审的需求。但是以上检测方法还远远不能满足检测工作的需要，有相当一部分保健食品的功能成分或不清楚，或清楚但没有检测方法。功效成分不明确的物质：中草药提取物。功效成分明确的物质：磷脂、胆碱、肌酸、鲨鱼软骨、多糖等。现有的检测方法比较粗浅，不能确切地表明功效成分的含量，如在黄酮类物质中，目前已查明的就有4000多种化学结构，其中具有生理功能的只有一部分。目前我国黄酮类保健食品的功效成分测定是测总黄酮，显然这不是有效成分的含量。皂甙、多糖功效成分的测定也存在这样的问题。

目前我国保健食品功效成分的主要检测方法有高效液相色谱法（HPLC）、薄层色谱法（TLC）、气相色谱法（GC）、比色法。使用方法最多的是 HPLC，占55％，主要检测洛伐它丁、褪黑素、DHEA、10-羟基-α-癸烯酸、β-胡萝卜素、吡啶甲酸铬、L-肉碱、L-谷氨酰胺、核苷酸、吡咯烷酮羧酸离子、大蒜素、免疫球蛋白、低聚糖、VA、VC、VD、VE、VB1、VB2、VB6、VB12、烟酰胺、叶酸、牛磺酸等。其次中 GC 占15％，检测 DHA、EPA、DPA、鱼鲨烯、γ-亚麻酸、肌醇等。TLC 法占10％，检测总蒽醌化合物、前花青素、葡萄籽提取物等。比色法主要用于检测总黄酮、茶多酚、人参皂甙、红景天甙、绞股蓝皂甙、黄芪甲甙、粗多糖、SOD 酶等。保健食品的成分的检验可以保证食品质量与安全，正确引导功能食品的研制与开发。

液相色谱和气相色谱分析的都是功效成分明确的物质，定性、定量准确，薄层色谱主要用于定性鉴别，比色法测定的指标目前还不能令人满意，一般是测定一大类物质的混合体，测定的结果不能确切代表功效成分，是过渡的测定方法。

目前我国的保健食品检测方法主要存在以下问题：

（1）储备性研究不够。其有两个主要原因，一是保健食品较传统食品是新事物，研究方面空白较多，无基础、无积累。二是企业在开发保健食品时对研究测定方法认识不足，认为审批时，无功能成分也能通过审批，因此不愿意投入人力、物力研究功效成分及其测定方法，这样当检测机构靠政府的投入无法满足研究需要时，就导致了我国的保健食品功效成分检测方法远远滞后于保健食品的开发。

（2）基质干扰严重。现行的分析方法大多出自药典、药学文献报导或厂家提供的方法。药品检验与保健食品检验有很大的不同，药品检验主要是检验药品成分，在成分确定后，按 GMP（即药品良好作业规范）生产，从而确保有效成分的含量和产品的质量，因此药品检验干扰成分很少，甚至没有。而由于我国大多数保健食品未实施 GMP 生产，或功效成分与原料一体，而且实施的是终产品检验，保健食品中蛋白质、脂肪、糖类对测定有干扰，使功效成分的分析难度增加。

（3）缺乏统一的对照标准和对照标准品。一些以中草药为原料的保健食品，含有多种功效成分，以什么作为对照及对照所用标准品质量，决定其检测的结果，以测定人参皂甙为例，在检测有效成分时，Re、Rb、Rg 均曾被单独或共同作为标准品，从而导致检测重现性差，影响检测质量。

（4）无法进行有效的质量控制。一些保健食品功效成分具有多种结构，生理活性不一，以天然植物为原料开发的保健食品尤为突出，如总皂甙、总黄酮、粗多糖等。这类保健食品以总皂甙、总黄酮、粗多糖作为功效成分针对性不强，测定结果不稳定，因此分析质量控制也无法开展。

一、保健食品的特征和分类

保健食品首先必须是食品，必须具备食品的基本特征，即应无毒无害，符合应当有的营养和卫生要求，具有相应的色香味等感官性状。保健食品必须具有特定的保健功能。保健功能应包括纠正不同原因引起的、不同程度的人体营养失衡；调节与此有密切关系的代谢和生理功能异常；抑制或缓解有关的病理过程。保健食品要与药品区分开。保健食品是以调节机体功能为主要目的，而不是以治疗为目的，在正常条件下食用安全。保健食品在某些疾病状态下也可以食用，但它不能代替药物的治疗作用。

按生理活性成分，或功能因子分类：活性多糖、功能性甜味剂、功能性油脂、自由基清除剂、维生素、活性微量元素、活性肽与活性蛋白、乳酸菌及黄酮类化合物、多酚类化合物、皂甙、二十八碳醇等。而且随着研究的深入，新的功能因子还在不断的发现之中。

依据它们调节的功能分为 24 个类型：调节血脂，调节免疫，抗氧化，延缓衰老，抗疲劳，耐缺氧，辅助抑制肿瘤，调节血糖，减肥，改善睡眠，改善记忆，抗突变，促进生长发育，护肝，抗辐射，改善胃肠功能，改善营养贫血，美容，改善视力，促进排铅，改善骨质疏松，改善微循环，护发，调节血压。

二、功能性食品的发展经历

（1）20 世纪 80 年代开始发展的第一代保健食品，大多没有经过严格的实验验证。

（2）1996 年《保健食品管理办法》颁布以后，我国保健食品的发展逐步走上了规范化的轨道。第二代的保健食品经过了动物实验，部分经过了人体实验，具有较强的科学性。

（3）第三代保健食品目前在市场上仅占极少数，它们不仅要经过动物及人体试验，验证产品的生理调节功能，而且还必须查明功能因子的结构、含量、作用机理及在食品中的稳定形态。

第二节　保健食品中前花青素的测定

前花青素（PCA）是生物类黄酮的一族，多酚类的一种；此物质广泛存在于植物中，可说是植物的二次代谢物，然而前花青素并非是单一化合物，是由一系列的化合物所组成，其中包括了大分子量和小分子量的化合物，小分子量的有：儿茶素、二聚体、三聚体；大分子量为单宁和聚合物。前花青素主要是选取天然无污染的松树皮、叶，应用现代先进的生物技术萃取精华。它的脉脉松香，对肌肤具有明显的抗皱、抗衰老，消斑及美白功效。

前花青素易溶于水，是黄烷 - 3 - 苯儿茶酚和表儿茶酚精连接而成的。依据试样中前花青素单体或聚合物在加热的酸性条件和铁盐催化作用下，C - C 键断裂而生成深红色花青素离子即氰定的原理，使用高效液相色谱，经 C_{18} 反相柱分离，在波长 525nm 处检测，根据保留时间定性，外标法定量，测定试样中前花青素含量。适用于以葡萄籽、葡萄皮、沙棘、玫瑰果、蓝浆果、法国松树皮提取物等为主要原料制造的保健食品中前花青素的测定。检出限为 $1.5 \times 10^{-4} g/100g$，方法的定量限为 $5.0 \times 10^{-4} g/100g$，线性范围为 10 ~150μg/mL。

1. 试剂和材料

甲醇：分析纯和色谱纯。

正丁醇：分析纯。

盐酸：分析纯。

二氯甲烷：分析纯。

异丙醇：分析纯。

甲酸：分析纯。

硫酸铁铵[$NH_4Fe(CO_4)_2 \cdot 12H_2O$]：分析纯。

2%硫酸铁铵[$NH_4Fe(CO_4)_2 \cdot 12H_2O$]溶液：称取硫酸铁铵2g，用浓度为2mol/L盐酸溶解，定容至100mL。

前花青素标准品：纯度≥98%。

前花青素标准溶液(1.00mg/mL)：称取0.01g前花青素标准品(精确至0.0001g)，用甲醇溶解并定容至10mL棕色容量瓶中，此溶液现用现配。

2. 仪器和设备

高效液相色谱仪：配有紫外检测器。

超声波清洗器。

离心机：4000 r/min。

3. 分析步骤

试样处理：片剂取20片试样，研磨成粉状。胶囊取20粒胶囊内容物，混匀。软胶囊挤出20粒胶囊内容物，搅拌均匀，如内容物含油，应将内容物尽可能挤完全。口服液摇匀后取样。

提取：固体粉状试样应根据试样含量称取50～500mg(精确至0.001g)试样于50mL棕色容量瓶中，加入30mL甲醇，超声处理20min，放冷至室温后，加甲醇至刻度，摇匀，离心(3000r/min，10min)或放置至澄清后取上清液备用。含油试样则根据试样含量称取50～500mg(精确至0.001g)试样于小烧杯中，用5mL二氯甲烷使试样溶解，并倒入50mL容量瓶中，再用甲醇多次洗涤烧杯，并倒入50mL棕色容量瓶中，用甲醇定容至刻度，摇匀。口服液样品根据试样含量准确吸取1～5mL样液，置于50mL容量瓶中，加甲醇至刻度，摇匀。

水解反应：将正丁醇与盐酸按95：5的体积比混合后，取出15mL置于具塞锥形瓶中，再加入0.5mL硫酸铁按溶液和2mL试样溶液，混匀，置沸水浴回流，精确加热40min后，立即置冰水中冷却，经0.45μmL滤膜过滤，待进高效液相色谱分析。

标准曲线制备：吸取标准溶液0.10mL、0.25mL、0.50mL、1.0mL、1.5mL置于10mL棕色容量瓶中，加甲醇至刻度，摇匀。各取2mL测定，处理方法同水解反应，以峰高或峰面积对浓度作标准曲线。

液相色谱参考条件：耐低pH型的ODS C_{18}柱，4.5mm×150mm，5μm。柱温35℃。紫外检测器波长525nm。流动相是水+甲醇+异丙醇+甲酸(73+13+6+8)。进样量为10μL。流速1.0mL/min。在该色谱条件下的色谱图如图9-2-1和图9-2-2所示。

试样中前花青素的含量按式(9-2-1)进行计算。

$$X = \frac{X_1 \cdot V \cdot f}{m} \qquad (9-2-1)$$

式中　X——试样中前花青素的含量，g/kg或g/L；

　　X_1——从标准曲线上得到的含量，mg/mL；

　　V——试样定容体积，mL；

　　f——稀释倍数；

　　m——试样的质量(或体积)，g或mL。

计算结果保留三位有效数字。

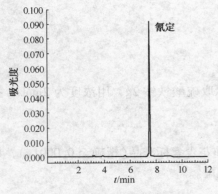
图9-2-1　前花青素标准色谱图

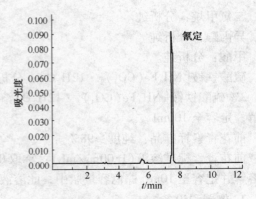
图9-2-2　前花青素试样色谱图

第三节　保健食品中异嗪皮啶的测定

异嗪皮啶，化学名称为7-羟基-6，8-二甲氧基苯并吡喃-2-酮，是以刺五加为主要原料的保健食品的成分。对肾上腺有良好的作用，可增强抵御疾病能力及人体的全面精力水平。

根据异嗪皮啶易溶于甲醇、乙腈、三氯甲烷的理化特性，试样中异嗪皮啶依次经过甲醇和三氯甲烷两种溶液提取，甲醇定容，过滤后进高效液相色谱仪，经反相 C_{18} 色谱柱分离后，由紫外检测器检测，根据保留时间和峰面积进行定性和定量。当取样量 2.0g，定容至10mL，进样量 $10\mu L$ 时，检出限为 $2.0 \times 10^{-4}g/kg$，方法的定量限为 $6.0 \times 10^{-4}g/kg$，线性范围为 $2.0 \sim 40\mu g/mL$。

1　试剂和材料

甲醇：优级纯。

乙酸：分析纯。

乙腈：色谱纯。

三氯甲烷：分析纯。

异嗪皮啶标准品：纯度≥99%。

异嗪皮啶标准储备液（1.00mg/mL）：准确称量异嗪皮啶标准品0.01g（精确至0.0001g），置于10mL 容量瓶中，加入甲醇溶解并定容至刻度，混匀（此标准溶液在4℃冰箱中，可保存7 d）。

异嗪皮啶标准使用液（$100\mu g/mL$）：吸取异嗪皮啶标准储备液 1.00mL 于 10mL 容量瓶中，加入甲醇溶解并定容至刻度，混匀（此标准溶液在4℃冰箱中，可保存7d）。

2. 仪器和设备

高效液相色谱仪：附紫外检测器或二极管阵列检测器。

超声波清洗器。

3. 分析步骤

试样处理：根据试样含量，称取 0.5~5g 均匀试样（精确称至 0.001g）置于 25mL 试管中，加入甲醇20mL，超声波提取20min 后，过滤，用20mL 甲醇分3 次洗涤残渣，收集全部滤液，于水浴上蒸干，加适量水溶解并转移到分液漏斗中，用30mL 三氯甲烷分二次萃取，合并三氯甲烷萃取液，于水浴上蒸干，加甲醇溶解并定容至 2.0mL，过 0.45μm 滤膜，滤液备用。

标准曲线的制备：用甲醇稀释标准使用液，配制成异嗪皮啶标准溶液浓度分别为 2.00μg/mL、4.00μg/mL、8.00μg/mL、10.00μg/mL、20.00μg/mL、40.00μg/mL 作为标准系列。

液相色谱参考条件：ODS C_{18} 色谱柱，250mm×4.6mm，5μm。柱温35℃。紫外检测器波长343nm。流动相乙腈 +0.1% 乙酸溶液(15+85)。流速 1.0mL/min。进样量 10μL。取标准溶液及试样溶液注入色谱中，以保留时间定性，以试样峰面积或峰高与标准比较定量。色谱图如图 9-3-1 和图 9-3-2。

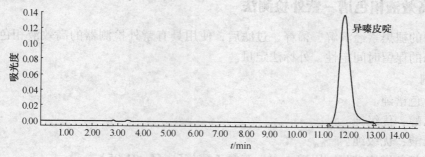

图 9-3-1　异嗪皮啶标准色谱图

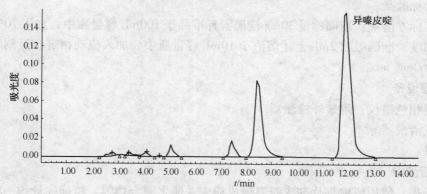

图 9-3-2　异嗪皮啶试样色谱图

试样中异嗪皮啶的含量按式(9-3-1)进行计算。

$$X = \frac{c \times V \times 1000 \times 1000}{m \times 1000} \tag{9-3-1}$$

式中　X——试样中异嗪皮啶的含量，g/kg；

　　　c——由标准曲线求得进样液中异嗪皮啶的浓度，μg/mL；

　　　V——试样定容体积，mL；

　　　m——试样的质量，g。

计算结果保留三位有效数字。

第四节　保健食品中褪黑素含量的测定

褪黑素，又名黑素细胞凝集素，俗称为脑白金，化学名称：N-乙酰基-5-甲氧基色胺，分子式为：$C_{13}N_2H_{16}O_2$，分子量：232.27，熔点：116～118℃。褪黑素是存在于从藻类到人类等众多生物中的一种荷尔蒙，它在生物中的含量水平随每天的时间变化而变化。

褪黑激素主要是由哺乳动物和人类的松果体产生的一种胺类激素。人的松果体是附着于第三脑室后壁的、豆粒状大小的组织。也有报导哺乳动物的视网膜和副泪腺也能产生少量的褪黑激素；某些变温动物的眼睛、脑部和皮肤(如青蛙)以及某些藻类也能合成褪黑激素。

近年来，国内外对褪黑激素的生物学功能，尤其是作为膳食补充剂的保健功能进行了广泛的研究，表明其具有促进睡眠、调节时差、抗衰老、调节免疫、抗肿瘤等多项生理功能。保健食品中褪黑素含量的测定主要有高效液相色谱－紫外检测法和高效液相色谱－荧光法。

一、高效液相色谱－紫外检测法

试样中的褪黑素经溶解、稀释、过滤后，使用具有紫外检测器的高效液相色谱仪检测，根据色谱峰的保留时间定性，外标法定量。

1. 试剂

甲醇：色谱纯。

无水乙醇：优级纯。

三氟乙酸：优级纯。

高效液相色谱流动相：甲醇＋水＋三氟乙酸(45＋55＋0.05)。

褪黑素标准品。

褪黑素标准溶液：精确称量30mg褪黑素标准品于100mL容量瓶中，加入70%乙醇溶解后定容至刻度。准确吸取2mL上述溶液于10mL容量瓶中，加入流动相定容至刻度，此溶液浓度为0.060mg/mL。

2. 仪器设备

高效液相色谱仪：附紫外检测器。

超声波清洗器。

离心机。

3. 分析步骤

试样处理：使用研钵将片剂或胶囊研成粉末并使之混合均匀。精确称量约一粒片剂或胶囊的质量于10mL容量瓶中，以70%乙醇定容至刻度，使用超声波清洗器提取10min。将提取液离心至澄清。准确量取上清液2mL于10mL容量瓶中，以流动相定容至刻度，混匀后经0.45μm滤膜过滤后进行色谱分析。

液相色谱分析参考条件：μ－BondaPak C_{18}色谱柱，4.6mm×250mm。紫外检测器波长222nm。流动相流速0.8mL/min。柱温室温。量取10μL标准溶液及试样净化液注入高效液相色谱仪中分析。

试样中褪黑素的含量按式(9－4－1)进行计算。

$$X = \frac{c \times \dfrac{h}{h_s} \times 10 \times \dfrac{10}{2} \times 1000}{m} \qquad (9-4-1)$$

式中　X——试样中褪黑素的含量，mg/kg；

　　　c——褪黑素标准溶液的浓度，mg/mL；

　　　h——试样的峰高或峰面积；

h_s——标准的峰高或峰面积；

m——试样的质量，g。

计算结果保留两位有效数字。在重复性条件下获得的两次独立测定结果的绝对值不得超过算术平均值的 5%。

二、高效液相色谱荧光法

试样中褪黑素经甲醇反复提取，制成甲醇溶液，按一定比例进行稀释后，注入高效液相色谱仪，经反相色谱分离，以荧光检测器进行检测，根据保留时间定性和与标准品峰面积比较进行定量。本方法线性范围为 0.05 ~ 0.50 ng。

1. 试剂

甲醇：重蒸。

褪黑素标准品：纯度≥99.7%。

褪黑素储备溶液：精密称取褪黑素标准品 0.0100g，用甲醇溶解并配成 1g/L 的储备溶液，于 −20℃ 保存。

褪黑素使用溶液：使用前精密量取一定量褪黑素储备溶液，根据褪黑素在仪器上的响应情况，用甲醇稀释成标准使用溶液。

2. 仪器设备

高效液相色谱仪：附荧光检测器和微处理机。

离心机。

超声波清洗机。

3. 分析步骤

试样制备：片剂研细备用，胶囊内容物混合均与备用。

提取：精密称取试样 0.2000g 于 5mL 的刻度试管中，加甲醇约 3mL，超声振荡 10min，离心，取上清液于 10mL 容量瓶中，再加甲醇约 3mL 于残渣中，按前述方法重复提取 2 次，合并上清液，加甲醇至刻度，摇匀。取此溶液适量，用甲醇稀释并定容，制成试样溶液待测。

高效液相色谱参考条件：Alltima C$_{18}$ 色谱柱，4.6mm × 250mm。流动相甲醇。流速 10μL。荧光检测器，激发光波长 286nm，发射光波长 352nm。

将仪器调至最佳状态后，分别将 10μL 标准溶液及净化后试样液注入色谱仪中分析。

试样中褪黑素的含量按式（9 − 4 − 2）进行计算。

$$X = \frac{m_1 \times V_2 \times 1000}{m \times V_1 \times 1000} \times n \qquad (9-4-2)$$

式中　X——试样中褪黑素的含量，mg/kg；

m_1——被测样液中褪黑素的含量，ng；

m——试样质量，g；

V_1——样液进样体积，μL；

V_2——试样稀释液总体积，mL；

n——稀释倍数。

计算结果保留两位有效数字。在重复性条件下获得的两次独立测定结果的绝对值不得超过算术平均值的 10%。

第五节 保健食品中超氧化物歧化酶（SOD）活性的测定

超氧化物歧化酶，别名肝蛋白、奥谷蛋白，简称 SOD。SOD 是一种源于生命体的活性物质，能消除生物体在新陈代谢过程中产生的有害物质。对人体不断地补充 SOD 具有抗衰老的特殊效果。超氧化物歧化酶是 1938 年 Marn 等人首次从牛红血球中分离得到超氧化物歧化酶开始算起，人们对 SOD 的研究已有七十多年的历史。1969 年 McCord 等重新发现这种蛋白，并且发现了它们的生物活性，弄清了它催化过氧阴离子发生歧化反应的性质，所以正式将其命名为超氧化物歧化酶。

SOD 是一种新型酶制剂。它在生物界的分布极广，几乎从动物到植物，甚至从人到单细胞生物，都有它的存在。SOD 被视为生命科技中最具神奇魔力的酶、人体内的垃圾清道夫。SOD 是氧自由基的自然天敌，是机体内氧自由基的头号杀手，是生命健康之本。超氧化自由基 O_2^- 可以造成机体细胞损伤，SOD 能够清除机体内 O_2^-。目前食品中 SOD 活性测定的方法主要有修改的 Marklund 方法和化学发光法。

一、修改的 Marklund 方法

在碱性条件下，邻苯三酚会发生自氧化，可根据 SOD 抑制邻苯三酚自氧化能力测定 SOD 活力。25℃时抑制邻苯三酚自氧化速率 50% 时所需的 SOD 量为一个活力单位(U)。本法的检出限为 1.17 U/mL。

1. 试剂

A 液：pH 8.20 0.1mol/L 三羟甲基氨基甲烷(Tris) – 盐酸缓冲溶液(内含1mmol/L EDTA·2Na)。称取 1.2114g Tris 和 37.2mg EDTA·2Na 溶于 62.4mL 0.1mol/L 盐酸溶液中，用蒸馏水定容至 100mL。

B 液：4.5mmol/L 邻苯三酚盐酸溶液。称取邻苯三酚 56.7mg 溶于少量 10mmol/L 盐酸溶液，并定容至 100mL。

10mmol/L 盐酸溶液。

0.200mg/mL 超氧化歧化酶(SOD)。

二重石英蒸馏水。

2. 仪器

紫外 – 可见分光光度计。

精密酸度计，精确度 0.01 pH。

离心机。

10mL 比色管。

10mL 离心管。

玻璃乳钵。

3. 分析步骤

试样制备：固体样品(茶、花粉等)称取 1.00g 样品置于玻璃乳钵中，加入 9.0mL 蒸馏水研磨 5min，移入 10mL 离心管。用上量蒸馏水冲洗乳钵，洗涤并入离心管中，加蒸馏水至刻度，经 4000 r/min 离心 15min，取上清液测定。澄清液体样品可以取原液直接测定，浑浊

266

液体样品经 4000 r/min 离心 15min，再取上清液测定。

邻苯三酚自氧化速率测定：在 25℃左右，于 10mL 比色管中依次加入 A 液 2.35mL，蒸馏水 2.00mL，B 液 0.15mL。加入 B 液立即混合并倾入比色皿，分别测定在 325nm 波长条件下初始时和 1min 后吸光度，二者之差即邻苯三酚自氧化速率 ΔA_{325}（min^{-1}）。本试验确定 ΔA_{325}（min^{-1}）为 0.060。

样液和 SOD 酶液抑制邻苯三酚自氧化速率测定按上述步骤分别加入一定量样液或酶液使抑制邻苯三酚自氧化速率约为 $1/2\Delta A_{325}$（min^{-1}），即 $\Delta A'_{325}$（min^{-1}）为 0.030。SOD 活性测定加样程序见表 9 - 5 - 1。

表 9 - 5 - 1　SOD 活性测定加样表

试 液	空白	样液	SOD 液
A 液/mL	2.35	2.35	2.35
蒸馏水/mL	2.00	1.80	1.80
样液或 SOD 液/mL	—	20.0	20.0
B 液/mL	0.15	0.15	0.15

试样（液体）中 SOD 含量按式（9 - 5 - 1）计算。

$$X = \frac{\dfrac{\Delta A_{325} - \Delta A'_{325}}{\Delta A_{325}} \times 100\%}{50\%} \times 4.5 \times \frac{1}{V} \times D \qquad (9 - 5 - 1)$$

式中　X——SOD 活力，U/mL；

　ΔA_{325}——邻苯三酚自氧化速率，min^{-1}；

　$\Delta A'_{325}$——样液或 SOD 酶抑制邻苯三酚自氧化速率，min^{-1}；

　　V——所加酶液或样液体积，mL；

　　D——酶液或样液稀释倍数；

　4.5——反应总体积，mL。

计算结果保留三位有效数字。

试样（固体）中 SOD 含量按式（9 - 5 - 2）计算。

$$X = \frac{\dfrac{\Delta A_{325} - \Delta A'_{325}}{\Delta A_{325}} \times 100\%}{50\%} \times 4.5 \times \frac{D}{V} \times \frac{V_1}{m} \qquad (9 - 5 - 2)$$

式中　X——SOD 活力，U/g；

　ΔA_{325}——邻苯三酚自氧化速率，min^{-1}；

　$\Delta A'_{325}$——样液或 SOD 酶抑制邻苯三酚自氧化速率，min^{-1}；

　　V——加入酶液或样液体积，mL；

　　D——酶液或样液稀释倍数；

　　V_1——样液总体积，mL；

　　m——样品质量，g；

　4.5——反应液总体积，mL。

计算结果保留三位有效数字。

在重复性条件下获得的两次独立测定结果的绝对差值不得超过算术平均值的10%。

二、化学发光法

SOD能够催化下述反应：

$$O_2^{\cdot -} + O_2^{\cdot -} + 2H^+ \rightarrow H_2O_2 + O_2$$

在有氧条件下，黄嘌呤氧化酶可催化黄嘌呤（或次黄嘌呤）氧化转变成尿素，在该反应过程中同时产生$O_2^{\cdot -}$。$O_2^{\cdot -}$可与鲁米诺（3-氨基邻苯二甲酰肼）进一步作用，使发光剂鲁米诺被激发，而当其重新回到基态时，则向外发光。由于SOD可消除$O_2^{\cdot -}$，所以能抑制鲁米诺的发光。通过该反应过程，以空白对照的发光强度值为100%，通过加入SOD后抑制发光的程度进行SOD活性的测定。在分析条件下抑制50%发光强度时所需的SOD量为一个活力单位。

1. 试剂

0.05mol/L碳酸盐缓冲液（pH 10.2）。

0.1mol/L碳酸钠溶液：称取碳酸钠10.599g用蒸馏水溶解并定容至1000mL。

0.1mol/L碳酸氢钠溶液：称取碳酸氢钠8.401g用蒸馏水溶解并定容至1000mL。

0.1mol/L碳酸钠-碳酸氢钠缓冲溶液（pH 10.2）：将0.1mol/L碳酸钠溶液和0.1mol/L碳酸氢钠溶液按6+4比例混合。

0.05mol/L碳酸钠-碳酸氢钠缓冲溶液（pH 10.2）：0.1mol/L碳酸钠-碳酸氢钠缓冲溶液与蒸馏水按1+1比例混合。

0.05mol/L碳酸钠-碳酸氢钠（内含0.1mmol/L EDTA·2Na）缓冲溶液（pH 10.2）：称取37.2mg EDTA·2Na用0.05mol/L碳酸钠-碳酸氢钠缓冲溶液（pH 10.2）溶解并定容至1000mL。

0.1mmol/L鲁米诺溶液：称取3.54mg鲁米诺用蒸馏水溶解并定容至200mL。

0.1mmol/L次黄嘌呤溶液（HX）：称取2.76mg HX用蒸馏水溶解并定容至200mL。

0.1mmol/L黄嘌呤氧化镁（XO）：称取0.1mgXO用含0.1mmol/L EDTA·2Na的0.05mol/L碳酸盐缓冲液定容至1.0mL。

0.001mg/L超氧化物歧化酶（SOD）：精密称取0.1mg SOD用含0.1mmol/L EDTA·2Na的0.05mol/L碳酸盐缓冲液定容至100mL。

HX-L液：0.1mmol/L HX溶液与0.1mmol/L鲁米诺溶液按1+1体积比混合，临用时混合。

2. 仪器

生物化学发光仪。

3. 分析步骤

试样制备：按照修改的Marklund方法的操作，只是固体样品用0.05mol/L碳酸钠-碳酸氢钠（内含0.1mmol/L EDTA·2Na）缓冲液代替蒸馏水。

绘制抑制发光曲线：操作程序见表9-5-2和图9-5-1。

表 9 - 5 - 2 SOD 抑制化学发光曲线制作步骤

	0(对照)	1	2	3	4	5
0.05mol/L 碳酸钠 - 碳酸氢钠缓冲液(pH 10.2)/μL	10	—	—	—	—	—
0.1mg/mL XO/μL	10	10	10	10	10	10
HX - L 液/μL	980	980	980	980	980	980
不同浓度 SOD(或试液)/μL	—	10	10	10	10	10
SOD 浓度/(ng/mL)或(样液体积/μL)	—	2	4	6	8	10
相对光强						
未抑制/%						
抑制/%						

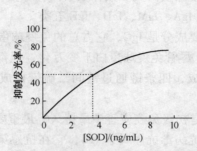

图 9 - 5 - 1 SOD 抑制化学发光曲线

试样(液体)中 SOD 含量按式(9 - 5 - 3)计算。

$$X = \frac{m_1 \times 10^{-6} \times 3.5 \times 3300}{V \times c_{50}} \times D \qquad (9 - 5 - 3)$$

式中 X——SOD 活力，U/mL；

m_1——查抑制曲线中 SOD 量，ng；

V——取样液体积，mL；

3.5——标准 SOD 抑制 50% 发光时的 SOD 浓度，ng/mL；

3300——SOD 标准比活力 U/mg 蛋白；

c_{50}——SOD 酶液抑制 50% 化学发光率时的 SOD 浓度，ng/mL；

D——样液的稀释倍数。

计算结果保留三位有效数字。

试样(固体)中 SOD 含量按式(9 - 5 - 4)计算。

$$X = \frac{m_1 \times 10^{-6} \times V \times 3.5 \times 3300}{m \times V_1 \times c_{50}} \times D \qquad (9 - 5 - 4)$$

式中 X——SOD 活力，U/g；

m_1——查抑制曲线中 SOD 量，ng；

m——样品质量，g；

V——样液总体积，mL；

V_1——样液总体积，mL；

3.5——标准 SOD 抑制 50% 发光时的 SOD 浓度，ng/mL；

3300——SOD 标准比活力 U/mg 蛋白；

c_{50}——SOD 酶液抑制 50% 化学发光率时的 SOD 浓度，ng/mL；

D——样液的稀释倍数。

计算结果保留三位有效数字。

在重复性条件下获得的两次独立测定结果的绝对差值不得超过算术平均值的 10%。

第六节　保健食品中免疫球蛋白 IgG 的测定

免疫球蛋白指具有抗体活性的动物蛋白。主要存在于血浆中，也见于其它体液、组织和一些分泌液中。人血浆内的免疫球蛋白大多数存在于丙种球蛋白（γ-球蛋白）中。免疫球蛋白因其结构不同可以分为 IgG、IgA、IgM、IgD、IgE 五类。

人体血清免疫球蛋白的主要成分是 IgG，它占总的免疫球蛋白的 70%~75%，相对分子质量约 15 万，含糖 2%~3%。尽管免疫球蛋白千变万化，但都有类似的结构。抗体分子是由两对长短不同的多肽链所组成，四条链通过链间二硫键构成 Y 型基本结构（H2L2）。IgG 分子由 4 条肽链组成。

人体血清免疫球蛋白 IgG 是初级免疫应答中最持久、最重要的抗体，它仅以单体形式存在。大多是抗菌性、抗毒性和抗病毒抗体属于 IgG，它在抗感染中起到主力军作用，它能够促进单核巨噬细胞的吞噬作用（调理作用），中和细菌毒素的毒性（中和毒素）和病毒抗原结合使病毒失去感染宿主细胞的能力（中和病毒）。

免疫球蛋白 IgG，目前已作为功效成分添加于保健食品中，该成分对于增强免疫力、调节动物体的生理功能和某些特定物质的代谢等均有一定效果。根据高效亲和色谱的原理，在磷酸盐缓冲液条件下免疫球蛋白 IgG 与配基连接，在 pH 2.5 的盐酸甘氨酸条件下洗脱免疫球蛋白 IgG。适用于片剂、胶囊、粉剂类型保健食品中免疫球蛋白 IgG 的测定。当取样量 0.1g，稀释至 25mL，进样量 20μL 时，检出浓度为 0.5mg/mL。

1. 试剂

流动相 A：pH 6.5，0.05mol/L 磷酸盐缓冲液。

流动相 B：pH 2.5，0.05mol/L 甘氨酸盐缓冲液。

IgG 标准贮备液：称取 IgG 标准品 0.0100g，用流动相 A 溶解并定容至 10.0mL，摇匀，浓度为 1.0mg/mL。

IgG 标准系列溶液：称取 IgG 标准贮备液，用流动相 A 稀释成含 IgG 0.2mg/mL、0.4mg/mL、0.6mg/mL、0.8mg/mL、1.0mg/mL 的标准系列。临用时配制。

2. 仪器和设备

高效液相色谱仪：附紫外检测器和梯度洗脱装置。

3. 分析步骤

试样处理：称取 0.1g（精确至 0.001g）试样，用流动相 A 稀释至 25.0mL，摇匀，通过 0.45μm 微孔滤膜后进样。先用 5 倍柱体积的重蒸水洗柱，再用 10 倍柱体积的流动相 A 平衡柱，进样，按洗脱程序进行洗脱。

高效液相色谱参考条件：色谱柱 Pharmacia HI-Trap Protein G 柱，1mL。检测波长 280nm。进样量 20μL。梯度洗脱见表 9-6-1。色谱图如图 9-6-1 和图 9-6-2 所示。

表 9 – 6 – 1　梯度洗脱程序表

时间	流速/(mL/min)	A/%	B/%	梯度
0	0.4	100	0	—
4.5	0.4	100	0	6
5.5	0.4	0	100	6
15.0	0.4	0	100	6
15.5	0.4	100	0	6
22.0	0.4	100	0	6

图 9 – 6 – 1　IgG 标准色谱图

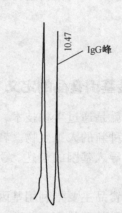

图 9 – 6 – 2　初乳素色谱图

样品中 IgG 含量按式(9 – 6 – 1)进行计算。

$$X = \frac{c \times V \times 10}{m} \qquad\qquad (9 - 6 - 1)$$

式中　X——试样中 IgG 的含量，g/100g；

　　　m——试样的质量，g；

　　　c——被测液中 IgG 的含量，mg/mL；

　　　V——试样定容的体积，mL。

计算结果保留两位有效数字。在重复性条件下获得的两次独立测定结果的绝对差值不得超过算术平均值的 10%。

第十章　食品中转基因成分的检验

中国农业部已经批准种植的转基因农作物有：甜椒、西红柿、土豆；主粮作物有玉米、水稻。今后可能陆续批准的农作物有小麦、甘薯、谷子、花生等。进口的转基因食品有大豆油、菜籽油、大豆等。目前只有花生油不是转基因的。麦当劳、肯德基的食品基本全部是转基因的。猪、牛、鸡饲料是转基因玉米、转基因大豆。

第一节　概　　述

一、转基因食品的定义

转基因就是通过生物技术，将某个基因从生物中分离出来，然后植入另一种生物体内，从而创造一种新的人工生物。转基因技术就是将人工分离和修饰过的基因导入到生物体基因组中，由于导入基因的表达，引起生物体的性状的可遗传的修饰，这一技术称之为转基因技术。

转基因食品主要指利用基因工程技术，将某些外源基因转移到动物、植物或微生物中，进行了该物种的遗传密码改造，使其性状、营养价值或品质向人们所需目标转变，由这些转基因物种所生产的食品即为转基因食品。也称为基因改造食品或基因修饰食品。

二、转基因食品的特点

利用载体系统的重组 DNA 技术；利用物理、化学和生物学等方法将重组 DNA 导入有机体的技术。转基因食品具有食品或食品添加剂的特征，产品的基因组构成发生了改变，并存在外源 DNA。产品的成分中存在外源 DNA 表达产物及其生物活性，外源 DNA 表达产物主要包括目的基因、标记基因和报告基因表达的蛋白，或意外表达的蛋白，正是由于存在这些蛋白，才使转基因食品具有与相对应传统食品不同的生物特征，并可能导致安全性问题的出现。此外，产品还具有基因工程所设计的性状和功能，如转基因植物具有抗虫、抗病毒、耐除草剂等。

转基因食品与传统的食品比较：传统食品是通过自然选择或人为的杂交育种来进行。虽然转基因技术与传统的以及新近发展的亚种间杂交技术相比，在基本原则是并无实质差别，但生产转基因食品的转基因技术着眼于从分子水平上，进行基因操作（通过重组 DNA 技术做基因的修饰或转移），因而更加精致、严密和具有更高的可控制性。人们可以利用现代生物技术改变生物的遗传性状，并且可以创造自然界中不存在的新物种。比如，可以杀死害虫的食品植物，抗除草剂的食品植物，可以产生人体疫苗的食品植物等。其具有如下特点：

（1）成本低、产量高。成本是传统产品的 40% ~60% ，产量至少增加 20% ，有的增加几倍甚至几十倍。

（2）具有抗草、抗虫、抗逆境等特征。其一可以降低农业生产成本；其二可以提高农作物的产量。2000 年的转基因食品种植面积达 4420 万公顷，其中抗除草剂的使用面积有 3280

万公顷，占74%；抗虫性状的有830万公顷，占19%；抗虫兼抗除草剂的占7%。

（3）食品的品质和营养价值提高。例如，通过转基因技术可以提高谷物食品赖氨酸含量以增加其营养价值，通过转基因技术改良小麦中谷蛋白的含量比以提高烘焙性能的研究也取得一定的成果。

（4）保鲜性能增强。例如，利用反义DNA技术抑制酶活力来延迟成熟和软化的反义RAN转基因番茄，延长贮藏和保鲜时间。

第二节　食品转基因成分的检验

转基因食品中转基因成分主要包括外源DNA及其表达产物（蛋白质），因此食品中转基因成分的检测主要是针对外源DNA及蛋白质检测。

一是核酸水平，即检测遗传物质中是否含有插入的外源基因。对食品中转基因成分的核酸检测首先要进行核酸的提取。由于食品成分复杂，除含有多种原料组分外，还含有盐、糖、油、色素等食品添加剂。另外，食品加工过程会使原料中的DNA会受到不同程度的破坏，因此食品中转基因成分的核酸提取尤其是DNA的提取具有其特殊性，并且其提取效果受转基因食品的种类和加工工艺等的影响。DNA检测主要有聚合酶链式反应（PCR）检测技术，基因芯片技术，

二是蛋白质水平，即通过插入外源基因表达的蛋白质产物或其功能进行检测，或者是检测插入外源基因对载体基因表达的影响。由于转基因食品中导入的外源DNA片段会表达产生特异蛋白，因此可针对该特异蛋白制备相应抗体，依据抗原与其抗体能特异性结合的免疫学特性，就能通过抗原抗体反应来判断是否含有外源蛋白的存在。蛋白质检测方法主要有免疫测定法，分子印迹法。

一、PCR技术检测外源DNA

PCR（聚合酶链式反应）是利用DNA在体外摄氏95℃高温时变性会变成单链，低温（经常是60℃左右）时引物与单链按碱基互补配对的原则结合，再调温度至DNA聚合酶最适反应温度（72℃左右），DNA聚合酶沿着磷酸到五碳糖的方向合成互补链。基于聚合酶制造的PCR仪实际就是一个温控设备，能在变性温度，复性温度，延伸温度之间很好地进行控制。

DNA的半保留复制是生物进化和传代的重要途径。双链DNA在多种酶的作用下可以变性解旋成单链，在DNA聚合酶的参与下，根据碱基互补配对原则复制成同样的两分子拷贝。在实验中发现，DNA在高温时也可以发生变性解链，当温度降低后又可以复性成为双链。因此，通过温度变化控制DNA的变性和复性，加入设计引物，DNA聚合酶、dNTP（脱氧核糖核酸）就可以完成特定基因的体外复制。但是，DNA聚合酶在高温时会失活，因此，每次循环都得加入新的DNA聚合酶。

PCR技术的基本原理类似于DNA的天然复制过程，其特异性依赖于与靶序列两端互补的寡核苷酸引物。PCR由变性－退火－延伸三个基本反应步骤构成：①模板DNA的变性：模板DNA经加热至93℃左右一定时间后，使模板DNA双链或经PCR扩增形成的双链DNA解离，使之成为单链，以便它与引物结合，为下一轮反应作准备；②模板DNA与引物的退火（复性）：模板DNA经加热变性成单链后，温度降至55℃左右，引物与模板DNA单链的互补序列配对结合；③引物的延伸：DNA模板－引物结合物在DNA聚合酶的作用下，以

dNTP 为反应原料，靶序列为模板，按碱基互补配对与半保留复制原理，合成一条新的与模板 DNA 链互补的半保留复制链，重复循环变性－退火－延伸三过程就可获得更多的"半保留复制链"，而且这种新链又可成为下次循环的模板。每完成一个循环需 2～4min，2～3h 就能将待扩目的基因扩增放大几百万倍。

根据不同的检测目的可选择特异性水平不同的目标序列作为检测对象，例如，对于筛选目的，选择特异性不高的通用元件；而对于鉴定（确认）目的，则选择特异性较强的序列，即常用插入序列与植物基因组之间的连接序列。利用 PCR 检测技术可实现对上述目的序列的定性和定量检测。下面以玉米转基因成分检测为例重点介绍 PCR 技术。

样品经过提取 DNA 后，针对转基因植物所插入的外源基因的基因序列设计引物，通过 PCR 技术，特异性扩增外源基因的 DNA 片断，根据 PCR 扩增结果，判断样品中是否含有转基因成分。称取约 50g 玉米样品，经干热灭菌（150℃ 干热预处理 2h）或 120℃、30min 高压消毒处理的碾钵或粉碎机中碾磨至样品粉末颗粒约 0.5mm 左右大小。

1. 试剂

引物：检测转基因玉米内、外源基因的引物及其信息见附录。

Taq（水生热栖菌）DNA 聚合酶。

dNTPs：dATP、dTTP、dCTP、dGTP、dUTP。

琼脂糖：电泳纯。

溴化乙锭（EB）或其它染色剂。

三氯甲烷。

异戊醇。

异丙醇。

70% 乙醇。

CTAB 裂解液：3%（质量浓度）CTAB，1.4mol/L NaCl，0.2%（体积分数）巯基乙醇，20mmol/L EDTA，100mmol/L Tris［三（羟甲基）氨基甲烷］－HCl，pH 8.0。

Tris－HCl、EDTA 缓冲液：10mmol/L Tris－HCl，pH 8.0；1mmol/L EDTA，pH 8.0。

$10 \times$ PCR 缓冲液：100mmol/L KCl，160mmol/L（NH_4）$_2SO_4$，20mmol/L $MgSO_4$，200mmol/L Tris－HCl（pH 8.8），1% Trition X－100，1mg/mL BSA。

$5 \times$ TBE 缓冲液：Tris 54g，硼酸 275g，0.5mol/L EDTA（pH 8.0）20mL，加蒸馏水至 1000mL。

$10 \times$ 上样缓冲液：0.25% 溴酚蓝，40% 蔗糖。

RNA 酶（10μg/mL）。

UNG 酶。

2. 仪器

固体粉碎机及研钵。

高速冷冻离心机。

台式小型离心机。

Mini 个人离心机。

水浴培养箱、恒温培养箱、恒温孵育箱。

天平，感量 0.001g。

高压灭菌锅。

高温干燥箱。

纯水器或双蒸水器。

冷藏、冷冻冰箱。

制冷机。

旋涡振荡器。

微波炉。

基因扩增仪。

电泳仪。

PCR 工作台。

核酸蛋白分析仪。

微量移液器。

凝胶成像系统。

离心管。

PCR 反应管。

3. 检测步骤

（1）对照的设置：

阴性目标 DNA 对照：不含外源目标核酸序列的 DNA 片段。

阳性目标 DNA 对照：参照 DNA、或从可溯源的标准物质提取的 DNA 或从含有已知序列阳性样品（或生物）中提取的 DNA。

扩增试剂对照：该对照包括除了测试样品 DNA 模板以外所有的反应试剂，在 PCR 反应体系中用相同体积的水（不含核酸）取代模板 DNA。

（2）模板 DNA 提取：

称取 1g 粉样于 10mL 离心管中，加入 5mL CTAB 裂解液（含适量 RNA 酶），混匀，60℃水浴振荡保温 1h，2000 r/min 离心 5min；取上清液，加等体积三氯甲烷/异戊醇（体积分数 24/1）混匀，静置 5min，8000 r/min 离心 5min，小心离心上清液，再加等体积三氯甲烷/异戊醇（体积分数 24/1）混匀，静置 5min，8000 r/min 离心 5min，取离心上清液加 0.65 倍体积的异丙醇，混匀，12000 r/min 4℃ 离心 10min；弃上清液，加 500μL 70％冰乙酸洗涤一次，12000 r/min 4℃ 离心 5min；弃上清液，将沉淀晾干，加入 50μL TE，溶解沉淀（4℃过夜或 37℃ 保温 1h）；此即为总 DNA 提取液。也可用相应市售 DNA 提取试剂盒提取 DNA。

（3）PCR 扩增：

PCR 反应体系见表 10 - 2 - 1，每个样品各做两个平行管。加样时应使样品 DNA 溶液完全落入反应液中，不要粘附于管壁上，加样后应尽快盖紧管盖。

表 10 - 2 - 1　PCR 反应体系表

试剂名称	贮备液浓度	25μL 反应体系加样体积/μL	50μL 反应体系加样体积/μL
10 × PCR 缓冲液		2.5	5.0
MgCl$_2$	25mmol/L	2.5	5.0
dNTP（含 dUTP）	2.5mmol/L	2.5	5.0
Taq 酶	5U/μL	0.2	0.4
UNG 酶	1U/μL	0.2	0.4

试剂名称	贮备液浓度	25μL 反应体系加样体积/μL	50μL 反应体系加样体积/μL
引物	20pmol/μL	0.5	1.0
		0.5	1.0
模板 DNA	0.3~6μg/mL	1.0	2.0
双蒸水		补至25μL	补至50μL

注：表中 DNA 模板为原料的模板量，加工产品可视加工程度适当增加模板量；也可以根据具体情况或不同的反应总体积进行适当调整。

PCR 反应循环参数：50℃ PCR 前去污染 2min，94℃预变性 2min。94℃变性 40 s，55~58℃退火 60 s，72℃延伸 60 s，35 个循环。72℃延伸 5min。4℃保存。也可根据不同的基因扩散仪对 PCR 反应循环参数做适当调整。

PCR 扩增产物电泳检测：用电泳缓冲液(1×TBE 或 TAE)制备 2% 琼脂糖凝胶(其中在 55~60℃左右加入 EB 或其它染色剂至终浓度为 0.5μg/mL，也可以在电泳后进行染色)。将 10~15μL PCR 扩增产物分别和 2μL 上样缓冲液混合，进行点样。用 100 bp Ladder DNA Marker 或相应合适的 DNA Marker 作相对分子质量标记。3~5V/cm 恒压，电泳 20~40min。凝胶成像仪观察并分析记录。

（4）结果判断：

内源基因的检测。用针对玉米内源基因ⅣR 基因(或玉米醇溶蛋白基因)设计的引物对玉米 DNA 提取液进行 PCR 测试，待测样品应被扩增出 226bp(或 173bp)的 PCR 产物。如未见有该 PCR 产物扩增，则说明 DNA 提取质量有问题，或 DNA 提取液中有抑制 PCR 反应的因子存在，应重新提取 DNA，直到扩增出该 PCR 产物。

外源基因的检测。对玉米样品 DNA 提取液进行外源基因的 PCR 测试，如果阴性目标 DNA 对照和扩增试剂对照未出现扩增条带，阳性目标 DNA 对照和待测样品均出现预期大小的扩增条带(扩增片段见附录)，则可初步判断待测样品中含有可疑的该外源基因，应进一步进行确证试验，依据确证试样的结果最终报告，如果待测样品中未出现 PCR 扩增产物，则可断定该待测样品中不含有该外源基因。

筛选检测和鉴定检测的选择。对玉米样品中转基因成分的检测，可按附录的内容，先筛选检测 CaMV 35S、NOS、NPT II、PAT、BAR 基因，筛选检测结果阴性则直接报告结果。

若筛选检测结果阳性，则需进一步鉴定检测 MON810、Bt11、Bt176、T14/T25、CBH351、GA21、TC1507、MON863、NK603、Bt10 的结构特异性基因或品系特异性基因，以确定是何种转基因玉米品系。

二、分子印迹法

分子印迹法是指为获得在空间结构和结合位点上与某一分子(模板分子)完全匹配的聚合物的实验制备技术。它可通过以下方法实现：首先将具有适当功能的功能单体与模板分子混合，在一定的条件下结合成某种单体－模板分子复合物。然后加入适当的交联剂和引发剂将功能模板、单体交联起来形成聚合物，从而使功能单体上的功能基在空间排列和空间定向上固定下来。最后通过一定的物理或化学方法将模板分子从聚合物中洗脱出来，以获得一个具有识别功能并与模板分子相匹配的三维空穴(如图 10－2－1)

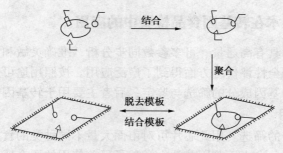

图 10 - 2 - 1　分子印迹示意图

第三节　基因芯片在食品转基因成分检验中的应用

基因芯片(又称 DNA 芯片、生物芯片)的原型是 80 年代中期提出的。基因芯片的测序原理是杂交测序方法,即通过与一组已知序列的核酸探针杂交进行核酸序列测定的方法,在一块基片表面固定了序列已知的八核苷酸的探针。当溶液中带有荧光标记的核酸序列 TATG-CAATCTAG,与基因芯片上对应位置的核酸探针产生互补匹配时,通过确定荧光强度最强的探针位置,获得一组序列完全互补的探针序列。据此可重组出靶核酸的序列。

基因芯片技术是将大量已知序列的 DNA 片段按预先设计的排列方式固化在载体表面,并以此作为探针,在一定的条件下,与样品中待测的目标基因片段杂交,通过检测杂交信号,实现对目标基因的存在、变量及变异等信息的快速检测。

一、基因芯片技术检测步骤

1. 芯片制备

目前制备芯片主要以玻璃片或硅片为载体,采用原位合成和微矩阵的方法将寡核苷酸片段或 cDNA 作为探针按顺序排列在载体上。芯片的制备除了用到微加工工艺外,还需要使用机器人技术。以便能快速、准确地将探针放置到芯片上的指定位置。

2. 样品制备

生物样品往往是复杂的生物分子混合体,除少数特殊样品外,一般不能直接与芯片反应,有时样品的量很小。所以,必须将样品进行提取、扩增,获取其中的蛋白质或 DNA、RNA,然后用荧光标记,以提高检测的灵敏度和使用者的安全性。

3. 杂交反应

杂交反应是荧光标记的样品与芯片上的探针进行的反应产生一系列信息的过程。选择合适的反应条件能使生物分子间反应处于最佳状况中,减少生物分子之间的错配率。

4. 信号检测和结果分析

杂交反应后的芯片上各个反应点的荧光位置、荧光强弱经过芯片扫描仪和相关软件可以分析图像,将荧光转换成数据,即可以获得有关生物信息。基因芯片技术发展的最终目标是将从样品制备、杂交反应到信号检测的整个分析过程集成化以获得微型全分析系统或称缩微芯片实验室。使用缩微芯片实验室,就可以在一个封闭的系统内以很短的时间完成从原始样品到获取所需分析结果的全套操作。

二、基因芯片技术在转基因食品检验中的应用

由于基因芯片技术具有高通量、可多参数同步分析，准确灵敏和自动快速等优点，因而在转基因食品检测及安全性评价等方面得到了广泛应用。按照用途可分为检测芯片和表达谱芯片。前者主要用于转基因成分的筛选与鉴定；后者主要用于转基因食品安全性评价。

1. 检测芯片的应用

食品中转基因成分的筛选。用此芯片可对市面大量不同种类的食品进行检测，以筛选食品中是否含有转基因成分。由于基因芯片上涵盖了目前使用的所有通用元件，因而从理论上避免了漏检品的可能性，只要含有转基因成分都应该被检测出来；而且芯片可重复使用，特别适合于大批样品的快速筛选。同时还可以进行定量分析，以确定转基因成分的百分含量。为避免出现假阴性和假阳性结果，并对检测进行相应的质量控制，在对食品中转基因成分的筛选时，还需设阴性和阳性对照样品。

转基因食品品系或品种的鉴定。通过筛选实验确定为转基因成分阳性的样品，还需进一步检测为何种转基因食品品系或品种。此时可针对转基因中的两种特异目标序列，即基因重组体构成元件中的目的基因以及基因重组体序列与受体植物基因组之间的连接区进行检测。为此，可针对所有已知的转基因食品中的两种特异目标序列设计探针，并制成基因芯片。用此芯片就可进行转基因食品系或种类的鉴定，同时还可明确转基因食品转入了何种目的基因。除需设阴性对照和阳性对照外，还需设内源参照基因作为对照。

根据不同的检测目的，可设计不同的探针，制成不同的基因芯片；反过来讲，还是由于基因芯片可同时检测大量的多种的目标序列，才使不同的目的得以实现，因此基因芯片在转基因食品中的应用远不止上述介绍的范围。

2. 表达谱芯片的应用

将真核细胞中主要的已知基因的 mRNA 通过逆转录 PCR 扩增合成不同基因的 cDNA 针，并制成基因芯片。用此芯片可直接检测样品中 mRNA 的种类及丰度，便于进一步分析不同基因表达的差异及差异程度，从而构成基因表达谱。这也是基因芯片的重要应用领域。

第十一章　几类食品的理化检验

第一节　鲜肉类和肉制品的理化检验

一、肉的概念

肉的种类很多，我国人民的主要肉食是牛、羊、猪、禽、兔肉，其次是马、骡、骆驼和狗肉。肉类食品是最富有营养的食品之一，不仅含有大量的全价蛋白质、脂肪、糖类、矿物质和维生素，而且味道鲜美，饱腹作用强，吸收率高。因此，肉类食品深受人们的喜爱。

对于肉的概念，在不同的行业，不同的加工利用场合其含义是不同的。从广义讲凡是适合人类作为食品的动物机体的所有构成部分都可称为肉。包括胴体、血、头、尾、内脏、蹄等。在食品学和商品学中，肉则指畜禽屠宰后除去毛或皮、血、头、尾、蹄和内脏的畜禽胴体，而头、尾、蹄、内脏等则称为副产品、下水或杂碎。因此，胴体所包容的肌肉、脂肪、骨、软骨、筋膜、神经、脉管和淋巴结等都列入肉的概念。而在肉制品中所说的肉，仅指肌肉以及其中的各种软组织，不包括骨和软骨组织。精肉则是指不带骨的肉，去掉可见脂肪、筋膜、血管、神经的骨骼肌。

二、肉的化学组成

动物肉的化学成分包括水分、蛋白质、脂肪、矿物质、少量的碳水化合物及维生素等。这些物质的含量，因动物种类、性别、年龄、个体、机体部位以及营养状况而异。肉的化学成分见表 11 - 1 - 1。

表 11 - 1 - 1　部分肉品的化学成分表

品种	水分/g	蛋白质/g	脂肪/g	碳水化合物/g	灰分/g	食部/%
猪肉（肥瘦）	46.8	13.2	37.0	2.4	0.6	100
猪肉（肥）	8.8	2.4	90.4	0	0.2	100
猪肉（瘦）	71.0	20.3	6.2	1.5	1.0	100
牛肉（肥瘦）	68.1	18.1	13.4	0	1.1	100
牛肉（瘦）	75.2	20.2	2.3	1.2	1.1	100
羊肉（肥瘦）	66.9	19.0	14.1	0	1.2	90
羊肉（瘦）	74.2	20.5	3.9	0.2	1.2	90
马肉	74.1	20.1	4.6	0.1	1.1	100
驴肉（瘦）	73.8	21.5	0.4	1.1	1.1	100
兔肉	76.2	19.7	2.2	0.9	1.0	100
狗肉	76.0	16.8	4.6	1.8	0.8	100

品种	水分/g	蛋白质/g	脂肪/g	碳水化合物/g	灰分/g	食部/%
鸡	69.0	19.3	9.4	1.3	1.0	66
鸡（肉鸡、肥）	46.1	16.7	35.4	0.9	0.9	74
鸭	63.9	15.5	19.7	0.2	0.7	68
鹅	62.9	17.9	19.9	0	0.8	63
鸽	66.6	16.5	14.2	1.7	1.0	42
鹌鹑	75.1	20.2	3.1	0.2	1.4	58

肉类食品中的蛋白质含量约为 10% ~ 20%，其组成中不仅含有人体所需要的各种必需氨基酸，而且富含一般植物性食品所缺乏的精氨酸、组氨酸、赖氨酸、苏氨酸和蛋氨酸等，故肉类食品比植物性食品的营养价值高。肉类食品除含有丰富的蛋白质外，还含有肌凝蛋白、肌肽、肌酸、肌酐和嘌呤碱等水溶性非蛋白氮。这些物质是肉汤鲜美的主要来源，给人在进餐时以美味的享受。

三、肉在保藏中的变化

屠宰后的动物肉类，一般经过肉的僵直、成熟、自溶和腐败 4 个连续的变化过程。这些变化有的对改善肉品质量有益，有的则严重降低肉的食用价值和商品价值，这些变化有条件性和阶段性，是连续甚或同时发生。

成熟和自溶阶段的分解产物，为腐败微生物生长繁殖提供了良好的营养物质。一般认为，前两个阶段的肉是新鲜的；自溶现象的出现标志着腐败变质的开始，市售鲜肉大部分是在成熟状态；其后，外界污染的微生物逐渐深入肌肉深部，使肉逐步分解，出现自溶和腐败现象。

（1）僵直。屠宰后的畜禽肉，随着肌糖原酵解和各种生化反应的进行，肌纤维发生强直性收缩，使肌肉失去弹性，变得僵硬。其特点是 pH 值下降到 5.4；保水性降低；适口性差。

（2）成熟。屠宰后的动物肉在一定的温度下贮存一定的时间，继僵直之后肌肉组织变得柔软而有弹性，切面富有水分，易于煮烂，肉汤澄清透明，肉质鲜嫩可口，具有愉快的香气和滋味，这种食用性质得到改善的肉称为成熟肉，其变化过程称为肉的成熟。

（3）自溶。肉在不合理的条件下或长时间保藏，使肉长时间保持较高的温度，致使肉中的组织蛋白酶活性增强而发生蛋白质的强烈分解，除产生多种氨基酸外，还放出硫化氢和硫醇等不良气味的挥发性物质，肉的品质下降，外观也发生明显的改变，这个过程称为自溶。

（4）腐败。肉在成熟和自溶阶段的分解产物，为腐败微生物的生长繁殖提供了良好的营养物质，随着时间的推移，微生物大量繁殖，蛋白质不仅被分解成氨基酸，而且在微生物各种酶的作用下，将氨基酸脱氨、脱羧、进一步分解成更低的产物，使肉完全失去了食用价值。这个过程就称为肉的腐败。

牲畜内脏更易被细菌污染，而且含酶类丰富，所以其腐败过程较胴体更快，变化也更剧烈。

肉在任何腐败阶段，对人都有危害。不论是参与腐败的某些细菌及其毒素，还是腐败形成的有毒分解产物，都能引起人的中毒和疾病。此外，肉的成分分解，营养价值显著降低。

肉类腐败的原因虽然是多方面的，但主要是微生物的作用。一般来说，微生物的污染有两种情况：一种情况，屠宰的健康畜禽胴体本应无菌的，尤其是深部组织。但从解体到销售，要经过许多环节。因此，即使设备非常完善、卫生制度严格的肉联厂，也不可能保证屠体表面绝对无菌。另一种情况，畜禽在屠宰前就已患病，病原微生物可能在生前已蔓延至肌肉和内脏，或畜禽的抵抗力十分低下，肠道寄生菌乘机而入。微生物的分解作用，使肉中的营养成分分解成低分子代谢产物，这些低分子代谢产物的含量与肉的腐败程度成正相关。因此，可以通过对某些低分子代谢产物如氨及胺类化合物、硫化氢等的测定来判定肉的新鲜度。

四、新鲜肉的检验

肉品鲜度指的是肉品的新鲜程度，是衡量肉品是否符合食用要求的客观标准。肉品鲜度的检验包括感官检查和理化检验。

1. 感官检查

感官检查主要是从肉品的色泽、黏度、弹性、气味和煮沸后肉汤透明度等方面来判定肉的新鲜度的。是通过人的感觉器官进行检验的。

注：① 鲜肉：指活（生）畜禽屠宰加工，经兽医卫生检验符合市场鲜销而未经冷冻的猪、牛、羊、兔、鸡肉等。一般鲜肉需经冷却处理。

② 冻肉：指活（生）畜禽屠宰加工，经兽医卫生检验符合市场鲜销，并经符合冷冻条件要求冷冻的猪、牛、羊、兔、鸡肉等。（鸡肉需全净膛或半净膛）

全净膛：从胸骨至肛门中线切开腹壁或从右胸下肋骨开口，将脏器全部取出。

半净膛：仅从肛门拉出全部肠管，其它脏器仍保留在体腔内。

不净膛：全部脏器保留在体腔内。

③ 解冻肉：指冷冻后又在室温条件下缓慢解冻，深层温度升到0℃以上的肉。

2. 理化检验

肉鲜度检验，除感官检验项目外，还应进行理化指标的测定，对肉的鲜度判定以量的形式表示出来。实验室常测定的项目有pH的测定、粗氨的测定、H_2S的测定、球蛋白质沉淀试验、过氧化酶测定和总挥发性盐基氮（TVBN）的测定。

（1）采样：

对于肉新鲜度测定的采样方法及部位：从肉尸的这些部位采取样品量200g左右。从第四、五颈椎相对部位的颈部肌肉采样。（因为在屠宰加工过程中，颈部易受污染；且颈部肌肉组织的肉层薄并为多层肌肉，细菌易沿肌层结缔组织间隙向深层深入，较易腐败）。肩部肌肉从肩胛附近表层采取。臀部深层肌肉代表深层肌肉状态。如果被检肉不是整个肉尸而是一部分，则在感官上有变化的部位或可疑部位采样。

（2）pH的测定：

测定肉品的pH可以作为判断肉品新鲜度的参考指标之一。由于牲畜生前肌肉的pH为7.1～7.2，屠宰后由于肌肉中肌糖原酵解，产生了大量乳酸；三磷酸腺苷（ATP）亦分解出磷酸。乳酸和磷酸聚集的结果，使肉的pH下降。所以一般来说，新鲜肉的pH一般在5.8～6.4范围之内。肉腐败时，由于蛋白质在细菌、酶的作用下，被分解为氨和胺类化合物等碱性物质，因此肉的pH遂之升高。由此可见，肉的pH可以表示肉的新鲜度。

肉中pH虽然可以表示肉的新鲜度，但不能作为判定肉品新鲜度的绝对指标，因为能影响pH的因素很多，如牲畜宰前过度疲劳，虚弱或患病，由于生前能量消耗过大，肌肉中所贮存的糖原减少；所以宰后肌肉中的乳酸量也较低，此种肉的pH显得较高，而且采样部位不同，差异又非常显著，故不宜作为生产上检验肉品新鲜度的依据。

目前测定肉中 pH 的方法有 pH 试纸法、比色法和酸度计法，其中以酸度计法较为准确，操作简便。一级鲜度(新鲜肉)的 pH 为 5.8～6.2；二级鲜度的 pH 为 6.3～6.6；而变质肉的 pH 在 6.7 以上。

(3) 粗氨的测定(纳氏试剂法)：

肉类腐败时，蛋白质分解生成氨和铵盐等物质，称为粗氨。肉中的粗氨随着腐败程度的加深而相应增多。因此肉中氨和铵盐含量的多少也是衡量肉品新鲜度的一项指标。因为动物机体在正常状态下含有少量氨，并以谷氨酰胺的形式贮积于组织中，谷氨酰胺的含量直接影响测定结果；另外，疲劳牲畜的肌肉中氨的含量可能比正常时增大一倍。所以不能把氨测定的阳性结果作为肉类腐败的绝对标志。

在碱性溶液中氨和铵离子能与纳氏试剂作用生成黄棕色的碘化二亚汞氨沉淀，可根据沉淀生成的多少来测定样品中氨的大约含量。纳氏试剂是测定氨的专用试剂。

$$2K_2HgI_4 + 3KOH + NH_3 \longrightarrow [O \overset{Hg}{\underset{Hg}{\diagup\diagdown}} NH_2]I\downarrow + 7KI + 2H_2O$$

$$2K_2HgI_4 + 4KOH + NH_4^+ \longrightarrow [O \overset{Hg}{\underset{Hg}{\diagup\diagdown}} NH_2]I\downarrow + 7KI + 3H_2O + K^+$$

(4) 硫化氢的测定：

在组成肉类的氨基酸中，有一些含硫氢基(－SH)的氨基酸，在肉腐败分解的过程中，它们在细菌产生的脱巯基酶作用下分解放出 H_2S。H_2S 是肉品变质过程中产生腐臭味的因子之一，因而 H_2S 的检验也是判定肉品新鲜度的一项指标。

在完全新鲜的肉里(特别是猪肉)也时常发现含有硫化氢。由于动物生前肝脏在正常情况下，含有脱巯基酶，使半胱氨酸中的巯基裂解生成硫化氢，并通过血液循环到达肌肉中，但一般情况下，含量甚微。这种检测方法难以检出。而在腐败肉里因受含巯基氨基酸的限制，并不始终都含硫化氢。因此，当肉发生腐败时，仅用一种检查方法往往不能得出正确的结论，必须运用不同的检查方法进行综合判定。

肉中硫化氢的测定采用乙酸铅试纸法。根据乙酸铅与硫化氢发生显色反应，生成黑色的硫化铅的性质，来鉴定 H_2S 的存在，从而判定肉品的质量。

$$(CH_3COO)_2Pb + 4NaOH \longrightarrow Na_2PbO_2 + 2CH_3COONa + 2H_2O$$
$$Na_2PbO_2 + H_2S \longrightarrow PbS\downarrow + 2NaOH$$

(5)球蛋白沉淀试验：

肌肉中的球蛋白在碱性环境中呈可溶解状态，而在酸性条件下不溶解。新鲜肉呈酸性反应，因此肉浸液中无球蛋白存在。而腐败肉，由于大量有机碱的生成呈碱性，其肉浸液中溶解有球蛋白，腐败越重，溶液中球蛋白的含量就越多，因此可根据肉浸液中有无球蛋白和球蛋白的多少来检验肉品的质量。与 pH 一样，宰前患病或过度疲劳的牲畜肉呈碱性反应，可使球蛋白试验呈阳性结果。

根据蛋白质在碱性溶液中能与重金属离子结合形成蛋白盐而沉淀的特性，用重金属离子使其沉淀。根据沉淀的有无和沉淀的数量判定肉的新鲜度。

(6)过氧化物酶的测定：

正常动物的机体中含有一种过氧化物酶，有过氧化氢存在时，可以使过氧化氢发生反应而放出氧气，并且这种过氧化物酶只在健康牲畜的新鲜肉中才经常存在。

当肉处于腐败状态时，尤其是当牲畜宰前因某种疾病使机体机能发生高度障碍而死亡或被迫施行急宰时，肉中过氧化物酶的含量减少，甚至全无。因此，对肉中过氧化物酶的测定，不仅可以测知肉品的新鲜程度，而且能推知屠畜宰前的健康状况。

根据过氧化物酶能从过氧化氢中裂解出氧的特性，在肉浸液中加入过氧化氢和容易被氧化的指示剂后，肉浸液中的过氧化物酶从过氧化氢中裂解出氧，将指示剂氧化而变色。一般多用联苯胺作指示剂，联苯胺被氧化为淡蓝绿色的二酰亚胺代对苯醌化合物，根据显色时间判定肉品新鲜程度。此化合物经过一定时间后变成褐色，所以判定时间要掌握好，不可超过 3min。结果判断标准见表 11 - 1 - 2。

表 11 - 1 - 2　过氧化物酶试验结果判定标准

	呈色反应时间	结果	说明
健康并新鲜肉	30 ~ 90s 呈蓝绿色（以后变为褐色）	阳性（+）	有过氧化物酶存在
新鲜度可疑肉	2 ~ 3min 后出现淡青棕色，或完全无变化	阴性（-）	没有过氧化物酶（这种肉如感官上无变化，而 pH 又在 6.5 ~ 6.6，说明肉来自病畜，或过劳和衰弱的牲畜。）

$$H_2O_2 \xrightarrow{\text{过氧化物酶}} H_2O + [O]$$

$$H_2N-\!\!\!\!\bigcirc\!\!\!\!-\!\!\!\!\bigcirc\!\!\!\!-NH_2 \xrightarrow[{[O]}]{-H_2O} HN=\!\!\!\!\bigcirc\!\!\!\!-\!\!\!\!\bigcirc\!\!\!\!=NH$$
（蓝绿色）

（7）挥发性盐基氮的测定：

挥发性盐基氮（简称 VBN）也称挥发性碱性总氮（简称 TVBN）。所谓 VBN 系指食品水浸液在碱性条件下能与水蒸气一起蒸馏出来的总氮量，即在此条件能形成 NH_3 的含氮物（含氨态氮、胺基态氮等）的总称。

肉品腐败过程中，蛋白质分解产生的氨（NH_3）和胺类（$R-NH_2$）等碱性含氮的有毒物质，如酪胺、组胺、尸胺、腐胺和色胺等，统称为肉毒胺。它们具有一定的毒性，可引起食物中毒。大多数的肉毒碱有很强的耐热性，需在 100℃ 加热 1.5h 才能破坏。肉毒胺可以与腐败过程中同时分解产生的有机酸结合，形成盐基态氮（$NH_4^+ \cdot R^-$）而积集在肉品中。因其具有挥发性，因此称为挥发性盐基氮。肉品中所含挥发性盐基氮的量，随着腐败的进行而增加，与腐败程度之间有明确的对应关系。因此，测定挥发性盐基氮的含量是衡量肉品新鲜度的重要指标之一。

挥发性盐基氮的测定方法常采用半微量定氮法。根据蛋白质在腐败过程中，分解产生的氨和胺类物质具有挥发性，可在弱碱剂氧化镁的作用下游离并蒸馏出来，被硼酸溶液吸收，用标准的酸进行滴定，计算含量。

注意事项：半微量蒸馏器使用前用蒸馏水并通入水蒸汽对其内室充分洗涤 2 ~ 3 次，空白试验需稳定后才能开始试验。操作结束后，用稀硫酸并通入水蒸气对其内室残留物洗涤，然后用蒸馏水同样洗涤。

还可以采用微量扩散法测定挥发性盐基氮。挥发性含氮物质可在碱性溶液中释出，利用弱碱剂饱和碳酸钾溶液使含氮物质在 37℃ 游离扩散，并在密闭条件下被硼酸溶液吸收，然后用标准酸滴定，计算求得含量。在扩散皿（见图 11 - 1 - 1）的边缘涂上水溶性胶，在皿中央内室加硼酸吸收液及混合指示剂。在外室一侧加入样品滤液，另一侧加饱和碳酸钾溶液，

图 11 – 1 – 1　微量扩散皿

立即盖好。密封后轻轻转动，使样品滤液与碱液混合，然后于37℃温箱内放置2h。用盐酸或硫酸标准溶液滴定，终点呈蓝紫色。同时做试剂空白试验。判定标准：新鲜肉≤15mg/100g。

注意事项：① 本法须先用标准液作回收试验，条件掌握稳定，回收率在95%左右后，方可开始检样测定。用不同量标准氮(0.1mg 氮/mL)试验，所得的标准曲线应是直线。

② 加碳酸钾时，可在刻度管上加一橡皮头，轻轻压出，不可用口吹，以防溅入内室。

③ 扩散皿要求洁净、干燥、不带酸碱性，样品测定与空白试验均须作三份平行皿。

这种方法的特点是简单，其结果比半微量定氮法偏低一些，用于肉制品可获得满意结果。须掌握好测定条件。

以上介绍的肉新鲜度检验方法是生产实践中常用的。这些方法在评价肉的鲜度时，各个指标的应用价值也有一定的限制。肉类食品在腐败分解过程中，其代谢分解产物极其复杂。在腐败阶段，由于其自身性状和环境因素不同，分解产物的种类和数量也不尽相同。多年来许多人在探索食肉腐败变质理化指标方面，提出了许多实验方法。

普遍认为挥发性盐基氮(TVBN)能比较有规律地反映肉品鲜度变化，并与感官变化一致，是评定肉品新鲜度变化的客观指标。而其它几项指标，只能作为参考指标。

综上所述，肉品鲜度的判断必须多项指标综合评价，不能单靠某一项指标对食品作出处理意见，以防出现偏差。同时要提高测定的准确度和自动化水平，减少人为的测定误差。

肉品的检验，除了新鲜度的检验外，还要做汞的测定。

五、肉制品的卫生检验

肉品成分分析的主要项目有：① 水分含量的测定；② 灰分的测定；③ 蛋白质的测定；④ 脂肪含量的测定；⑤ 糖类的测定；⑥ 亚硝酸盐含量的测定。

第二节　动物性油脂的理化检验

油脂按照用途分为食用油脂和工业用油脂。按照来源可分为：动物性油脂和植物性油脂。油脂通常指生物体内取得的脂肪，经化学加工制成的某些脂肪酸的甘油酯叫做合成油脂。

油脂是一种极为复杂的有机化合物。食用油脂主要是由多种脂肪酸组成的甘油三酯，并包含其它多种组分的混合物。这些组分包括游离脂肪酸、磷脂、甾醇、脂溶性维生素、氧化产物、金属、水分等。经过精炼的油脂，上述附加组分显著减少。

(1) 磷脂：粗制植物油中天然存在的磷脂即卵磷脂。它具有中度的抗氧化性，价格不高，并易与脂肪混合。炼制油脂里如含有0.075%的卵磷脂，可取得很好的稳定效果。但是卵磷脂存在，煎熬时，使油变黑，产生沉淀物。

(2) 甾醇：对食用及保管均无影响。

(3) 蜡：蜡在油脂中含量很少，对人体无害。

(4) 酚类化合物：可以延长油脂保管期限，但某些酚类化合物对人体有害。如棉油中的

284

棉酚。

（5）黏蛋白：会使油脂混浊，颜色变暗及微生物繁殖，但这种物质对食用没有影响。

（6）维生素：对人体有益，脂肪中含有脂溶性维生素，即维生素 A、D、E、K 等。

（7）色素：色素对食用无影响，但能够降低油脂的等级。

（8）游离酸：纯净的油脂不含游离酸。游离酸会使油脂的酸度增高，降低油脂的品质。

（9）胆固醇：动物油脂中的胆固醇多以游离状态存在，每百克油脂中约含 29～126mg，少部分与脂肪酸形成类脂。胆固醇的存在是动物油脂区别于植物油脂的主要标志。胆固醇是形成维生素 D 的原料。近年来发现胆固醇与动脉硬化症有直接关系。

一、油脂的作用

供给必需脂肪酸。供给脂溶性维生素，并作为脂溶性维生素的吸收媒介。油脂在体内还能调节水分蒸发、保护内脏、保温、节约蛋白质消耗及部分代替维生素 B 的作用等。赋予食物特有的风味，增进人们的食欲。

二、油脂的检验

油脂长期存放时易发生一系列的氧化作用和其它化学变化而变质。变质的结果不仅使油脂的酸价增高，而且由于氧化产物的积聚而呈现出色泽、口味、硬度以及其它一些变化，从而导致油脂的营养价值降低。因此，对油脂进行卫生检验以保证食用安全是十分必要的。

油脂检验——感官检验（色泽、透明度、异味）、理化检验（水分、过氧化值 POV、酸价 AV、硫代巴比妥酸值、碘值）甘油三酯为主，包含其他多种组分的混合物，多因生产工艺、储运等原因产生一系列卫生问题。

1. 水分

水分是脂肪水解的根源，水分越多油脂越易水解和变质，决定油品的优劣。测定方法采用直接干燥法。

2. 过氧化值

油脂中不饱和脂肪酸被氧化所形成的过氧化物含量称为过氧化值。一般以 1kg 待测油脂使碘化钾析出碘的毫克当量数表示，或以 100g 油脂能使碘化钾析出碘的克数表示。

过氧化值反映了油脂氧化酸败的程度。油脂在败坏的过程中，不饱和脂肪酸被氧化，形成活性很强的过氧化物，进而聚合或分解，产生醛、酮和低分子量的有机酸类。过氧化物是油脂酸败的中间产物。因此常以过氧化物在油脂中的产生，作为油脂开始败坏的标志。油脂中过氧化物含量的多少与酸败的程度成正比。过氧化值和油脂新鲜程度密切相关。因此，过氧化值的测定是判断油脂酸败程度的一项重要指标。过氧化值随油脂的酸败而增加这一趋势是有一定极限的，超过这一极限反而下降。严重败坏的油脂中过氧化值反而较低。其原因是当油脂严重酸败时，过氧化物分解的速度大于它产生的速度。

油脂氧化过程中产生的过氧化物，与碘化钾作用，生成游离碘，以硫代硫酸钠溶液滴定，计算含量。化学反应式：

$$CH_3COOH + KI \longrightarrow CH_3COOK + HI$$

$$2HI + R_1-CH-CH-R_2 \longrightarrow R_1-CH-CH-R_2 + I_2 + H_2O$$
$$\quad\quad\quad\; O-O \quad\quad\quad\quad\quad\quad O$$

$$I_2 + 2Na_2S_2O_3 \longrightarrow 2NaI + Na_2S_4O_6$$

碘与硫代硫酸钠的反应必须在中性或弱酸性溶液中进行，因为在碱性溶液中将发生副反应，在强酸性溶液中，硫代硫酸钠会发生分解，且 I^- 在强酸性溶液中易被空气中的氧所氧化。碘易挥发，故滴定时溶液的温度不能高，滴定时不要剧烈摇动溶液。为防止碘被空气氧化，应放在暗处，避免阳光照射，析出 I_2 后，应立即用 $Na_2S_2O_3$ 溶液滴定，滴定速度应适当快些。淀粉指示剂应是新配制的。最好在接近终点时加入，即在硫代硫酸钠标准溶液滴定碘至浅黄色时再加入淀粉。否则碘和淀粉吸附太牢，到终点时颜色不易退去，致使终点出现过迟，引起误差。硫代硫酸钠应装于棕色滴定管中。三氯甲烷不得含有光气等氧化物，否则应进行处理。

3. 酸价

中和 1g 油脂中游离脂肪酸所需要 KOH 的毫克数。酸价是脂肪中游离脂肪酸含量的标志，脂肪在长期保藏过程中，由于微生物、酶和热的作用发生缓慢水解，产生游离脂肪酸。而脂肪的质量与其中游离脂肪酸的含量有关。一般常用酸价作为衡量标准之一。在脂肪生产的条件下，酸价可作为水解程度的指标，在其保藏的条件下，则可作为酸败的指标。酸价越小，说明油脂质量越好，新鲜度和精炼程度越好。

加入乙醇可以使碱和游离脂肪酸的反应在均匀状态下进行，以防止反应生成的脂肪酸钾盐离解。用氢氧化钾－乙醇溶液滴定，终点更为清晰。滴定所用氢氧化钾溶液的量应为乙醇量的 1/5，以免皂化水解，如过量则有混浊沉淀，造成结果偏低。

4. 羰基价

油脂酸败时产生含有醛基和酮基的化合物，其总量称为羰基价。通常以 1kg 油脂中羰基的毫克当量数表示。油脂氧化所生成的过氧化物，进一步分解为含羰基的化合物，这些二次分解产物的量以羰基价表示。羰基价的大小则代表油脂酸败的程度。油脂和含油脂食品的羰基价受存放、加工条件的影响甚大，随加热时间的延长而增加，是油脂氧化酸败的灵敏指标。

羰基化合物和 2，4－二硝基苯肼的反应物，在碱性溶液中形成褐红色或酒红色，在440nm 下，测定吸光度，计算羰基价。

注意事项：①精制乙醇的目的是因为乙醇中往往混有醇类的氧化产物（如醛类等），对本试验有干扰，利用氢的强还原性，可以除去羰基化合物。在回流时，还有氢气不断从溶液中逸出。②苯中若含有干扰物质时，可用浓硫酸洗涤苯，然后蒸馏收集；也可 1 升苯加入2，4－二硝基苯肼5g，三氯乙酸1g，回流60min 后，蒸馏、收集。③2，4－二硝基苯肼较难溶于苯，配制时应充分搅动。必要时过滤使溶液中无固形物。④三氯乙酸的苯溶液是反应的酸性介质，对生成腙的反应有催化作用。⑤氢氧化钾乙醇溶液极易变褐，并且新配制的溶液往往混浊。本试验要求试液清彻透明无色，一般是配制后过夜，使用时取上清液，也可用玻璃纤维滤膜过滤。

5. 硫代巴比妥酸值

简称 TBA 值，油脂（含动物油、植物油）被氧化（自动氧化和热氧化），这项指标是用于测定油氧化的最终产物，当油脂变质到有哈喇味时，一般认为这种油是坏了，可以用硫代巴比妥酸值的测定方法检验，它是一项灵敏性指标。

油脂中主要成分是油酸、亚油酸和亚麻酸的甘油三酸酯，最终产物是丙二醛（CHO－CH_2－CHO），它同硫代巴比妥酸反应生成红色缩合物，但受光等影响常会产生黄色。反应方程式如下：

$$\xrightarrow[-SH_2O]{HCl}$$

为了达到吸收更大的效果必须选择最大吸收波长，书中显示最大吸收波长是532nm，而著者经过多次测定最大吸收波长为480nm。本实验是着色反应，不论油是自氧化还是热氧化，油氧化的饱和醛或不饱和醛与硫代巴比妥酸作用产生一种颜色，随着油质的好坏其反应的颜色有浅有深。

6. 油脂碘值

油脂碘值指100g油脂起加成反应时所需碘的克数。标志油脂的质量和纯度。其测定时利用油脂中的不饱和脂肪酸在氯仿溶液中与过量的IBr(或ICl)起加成反应。剩余的IBr与过量的KI作用析出游离的I_2，再用$Na_2S_2O_3$标液滴定I_2，计算碘值。碘值越高，不饱和脂肪酸含量越高，对于一个油脂产品，其碘值是在一定范围内的，油脂工业中生产的油酸是橡胶合成工业的原料，亚油酸是医药上治疗高血压药物的重要原料，他们都是不饱和脂肪酸，而硬脂酸是饱和脂肪酸，如产品中掺入一些其他的脂肪酸杂质，其碘值会发生变化，因此碘值可以表示产品的纯度，还可推算出油、脂的定量组成，在生产中可以判断产品分离去杂的程度等。

第三节　乳和乳制品的理化检验

各类食品中，乳类是营养比较丰富的食品，其消化率、吸收率较高，其中蛋白质、脂肪、糖类、无机盐、维生素等营养物质的配合十分适当，能充分保证初生婴儿的生长发育。乳的蛋白质属于完全蛋白质。人类主要饮用牛乳，其次是羊乳，还有马乳、水牛乳等。为了延长存放时间和便于运输贮存，常把牛乳加工成乳粉、炼乳和酸乳等乳制品。

一些有害化学物质，经牛乳排出。一些对人体有害的化学物质可通过饲料进入乳牛体内。如黄曲霉毒素M1、农药等。因此，必须对乳与乳制品进行卫生检验，以保证食用安全。

一、乳卫生的理化检验

牛乳为胶体溶液。其中乳糖和一部分可溶性盐类可形成真正的溶液；而蛋白质则与不溶性盐类形成胶体悬浮液。脂肪则形成乳浊液状态的胶体性液体。水分作为分散介质，构成一种均匀稳定的悬浮状态和乳浊状态的胶体溶液。

新鲜牛乳是一种乳白色或稍带黄色的不透明液体。这是乳的成分对光的反射和折射。稍微黄色是乳中含有核黄素、乳黄素和胡萝卜素。奶油的黄色则与季节、饲料以及牛的品种有较大的关系。正常的鲜乳具有特殊香味，尤其是加热之后香味更浓厚度。由于乳中含有挥发性脂肪酸和其他挥发性物质。乳的气味受外界因素影响较大，应注意环境卫生。新鲜纯净的乳稍有甜味。

正常乳的 pH 为 6.5～6.7，酸度为 16～18°T。滴定酸度°T：指滴定 100mL 牛乳所消耗 0.1mol/L NaOH 的毫升数。新鲜牛乳的酸度常为 16～18°T。正常乳的相对密度≥1.028。乳中的非脂干物质相对密度比水大，所以乳中的非脂类干物质愈多，相对密度愈大。初乳的相对密度为 1.038。乳中加水时相对密度降低。乳的冰点平均为 -0.56℃。牛乳中每加入 1% 的水，冰点约上升 0.00054℃。乳的沸点在常压下为 100.17℃，随着其中干物质含量的增多而升高，当乳浓缩一倍时，沸点即上升 0.5℃。生乳的理化指标见表 11-3-1。

表 11-3-1　生乳的理化指标

项　　目		指　　标	检验方法
冰点[1],[2]/℃		-0.500～-0.560	GB 5413.38
相对密度(20℃/4℃)	≥	1.027	GB 5413.33
蛋白质/(g/100g)	≥	2.8	GB 5009.5
脂肪/(g/100g)	≥	3.1	GB 5413.3
杂质度/(mg/kg)	≤	4.0	GB 5413.30
非脂乳固体/(g/100g)	≥	8.1	GB 5413.39
酸度/°T 牛乳[2] 羊乳		12～18 6～13	GB 5413.34

① 挤出 3h 后检测。
② 仅适用于荷斯坦奶牛。

新鲜的生乳采用的保存方法有：①重铬酸钾法即每 100mL 乳加 10% $K_2Cr_2O_7$ 或 10% $Na_2Cr_2O_7$ 溶液 1.0mL 或 0.1g 粉末，可保存 10 天。②甲醛法即每 100mL 乳加 1～2 滴 37%～40% 甲醛，可保存 10～15 天。③H_2O_2 保存法：每 100mL 乳加 30%～33% H_2O_2 2～3 滴。可保存 6～7 天。④升汞保存法每 100mL 乳加 0.2g $HgCl_2$。加防腐剂的保存方法不适于与微生物检验有关的样品，同时应注意防腐剂的选择，以免对测定结果有影响。

乳卫生的理化检验一般有：相对密度、脂肪、非脂固体、酸度、消毒效果试验(磷酸酶测定)、掺碱的检验、异常乳的检验、牛乳掺假检验等。相对密度和脂肪的测定见相关章节。

乳中总固体和非脂固体的测定，将牛乳加热除去水分所得的干物质即总固体。由总固体含量减去乳脂含量即乳中非脂固体的含量。

乳酸度的测定可以判定乳品新鲜度，新鲜正常的牛乳酸度在 16～18°T 之间，乳的酸度由于微生物的作用而增高。乳的酸度(°T)度数是以酚酞作指示剂中和 100mL 乳所需 0.1000mol/L NaOH 标准溶液的毫升数，测定时要用水稀释，目的是为了观察和判定终点。终点的颜色可用标准颜色判定。取同批乳 10mL，置于锥形瓶中，加 20mL 水及 3 滴 0.005% 碱性品红，摇匀后作为终点判定的标准颜色。鲜乳及消毒乳的酸度有一个正常范围，如果超过了这个范围就说明乳的质量不符合要求，这个正常酸度范围的上下限就是临界酸度或界限酸度。界限酸度的测定常采用定量碱液法和酒精凝固试验法。

酒精凝固试验：用 68%、70%、72%、75% 的乙醇(中性)与等量的牛乳混合(一般用 1～2mL 等量混合)，振摇后不出现絮片的牛乳符合表 11-3-1 酸度标准，出现絮片的牛乳为酒精试验阳性乳，表示其酸度较高。

过氧化物酶的测定(淀粉碘化钾法),生乳中含有各种酶,这些酶可在不同的温度下被破坏,其中过氧化物酶在超过 80℃ 的温度下,短时间加热即可破坏。因此,测定过氧化物酶,可判定乳的加热程度,称为乳的过热试验。乳中有过氧化物酶存在时,过氧化物酶能分解过氧化氢放出新生态的氧而氧化碘化钾,产生碘,碘与淀粉呈蓝色。检样加入试剂后 1min 以上或更长的时间变色时,不能认为乳内有过氧化物酶。因为过氧化氢不受过氧化物酶作用也能逐渐分解,致使煮过的乳出现浅灰蓝色。

氯糖数的测定(硝酸银滴定法),硝酸银与氯化物作用生成氯化银沉淀,当多余的硝酸银存在时,则与铬酸钾指示剂生成红色铬酸银沉淀。

乳的掺假的检验,人为地改变乳的化学成分或其比例,称为乳的掺假,乳中掺假有下列几种方式:掺水,取出乳中脂肪,取出脂肪同时加水、加入淀粉、电解质类、非电解质类、防腐剂类、杂质。向乳中添加廉价或没有营养价值的物品或从乳中抽去了有营养价值的物质,或替换一些质量低劣的物质或杂质。如为了使乳浓稠加入淀粉、豆浆等。上述物质,对天然乳来说都是异物,把这些物质加入出售的乳中,在法律上是不允许的。因为这样不仅破坏了乳的质量,而且损害了消费者的利益,危害了人们的健康。所以,食品检验人员,必须通晓乳中掺假检验的方法。

二、乳粉卫生的理化检验

乳粉系指将鲜乳经加热脱水后制成的乳品。乳粉的种类很多,根据其脂肪是否被提取出来可分为脱脂乳粉与全脂乳粉;根据其中是否添加蔗糖分为加糖乳粉和非加糖乳粉。

乳粉能长期保存,主要是由于其中水分很低,所以乳粉中存在的微生物不仅不能繁殖,而且还会死亡;乳粉中保存有鲜乳的营养成分,冲调容易,食用方便;同时还减轻了重量,便于运输。

乳粉在其原料乳的生产及加工过程中混入的外界污染物称为杂质,污染的程度,称为杂质度。乳粉的溶解度系指乳粉经合理冲调后,复原成鲜乳状态的程度以百分数表示。样品溶解于水后,称取不溶物的质量,计算溶解度。

乳粉的理化指标和理化检验主要有水分的测定,酸度的测定,乳糖及蔗糖的测定,杂质度的检验,脂肪的测定,溶解度的测定,有害元素铅、铜、锡、汞的测定,六六六、DDT 及黄曲霉毒素 M1 的测定等等。乳粉的理化指标见表 11 – 3 – 2。

表 11 – 3 – 2 乳粉的理化指标

项　　目		指　　标		检验方法
		乳粉	调制乳粉	
蛋白质/%	≥	非脂乳固体①的 34%	16.5	GB 5009.5
脂肪②/%	≥	26.0	—	GB 5413.3
杂质度/(mg/kg)	≤	16	—	GB 5413.30
水分/%	≥	5.0		GB 5009.3
复原乳酸度/°T 　牛乳②　　　　≤ 　羊乳		18 7 ~ 14		GB 5413.34

① 非脂乳固体(%) = 100% – 脂(%) – 水分(%)。

② 仅适用于全脂乳粉。

三、发酵乳卫生的理化检验

发酵乳系指新鲜全脂牛乳或复原乳，经有效消毒，加入乳酸发酵剂制成的产品。乳酸发酵剂为乳酸链球菌和保加利亚乳酸杆菌的纯培养物。这些微生物的作用是分解乳糖，生成乳酸，使其具有清香纯净的乳酸味。酸乳能阻止肠内有害微生物的活动，有增进身体健康的作用；能促进食欲，增加肠的蠕动和机体物质代谢；降低血清中胆固醇；缓解乳糖不适应症。以 80% 以上生牛（羊）乳或乳粉为原料，添加其它原料，经杀菌、发酵后 pH 值降低，发酵前或后添加或不添加食品添加剂、营养强化剂、果蔬、谷物等制成的产品成为风味发酵乳。以 80% 以上生牛（羊）乳或乳粉为原料，添加其他原料，经杀菌、接种嗜热链球菌和保加利亚乳杆菌（德氏乳杆菌保加利亚亚种）发酵前或后添加或不添加食品添加剂、营养强化剂、果蔬、谷物等制成的产品称为风味酸乳。

发酵乳的检验指标主要有：脂肪、酸度、六六六、DDT 和汞等。另外还有奶油、硬质干酪、炼乳等的检验。发酵乳的理化指标见表 11-3-3。

表 11-3-3　发酵乳的理化指标

项　目		指　标		检验方法
		发酵乳	风味发酵乳	
蛋白质/（g/100g）	≥	2.9	2.3	GB 5009.5
脂肪[①]/（g/100g）	≥	3.1	2.5	GB 5413.3
非脂乳固体/（g/100g）	≥	8.1	—	GB 5413.39
酸度/°T		70.0		GB 5413.34

① 仅适用于全脂产品。

第四节　水产品的理化检验

水产品含有丰富的蛋白质、脂肪、矿物质和维生素等，营养价值较高，是人类摄取动物蛋白的重要来源，人类使用动物蛋白有 20% 来自水产动物。水产品卫生标准的分析方法主要问题有腐败变质、挥发性盐基氮、组胺、天然毒素等。我国制定了水产品的卫生管理办法、卫生标准及其分析方法，表 11-4-1 列出水产品的部分理化指标。

表 11-4-1　鲜、冻动物性水产品部分理化指标

项　目	指　标	项　目	指　标
组胺[①]/（mg/100g） 　鲐鱼 　其他鱼类	 ≤100 ≤30	甲基汞/（mg/kg） 食肉鱼（鲨鱼、旗鱼、金枪鱼、梭子鱼） 其他动物性水产品	 ≤1.0 ≤0.5
无机砷（以 As 计）/（mg/kg） 　鱼类 　其他动物性水产品	 ≤0.1 ≤0.5		

① 不适用于活的水产品

一、挥发性盐基氮的测定(TVBN)

指动物性食品中由于酶和细菌的作用，在腐败过程中，使蛋白质分解而产生氨以及胺类等碱性含氮物质。此类物质呈碱性，具有挥发性，成为总的挥发性盐基氮。淡水鱼主要是氨、海水鱼主要是氨和低级胺。挥发性盐基氮作为鲜度的指标研究很多，因其含量增加和鲜度感官检验结果符合。测定方法与动物性食品 TVBN 相同。

二、三甲胺的测定

氧化三甲胺广泛分布于海产硬骨鱼类的肌肉中，在体内分布不均匀，鳍、头、尾含量特高。氧化三甲胺作为动物体内重要的无毒中间代谢物，是一种蛋白质稳定剂和有机渗透剂。氧化三甲胺是鱼鲜美味道的主要来源，极不稳定，鱼死后，在腐败细菌尤其好是厌氧菌的作用，很容易还原成三甲胺。随着鱼的新鲜程度的不断降低，鱼体内的三甲胺不断增加，鱼的腥味不断变浓，所以可以把三甲胺的测定值作为鱼类腐败情况的参数。

将三甲胺抽提于无水甲苯中，与苦味酸作用，形成黄色的苦味酸三甲胺盐，于 410nm 处有最大吸收，然后与标准管比色，即可测定检样中三甲胺氮含量。

苦味酸三甲胺 黄色

三、水产品中组胺的测定

组胺是一种过敏性毒物，对组胺过敏的人，吃了一口含组胺的鱼就可能引起反应。中毒症状脸红、头晕、头痛、口肉麻木、眼部充血、心跳加快、胸闷呼吸急促等。人体中毒约 1.5mg/kg，发病时间快。在青皮红肉鱼中，所含组胺酸在弱酸性条件下经细菌的作用后，脱羧产生组胺。

测定组胺的方法是重氮盐比色法，生成的有色物质在 480nm 处分析检测。

四、河豚毒素的检测

河豚毒素(tetrodotoxin，TTX)主要存在于河豚鱼类体内，是一种能麻痹神经的剧毒物质。人们原先认为 TTX 是河豚鱼本身的代谢产物或基因产物，但逐渐发现许多其它海生、河生动物如某些蟾蜍、蝾螈、蓝环章鱼等也含有此种毒素，TTX 由细菌产生，中经食物链作用传递到动物体内。TTX 在生物体内一般以微量形式存在，近年来，生物工程技术在海洋生物毒素研究上的应用为获取和制备生物毒素提供了一个简洁可行的途径，某些实验室已用海洋细菌生产出 TTX。TTX 是一种氨基全氢化喹唑啉化合物，分子式为 $C_{11}H_{17}N_3O_8$，结构式如下图，相对分子质量为 319.28，其为无臭、易潮解的白色针状结晶。TTX 易溶于水，部分溶于乙醇和冰醋酸，难溶于脂类溶剂。

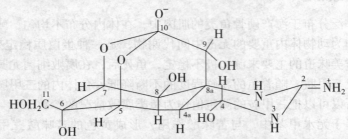

随着渔业的发展，河豚鱼中毒事件的屡次出现，以及当前可能被恐怖分子利用的潜在威胁，使 TTX 的检测越来越为人们所重视，并具有重要的现实意义，检测方法可分为生物测定法、理化分析法和免疫化学法、生物测定法、高效液相色谱紫外检测法（HPLC - UV）、高效液相色谱荧光检测法（HPLC - FLD）、高效毛细管电泳法（HPCE）、液质联用、气质联用等方法。生物法有酶联免疫（ELISA）法和小鼠法等。

五、水产品中甲基汞的检测

甲基汞是一种具有神经毒性的环境污染物，主要侵犯中枢神经系统，可造成语言和记忆能力障碍等。其损害的主要部位是大脑的枕叶和小脑，其神经毒性可能与扰乱谷氨酸的重摄取和致使神经细胞基因表达异常。

样品加氯化钠研磨后，加入铜盐置换出与样品组织结合的甲基汞，用盐酸（1 + 11）完全萃取后，经离心或过滤，将上清液调试至 pH3.0 ～ 3.5，过巯基棉柱，此时无机汞和有机汞均被截留在巯基棉上，用 pH3.0 ～ 3.5 的水洗去杂质，然后用盐酸（1 + 5）选择性洗脱甲基汞，最后以苯萃取甲基汞，用带电子捕获检测器的气相色谱仪分析。

样品中加入等量氯化钠，既有助于研磨，又可盐析样品中的蛋白质，此外还能提供足够的氯离子，使甲基汞稳定。巯基棉的制备是利用棉花上的羟基与硫代乙醇酸缩合得带上巯基；巯基在特定条件下能与多种金属及其化合物结合，广泛用于金属及其化合物的分离、净化和富集。巯基棉对汞的吸收受 pH 值影响很大，在 pH3.0 ～ 3.5 时吸附率最大。

六、水产品中孔雀石绿和结晶紫残留量的测定

孔雀石绿（MG）和结晶紫（CV）为三苯甲烷类染料，因价格低廉、使用方便，常用于鱼类水霉病等寄生虫病的防治或作为消毒剂用于鲜活鱼类运输过程中，以延长鱼类的存活时间。实验研究表明，孔雀石绿或结晶紫进入人或动物机体后，可以通过生物转化，还原代谢成脂溶性的无色孔雀石绿（LMG，也叫隐性孔雀石绿）或无色结晶紫（LCV，也叫隐性结晶紫）。LMG、LCV 具有高毒性. 高残留和致癌、致突变等副作用，严重威胁着消费者的身体健康。

孔雀石绿和结晶紫具有高毒素、高残留和致癌、致畸、致突变等特点，当其进入生物体内，就会产生具有更强危害的隐性孔雀石绿和隐性结晶紫。鉴于孔雀石绿和结晶紫的危害性，包括我国在内的许多国家都将它们列为水产养殖中的禁用药物。其测定方法为：残留物用乙腈－乙酸铵缓冲溶液提取，用色质联用检测，还可以使用试剂盒检测。

第五节　调味品的理化检验

调味品是我们每个人，每天生活中必不可少的东西，只要吃饭，就肯定会用到调味品，肯定会吃到调味品。不知道大家是否了解，其实每天我们所吃的这些调味品有很大一部分对身体是非常有害的。

一、酱油类

酱油主要分为酿造酱油，配制酱油两类，当然还有化学酱油，基本上市场很少有销售的。酿造酱油是以大豆、小麦等粮食为原料，经微生物天然发酵制成的；配制酱油，在业内也叫勾对酱油，是以酿造酱油和一些食品添加剂等副料配制而成的。

酱油的标准取决于氨基酸酰氮含量的高低，总氮以及可溶性无盐固形物的含量，一般为特级、一级、二级、三级。目前酱油的生产方式都为低盐固态工艺流程。

具有正常酱油的色泽、气味和滋味，无不良气味，不得有酸、苦、涩等异味和霉味，不混浊，五沉淀，无异物，五霉花浮膜。酱油卫生标准的检验一般有相对密度、氨基酸态氮、食盐、总酸、砷、铅等的指标的检验。其部分理化指标见表 11 - 5 - 1。

表 11 - 5 - 1　酱油卫生标准的部分理化指标

项　目	指标	项　目	指标
总酸[①]（以乳酸计）/（mg/100g）	≤2.5	黄曲霉毒素 B_1/（μg/L）	≤5
总砷（以 As 计）/（mg/L）	≤0.5	氨基酸态氮/（g/100mL）	≥0.4
铅（Pb）/（mg/L）	≤1		

①仅用于烹调酱油。

二、食醋类

食醋是以粮食、果实、酒类等含有淀粉、糖类、酒精的原料，经微生物酿造而成的一种液体酸性调味品。食醋依然分为酿造食醋和配制食醋。酿造食醋是以含有淀粉，糖类的物料或酒精，经微生物发酵酿制而成，含用 18 种氨基酸、糖类，有机酸，维生素及无机盐等营养成份；配制食醋是以酿造食醋与冰醋酸，食品添加剂等混合配制而成，营养成份很少。食醋的理化指标见表 11 - 5 - 2。

表 11 - 5 - 2　食醋卫生标准的部分理化指标

项　目	指标	项　目	指标
游离矿酸	不得检出	铅（Pb）/（mg/L）	≤1
总砷（以 As 计）/（mg/L）	≤0.5	黄曲霉毒素 B_1/（μg/L）	≤5

醋是用各种酵后产生的酸味调味剂，化学式：CH_3COOH，是弱电解质。酿醋主要使用大米或高粱为原料。适当的酵可使含碳水化合物（糖、淀粉）的液体转化成酒精和二氧化碳，酒精再受某种细菌的作用与空气中氧结合即生成醋酸和水。所以说，酿醋的过程就是使酒精进一步氧化成醋酸的过程。食醋的味酸而醇厚，液香而柔和，它是烹饪中一种必不可少的调味品，主要成分为乙酸、高级醇类等。现用食醋主要有"米醋"、"熏醋"、"特醋"、"糖醋"、"酒醋"、"白醋"等，根据产地品种的不同，食醋中所含醋酸的量也不同，一般大概在 5% ~8% 之间，食醋的酸味强度的高低主要是其中所含醋酸量的大小所决定。例如山西老陈醋的酸味较浓，而镇江香醋的酸味酸中带柔，酸而不烈。

食醋的主要成分是醋酸，还含有丰富的钙、氨基酸、琥珀酸、葡萄酸、苹果酸、乳酸、B 族维生素及盐类等对身体有益的营养成分。食醋卫生标准的分析指标主要有总酸、游离矿酸、铅、砷和黄曲霉毒素 B_1 等。

三、食糖类

食用食糖的主要是白糖、红糖和冰糖三种，这三种糖的主要成分都是蔗糖（甜菜制作而成的食糖其主要成份也是蔗糖）。

食糖的制作主要分为二大类，一是传统熬制工艺，二是现代工业化制作。传统熬制工艺只能用甘蔗做原料进行生产，将收割下来的甘蔗经过切碎碾压，压出来的汁液先去除泥土、细菌、纤维等杂质，接着以小火熬煮 5 ~6h，不断搅拌让水份慢慢的蒸发掉，使糖的浓度逐渐增高，高浓度的糖浆在冷却后会凝固成为固体块状的粗糖，也就是红糖砖。这种传统做法保持了甘蔗原本的营养，同时也使红糖带有一股类似焦糖的特殊风味。制作过程中熬煮的时间越久，红糖砖的颜色也越深，使红糖呈现出不同深浅的红褐色。红糖经过重新溶解、加热，并添加适当的骨炭吸附里面的杂质，然后冷却形成过饱和溶液，蔗糖分子重新进行结晶、析出，从而形成了白砂糖。白砂糖经加水后重新溶解，并添加适量蛋清，经加热、过滤、熬制、浓缩结晶 7 天、干燥后成为冰糖。

现代工艺则把甘蔗或甜菜压出汁，滤去杂质，再往滤液中加适量的石灰水，中和其中所含的酸（因为在酸性条件下蔗糖容易水解成葡萄糖和果糖），再过滤，除去沉淀，将滤液通入二氧化碳，使石灰水沉淀成碳酸钙，再重复过滤，所得到的滤液就是蔗糖的水溶液了．将蔗糖水放在真空器里减压蒸发、浓缩、冷却，就有红棕色略带黏性的结晶析出，得到原糖（按照中国的相关食品法规，由于原糖中含有较多的杂质，因而不能直接食用）。将原糖溶于水，加入亚硫酸盐（硫化法）或碳酸（碳化法），用于去除原糖中的杂质，并吸附水中的有色物质，再经过滤、加热、浓缩、冷却、结晶，一种白色晶体——白糖就出现了。

以上经过二个步骤生产成白砂糖的方式，称为二步法，是国际上最常用的蔗糖生产工艺。但这种工艺无法生产出红糖，因而国内食糖生产企业通常使用一步法生产，在生产过程中不产生原糖，而是把压榨出来的蔗汁经过亚硫酸法清净（或其他方法的清净）、预灰和加热工序、蔗汁的硫熏中和、蔗汁的沉降、蔗汁的过滤多道工序来进行处理，蔗汁经过清净处理后进行浓缩结晶后成为白砂糖。白砂糖经过溶解结晶后，可生成冰糖。根据生产工艺和产成品的不同，冰糖又分为单晶冰糖和多晶冰糖二种。单晶冰糖的生产方式是将白砂糖放入适量水加热溶解，过滤后输入结晶罐，使糖液达到饱和，投入晶种进行养晶，待晶粒养大后取出进行脱蜜及离心甩干，通过风干燥，过筛，分档后即成成品。多晶冰糖是将白砂糖放入适量水加热溶解，进行煮糖，达到一定浓度后输入结晶盆，在结晶室内养晶一周后，取出将母液控尽，去掉砂底敲碎干燥后，混档或分档为成品。

食糖的理化指标见表 11 – 5 – 3。

表 11 – 5 – 3　食糖卫生标准的主要理化指标

项　目	指　标	项　目	指　标
不溶于水杂质/(mg/kg)　原糖	≤350	二氧化硫(以 SO_2 计)/(mg/kg)　原糖　白砂糖　绵白糖　赤砂糖	≤20　≤30　≤15　≤70
总砷(以 As 计)/(mg/kg)	≤0.5		
铅(Pb)/(mg/kg)	≤0.5		

第六节　酒的理化检验

酒是含酒精饮料的统称，也是人们日常饮用的饮料之一。酒的化学成分是乙醇，一般含有微量的杂醇和酯类物质，食用白酒的浓度一般在 60 度(即 60%)以下(少数有 60 度以上)，白酒经分馏提纯至 75% 以上为医用酒精，提纯到 99.5% 以上为无水乙醇。酒是以粮食为原料经发酵酿造而成的。我国是最早酿酒的国家，早在 2000 年前就发明了酿酒技术，并不断改进和完善，现在已发展到能生产各种浓度、各种香型、各种含酒的饮料，并为工业、医疗卫生和科学试验制取出浓度为 95% 以上的医用酒精和 99.99% 的无水乙醇。酒的品种繁多，根据其生产工艺不同可分为发酵酒、蒸馏酒和配制酒三大类。酒的卫生问题至酒中的有害物质，常见的有甲醇，杂醇油，醛类，氰化物，铅，锰等。蒸馏酒及其配制酒的理化指标见表 11 – 6 – 1，发酵酒的理化指标见表 11 – 6 – 2。

表 11 – 6 – 1　蒸馏酒及其配制酒的理化指标

项　目	指　标		检验方法
	粮谷类	其他	
甲醇[①]/(g/L)　≤	0.6	2.0	GB/T 5009.48
氰化物[①](以 HCN 计)/(mg/L)　≤	8.0		GB/T 5009.48

① 甲醇、氰化物指标均按 100% 酒精度折算。

表 11 – 6 – 2　发酵酒的理化指标

项　目	指　标	检验方法
	啤酒	
甲醛/(mg/L)　≤	2.0	GB/T 5009.49

一、甲醇的测定

酸性条件下，甲醇经高锰酸钾氧化成甲醛，过量的高锰酸钾及反应中产生的二氧化锰用草酸除去，甲醛与品红亚硫酸作用生成蓝紫色化合物，在最大吸收波长 590nm 处测吸光值，与标准系列比较定量。最低检出量为 0.02g/100mL。注意：要求测定时乙醇浓度在 5% ~ 6%。

注意事项：

①温度的影响：当试验加入草酸硫酸溶液褪色放出热量，温度升高，此时需适当冷却，才能加入亚硫酸品红溶液。因亚硫酸品红显色时，温度最好控制在20℃以上，温度越低，所需显色时间越长，温度越高所需显色时间越短，但显色的稳定性也短。另外，标准管和试样显色温度之差不应超过1℃，因为温度对吸光度有影响。

②甲醇与乙醇的关系：乙醇浓度越高，甲醇显色灵敏度越低。当乙醇浓度在5%～6%，甲醇显色较灵敏。故在操作中试样管与标准管显色时乙醇浓度应严格控制一致。

③严格遵守显色半小时后比色：酒中的醛类以及经高锰酸钾氧化其他醇生成的醛（乙醛、丙醛等），与亚硫酸品红作用也显色。但是在一定浓度的硫酸酸性下，除甲醛可以形成经久不变的紫色外，其他醛所形成的色泽会慢慢消褪。

④显色时酸度过低，甲醛和品红亚硫酸显色就不完全，酸度过高反而会降低显色的灵敏度。

⑤在配制草酸－硫酸溶液时，所称取的草酸量一定要准确，如果过量，溶液浓度过高，过剩的草酸将亚硫酸品红还原而成红色；反之，就不能使溶液褪色。

⑥配制品红－亚硫酸溶液时，亚硫酸的加入量要适当，过量会降低显色反应时间的灵敏度。品红－亚硫酸溶液配好后应在冰箱中保存，如果试剂变红则不能使用。

⑦样品中有色、混浊或所含甘油、果胶等氧化后能生成甲醛类物质，干扰测定结果，测定前应除去。

⑧检测所用的不同规格的吸管必须校准使用；玻璃器皿要求清洁透明不挂水珠；吸管读数要准确无误，不标吹字的吸管，管尖一滴绝不能吹。

⑨样品中如含有甲醛，应预先除去：样品100mL加入5mL硝酸银和0.1mL氢氧化钠，充分反应后，放置片刻，加水50mL蒸馏，收集100mL蒸馏液再用以测定。

二、杂醇油的测定

杂醇油成分复杂，包括正、异丙醇，正、异丁醇，正、异戊醇等。在硫酸作用，其脱水生成相应的烯，再与对二甲胺基苯甲醛作用显橙黄色，于波长520nm测其吸光值，与标准系列比较定量。本方法最低检出量为0.03g/100mL（以异戊醇和异丁醇计）。

注意事项：

①不同醇类显色灵敏度不同，异丁醇＞异戊醇＞正戊醇，根据显色灵敏度，本法采用异丁醇和异戊醇（1＋4）作为杂醇油标准。

②如样品中含醛过高干扰比色，可取样50mL，加盐酸间苯二胺0.25g回流煮沸1h后进行蒸馏，取馏出液50mL作测定杂醇油含量用。

③样品为有色酒，须蒸馏后测定。

④对二甲胺基苯甲醛－硫酸溶液要慢慢沿管壁加入，切勿太快，并小心摇匀，若不经摇匀就放入沸水浴中显色，其结果将偏低。使硫酸流至管底，加完后在比色管内能看到明显的分层，此时溶液并无显色，否则局部温度剧升影响比色。

⑤对二甲胺基苯甲醛显色剂不应放置时间过久，如变杏黄色则不能再使用。而且显色随时间延长而变浅，虽然过程缓慢，但显色完成后宜及时比色。

第十二章 食品理化检验实验

总 则

1. 检验方法的一般要求

1.1 称取：系指用天平进行的称量操作，其精度要求用数值的有效数位表示，如"称取 20.0g"系指称量的精密度为 ±0.1g；"称取 20.00g"系指称量的精密度为 ±0.01g。

1.2 准确称取：系指用精密天平进行的称量操作，其精度为 ±0.0001g。

1.3 恒量：系指在规定条件下，连续两次干燥或灼烧后称定的质量差异不超过规定范围。

1.4 量取：指用量筒或量杯取液体物质的操作，其精度要求用数值的有效数位表示。

1.5 吸取：系指用移液管、刻度吸量管取液体物质的操作。其精度要求用数值的有效数位表示。

1.6 空白试验：空白试验系指除不加样品外，采用完全相同的分析步骤、试剂和用量（滴定法中标准滴定液的用量除外），进行平等操作所得的结果。用于扣除样品中试剂本底和计算检验方法的检出限。

2. 试剂的要求及其溶液浓度的基本表示方法

2.1 检验方法中所使用的水，未注明其他要求时，系指蒸馏水或去离子水。未指明溶液用何种溶剂配制时，均指水溶液。

2.2 检验方法中未指明具体浓度的硫酸、硝酸、盐酸、氨水时，均指市售试剂规格的浓度（见附录 A）。

2.3 液体的滴：系指蒸馏水自标准滴管流下的量，在 20℃ 时 20 滴相当于 1.0mL。

2.4 配制溶液的要求

2.4.1 配制溶液时所使用的试剂和溶剂的纯度应符合分析项目的要求。

2.4.2 一般试剂用硬质玻璃瓶存放，碱液和金属溶液用聚乙烯瓶存放，需避光试剂贮于棕色瓶中。

2.5 溶液浓度表示方法

2.5.1 标准滴定溶液浓度的表示（见附录 B）。

2.5.2 几种固体试剂的混合质量份数或液体试剂的混合体积份数可表示为（1 + 1）、（4 + 2 + 1）等。

2.5.3 如果溶液的浓度是以质量比或体积比为基础给出，则可用下列方式分别表示为百分数:% 或 %（体积比）。

2.5.4 溶液浓度以质量、容量单位表示，可表示为克每升或以其适当分倍数表示（g/L 或 mg/mL 等）。

2.5.5 如果溶液由另一种特定溶液稀释配制，应按照下列惯例表示：

"稀释 $V_1 \rightarrow V_2$"表示将体积为 V_1 的特定溶液以某种方式稀释，最终混合物总体积为 V_2；

"稀释 $V_1 + V_2$"表示，将体积为 V_1 的特定溶液加到体积为 V_2 的溶液中（1 + 1），（2 + 5）等。

3. 温度和压力的表示

3.1　一般温度以摄氏度表示，写作℃；或以开氏度表示，写作 K（开氏度 = 摄氏度 + 273.15）。

3.2　压力单位为帕斯卡，符号为 Pa（kPa、MPa）。

1atm = 760mmHg = 101 325Pa = 101.325kPa = 0.101 325MPa（atm 为标准大气压）。

4. 仪器设备要求

4.1　玻璃量器

4.1.1　检验方法中所使用的滴定管、移液管、容量瓶、刻度吸管、比色管等玻璃量器均须按国家有关规定及规程进行校正。

4.1.2　玻璃量器和玻璃器皿须经彻底洗净后才能使用，洗涤方法和洗涤液配制见附录 A。

4.2　控温设备

检验方法所使用的马弗炉、恒温水浴锅等均须按国家有关规程进行测试和校正。

4.3　测量仪器

天平、酸度计、温度计、分光光度计、色谱仪等均应按国家有关规程进行测试和校正。

4.4　检验方法中所列仪器为该方法所需主要仪器，一般实验室常用仪器不再列入。

5. 样品的采集和保存

5.1　采样必须注意样品的生产日期、批号、代表性和均匀性（掺伪食品和食物中毒样品除外）。采集的数量应能反映该食品的卫生质量和满足检验项目对样品量的需要，一式三份，供检验、复验、备查或仲裁，一般散装样品每份不少于 0.5kg。

5.2　采样容器根据检验项目，选用硬质玻璃瓶或聚乙烯制品。

5.3　外埠食品应结合索取卫生许可证、生产许可证及检验合格证或化验单，了解发货日期、来源地点、数量、品质及包装情况。如在食品厂、仓库或商店采样时，应了解食品的生产批号、生产日期、厂方检验记录及现场卫生状况，同时应注意食品的运输、保存条件、外观、包装容器等情况。要认真填写采样记录，无采样记录的样品不得接受检验。

5.4　液体、半流体饮食品如植物油、鲜乳、酒或其他饮料，如用大桶或大罐盛装者，应先充分混匀后再采样。样品应分别盛放在三个干净的容器中。

5.5　粮食及固体食品应自每批食品上、中、下三层中的不同部位分别采取部分样品，混合后按四分法对角取样，再进行几次混合，最后取有代表性样品。

5.6　肉类、水产等食品应按分析项目要求分别采取不同部位的样品或混合后采样。

5.7　罐头、瓶装食品或其他小包装食品，应根据批号随机取样，同一批号取样件数，250g 以上的包装不得少于 6 个，250g 以下的包装不得少于 10 个。

5.8　掺伪食品和食物中毒的样品采集，要具有典型性。

5.9　检验后的样品保存

一般样品的检验结束后，应保留一个月，以备需要时复验。易变质食品不予保留，保存时应加封并尽量保持原状。检验取样一般皆指取可食部分，以所检验的样品计算。

5.10　感官不合格产品不必进行理化检验，直接判为不合格产品。

6. 检验要求

6.1　严格按照标准中规定的分析步骤进行检验，对实验中不安全因素（中毒、爆炸、腐蚀、烧伤等）应有防护措施。

6.2　理化检验实验室实行分析质量控制

理化检验实验室在建立良好技术规范的基础上，测定方法应有检出限、精密度、准确度、绘制标准曲线的数据等技术参数。

6.3　检验人员应填写好检验记录。

7. 分析结果的表述

7.1　测定值的运算和有效数字的修约见附录 C，有效数的位数与方法中测量仪器精度最低的有效数的位数相同，并决定报告的测定值的有效数的位数。

7.2　结果的表述：平行样的测定值报告其算术平均值，一般测定值的有效数的位数应能满足卫生标准的要求，甚至高于卫生标准，报告结果应比卫生标准多一位有效数，如铅卫生标准为 1mg/kg；报告值可为 1.0mg/kg。

7.3　样品测定值的单位，应与卫生标准一致。

常用单位：g/kg，g/L，mg/kg，mg/L，μg/kg，μg/L 等。

实验一　酒中乙醇浓度检验

一、目的要求

通过实验，学会使用酒精计测定白酒中酒精度的方法。① 掌握测定白酒及葡萄酒乙醇含量的原理与内容。② 掌握全玻璃蒸馏器的使用操作。③ 掌握酒精比重计使用方法。

二、实验原理

酒精计是专门用于测量酒精水溶液内纯酒精体积分数的密度计。是根据阿基米德定律制成的，即浸在液体里的物体受到向上的浮力，浮力的大小等于物体排开液体的质量。密度计的质量是一定的，而液体的密度不同，密度计所受到的浮力大小不同，因此，从密度计上刻度可以读取相对密度的数值或某种溶质的质量分数或体积分数。

三、仪器与试剂

酒精计、温度计、100mL 量筒。

四、操作步骤

相对密度计

1. 取 100mL 白酒样液倒入 100mL 量筒内，将洗净拭干的酒精计轻轻插入样液中，插入时勿碰及容器四周和底部，待其静置后，再轻轻按下少许，让其自然上升，静置并待无气泡冒出后，从水平位置观察与样品液面相交处的刻度，即为样品的酒精度。

2. 用温度计测量筒内酒样的温度。

3. 记下酒精度和温度。

五、结果处理

测量时要求样品温度为 20℃，若不是 20℃，可由"酒精度与温度校正表"查出 20℃时的酒精度。

六、说明

1. 酒精度为 100mL 酒样内含纯酒精的毫升数，为体积分数（V/V）。
2. 酒精表在使用前必须洗净并拭干。
3. 酒精表读数应以液面水平线为准。

实验二　酒中甲醇含量的检测

一、目的要求

（1）掌握甲醇含量的测定方法和测定原理。
（2）树立化学与社会、生活相互联系的观念。
（3）掌握 721—E 型分光光度计的使用及注意事项。

二、实验原理

甲醇经氧化成甲醛后，与品红亚硫酸作用生产紫色化合物，与标准系列比较定量，最低检出量为 0.02g/100mL。

白酒中的甲醇在磷酸介质中被 $KMnO_4$ 氧化为甲醛：

$$5CH_3OH + 2KMnO_4 + 4H_3PO_4 = 5HCHO + 2KH_2PO_4 + 2MnHPO_4 + 8H_2O$$

高锰酸钾存在会将生产的甲醛氧化为甲酸，使结果偏低，必须除去。利用草酸 – 硫酸溶液可以还原、除去多余的高锰酸钾和少量二氧化锰。

$$5H_2C_2O_4 + 2KMnO_4 + 3H_2SO_4 = 2MnSO_4 + K_2SO_4 + 10CO_2\uparrow + 8H_2O$$

$$MnO_2 + H_2C_2O_4 + H_2SO_4 = MnSO_4 + 2CO_2\uparrow + 2H_2O$$

生成的甲醛与品红亚硫酸（Schiff 试剂，希夫试剂）反应，生成醌式结构的蓝紫色化合物。

在 590nm 处测定吸光度并与标准系列比较定量。酒中的醛类以及经高锰酸钾氧化其他醇生成的醛(乙醛、丙醛等),与品红亚硫酸作用也显色。但在一定酸性条件下,除甲醛可以形成经久不变的紫色外,其他醛所形成的色泽会慢慢消退。

三、仪器与试剂

无水乙醇(分析纯),甲醇(分析纯),高锰酸钾,草酸晶体($H_2C_2O_4 \cdot 2H_2O$),品红,无水亚硫酸钠,活性炭,浓硫酸(分析纯),浓盐酸(分析纯)。

(1)高锰酸钾–磷酸溶液:称取高锰酸钾3g,加入15mL磷酸(85%)与70mL水混合液中,溶解后加水至100mL。贮于棕色瓶中,防止氧化力下降,保存时间不宜过长。

(2)草酸–硫酸溶液:称取5g无水草酸($H_2C_2O_4$)或7g含2分子水草酸($H_2C_2O_4 \cdot 2H_2O$),溶于硫酸(1+1)中,稀释至100mL。

(3)品红–亚硫酸钠溶液:用电子天平称取0.1g碱性品红研细后,分次加入共60mL80℃的热水,边加水边研磨使其溶解,用滴管吸取上层溶液滤于100mL容量瓶中,冷却后加10mL亚硫酸钠溶液(100g/L),1mL盐酸,加水至刻度,充分混匀。放置过夜。如果溶液仍有颜色,可加少许活性炭搅拌过滤,储于棕色试剂瓶内避光保存。溶液呈红色时应弃去重新配制。

(4)甲醇标准溶液:吸取密度为0.7913g/mL的甲醇(优级纯或色谱纯)1.26mL(即1g)于100mL容量瓶中,加水稀释至刻度。此溶液浓度为10mg/mL。

(5)甲醇标准使用液:用移液管吸取5.0mL甲醇标准溶液,置于100mL容量瓶中,加水稀释至刻度。该溶液甲醇浓度为0.50mg/mL。

(6)无甲醇的乙醇溶液:用量筒量取60mL的无水乙醇(分析纯)置于100mL容量瓶内,加水稀释至刻度。该乙醇溶液的体积分数为60%。

或取100mL乙醇(95%),加高锰酸钾少许,蒸馏收集馏出液。在馏出液中加入硝酸银溶液(1g硝酸银于少量水中)和氢氧化钠溶液(取1.5g NaOH于少量水中),摇匀,取清液蒸馏,弃去最初50mL馏出液,收集中间液,用酒精比重计测其浓度,然后加水配成无甲醇的乙醇(60%)。

(7)亚硫酸钠溶液:称取10g无水亚硫酸钠晶体,加水溶解后转入100mL容量瓶中,加水稀释至刻度,此溶液浓度为100g/L。

(8)分光光度计

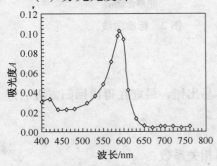

图1 吸光度随波长改变的变化图

四、操作步骤

1. 最佳吸收波长的确定

吸取1.00mL的甲醇标准使用液于25.0mL具塞比色管内,加入0.50mL的无甲醇乙醇溶液,再加水稀释至5.00mL,然后加入2.00mL的高锰酸钾溶液混匀,放置10min后,再加入2.00mL的草酸–硫酸溶液混匀,待溶液变为无色后,加入5.00mL的品红亚硫酸溶液显色30分钟后混匀,放入1cm的比色杯中,以零管调节零点,在分光光度计上改变不同的波长测定吸光度。实验结果见图1。从图中可以发现,体系在590nm处有最大吸收,故选用590nm作为最佳测定波长。

2. 标准曲线的绘制

取7个具塞比色管,按顺序依次加入甲醇标准使用液0.00mL、0.10mL、0.20mL、

0.40mL、0.60mL、0.80mL、1.00mL（每只比色管内甲醇含量相当于 0mg、0.05mg、0.10mg、0.20mg、0.30mg、0.40mg、0.50mg），分别加入 0.5mL 的无甲醇乙醇溶液，然后加水至 5.00mL，再分别依次加入 2.00mL 的高锰酸钾溶液，混匀，放置 10min，加入 2.00mL 的草酸－硫酸溶液，混匀，待颜色退去后再各加入 5.00mL 的品红－亚硫酸溶液，混匀，于 20℃以上静置 0.5h 后，用 1cm 的比色杯，以零管调节零点，于 590nm 处测吸光度，绘制标准曲线。结果如表 1 所示。

表 1　标准系列加入各种溶液的体积（mL）及吸光度值

比色管号	0	1	2	3	4	5	6
甲醇标准溶液	0.00	0.10	0.20	0.40	0.60	0.80	1.00
无甲醇乙醇溶液	0.50	0.50	0.50	0.50	0.50	0.50	0.50
水	4.50	4.40	4.30	4.10	3.90	3.70	3.50
高锰酸钾溶液	2.00	2.00	2.00	2.00	2.00	2.00	2.00
草酸硫酸溶液	2.00	2.00	2.00	2.00	2.00	2.00	2.00
品红亚硫酸溶液	5.00	5.00	5.00	5.00	5.00	5.00	5.00
吸光度值	0.000	0.011	0.018	0.033	0.053	0.078	0.102

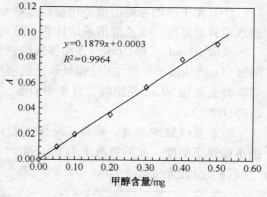

图 2　标准曲线

以吸光度为纵坐标，甲醇含量为横坐标绘制。标准曲线如图 2 所示。

求得标准曲线回归方程如下：$Y = 0.1879x + 0.0003$，$r = 0.9982$

式中　Y——吸光度值；

x——甲醇含量，mg

对于方程 $y = ax + b$

其常数 a、b 可分别推导出：

$$a = \frac{\sum_{i=1}^{n}(x_i - \bar{x})(y_i - \bar{y})}{\sum_{i=1}^{n}(x_i - \bar{x})^2} = \frac{\sum_{i=1}^{n}x_i y_i - \frac{1}{n}\sum_{i=1}^{n}x_i\sum_{i=1}^{n}y_i}{\sum_{i=1}^{n}x_i^2 - \frac{1}{n}(\sum_{i=1}^{n}x_i)^2}$$

$$b = \bar{y} - a\bar{x}$$

回归方程的运算中，由于数据较多，而且手续烦杂，易出错，最好在得出回归方程后进行运算，其方法是检验下式是否成立：

$$\sum y + a\sum x + nb$$

如果使用回归分析方程得出回归方程，往往还需算出相关系数：

$$r = \frac{\sum_{i=1}^{n}(x_i - \bar{x})(y_i - \bar{y})}{\sqrt{\sum_{i=1}^{n}(x_i - \bar{x})^2 \cdot \sum_{i=1}^{n}(y_i - \bar{y})^2}} = \frac{\sum_{i=1}^{n}x_i y_i - \frac{1}{n}\sum_{i=1}^{n}x_i\sum_{i=1}^{n}y_i}{\sqrt{\sum_{i=1}^{n}x_i^2 - \frac{1}{n}(\sum_{i=1}^{n}x_i)^2} \cdot \sqrt{\sum_{i=1}^{n}y_i^2 - \frac{1}{n}(\sum_{i=1}^{n}y_i)^2}}$$

可以用相关系数说明 x 与 y 之间的线性关系密切程度，当 $r = 1$ 说明，线性相关，试验误差为 0，当 r 绝对值越接近 1，各实验点的就越靠近直线。$r = 0$，表明 x，y 无线性关系。

3. 样品测定

根据样品中乙醇浓度适当取样（乙醇浓度 30% 取样 1.0mL；40% 取样 0.8mL；50% 取样 0.6mL；60% 取样 0.5mL）。置于 25mL 具塞比色管中。重复（二）。比较计算。

五、结果处理

1. 数据记录

试剂和样品	0	1	2	3	4	5	样酒
体积（标液或样品）/mL							
乙醇/mL				0.50			
水/mL				5.00			
KMnO₄/mL				2.00（放置 10min）			
H₂C₂O₄ – H₂SO₄/mL				2.00			
Schiff 试剂/mL				5.00（放置 30min）			
甲醇含量/（g/100mL）							
结论							

2. 计算

写出计算过程，按下表样式报告结果（两位有效数字）。

$$X = \frac{m}{V} \times 10$$

式中　X——样品中甲醇含量，g/100mL；

　　　m——测定样品中甲醇含量，mg；

　　　V——样品体积，mL。

酒样名称	酒精度/%（V/V）	吸光度（A）	甲醇含量/（g/100mL）

六、说明

国家关于蒸馏酒及配置酒中甲醇含量的卫生标准要求 <0.04g/100mL。在用分光光度法检测白酒中的甲醇含量的实验过程中，有许多因素影响检测的准确度。根据实践经验认为应该特别注意以下几个问题：

（1）配置好的高锰酸钾 – 磷酸溶液应贮于棕色试剂瓶内，置于暗处保存，保存时间不宜超过两天，否则会影响显色效果，使检测结果偏低。

（2）国标法上规定加入高锰酸钾 – 磷酸溶液的氧化时间是 8min，实验中最好控制在 10min，时间长了甲醛会进一步被氧化成甲酸，造成结果偏低，时间短了氧化不完全，也会影响结果。

（3）显色时间应严格控制，不得少于 30min。时间短了，其他醛类形成的紫色还未完全退去，此时检测会使结果偏高。

实验三 酱油中氨基酸态氮含量测定

一、目的要求

(1)理解电位滴定法测定氨基酸态氮的基本原理。(2)掌握电位滴定法测定氨基酸态氮的方法和基本操作要领。(3)掌握氨基酸态氮含量的测定原理及方法。(4)掌握微量滴定管和酸度计的使用操作。

二、实验原理

氨基酸是含有氨基和羧基的一类有机化合物的通称。生物功能大分子蛋白质的基本组成单位,是构成动物营养所需蛋白质的基本物质。氨基酸态氮指的是以氨基酸形式存在的氮元素的含量。氨基酸态氮是判定发酵产品如酱油,料酒。酿造醋等发酵程度的特性指标。该指标越高,说明产品中的氨基酸含量越高,营养越好。一般酱油中氨基酸态氮含量为 $0.4\% \sim 0.8\%$,如果未检出氨基酸态氮则是勾兑的伪造酱油,如果氨基酸态氮含量低于国家卫生标准、质量标准规定值,则是在酱油中掺杂掺假。

$$R-CH_2-COOH \atop {|} \atop NH_2 \quad + HCHO \longrightarrow \quad R-CH_2-COOH \atop {|} \atop N=CH_2 \quad + H_2O$$

$$R-CH_2-COOH \atop {|} \atop N=CH_2 \quad + NaOH \longrightarrow \quad R-CH_2-COONa \atop {|} \atop N=CH_2 \quad + H_2O \quad 或$$

$$R-CH_2-COOH \atop {|} \atop NH_2 \quad + HCHO \longrightarrow \quad R-CH_2-COOH \atop {|} \atop NHCH_2OH \quad + H_2O$$

$$R-CH_2-COOH \atop {|} \atop NHCH_2OH \quad + NaOH \longrightarrow \quad R-CH_2-COONa \atop {|} \atop NHCH_2OH \quad + H_2O$$

根据氨基酸的两性作用,加入甲醛固定氨基的碱性,使溶液显示羧基的酸性,将酸度计的玻璃电极及甘汞电极同时插入被测液中构成电池,用氢氧化钠标准溶液滴定,根据酸度计指示的 pH 值判断和控制滴定终点。

三、仪器与试剂

1. 仪器

(1)酸度计。(2)磁力搅拌器。(3)微量滴定管(10mL)。

2. 试剂

(1)20% 中性甲醛溶液。(2)氢氧化钠标准溶液(0.050mol/L)。

四、分析步骤

(1)准确吸取酱油 5mL,置于 100mL 容量瓶中,加水至刻度,混匀后吸取 20.0mL 置于 200mL 烧杯中,加水 60mL,插入酸度计的指示电极和参比电极,开动磁力搅拌器,用 0.050mol/L 氢氧化钠标准溶液滴定至酸度计指示 pH 为 8.2,记录消耗氢氧化钠标准溶液的毫升数,计算酱油中的总酸含量。

（2）在上述溶液中，加入 10.0mL 甲醛溶液，混匀。再用 0.05mol/L 的氢氧化钠标准溶液继续滴定至 pH 为 9.2，记录消耗氢氧化钠标准溶液的毫升数。

（3）取 80mL 蒸馏水置于另一 200mL 洁净的烧杯中，先用 0.05mol/L 的氢氧化钠标准溶液调至 pH 为 8.2，再加入 10.0mL 中性甲醛溶液，用 0.05mol/L 氢氧化钠标准溶液滴定至 pH 为 9.2，做试剂空白试验。

五、结果处理

1. 数据记录

氨基酸态氮和总酸的测定

$c_{NaOH} = $ _____ mol/L

样品编号	加甲醛前耗 NaOH 的量/mL	加甲醛后耗 NaOH 的量/mL	总酸量/(mol/L)	氨基酸态氮含量/(g/100g)
1			平均	
2				
3				
空白				

2. 结果计算

$$X = \frac{(V_1 - V_2) \times c \times 0.014}{5 \times \frac{V_3}{100}} \times 100$$

式中　X——氨基酸态氮的含量，g/100g；

　　　V_1——样品液加入甲醛后消耗氢氧化钠标准溶液的体积，mL；

　　　V_2——空白液加入甲醛后消耗氢氧化钠标准溶液的体积，mL；

　　　V_3——样品稀释液取用量，mL；

　　　c——氢氧化钠标准溶液的浓度，mol/L；

　0.014——氮的毫摩尔质量，g/mmol。即 1.00mL NaOH 标准溶液（$c_{NaOH} = 1.000mol/L$）相
　　　　当的氮的质量。

结果保留两位有效数字。

六、说明

1. 加入甲醛后放置时间不宜过长，应立即滴定以免甲醛聚合，影响测定结果。

2. 由于铵离子能与甲醛作用，样品中若含有铵盐，将会使测定结果偏高。

附：PHS－10C 酸度计使用程序

一、标定

（1）启动电源预热 10 分钟。

（2）将零位补偿开关置于"0"处，用零位补偿调至"000"位，此时未接入电极，调零按下 mV 键，极性键与价态键均在弹起位置。

（3）根据溶液温度将温度补偿器置于相应位置。

（4）在电极插头未插入时同时按下 mV 键与 pH 键调节标定旋钮为"9.18"处。

（5）只按下 pH 键插入电极，电极用蒸馏水洗净吸干，放入 9.18pH 标液中，用定位旋钮调至"9.18"处。

二、测定

电极取出后用水冲洗吸干，插入待测溶液中，即可读出 pH 值。

实验四　酱油中食盐（以 NaCl 计）含量测定

一、目的要求

（1）掌握酱油中食盐含量测定的原理及方法。（2）熟练使用微量滴定管。（3）能够正确判断沉淀的滴定终点。

二、实验原理

以铬酸钾（K_2CrO_4）作指示剂的银量法也称莫尔法。即在含有 Cl^- 的中性或微碱性溶液中，以 K_2CrO_4 作指示剂，用 $AgNO_3$ 标准溶液进行滴定，由于 AgCl 的溶解度比 Ag_2CrO_4 小，根据分步沉淀原理，溶液中首先析出 AgCl 沉淀。当滴定至化学计量点后，微过量的 Ag^+ 和 CrO_4^{2-} 的浓度乘积大于 Ag_2CrO_4 的浓度积时，溶液便出现 Ag_2CrO_4 砖红色沉淀，即到达滴定终点。滴定反应和指示剂反应分别为：

$$Ag^+ + Cl^- = AgCl\downarrow（白色）K_{sp(AgCl)} = 1.8 \times 10^{-10}$$
$$2Ag^+ + CrO_4^{2-} = Ag_2CrO_4\downarrow（砖红色）K_{sp(Ag_2CrO_4)} = 2.0 \times 10^{-12}$$

莫尔法中指示剂的用量和溶液的酸度是两个主要问题。① 滴定终点到达的早与迟与 CrO_4^{2-} 的浓度有关，CrO_4^{2-} 加入过多，终点会提前，即引入负误差，CrO_4^{2-} 加入过少，终点则延后，即引入正误差。② 滴定只能在中性或微碱性中进行，如溶液为酸性，如溶液为酸性，H_2CrO_4 的 K_{sp} 为 3.1×10^{-7}，酸性较弱，因此，Ag_2CrO_4 易溶于酸，即 $Ag_2CrO_4 + H^+ = 2Ag^+ + HCrO_4^-$，从而降低了 CrO_4^{2-} 的浓度，使指示剂灵敏度降低，终点延后，甚至不能形成 Ag_2CrO_4 沉淀，无法指示终点。所以不能在酸性溶液中进行。如果溶液的碱性过强，则 Ag^+ 和 OH^- 反应生成 Ag_2O 沉淀，无法进行滴定。

$$2Ag^+ + 2OH^- = 2AgOH = Ag_2O\downarrow + H_2O$$

通常，莫尔法要求溶液的酸度范围为 $pH = 6.5 \sim 10.6$。如碱性过强，可用稀 HNO_3 中和，如酸性过强，可用 $NaHCO_3$ 中和。滴定时应用力摇动，减少 AgCl 对 Cl^- 的吸附。

三、仪器与试剂

硝酸银标准滴定溶液 $[c(AgNO_3) = 0.1mol/L]$；
铬酸钾溶液（50g/L），5g 铬酸钾用少量水溶解后定容至 100mL；
10mL 微量滴定管。

四、分析步骤

吸取 2.0mL 实验三的稀释液，于 150～200mL 瓷蒸发皿中，加 100mL 水及 1mL 铬酸钾溶液(50g/L)，混匀。用硝酸银标准溶液(0.1mol/L)滴定至初现桔红色。

量取 100mL 水，同时做试剂空白试验。

五、结果处理

1. 数据记录

食盐含量的测定

$c_{AgNO_3} = $ _____ mol/L

样名	瓶号	消耗 AgNO₃ 的量/mL		食盐含量/(g/100mL)
样品	1		平均	
	2			
	3			
	空白			

2. 结果计算

$$X = \frac{(V_1 - V_2) \times c \times 0.0585}{2 \times \frac{5}{100}} \times 100$$

式中　X——样品中食盐(以 NaCl 计)的含量，g/100mL；

　　　V_1——测定用样品稀释液消耗硝酸银标准溶液的体积，mL；

　　　V_2——试剂空白消耗硝酸银标准溶液的体积，mL；

　　　c——硝酸银标准溶液的浓度，mol/L；

0.0585——与 1.00mL 硝酸银标准溶液$[c(AgNO_3) = 1.000mol/L]$相当的氯化钠的质量，g。

结果保留三位有效数字。

六、说明

滴定管中无气泡；滴定终点判断；稀释液泡沫注意消除。

实验五　酱油中铵盐含量的测定

酱油中的铵盐主要来源有三种：一是生产过程中加入酱色时带入。酱油中添加的酱色是用饴糖加热到 180 ~ 190℃，使糖分子产生聚合作用而制成的一种棕色色素。在生产过程中，为了加速反应，常加入铵盐作催化剂(加铵法生产酱色已被国家禁止)。二是蛋白质分解的产物。如酱油不洁含有的细菌较多，就可将酱油中的蛋白质分解而产生游离的无机铵。三是一些不法生产者为了提高酱油中氨基酸态氮和全氮的含量，人为地添加低成本的铵盐类产品等。

一、目的要求

(1) 掌握酱油中铵盐含量测定的原理及方法。

(2) 熟练掌握蒸馏操作和微量滴定管的使用。

二、实验原理

试样在碱性溶液中加热蒸馏，使氨游离蒸出，被硼酸溶液吸收，然后用盐酸标准溶液滴定计算含量。其反应式：

$$2NH_4^+ + 2NaOH \Longrightarrow 2Na^+ + 2NH_3 + 2H_2O$$

$$NH_3 + 4H_3BO_3 \Longrightarrow NH_4HB_4O_7 + 5H_2O$$

$$NH_4HB_4O_7 + HCl + 5H_2O \Longrightarrow NH_4Cl + 4H_3BO_3$$

三、仪器与试剂

（1）氧化镁

（2）硼酸溶液（20g/L）

（3）盐酸标准溶液[$c_{HCl} = 0.1mol/L$]

（4）消泡剂（乳化硅油）

（5）混合指示剂：甲基红－乙醇溶液（2g/L）1 份与溴甲酚绿－乙醇溶液（2g/L）5 份，临用时混合均匀。

四、分析步骤

将 2mL 试样置于 500mL 凯氏烧瓶中，加 150mL 水和约 1g 氧化镁，消泡剂 2 滴，连接蒸馏装置，并使冷凝管下端连接弯管伸入接收液面下，接受瓶内盛有 10mL 硼酸溶液及 2~3 滴混合指示剂，加热蒸馏，由沸腾开始计算约 30min 即可，将释放出来的氨用硼酸溶液吸收，生成四硼酸氢铵。用少量水冲洗弯管，以盐酸标准溶液（0.1mol/L）滴至终点（灰色或蓝紫色）。根据消耗盐酸溶液的量计算样品含氮量，然后换算成铵盐含量，同时作试剂空白试验。

取同量水，氧化镁，硼酸溶液按上述方法做试剂空白试验。

五、结果处理

$$X = \frac{(V_1 - V_2) \times c \times 0.017}{V_3} \times 100$$

式中　X——样品中铵盐的含量（以 NH_3 计），g/100mL；

V_1——测定用样品消耗盐酸标准滴定溶液的体积，mL；

V_2——试剂空白消耗盐酸标准滴定溶液的体积，mL；

c——盐酸标准滴定溶液的试剂浓度，mol/L；

0.017——与 1.00mL 盐酸标准溶液（1.000mol/L）相当的铵盐（以 NH_3 计）的质量，g；

V_3——样品的体积，mL。

结果保留两位有效数字。

六、说明

（1）将量取的样品倒入凯氏烧瓶时，不要将样品粘在瓶颈上，以免反应不彻底。蒸馏过程中要逐渐升温，避免剧烈沸腾，把温度控制在适当的温度，保证在 30min 的蒸馏时间内凯氏烧瓶不被蒸干。

（2）试样加入氧化镁后，应立即盖塞并加水封，注意各接头处的密封情况，防止漏气，冷凝管下端的连接弯管应伸入接收瓶液面下，以防止氨气溢出。

（3）甲基红－溴甲酚绿混合指示剂必须于临用前按比例混匀，其在碱性溶液中呈绿色，在中性溶液中呈灰色，在酸性溶液中呈红色。

（4）因蒸馏时反应室内的压力大于大气压力，故可将氨带出。所以，蒸馏时，蒸气要发生均匀，充足，蒸馏中不得停火断气，否则，会发生倒吸。停止蒸馏时，由于反应室内的压力突然降低，可使液体倒吸入反应室内，所以，操作时，应先将冷凝管下端提高液面并清洗管口，再蒸一分钟后关掉热源。蒸馏是否完全，可用精密 pH 试纸测冷凝管口的冷凝液来测定，中性则说明已蒸馏完全。

（5）在盐酸标准溶液的配制时，必须将基准无水碳酸钠于 270～300℃灼烧至恒重后称取所须用量，否则也会影响铵盐测定结果的准确性。

测定酱油中的铵盐，可以客观地反映酱油中营养成分氨基酸态氮和全氮的含量，是食品检验工作人员必须掌握的检测技术。

实验六　酱油中砷的测定

砷的测定方法有银盐法和砷斑法。砷斑法比较简单，但目测时有主观误差；银盐法虽然比较复杂，但准确度高，可以克服砷斑法的目测误差。

一、目的要求

（1）掌握样品湿法消化的原理及方法。

（2）掌握酱油中砷含量测定的原理及方法。

（3）了解测砷装置的使用与操作。

（4）掌握银盐法的操作、注意事项。熟练掌握 721 - E 型分光光度计的使用与操作。

二、实验原理

样品经消化后，其中的砷全部转化为砷酸（五价砷）。

$$2As + 3H_2SO_4 === As_2O_3 + 3SO_2 + 3H_2O$$

$$As + 5HNO_3 === 3H_3AsO_4（砷酸） + 5NO_2 + H_2O$$

$$As_2O_3 + 4HNO_3 + H_2O === 2H_3AsO_4（砷酸） + 4NO_2$$

砷酸被碘化钾和氯化亚锡还原为亚砷酸；亚砷酸又被由锌与盐酸作用产生的氢还原为砷化氢；砷化氢与二乙氨基二硫代甲酸银（简称 DDC - Ag）作用，使银呈红色胶体游离出来，溶液的颜色呈橙色至红色。颜色的深浅与砷的含量成正比，可用于比色测定。

$$H_3AsO_4 + 2KI + 2H_2SO_4 === H_3AsO_3（亚砷酸） + I_2 + K_2SO_4 + H_2O$$

$$I_2 + SnCl_2 + 2HCl === 2HI + SnCl_4$$

$$H_3AsO_4 + SnCl_2 + 2HCl === H_3AsO_3（亚砷酸） + SnCl_4 + H_2O$$

$$H_3AsO_3 + 3Zn + 3H_2SO_4 === AsH_3 + 3ZnSO_4 + 3H_2O$$

$$AsH_3 + 6Ag(DDC) === 6Ag + 3HDDC + As(DDC)_3$$

三、仪器与试剂

除特别注明外，所用试剂为分析纯，水为去离子水。

（1）硝酸。

（2）硫酸。

（3）盐酸。

（4）氧化镁。

（5）无砷锌粒。

（6）硝酸－高氯酸混合溶液（4＋1）：量取 80mL 硝酸，加 20mL 高氯酸，混匀。

（7）硝酸镁溶液（150g/L）：称取 15g 硝酸镁[$Mg(NO_3)_2 \cdot 6H_2O$]，溶于水中，并稀释至 100mL。

（8）碘化钾溶液（150g/L）：贮存于棕色瓶中。

（9）酸性氯化亚锡溶液：称取 40g 氯化亚锡（$SnCl_2 \cdot 2H_2O$），加盐酸溶解并稀释至 100mL，加入数颗金属锡粒。

（10）盐酸（1＋1）：量取 50mL 盐酸，加水稀释至 100mL。

（11）乙酸铅溶液（100g/L）。

（12）乙酸铅棉花：用乙酸铅溶液（100g/L）浸透脱脂棉后，压除多余溶液，并使疏松，在 100℃以下干燥后，贮存于玻璃瓶中。

（13）氢氧化钠溶液（200g/L）。

（14）硫酸（6＋94）：量取 6.0mL 硫酸，加于 80mL 水中，冷后再加水稀释至 100mL。

（15）二乙基二硫代氨基甲酸银－三乙醇胺－三氯甲烷溶液：称取 0.25g 二乙基二硫代氨基甲酸银[$(C_2H_5)_2NCS_2Ag$]，置于乳钵中，加少量三氯甲烷研磨，移入 100mL 量筒中，加入 1.8mL 三乙醇胺，再用三氯甲烷分次洗涤乳钵，洗液一并移入量筒中，再用三氯甲烷稀释至 100mL，放置过夜。滤入棕色瓶中贮存。

（16）砷标准溶液：准确称取 0.1320g 在硫酸干燥器中干燥过的或在 100℃干燥 2h 的三氧化二砷，加 5mL 氢氧化钠溶液（200g/L），溶解后加 25mL 硫酸（6＋94），移入 1000mL 容量瓶中，加新煮沸冷却的水稀释至刻度，贮存于棕色玻塞瓶中。此溶液每毫升相当于 0.10mg 砷。

（17）砷标准使用液：吸取 1.0mL 砷标准溶液，置于 100mL 容量瓶中，加 1mL 硫酸（6＋94），加水稀释至刻度，此溶液每毫升相当于 1.0μg 砷。

（18）分光光度计

（19）测砷装置：100～150mL 锥形瓶（19 号标准口），导气管（与 19 号标准口配套，不得漏气），吸收管（10mL 刻度离心管）。

四、分析步骤

1. 样品消化

称取 10.00g 或 20.00g 样品（或吸取 10.0mL 或 20.0mL 液体样品），置于 250～500mL 定氮瓶中，加数粒玻璃珠、5～15mL 硝酸－高氯酸混合液，放置片刻，小火缓缓加热，待作用缓和，放冷。沿瓶壁加入 5mL 或 10mL 硫酸，再加热，至瓶中液体开始变成棕色时，不断沿瓶壁滴加硝酸－高氯酸混合液至有机质分解完全（加大火力，至产生白烟，待瓶口白烟冒净后，瓶内液体再产生白烟为消化完全）。该溶液应澄明无色或微带黄色，放冷。在操作过程中应注意防止爆沸或爆炸。

加 20mL 水煮沸，除去残余的硝酸至产生白烟为止，如此处理两次，放冷。将冷后的溶液移入 50mL 或 100mL 容量瓶中，用水洗涤定氮瓶，洗液并入容量瓶中，放冷，加水至刻度，混匀。定容后的溶液每 10mL 相当于 2g 或 2mL 样品，相当加入硫酸量 1mL。

2. 样品测定

吸取一定量的消化后的定容溶液（相当于 5g 样品）及同量的试剂空白液，分别置于

150mL 锥形瓶中，补加硫酸至总量为 5mL，加水至 50～55mL。

吸取 0，2.0mL，4.0mL，6.0mL，8.0mL，10.0mL 砷标准使用液（相当 0，2.0μg，4.0μg，6.0μg，8.0μg，10.0μg 砷），分别置于 150mL 锥形瓶中，加水至 40mL，再加 10mL 硫酸（1＋1）于样品消化液，试剂空白液及砷标准溶液中各加 3mL 碘化钾溶液（150g/L），0.5mL 酸性氯化亚锡溶液，摇匀，静置 15min。各加入 3g 锌粒，立即分别塞上装有乙酸铅棉花的导气管，并使管尖端插入盛有 4mL 银盐溶液的离心管中的液面下，在常温下反应 45min 后，取下离心管，加三氯甲烷补足 4mL。用 1cm 比色杯，以零管调节零点，于波长 520nm 处测吸光度。

绘制标准曲线。

五、结果处理

$$X = \frac{(m_1 - m_2) \times 1000}{m \times \frac{V_2}{V_1} \times 1000}$$

式中　X——样品中砷的含量，mg/Kg 或 mg/L；

　　　m_1——测定用样品消化液中砷的质量，μg；

　　　m_2——试剂空白液中砷的质量，μg；

　　　m——样品质量（体积），g（mL）；

　　　V_1——样品消化液的总体积，mL；

　　　V_2——测定用样品消化液的体积，mL。

结果保留两位有效数字。

六、说明

（1）氯化亚锡（$SnCl_2$）试剂不稳定，在空气中能氧化生成不溶性氯氧化物，失去还原剂作用。配制时加盐酸溶解为酸性氯化亚锡溶液，加入数粒金属锡，经持续反应生成氯化亚锡，新生态氢具还原性，以保持试剂溶液的稳定的还原性。氯化亚锡在本试验中的作用是：还原 As^{5+} 成 As^{3+} 以及在锌粒表面沉淀锡层以抑制产生氢气作用过猛。

（2）乙酸铅棉花，塞入导气管中，是为吸收可能产生的硫化氢，使其生成硫化铅而滞留在棉花上，以免吸收液吸收产生干扰，因为硫化物与银离子生成灰黑色的硫化银。

（3）不同形状和规格的无砷锌粒，因其表面积不同，与酸反应的速度就不同，这样生成氢气气体流速不同，将直接影响吸收效率及测定结果。一般认为蜂窝状锌粒 3g 或大颗粒锌粒 5g 均可获得良好结果。确定标准曲线与试样均用同一规格的锌粒为宜。

（4）二乙氨基二硫代甲酸银或称二乙基二硫代氨基甲酸银盐，分子式为 $(C_2H_5)_2NCS_2$ Ag，不溶于水而溶于三氯甲烷，性质极不稳定，遇光或热，易生成银的氧化物而呈灰色，因而配制浓度不易控制。若市售品不适用，实验室可以自行制备，其方法如下：分别溶解 1.7g 硝酸银、2.3g 二乙氨基二硫代甲酸钠（DDCNa，铜试剂）于 100mL 蒸馏水中，冷却到 20℃ 以下，缓缓搅拌混合，过滤生成的柠檬黄色银盐（AgDDC）沉淀，用冷的无离子水洗涤沉淀数次，在干燥器内干燥，避光保存备用。

吸收液中 AgDDC 浓度以 0.2%～0.25% 为宜，浓度过低将影响测定的灵敏度和重现性。因此，配置试剂时，应放置过夜或在水浴上微热助溶，轻微的浑浊可以过滤除去。若试剂溶解度不好时，应重新配置，吸收液必须澄清。

（5）样品消化液中的残余硝酸需设法驱尽，硝酸的存在影响反应与显色，会导致结果偏低，必要时需添加测定用硫酸的加入量。

（6）砷化氢发生及吸收应防止在阳光直射下进行，同时应控制温度在25℃左右，防止反应过激或过缓，作用时间以1h为宜，夏季可缩短为45min。室温高时氯仿部分挥发，在比色前用氯仿补足4mL，并不影响结果。

（7）吸收液中含有水分时，当吸收与比色环境的温度改变，会引起轻微混浊，比色时可微温使澄清。

（8）吸收液吸收砷化氢后呈色在150min内稳定。

附：砷斑法（第二法）

原理：样品经消化后，以碘化钾、氯化亚锡将高价砷还原为三价砷，然后与锌粒和酸产生的新生态氢生成砷化氢，再与溴化汞试纸生成黄色至橙色的色斑，与标准砷斑比较定量。

试剂：同银盐法1~14，16，17。

18、溴化汞－乙醇溶液（50g/L）：称取25g溴化汞用少量乙醇溶解后，再定容至500mL。

19、溴化汞试纸：将剪成直径2cm的圆形滤纸片，在溴化汞乙醇溶液（50g/L）中浸渍1h以上，保存于冰箱中，临用前取出置暗处阴干备用。

仪器：测砷装置，图略。100mL锥形瓶。橡皮塞：中间有一孔。玻璃测砷管：全长18cm，上粗下细，自管口向下至14cm一段的内径为6.5mm，自此以下逐渐狭细，末端内径约为1~3mm，近末端1cm处有一孔，直径2mm，狭细部分紧密插入橡皮塞中，使下部伸出至小孔恰在橡皮塞下面。上部较粗部分装放乙酸铅棉花，长5~6cm，上端至管口处至少3cm，测砷管顶端为圆形扁平的管口上面磨平，下面两侧各有一钩，为固定玻璃帽用。

玻璃帽：下面磨平，上面有弯月形凹槽，中央有圆孔，直径6.5mm。使用时将玻璃帽盖在测砷管的管口，使圆孔互相吻合，中间夹一溴化汞试纸光面向下，用橡皮圈或其他适宜的方法将玻璃帽与测砷管固定。

样品消化，同前。

分析步骤：吸取一定量样品消化后定容的溶液（相当于2g粮食，4g蔬菜、水果，4mL冷饮，5g植物油，其他样品参照此量）及同量的试剂空白液分别置于测砷瓶中，加5mL碘化钾溶液（150g/L）、5滴酸性氯化亚锡溶液及5mL盐酸（样品如用硝酸－高氯酸－硫酸或硝酸－硫酸消化液，则要减去样品中硫酸毫升数；如用灰化法消化液，则要减去样品中盐酸毫升数），再加适量水至35mL（植物油不再加水）。

吸取0，0.5mL，1.0mL，2.0mL砷标准使用液（相当0，0.5μg，1.0μg，2.0μg砷），分别置于测砷瓶中，各加5mL碘化钾溶液（150g/L），5滴酸性氯化亚锡溶液及5mL盐酸，各加水至35mL（测定植物油时加水至60mL）。

于盛样品消化液，试剂空白液及砷标准溶液的测砷瓶中各加3g锌粒，立即塞上预先装有乙酸铅棉花及溴化汞试纸的测砷管，于25℃放置1h，取出样品及试剂空白的溴化汞试剂纸与标准砷斑比较。

计算同前。结果的表述：算术平均值的二位有效数。

实验七　食用油过氧化值测定

油脂放置时间过久或贮藏不善，其中不饱和脂肪酸的双键与空气中氧结合生成过氧化物。过氧化物在油脂中的含量以其氧化生成的碘占油脂的百分含量表示，称为过氧化值。食用油过氧化值过高，即油脂氧化过程中产生的中间产物过氧化物含量过高，致使油的质量品质降低，对人体非常有害。因此，油脂的过氧化值的上升，表明腐败变质已开始，过氧化值是油脂腐败变质的定量检验指标之一。我国食品卫生标准规定食用植物油过氧化值不得超过0.15%（质量分数），因此食用油中过氧化值的含量高低，直接影响油的品质。

一、目的要求

（1）掌握豆油过氧化值测定的原理和方法。

（2）巩固碘量法滴定的操作及对终点的正确判断。

（3）掌握滴定（碘量法，国家标准 GB/T 500937—1996，GB/T 5538—2005）测定过氧化值的方法。

二、实验原理

油脂氧化过程中产生过氧化物，与碘化氢作用，生成游离碘，以硫代硫酸钠溶液滴定碘，根据其消耗量即可计算过氧化值含量。

$$CH_3COOH + KI \longrightarrow CH_3COOK + HI$$

$$2HI + \underset{\overset{|}{O}—\overset{|}{O}}{R_1—CH—CH—R_2} \longrightarrow \underset{\overset{\diagdown}{O}}{R_1—CH \quad CH—R_2} + I_2 + H_2O$$

$$I_2 + 2Na_2S_2O_3 \longrightarrow 2NaI + Na_2S_4O_6$$

三、仪器与试剂

（1）饱和碘化钾溶液：称取 14g 碘化钾，加 10mL 水溶解，必要时微热使其溶解，冷却后贮于棕色瓶中。

（2）三氯甲烷 – 冰乙酸混合液：量取 40mL 三氯甲烷，加 60mL 冰乙酸，混匀。

（3）硫代硫酸钠标准滴定溶液 $[c(Na_2S_2O_3) = 0.0020mol/L]$：临用前用 0.10mol/L 硫代硫酸钠标准滴定溶液，加新煮沸过的冷水稀释制成 0.02mol/L 硫代硫酸钠标准溶液，然后再加新煮沸过的冷水稀释制成 0.0020mol/L 硫代硫酸钠标准滴定溶液。

① 0.10mol/L 硫代硫酸钠标准滴定溶液的配制：称取 26g 硫代硫酸钠及 0.2g 碳酸钠，加入适量新煮沸过的冷水使之溶解，并稀释至 1000mL，混匀，放置一个月后过滤备用。

② 标定。准确称取约 0.15g 在 120℃ 干燥至恒重的重铬酸钾，置于 500mL 碘量瓶中，加入 50mL 水使之溶解，加入 2g 碘化钾，轻轻振摇使之溶解，再加入 20mL 硫酸（1 + 8），密塞，摇匀，放置暗处 10min 后用 250mL 水溶解。用硫代硫酸钠标准溶液滴至浅黄绿色，再加入 3mL 淀粉液，继续滴定至蓝色消失而显亮绿色。反应液及稀释用水温度不应低于 20℃，同时做试剂空白试验。硫代硫酸钠标准滴定溶液浓度按下式计算：

$$c = \frac{m}{V_1 - V_2} \times 0.04903$$

式中　c——硫代硫酸钠标准滴定溶液的实际浓度，mol/L；

　　　m——基准重铬酸钾质量，g；

　　　V_1——硫代硫酸钠标准溶液用量，mL；

　　　V_2——试剂空白实验中硫代硫酸钠标准溶液用量，mL；

0.04903——与1.00mL硫代硫酸钠标准滴定溶液[$c(Na_2S_2O_3 \cdot 5H_2O) = 1.000mol/L$]相当的重铬酸钾质量，g。

（4）淀粉指示剂（10g/L）：称取可溶性淀粉0.50g，加少许水，调成糊状，倒入50mL沸水中调匀，煮沸。临用时现配。

四、分析步骤

称取2.00g～3.00g混匀（必要时过滤）的试样，置于250mL碘量瓶中，加30mL三氯甲烷－冰乙酸混合液，使试样完全溶解。加入1.00mL饱和碘化钾溶液，紧密塞好瓶盖，并轻轻振摇0.5min，然后在暗处放置3min。取出加100mL水，摇匀，立即用硫代硫酸钠标准滴定溶液（0.0020mol/L）滴定，至淡黄色时，加1mL淀粉指示液，继续滴定至蓝色消失为终点。

取相同量三氯甲烷－冰乙酸溶液、碘化钾溶液、水，按同一方法，做试剂空白试验。

五、结果处理

1. 数据记录

食用油过氧化值的测定

$c_{Na_2S_2O_3} =$ ＿＿＿＿＿＿ mol/L

编号	质量/g	消耗 Na₂S₂O₃ 的量/mL		过氧化值/（g/100mL）	
1			平均		平均
2					
3					
空白					

2. 数据处理

$$X_1 = \frac{(V_1 - V_2) \times c \times 0.1296}{m} \times 100$$

$$X_2 = X_1 \times 78.8$$

式中 X_1——样品的过氧化值，g/100g（碘%）；

X_2——样品的过氧化值，meq/kg（毫克当量/kg，1mmol/kg＝2meq/kg）；

V_1——样品消耗硫代硫酸钠标准溶液体积，mL；

V_2——试剂空白消耗硫代硫酸钠标准溶液用量，mL；

c——硫代硫酸钠标准滴定溶液的实际浓度，mol/L；

m——样品质量，g；

0.1269——与1.00mL硫代硫酸钠标准滴定溶液[$c(Na_2S_2O_3 \cdot 5H_2O) = 1.000mol/L$]相当的碘的质量，g。

结果保留两位有效数字。

六、说明

（1）主要过氧化物：氧化变质的油脂中存在的过氧化物主要是氢过氧化物，还有环状过氧化物，过氧基键合的聚合体，过氧化氢等。由于氢过氧化物是油脂自动氧化反映中的第一

314

次生成物，因此过氧化物测定是了解变质程度的有利方法。但是过氧化物并不稳定，接着会变成第二次、第三次生成物。特别是在热、光、重金属等过氧化物分解因子存在下分解速度加快，过氧化物分解。因此加热油脂或变质程度较高的油脂中氧化值低。应对其油脂测定色、黏度、酸价、羰基价、TBA 值、碘价等作为变质的检测项目，以评价油脂的变质情况。

（2）过氧化值的测定：本碘量法是用硫代硫钠的滴定，系在室温下进行，本法对常见油脂都适用，当过氧化值较高时，可减少取样量。一般情况下，完全新鲜的油脂的过氧化值在 0.03g/100g 以下，过氧化值在 0.03g/100g ~ 0.06g/100g 时感官上无异常，过氧化值在 0.06g/100g ~ 0.07g/100g 时有呈现微弱的醛反应和过氧化物反应，过氧化值在 0.07g/100g ~ 0.10g/100g 时经常呈现醛反应和过氧化物反应，感官上也有改变，高于 0.10g/100g 时则呈现出辛辣滋味和刺激性气味。可根据感官检查和一般的化学检查法确定取样量，也可取用浓度较大的硫代硫酸钠溶液滴定，以使滴定体积处于最佳范围。

（3）碘化钾溶液：碘化钾溶液应澄清无色，在进行空白试验时，应加入淀粉溶液后显蓝色，否则应考虑试剂是否符合试验要求。

（4）三氯甲烷：三氯甲烷不得含有光气等氧化物，否则应进行处理。

① 检查方法：量取 10mL 三氯甲烷，加 25mL 新煮沸放冷的去离子水，振摇 3min 静置分层后，取 10mL 水液，加数滴质量分数 15% 碘化钾溶液及淀粉指示剂，振摇后应不显蓝色。

② 处理方法：于三氯甲烷中加入 1/10 ~ 1/20 体积的质量分数 20% 硫代硫酸钠溶液洗涤，再用水洗后加入少量无水氯化钙脱水后进行蒸馏，弃取最初和最后的 1/10 体积的馏出液，收集中间馏出液备用。

（5）淀粉指示剂：应按要求作灵敏度检查。在滴定时，应在接近终点时加入，即在硫代硫酸钠溶液滴定碘至浅黄色时再加入淀粉，否则碘和淀粉吸附太牢，终点时颜色不易褪去，致使终点出现过迟，引起误差。

（6）固态油样：对于固态油样，可微热溶解，并适当多加一点溶剂。

（7）对于大量试样：试样取样量较大时，在加溶剂溶解后，有时会出现互不相溶的两层，此时，可适当增加溶剂用量。

（8）硫代硫酸钠标准滴定溶液：硫代硫酸钠标准滴定溶液，由于使用浓度较低，配制和标定的时间不能过长，否则影响检测结果，并且硫代硫酸钠标准滴定溶液要储存在棕色试剂瓶中。

（9）碘与 SO_4^{2-} 反应在中性或酸性溶液中进行，滴定时温度不能过高，不要剧烈摇动溶液，为防止 I^- 被空气氧化，应放置暗处避光，析出 I_2 后立即用 SO_4^{2-} 滴定，不要过早加入淀粉，以免淀粉吸附太多碘而造成误差。

实验八　食品中亚硝酸盐的测定

亚硝酸和硝酸的钠盐和钾盐常被加入用于腌肉的混合物中，用来产生和保持色泽、抑制微生物和产生特殊的风味。此外，亚硝酸盐（150 ~ 200mg/kg）可抑制罐装碎肉和腌肉中的梭状芽孢杆菌。亚硝酸盐的抗微生物作用为它使用于可能生成长肉毒梭状芽孢杆菌的腌肉中提供了正当的理由。亚硝酸盐含量只要控制在安全范围内使用不会对人体造成危害。

肉制品中，亚硝酸盐含量不得超过 30mg/kg，这是因为亚硝酸盐的中毒剂量是 200 毫克以上，而正常膳食中的亚硝酸盐即使是大量用亚硝酸盐做食品添加剂的肉类，也不会超过

50 毫克。各国对食品中亚硝酸盐添加量均有严格限量。世界卫生组织规定每日允许摄食量为亚硝酸钾或钠 ≤0.2mg/kg 体重，日本规定肉制品中亚硝酸根不得超过 70mg/kg，我国对亚硝酸盐的添加量也有规定，要求肉制品成品中的亚硝酸含量 ≤30mg/kg，最大添加量不能超过 0.15g/kg。但亚硝酸盐对人体有害，降低亚硝酸盐在肉制品中的残留量亟待解决。

一、目的要求

（1）了解食品中亚硝酸盐的作用和危害。

（2）掌握盐酸萘基乙二胺（格里斯试剂）比色法测定亚硝酸盐的原理、操作。

二、实验原理

样品经过沉淀蛋白质，除去脂肪后，在弱酸性条件下，亚硝酸盐与对氨基苯磺酸起重氮化反应，生成重氮化合物，再与盐酸萘基乙二胺偶合成紫红色的偶氮染料，其颜色的深浅与样液中亚硝酸盐含量成正比。在 538nm 波长下测定其吸光度，用外标法测定亚硝酸盐含量。反应如下：

$$2HCl + NaNO_2 + H_2N{-}\bigcirc{-}SO_3H \xrightarrow{\text{重氮化}} Cl{-}\overset{N}{\underset{N}{\|}}{-}\bigcirc{-}SO_3H + NaCl + H_2O$$

$$Cl{-}\overset{N}{\underset{N}{\|}}{-}\bigcirc{-}SO_3H + \bigcirc{-}NHCH_2CH_2NH_2 \cdot 2HCl \xrightarrow[\text{--HCl}]{\text{偶合}}$$

$$HO_3S{-}\bigcirc{-}N{=}N{-}\bigcirc{-}NHCH_2CH_2NH_2 \cdot 2HCl$$

三、主要试剂与仪器

实验用水为蒸馏水，试剂不加说明者均为分析纯试剂。

（1）氨缓冲溶液（pH = 9.6～9.7）：氯化铵缓冲溶液：于 1L 容量瓶中加入 500mL 水，准确加入 20mL 盐酸，振荡混匀，准确加 50mL 氢氧化铵，用水稀释至刻度。必要时用稀盐酸和稀氢氧化铵调试至 pH = 9.6～9.7。

（2）硫酸锌溶液（0.42mol/L）：称取 120g 硫酸锌（$ZnSO_4 \cdot 7H_2O$），用水溶解，并稀释至 1000mL。

（3）氢氧化钠溶液（20g/L）：称取 20g NaOH 用水溶解，稀释至 1000mL。

（4）对氨基苯磺酸溶液：称取 10g 对氨基苯磺酸，溶于 700mL 水和 300mL 冰乙酸中，置棕色瓶中混匀，避光保存。

（5）盐酸萘乙二胺溶液（1g/L）：称取 0.1g 盐酸萘乙二胺，溶于 100mL 水中，混匀后，置棕色瓶中，避光保存。

（6）显色剂：临用前将 4、5 等体积混合。

（7）亚硝酸钠标准溶液（500μg/mL）：精密称取 250mg 于硅胶干燥器中干燥 24h 的亚硝酸钠，加水溶解移入 500mL 容量瓶中，加水稀释至刻度，混匀。

316

（8）亚硝酸钠标准使用液（5.0μg/mL）：临用前，吸取亚硝酸钠标准溶液 1.00mL，置于 100mL 容量瓶中，加水稀释至刻度。

（9）60% 乙酸

（10）小型粉碎机

（11）分光光度计

四、操作步骤

1. 样品处理（腊肠）

取约 10.00g 经搅碎混匀的样品，置于 150mL 烧杯中，加 70mL 水和 12mL NaOH 溶液（20g/L），混匀，用 NaOH 溶液调节样品使 pH = 8，定量转移至 250mL 容量瓶中，加 10mL 硫酸锌溶液，混匀。如不产生白色沉淀，再补加 2~5mL NaOH，混匀。置 60℃ 水浴中加热 10min，取出后冷至室温，加水至刻度，混匀。放置 0.5h，用滤纸过滤，弃去初滤液 20mL，收集滤液备用。

2. 测定

亚硝酸盐标准曲线绘制：吸取 0，0.5mL，1.0mL，2.0mL，3.0mL，4.0mL，5.0mL 亚硝酸钠标准使用液（相当于 0，2.5μg，5.0μg，10μg，15μg，20μg，25μg 亚硝酸钠）分别置于 25mL 具塞比色管中。于标准管中分别加入 4.5mL 氯化铵缓冲液，加 2.5mL 60% 乙酸后立即加入 5.0mL 显色剂，加水至刻度，混匀，在暗处静置 25min，用 1cm 比色杯（灵敏度低时可换 2cm 比色杯），以零管调节零点，于波长 550nm 处测吸光度，绘制标准曲线。

低含量样品以制备低含量标准曲线计算，标准系列为，吸取 0，0.4mL，0.8mL，1.2mL，1.6mL，2.0mL 亚硝酸钠标准使用液（相当于 0，2μg，4μg，6μg，8μg，10μg 亚硝酸钠）。

样品测定。吸取 10.0mL 已制备好的样品于比色管中，依次加上述试剂，测吸光度。

同时做试剂空白。

五、结果处理

$$X = \frac{m_2 \times 1000}{m_1 \times \dfrac{V_2}{V_1} \times 1000}$$

式中 X——样品中亚硝酸盐含量，mg/kg；

　　m_1——样品质量，g；

　　m_2——测定用样品中亚硝酸盐的质量，μg；

　　V_1——样品处理液总体积，mL；

　　V_2——测定用样液体积，mL。

结果保留两位有效数字。

六、说明

硫酸锌溶液作为蛋白质沉淀剂使用，也可用亚铁氰化钾和乙酸锌的混合溶液，利用产生的亚铁氰化锌与蛋白质共沉淀，实验中使用重蒸馏水可以减少实验误差。

实验九　面粉中灰分的测定

一、实验目的

（1）熟练掌握马弗炉使用方法，坩埚的处理、样品的炭化灰化等基本操作技能。
（2）学习和了解直接灰化法测定灰分的原理及操作要点。
（3）掌握面粉中灰分的测定方法和操作技能。

二、实验原理

将一定质量的样品在高温下灼烧。除尽有机物，称量残留的无机物，即可求出灰分的含量。

三、仪器

马弗炉、电炉、分析天平、瓷坩埚、坩埚钳、干燥器。

四、操作步骤

（1）取大小适宜的瓷坩埚（或石英坩埚）置马弗炉中，在550℃±25℃下灼烧0.5h，冷却至200℃以下后，取出放入干燥器中冷却30min准确称量，并重复灼烧至恒重。

（2）向坩埚中加入2~3g面粉，精确至0.0001g。

（3）将样品放在低温电炉上小火加热，使试样充分炭化至无烟，然后置马弗炉中，在550℃±25℃灼烧4h。冷至200℃以下后取出，放入干燥器中冷却30min，在称量前如灼烧残渣有炭粒时，向试样中滴入少量水润湿，使结块松散，蒸出水分再次灼烧，直至无炭粒即灰化完全。重复灼烧至前后两次称量相差不超过0.5mg为恒重。

五、结果计算

$$X = \frac{m_1 - m_2}{m_2 - m_0} \times 100$$

式中　X——样品中灰分含量，g/100g；

m_0——坩埚的质量，g；

m_1——坩埚加灰分的质量，g；

m_2——坩埚加样品的质量，g。

六、说明

（1）对于难灰化的样品，可添加助灰化剂或用其他方法加速其灰化速度，使其灰化完全。

（2）灼烧后的坩埚应冷却到200℃以下，再移入干燥器中，否则因热的对流作用，易造成残灰飞散，且冷却速度慢，冷却后干燥器内形成较大真空，盖子不易打开。

（3）灰化后所得到的灰分可做Ca、P、Fe等成分的分析。

（4）炭化时要注意热源强度，若样品加热产生泡沫溢出坩埚，可滴加橄榄油数滴消泡。

实验十 水果中总酸及 pH 测定

一、目的要求

（1）进一步熟悉及规范滴定操作。（2）学习及了解碱滴定法测定总酸及有效酸度的原理及操作要点。（3）掌握水果中总酸度及有效酸度的测定方法和操作技能。（4）掌握 pH 计的维护和使用方法。

二、实验原理

1. 总酸测定原理

水果中的有机酸在用标准碱液滴定时，被中和成盐类。以酚酞为指示剂，滴定至溶液呈现微红色，30s 不褪色为终点。根据消耗标准碱液的浓度和体积，计算水果中总酸的含量。

2. 有效酸测定原理

利用 pH 计测定水果中的有效酸度（pH），是将玻璃电极、饱和甘汞电极插入榨取的果汁中组成原电池，该电池电动势的大小与果汁 pH 有关。即在 25℃ 时，每相差一个 pH 单位就产生 59.1mV 的电池电动势，利用酸度计测量电池电动势并直接以 pH 表示，故可从酸度计上直接读出果汁的 pH。

三、仪器与试剂

1. 仪器

水浴锅，酸度计，玻璃电极，饱和甘汞电极，现在多用复合电极。

2. 试剂

0.1mol/L NaOH 标准溶液，酚酞乙醇溶液，pH＝4.01 标准缓冲溶液。

四、实验步骤

1. 总酸度的测定

（1）样液制备　将样品用组织捣碎机捣碎并混合均匀。称取适量样品，用 15mL 无 CO_2 蒸馏水将其移入 250mL 容量瓶中，在 75～80℃ 水浴上加热 0.5h，冷却后定容，用干滤纸过滤，弃去初始滤液 25mL，收集滤液备用。

（2）滴定　准确吸取上述制备滤液 50mL 加入酚酞指示剂 3～4 滴，用 0.1mol/L NaOH 标准溶液滴定至微红色 30s 不褪为终点。记录消耗 NaOH 标准溶液的体积。

2. 水果中有效酸度（pH）的测定

（1）样品处理　将水果样品榨汁后，取汁液直接进行 pH 测定。

（2）酸度计的校正。

① 开启酸度计电源，预热 30min，连接玻璃及甘汞电极，在读数开关放开的情况下调零。② 测量标准缓冲溶液的温度，调节酸度计温度补偿旋钮。③ 将二电极浸入缓冲溶液中，按下读数开关，调节定位旋钮使 pH 计指针在缓冲溶液的 pH 上，放开读数开关，指针回零，如此重复操作二次。

（3）果汁 pH 的测定。

① 用无 CO_2 蒸馏水淋洗电极，并用滤纸吸干，再用制备好的果汁冲洗电极。② 根据果汁温度调节酸度计温度补偿旋钮，将两电极插入果汁中，按下读数开关，稳定 1min，酸度计指针所指 pH 即为果汁的 pH。

五、结果处理

1. 数据记录

NaOH 标准溶液浓度/ (mol/L)	NaOH 标准溶液用量/mL				pH			
	1	2	3	平均值	1	2	3	平均值

2. 计算结果

$$X = \frac{c \times V \times K}{m} \times \frac{V_0}{V_1} \times \frac{1}{100}$$

式中　X——总酸含量（以某酸计），g/100g 或 g/mL；

　　　c——NaOH 标准溶液浓度，mol/L；

　　　V——NaOH 标准溶液用量，mL；

　　　V_0——样品稀释液总体积，mL；

　　　V_1——滴定时吸取的样液体积，mL；

　　　K——换算成主要酸的系数，即 1mmol NaOH 相当于主要酸的质量，g；

　　　m——样品的质量，g 或 mL。

参 考 文 献

[1] 李启隆，胡劲波．食品分析科学．北京：化学工业出版社，2011.

[2] 刘长虹．食品分析及实验．北京：化学工业出版社，2006.

[3] 刘兴友，刁有祥．食品理化检验学．北京：中国农业大学出版社，2008.

[4] 黎源倩．食品理化检验．北京：人民卫生出版社，2006.

[5] 杨严俊．食品分析．北京：化学工业出版社，2013.

[6] 丁晓雯．食品分析实验．北京：中国林业出版社，2012.

[7] 高向阳．现代食品分析．北京：科学出版社，2012.

[8] 孙清荣．食品分析与检验．北京：中国轻工业出版社，2011.

[9] 郝生宏．食品分析检测．北京：化学工业出版社，2011.

[10] 周光理．食品分析与检验技术．北京：化学工业出版社，2010.

[11] 李东凤．食品分析综合实训．北京：化学工业出版社，2008.

[12] 张英．食品理化与微生物检测试验．北京：中国轻工业出版社，2004.

[13] 王叔淳．食品分析质量保证与实验室认可．北京：化学工业出版社，2004.

附　录

附录 A

常用酸碱浓度表(参考件)

A1　常用酸碱浓度表(市售商品)

表 A1

试剂名称	分子量	含量/%	相对密度	浓度/(mol/L)
冰乙酸	60.05	99.5	1.05(约)	$17CH_3COOH$
乙酸	60.05	36	1.04	$6.3CH_3COOH$
甲酸	46.02	90	1.20	$23HCOOH$
盐酸	36.5	36～38	1.18(约)	$12HCl$
硝酸	63.02	65～68	1.4	$16HNO_3$
高氯酸	100.5	70	1.67	$12HClO_4$
磷酸	98.0	85	1.70	$15H_3PO_4$
硫酸	98.1	96～98	1.84(约)	$18H_2SO_4$
氨水	17.0	25～28	0.8～8(约)	$15NH_3 \cdot H_2O$

A2　常用洗涤液的配制和使用方法

A2.1　重铬酸钾 - 浓硫酸溶液(100g/L)(洗液)：称取化学纯重铬酸钾 100g 于烧杯中，加入 100mL 水，微加热，使其溶解。把烧杯放于杯盆中冷却后，慢慢加入化学纯硫酸，边加边用玻璃棒搅动，防止硫酸溅出，开始有沉淀析出，硫酸加到一定量沉淀可溶解，加硫酸至溶液总体积为 1000mL。

该洗液是强氧化剂，但氧化作用比较慢，直接接触器皿数分钟至数小时才有作用，取出后要用自来水充分冲洗 7～10 次，最后用纯水淋洗 3 次。

A2.2　肥皂洗涤液、碱洗涤液、合成洗涤剂洗涤液：配制一定浓度，主要用于油脂和有机物的洗涤。

A2.3　氢氧化钾 - 乙醇洗涤液(100g/L)：取 100g 氢氧化钾，用 50mL 水溶解后，加工业乙醇至 1L，它适用洗涤油垢、树脂等。

A2.4　酸性草酸或酸性羟胺洗涤液：称取 10g 草酸或 1g 盐酸羟胺，溶于 10mL 盐酸(1 + 4)中；该洗液洗涤氧化性物质。对沾污在器皿上的氧化剂，酸性草酸作用较慢，羟胺作用快且易洗净。

A2.5　硝酸洗涤液：常用浓度(1 + 9)或(1 + 4)，主要用于浸泡清洗测定金属离子的器皿。一般浸泡过夜，取出用自来水冲洗，再用水离子或以蒸水冲洗。

洗涤后玻璃仪器应防止二次污染。

附录 B

标准滴定溶液

检验方法中某些标准滴定溶液的配制及标定应按下列规定进行。

B1　标准滴定溶液

B1.1　配制

B1.1.1　盐酸标准滴定溶液[$c(HCl)$ = 1mol/L]：量取 90mL 盐酸，加适量水并稀释至 1000mL。

B1.1.2　盐酸标准滴定溶液[$c(HCl)$ = 0.5mol/L]：量取 45mL 盐酸，加适量水并稀释至 1000mL。

B1.1.3　盐酸标准滴定溶液[$c(HCl)$ = 0.1mol/L]：量取 9mL 盐酸，加适量水并稀释至 1000mL。

B1.1.4　溴甲酚绿 – 甲基红混合指示液：量取 30mL 溴甲酚绿乙醇溶液（2g/L），加入 20mL 甲基红乙醇溶液（1g/L），混匀。

B1.2　标定

B1.2.1　盐酸标准滴定溶液[$c(HCl)$ = 1mol/L]：准确称取约 1.5g 在 270~300℃ 干燥至恒量的基准无水碳酸钠，加 50mL 水使之溶解，加 10 滴溴甲酚绿 – 甲基红混合指示液，用本溶液滴定至溶液由绿色转变为紫红色，煮沸 2min，冷却于室温，继续滴定至溶液由绿色变为暗紫色。

B1.2.2　盐酸标准滴定溶液[$c(HCl)$ = 0.5mol/L]：按 B1.2.1 操作，但基准无水碳酸钠量改为约 0.8g。

B1.2.3　盐酸标准滴定溶液[$c(HCl)$ = 0.5mol/L]：按 B1.2.1 操作，但基准无水碳酸钠量改为约 0.15g。

B1.2.4　同时做试剂空白试验。

B1.3　计算

盐酸标准滴定溶液的浓度按式（B1）计算。

$$c_1 = \frac{m}{(V_1 - V_2) \times 0.0530} \qquad (B1)$$

式中　c_1——盐酸标准滴定溶液的实际浓度，mol/L；

m——基准无水碳酸钠的质量，g；

V_1——盐酸标准滴定溶液用量，mL；

V_2——试剂空白试验中盐酸标准滴定溶液用量，mL；

0.0530——与 1.00mL 盐酸标准滴定溶液[$c(HCl)$ = 1mol/L]相当的基准无水碳酸钠的质量，g。

B2　盐酸标准滴定溶液{[$c(HCl)$ = 0.2mol/L]、[$c(HCl)$ = 0.01mol/L]}临用前取盐酸标准溶液[$c(HCl)$ = 0.1mol/L]（B1.1.3）加水稀释制成。必要时重新标定浓度。

B3　硫酸标准滴定溶液

B3.1　配制

B3.1.1　硫酸标准滴定溶液[$c(1/2H_2SO_4)$ = 1mol/L]：量取 30mL 硫酸，缓缓注入适量

水中，冷却至室温后用水稀释至 1000mL，混匀。

B3.1.2 硫酸标准滴定溶液$[c(1/2H_2SO_4)=0.5mol/L]$：按 B3.1.1 操作，但硫酸量改为 15mL。

B3.1.3 硫酸标准滴定溶液$[c(1/2H_2SO_4)=0.1mol/L]$：按 B3.1.1 操作，但硫酸量改为 3mL。

B3.2 标定

B3.2.1 硫酸标准滴定溶液$[c(1/2H_2SO_4)=1.0mol/L]$：按 B1.2.1 操作。

B3.2.2 硫酸标准滴定溶液$[c(1/2H_2SO_4)=0.5mol/L]$：按 B1.2.2 操作。

B3.2.3 硫酸标准滴定溶液$[c(1/2H_2SO_4)=0.1mol/L]$：按 B1.2.3 操作。

B3.3 计算

硫酸标准滴定溶液浓度按式（B2）计算。

$$c_2 = \frac{m}{(V_1 - V_2) \times 0.0530} \quad \text{（B2）}$$

式中 c_2——硫酸标准滴定溶液的实际浓度，mol/L；

m——基准无水碳酸钠的质量，g；

V_1——硫酸标准滴定溶液用量，mL；

V_2——试剂空白试验中硫酸标准滴定溶液用量，mL；

0.0530——与 1.00mL 硫酸标准滴定溶液$[c(HCl)=1mol/L]$相当的基准无水碳酸钠的质量，g。

B4 氢氧化钠标准滴定溶液

B4.1 配制

B4.1.1 氢氧化钠饱和溶液：称取 120g 氢氧化钠，加 100mL 水，振摇使之溶解成饱和溶液，冷却后置于取乙烯塑料瓶中，密塞，放置数日，澄清后备用。

B4.1.2 氢氧化钠标准滴定溶液$[c(NaOH)=1mol/L]$：吸取 56mL 澄清的氢氧化钠饱和溶液，加适量新煮沸过的冷水于 1000mL，摇匀。

B4.1.3 氢氧化钠标准滴定溶液$[c(NaOH)=0.5mol/L]$：按 B4.1.2 操作，但吸取澄清的氢氧化钠饱和溶液改为 28mL。

B4.1.4 氢氧化钠标准滴定溶液$[c(NaOH)=0.1mol/L]$：按 B4.1.2 操作，但吸取澄清的氢氧化钠饱和溶液改为 5.6mL。

B4.1.5 酚酞指示液：称取酚酞 1g，溶于适量乙醇中再稀释至 100mL。

B4.2 标定

B4.2.1 氢氧化钠标准滴定溶液$[c(NaOH)=1mol/L]$：准确称取约 6g 在 105～110℃ 干燥至恒量的基准邻苯二甲酸氢钾，加 80mL 新煮沸过的冷水，使之尽量溶解，加 2 滴酚酞指示液，用本溶液滴定至溶液呈粉红色，0.5min 不褪色。

B4.2.2 氢氧化钠标准滴定溶液$[c(NaOH)=0.5mol/L]$：按 B4.1.2 操作，但基准邻苯二甲酸氢钾量改为约 3g。

B4.2.3 氢氧化钠标准滴定溶液$[c(NaOH)=0.1mol/L]$：按 B4.1.2 操作，但基准邻苯二甲酸氢钾量改为约 0.6g。

B4.2.4 同时做空白试验。

B4.3 计算

氢氧化钠标准滴定溶液的浓度按式(B3)计算。

$$c_3 = \frac{m}{(V_1 - V_2) \times 0.2042} \qquad (B3)$$

式中 c_3——氢氧化钠标准滴定溶液的实际浓度，mol/L；

m——基准邻苯二甲酸氢钾的质量，g；

V_1——氢氧化钠标准滴定溶液用量，mL；

V_2——试剂空白试验中氢氧化钠标准滴定溶液用量，mL；

0.2042——与 1.00mL 氢氧化钠标准滴定溶液$[c(NaOH)=1mol/L]$相当的基准邻苯二甲酸氢钾的质量，g。

B5　氢氧化钠标准滴定溶液$\{[c(NaOH)=0.02mol/L]、[c(NaOH)=0.01mol/L]\}$

临用前取氢氧化钠标准溶液$[c(NaOH)=0.01mol/L]$，加新煮沸过的冷水稀释制成。必要时用盐酸标准滴定溶液$\{[c(NaOH)=0.02mol/L]、[c(NaOH)=0.01mol/L]\}$(B2)标定浓度。

B6　氢氧化钾标准滴定溶液$[c(KOH)=0.1mol/L]$

B6.1　配制

称取 6g 氢氧化钾，加入新煮沸过的冷水溶解，并稀释至1000mL，混匀。

B6.2　标定

按 B4.2.3 和 B4.2.4 操作。

B6.3　计算

按 B4.3 中式(B3)计算。

B7　高锰酸钾标准滴定溶液$[c(1/5KMnO_4)=0.1mol/L]$

B7.1　配制

称取约 3.3g 高锰酸钾，加1000mL 水。煮沸15min。加塞静置 2d 以上，用垂融漏斗过滤，置于具玻璃塞的棕色瓶中密塞保存。

B7.2　标定

准确称取约 0.2g 在 110℃ 干燥至恒量的基准草酸钠。加入 250mL 新煮沸过的冷水、10mL 硫酸，搅拌使之溶解。迅速加入约25mL 高锰酸钾溶液，待褪色后，加热至65℃，继续用高锰酸钾溶液滴定至溶液呈微红色，保持 0.5min 不褪色。在滴定终了时，溶液温度应不低于55℃。同时做空白试验。

B7.3　计算

高锰酸钾标准滴定溶液的浓度按式(B4)计算。

$$c_4 = \frac{m}{(V_1 - V_2) \times 0.0670} \qquad (B4)$$

式中 c_4——高锰酸钾标准滴定溶液的实际浓度，mol/L；

m——基准草酸钠的质量，g；

V_1——高锰酸钾标准滴定溶液用量，mL；

V_2——试剂空白试验中高锰酸钾标准滴定溶液用量，mL；

0.0670——与 1.00mL 高锰酸钾标准滴定溶液$[c(1/5KMnO_4)=1mol/L]$相当的基准草酸钠的质量，g。

B8　高锰酸钾标准滴定溶液$[c(1/5KMnO_4)=0.01mol/L]$稀释制成，必要时重新标定浓度。

B9　草酸标准滴定溶液$[c(1/2H_2C_2O_4 \cdot 2H_2O) = 0.1mol/L]$

B9.1　配制

称取约6.4g草酸，加适量的水使之溶解并稀释至1000mL，混匀。

B9.2　标定

吸取25.00mL草酸标准滴定溶液，按7.2自"加入250mL新煮沸过的冷水"操作。

B9.3　计算

草酸标准滴定溶液的浓度按式(B5)计算。

$$c_5 = \frac{(V_1 - V_2) \times c}{V} \tag{B5}$$

式中　c_5——草酸标准滴定溶液的实际浓度，mol/L；

　　　V_1——高锰酸钾标准滴定溶液用量，mL；

　　　V_2——试剂空白试验中高锰酸钾标准滴定溶液用量，mL；

　　　c——高锰酸钾标准滴定溶液的浓度，mol/L；

　　　V——草酸标准滴定溶液用量，mL。

B10　草酸标准滴定溶液$[c(1/2H_2C_2O_4 \cdot 2H_2O) = 0.1mol/L]$稀释制成。

临用前取草酸标准滴定溶液$[c(1/2H_2C_2O_4 \cdot 2H_2O) = 0.1mol/L]$稀释制成。

B11　硝酸银标准滴定溶液$[c(AgNO_3) = 0.1mol/L]$

B11.1　配制

B11.1.1　称取17.5g硝酸银，加入适量水使溶解，并稀释至1000mL，混匀，避光保存。

B11.1.2　需用少量硝酸银标准滴定溶液时，可准确称取约4.3g在硫酸干燥器中干燥至恒量的硝酸银(优级纯)，加水使之溶解，移至250mL容量瓶中，并稀释至刻度，混匀，避光保存。

B11.1.3　淀粉指示液：称取0.5g可溶性淀粉，加入约5mL水，搅匀后缓缓倾入100mL沸水中，随加随搅拌，煮沸2min，放冷，备用。此指示液应临用时配制。

B11.1.4　荧光黄指示液：称取0.5g荧光黄，用乙醇溶解并稀释至100mL。

B11.2　标定

B11.2.1　采用B11.1.1配制的硝酸银标准滴定溶液的标定：准确称取约0.2g在270℃干燥至恒量的基准氯化钠，加入50mL水使之溶解。加入5mL淀粉指示液，边摇动边用硝酸银标准滴定溶液，避光滴定，近终点时，加入3滴荧光黄指示液，继续滴定混浊液由黄色变为粉红色。

B11.2.2　采用B11.1.2配制的硝酸银标准滴定溶液不需要标定。

B11.3　计算

B11.3.1　由B11.1.1配制的硝酸银标准滴定溶液的浓度按式(B6)计算。

$$c_6 = \frac{m}{V \times 0.05844} \tag{B6}$$

式中　c_6——硝酸银标准滴定溶液的实际浓度，mol/L；

　　　m——基准氯化钠的质量，g；

　　　V——碳酸银标准滴定溶液用量，mL；

0.05844——与1.00mL硝酸银标准滴定溶液$[c(AgNO_3) = 1mol/L]$相当的基准氯化钠的质量，g。

B11.3.2 由 B11.1.2 配制的硝酸银标准滴定溶液的浓度按式(B7)计算。

$$c_7 = \frac{m}{V \times 0.1699} \tag{B7}$$

式中 c_7——硝酸银标准滴定溶液的实际浓度，mol/L；

m——硝酸银(优级纯)的质量，g；

V——配制成的硝酸银标准滴定溶液的体积，mL；

0.1699——与 1.00mL 硝酸银标准滴定溶液[$c(AgNO_3)=1mol/L$]相当的硝酸银的质量，g。

B12 硝酸银标准滴定溶液{[$c(AgNO_3)=0.02mol/L$]、[$c(AgNO_3)=0.01mol/L$]}临用前取硝酸银标准滴定溶液[$c(AgNO_3)=0.1mol/L$]稀释制成。

B13 碘标准滴定溶液[$c(1/2I_2)=0.1mol/L$]

B13.1 配制

B13.1.1 称取 13.5g 碘，加 36g 碘化钾、50mL 水，溶解后加入 3 滴盐酸及适量水稀释至 1000mL。用垂融漏斗过滤，置于阴凉处，密闭，避光保存。

B13.1.2 酚酞指示液：称取 1g 酚酞，用乙醇溶解并稀释至 100mL。

B13.1.3 淀粉指示液：同 B11.1.3。

B13.2 标定

准确称取约 0.15g 在 105℃ 干燥 1h 的基准三氧化砷，加入 10mL 氢氧化钠溶液(40g/L)，微热使之溶解。加入 20mL 水及 2 滴酚酞指示液，加入适量硫酸(1+35)至红色消失，再加 2g 碳酸氢钠、50mL 水及 2mL 淀粉指示液。用碘标准溶液滴定至溶液显浅蓝色。

B13.3 计算

碘标准滴定溶液浓度按式(B8)计算。

$$c_8 = \frac{m}{V \times 0.04946} \tag{B8}$$

式中 c_8——碘标准滴定溶液的实际浓度，mol/L；

m——基准三氧化二砷的质量，g；

V——碘标准滴定溶液用量，mL；

0.04946——与 1.00mL 碘标准滴定溶液[$c(1/2I_2)=1.000mol/L$]相当的三氧化砷的质量，g。

B14 碘标准滴定溶液[$c(1/2I_2)=0.02mol/L$]临用前取碘标准滴定溶液[$c(1/2I_2)=0.1mol/L$]稀释制成。

B15 硫代硫酸钠标准滴定溶液[$c(Na_2S_2O_3 \cdot 5H_2O)=0.1mol/L$]

B15.1 配制

B15.1.1 称取 26g 硫代硫酸钠及 0.2g 碳酸钠，加入适量新煮沸过的冷水使之溶解，并稀释至 1000mL，混匀，放置一个月后过滤备用。

B15.1.2 淀粉指示液：同 B11.1.3。

B15.1.3 硫酸(1+8)：吸取 10mL 硫酸，慢慢倒入 80mL 水中。

B15.2 标定

B15.2.1 准确称取约 0.15g 在 120℃ 干燥至恒量的基准重铬酸钾，置于 500mL 碘量瓶中，加入 50mL 水使之溶解。加入 2g 碘化钾，轻轻振摇使之溶解。再加入 20mL 硫酸(1+8)，密塞，摇匀，放置暗处 10min 后用 250mL 水稀释。用硫代硫酸钠标准溶液滴至溶液呈浅黄绿色，再加入 3mL 淀粉指示液，继续滴定至蓝色消失而显亮绿色。反应液及稀释用水的温度不应高于 20℃。

B15.2.2　同时做试剂空白试验。

B15.3　计算

硫代硫酸钠标准滴定溶液的浓度按式（B9）计算。

$$c_9 = \frac{m}{(V_1 - V_2) \times 0.04903} \tag{B9}$$

式中　c_9——硫代硫酸钠标准滴定溶液的实际浓度，mol/L；

　　　　m——基准重铬酸钾的质量，g；

　　　　V_1——硫代硫酸钠标准滴定溶液用量，mL；

　　　　V_2——试剂空白试验中硫代硫酸钠标准滴定溶液用量，mL；

0.04903——与 1.00mL 硫代硫酸钠标准滴定溶液 $[c(Na_2S_2O_3 \cdot 5H_2O) = 1.000\,mol/L]$ 相当的重铬酸钾的质量，g。

B16　硫代硫酸钠标准溶液 $\{[c(Na_2S_2O_3 \cdot 5H_2O) = 0.02\,mol/L]$、$[c(Na_2S_2O_3 \cdot 5H_2O) = 0.01\,mol/L]\}$

临用前取 0.10mol/L 硫代硫酸钠标准溶液，加新煮沸过的冷水稀释制成。

B17　乙二胺四乙酸二钠标准滴定溶液（$C_{10}H_{14}N_2O_8Na_2 \cdot 2H_2O$）

B17.1　配制

B17.1.1　乙二胺四乙酸二钠标准滴定溶液 $[c(C_{10}H_{14}N_2O_8Na_2 \cdot 2H_2O) = 0.05\,mol/L]$：称取 20g 乙二胺四乙酸二钠（$C_{10}H_{14}N_2O_8Na_2 \cdot 2H_2O$），加入 1000mL 水，加热使之溶解，冷却后摇匀。置于玻璃瓶中，避免与橡皮塞、橡皮管接触。

B17.1.2　乙二胺四乙酸二钠标准滴定溶液 $[c(C_{10}H_{14}N_2O_8Na_2 \cdot 2H_2O) = 0.02\,mol/L]$：按 B17.1.1 操作，但乙二胺四乙酸二钠量改为 8g。

B17.1.3　乙二胺四乙酸二钠标准滴定溶液 $[c(C_{10}H_{14}N_2O_8Na_2 \cdot 2H_2O) = 0.01\,mol/L]$：按 B17.1.1 操作，但乙二胺四乙酸二钠量改为 4g。

B17.1.4　氨水 – 氯化铵缓冲液（pH = 10）：称取 5.4g 氯化铵，加适量水溶解后，加入 35mL 氨水，再加水稀释至 100mL。

B17.1.5　氨水（4→10）：量取 40mL 氨水，加水稀释至 100mL。

B17.1.6　铬黑 T 指示剂：称取 0.1g 铬黑 T[6 – 硝基 – 1 –（1 – 萘酚 – 4 – 偶氮）– 2 – 萘酚 – 4 – 磺酸钠]，加入 10g 氯化钠，研磨混合。

B17.2　标定

B17.2.1　乙二胺四乙酸二钠标准滴定溶液 $[c(C_{10}H_{14}N_2O_8Na_2 \cdot 2H_2O) = 0.05\,mol/L]$：准确称取约 0.4g 在 800℃灼烧至恒量的基准氯化锌，置于小烧杯中，加入 1mL 盐酸，溶解后移入 100mL 容量瓶，加水稀释至刻度，混匀。吸取 30.00~35.00mL 此溶液，加入 70mL 水，用氨水（4→10）中和至 pH7~8，再加 10mL 氨水 – 氯化铵缓冲液（pH10），用乙二胺四乙酸二钠标准溶液滴定，接近终点时加入少许铬黑 T 指示剂，继续滴定至溶液自紫色转变为纯蓝色。

B17.2.2　乙二胺四乙酸二钠标准滴定溶液 $[c(C_{10}H_{14}N_2O_8Na_2 \cdot 2H_2O) = 0.02\,mol/L]$：按 B17.2.1 操作，但基准氧化锌量改为 0.16g，盐酸量改为 0.4mL。

B17.2.3　乙二胺四乙酸二钠标准滴定溶液 $[c(C_{10}H_{14}N_2O_8Na_2 \cdot 2H_2O) = 0.02\,mol/L]$：

按 B17.2.2 操作，但容量瓶改为 200mL。

B17.2.4　同时做试剂空白试验。

B17.3 计算　乙二胺四乙酸二钠标准滴定溶液浓度按式（B10）计算。

$$c_{10} = \frac{m}{(V_1 - V_2) \times 0.08138}$$ （B10）

式中　c_{10}——乙二胺四乙酸二钠标准滴定溶液的实际浓度，mol/L；

　　　　m——用于滴定的基准 4 氧化锌的质量，g；

　　　　V_1——乙二胺四乙酸二钠标准滴定溶液用量，mL；

　　　　V_2——试剂空白试验中乙二胺四乙酸二钠标准滴定溶液用量，mL；

　0.08138——与 1.00mL 乙二胺四乙酸二钠标准滴定溶液 $[c(C_{10}H_{14}N_2O_8Na_2 \cdot 2H_2O) = 1.000mol/L]$ 相当的基准氧化锌的质量，g。

附录 C

检验方法中技术参数和数据处理

C1　灵敏度的规定

把标准曲线回归议程中的斜率（b）作为方法灵敏度（参照 C5），即单位物质质量的响应值。

C2　检出限

把 3 倍空白值的标准偏差（测定次数 $n \geq 20$）相对应的质量或浓度称为检出限。

C2.1　色谱法（GC. HPLC）

设：色谱仪最低响应值 S = 3N（N 为仪器噪音水平）

$$检出限 = \frac{最低相应值}{b} = \frac{S}{b}$$ （C1）

式中　b——标准曲线回归议程中的斜率，响应值/μg 或响应值/ng；

　　　　S——仪器噪音的 3 倍，即仪器能辨认的最小的物质信号。

C2.2　吸光法和荧光法

按国际理论与应用化学家联合会（IUPAC）规定。

C2.2.1　全试剂空白响应值

$$X_L = X_i + KS$$ （A2）

式中　X_L——全试剂空白响应值（按 3.6 操作，以溶剂调节零点）；

　　　　X_i——测定 n 次空白溶液的平均值（$n \geq 20$）；

　　　　S——n 次空白值的标准偏差；

　　　　K——根据一定置信度确定的系数。

C2.2.2　检出限

$$L = \frac{X_L - \bar{X}_i}{b} = KS$$ （C3）

式中　　　　　　L——检出限；

X_L、X_i、K、S、b——同式（A2）注释；

　　　　　　　　K——一般为 3。

C3　精密度

同一样品的各测定值的符合程度称为精密度。

C3.1 测定

在某一实验室，使用同一操作方法，测定同一稳定样品时，允许变化的因素有操作者、时间、试剂、仪器等，测定值之间的相对偏差即为该方法在该实验室内的精密度。

C3.2 表示

C3.2.1

$$相对偏差（\%）=\frac{X_i-\bar{X}}{\bar{X}}\times 100 \tag{C4}$$

式中 X_i——某一次的测定值；

C3.2.2 标准偏差

C3.2.2.1 算术平均值：多次测定值的算术平均值可按式（C5）计算。

$$\bar{X}=\frac{X_1+X_2+\cdots\cdots+X_n}{n}=\frac{\sum X_i}{n} \tag{C5}$$

C3.2.2.2 标准偏差

$$S=\sqrt{\frac{\sum(X_i-\bar{X})^2}{n-1}}=\sqrt{\frac{\sum X_i^2-(\sum X_i)^2/2}{n-1}} \tag{C6}$$

式中 S——标准偏差；

X_i——i 次测定值，$i=1$，2，……，n；

n——测定次数。

C3.2.3 相对标准偏差

$$R.S.D.=\frac{S}{\bar{X}}\times 100 \tag{C7}$$

式中 $R.S.D.$——相对标准偏差也可表示为变异系数（CV）。

C4 加标回收率

$$P(\%)=\frac{X_1-X_0}{m}\times 100 \tag{C8}$$

式中 P——加入的标准物质的回收率；

m——加入标准物质的量；

X_1——加标样品的测定值；

X_0——样品的测定值。

C5 直线回归方程的计算

在绘制标准曲线时，可用直线回归方程式计算，然后根据计算结果绘制。用最小二乘法计算直线回归方程的公式如下：

$$y=a+bX \tag{C9}$$

$$a=\frac{\sum X^2\sum Y-\sum X\sum XY}{n\sum X^2-(\sum X)^2} \tag{C10}$$

$$b=\frac{n\sum XY-\sum X\sum Y}{n\sum X^2-(\sum X)^2} \tag{C11}$$

式中 X——自变量，为横坐标上的值；

Y——应变量，为纵坐标上的值；

b——直线的斜率；

a——直线的 Y 轴上的截距；

n——测定次数。

C6　有效数字

食品理化检验中直接或间接测定的量，一般都用数字表示，但它与数学中的"数"不同，而仅仅表示量度的近似值。在测定值中只保留一位可疑数字，如 0.0123 与 1.23 都为三位有效数字。当数字末端的"0"不作为有效数字时，要改写成用乘以 10^n 来表示。如 24600 取三位有效数字，应写作 2.46×10^4。

C6.1　运算规则

C6.1.1　除有特殊规定外，一般可疑数表示末位 1 个单位的误差。

C6.1.2　复杂运算时，其中间过程多保留一位有效数，最后结果须取应有的位数。

C6.1.3　加减法计算的结果，其小数点以后保留的位数，应与参加运算各数中小数点后位数最少的相同。

C6.1.4　乘除法计算的结果，其有效数字保留的位数，应与参加运算各数中有效数字位数最少的相同。

C6.2　方法测定中按其仪器精度确定有效数的位数后，先进行运算，运算后数值再修约。

C7　数字修约规则

C7.1　在拟舍弃的数字中，若左边第一个数字小于 5（不包括 5）时，则舍去，即所拟保留的末位数字不变。

例如：将 14.2432 修约到保留一位小数。

修约前　　　　修约后

14.2432　　　14.2

C7.2　在拟舍弃的数字中，若左边第一个数字大于 5（不包括 5）时，则进一，即所拟保留的末位数字加一。

例如：将 26.4843 修约到只保留一位小数。

修约前　　　　修约后

26.4843　　　26.5

C7.3　在拟舍弃的数字中，若左边第一个数字等于 5，其右边的数字并非全部为零时，则进一，即所拟保留的末位数字加一。

例如：将 1.0501 修约到只保留一位小数

修约前　　　　修约后

1.0501　　　　1.1

C7.4　在拟舍弃的数字中，若左边第一个数字等于 5，其右边的数字皆为零时，所拟保留的末位数字若为奇数则进一，若为偶数（包括"0"）则不进。

例如：将下列数字修约到只保留一位小数。

修约前　　　　修约后

0.3500　　　　0.4

0.4500　　　　0.4

1.0500　　　　1.0

C7.5　所拟舍弃的数字，若为两位以上数字时，不得连续进行多次修约，应根据所拟舍弃数字中左边第一个数字的大小，按上述规定一次修约出结果。

例如：将 15.4546 修约成整数。

正确的做法是：

修约前	修约后
15.4546	15

不正确的做法是：

修约前	一次修约	二次修约	三次修约	四次修约（结果）
15.4546	15.455	15.46	15.5	16

附录 D

检测转基因玉米内、外源基因所需的引物信息

基因名称	类别	引物序列	扩增长度 bp	提示	备注
IVR	内源	5'－ccgctgtatcacaagggctggtacc－3' 5'－ggagcccgtgtagagcatgacgatc－3'	226	内源基因	任选其一
Zein	内源	5'－tgaacccatgcatgcagt－3' 5'－ggcaagaccattggtga－3'	173		
CaMV 35S	外源	5'－gctcctacaatgccatat－3' 5'－gatagtgggattgtgcgtca－3'	195	筛选检测	任选其一
CaMV 35S	外源	5'－tcatcccttacgtcagtggag－3' 5'－ccatcattgcgataaaggaaa－3'	165		
NOS	外源	5'－gaatcctgttgccggtcttg－3' 5'－ttatcctagtttgcgcgcta－3'	180	筛选检测	任选其一
NOS	外源	5'－atcgttcaaacatttggca－3' 5'－attgcgggactctaatcata－3'	165		
NPT II	外源	5'－ctcaccttgctcctgccgaga－3' 5'－cgccttgagcctggcgaacag－3'	215	筛选检测	
PAT	外源	5'－gtcgacatgtctccggagag－3' 5'－gcaaccaaccaagggtatc－3'	191	筛选检测	
BAR	外源	5'－acaagcacggtcaacttcc－3' 5'－actcggccgtccagtcgta－3'	175	筛选检测	
IVS2/PAT	外源	5'－ctgggaggccaaggtatctaat－3' 5'－gctgctgtagctggcctaatct－3'	189	筛选检测 Bt11	
Maize genome/ CaMV35S	外源	5'－tcgaaggacgaaggactctaacg－3' 5'－tccatctttgggaccactgtcg－3'	170	鉴定检测 MON810	品系
HSP70/ CryIA(b)	外源	5'－agtttccttttgttgctctcct－3' 5'－gatgtttgggttgttgtccat－3'	194	鉴定检测 MON810	
CDPK/ CryIA(b)	外源	5'－ctctgccgttcatgttcgt－3' 5'－ggtcaggctcaggctgatgt－3'	211	鉴定检测 Bt176	

基因名称	类别	引物序列	扩增长度 bp	提示	备注
PAT/ CaMV35S!	外源	5' – atggtggatggcatgatgttg – 3' 5' – tgagcgaaaccctataagaaccc – 3'	209	鉴定检测 T14/T25	
CaMV35S/ PAT	外源	5' – ccttcgcaagacccttcctctata – 3' 5' – agatcatcaatccactcttgtggtg – 3'	231	鉴定检测 T14/T25	
CaMV35S/ Cry9C	外源	5' – ccttcgcaagacccttcctctata – 3' 5' – gtagctgtcggtgtagtcctcgt – 3'	171	鉴定检测 CBH – 351	
P actin 1/ mEPSPS	外源	5' – tctcgatctttggccttggta – 3' 5' – tgcagcccagcttatcgtcta – 3'	430	鉴定检测 CA21	
OPT/ mEPSPS	外源	5' – acggtggaagagttcaatgtatg – 3' 5' – tctccttatgggctgca – 3'	270	鉴定检测 CA21	
PAT/ Cry1F	外源	5' – cttgtggtgtttgtggctct – 3' 5' – tggctcctccttcgtatgt – 3'	279	鉴定检测 TC1507	
CaMV 35S/ NPT II	外源	5' – gcactcaaagacctggcgaatga – 3' 5' – ccatctttgggaccactgtcg – 3'	411	鉴定检测 MON863	
EPSPS/ NOS	外源	5' – atgaatgacctcgagtaatcttgttaa – 3' 5' – aagagataacaggatccactcaaacact – 3'	108	鉴定检测 NK603	
IVS2/ PAT	外源	5' – cacacaggagattattatagggttactca – 3' 5' – gggaataagggcgacacgg – 3'	130	鉴定检测 Bt10	

注：CaMV35S：来自花椰菜花叶病毒的 35S 启动子。

CryIA(b)：苏云金芽孢杆菌杀虫毒蛋白 cryIA(b) 基因。

Cry9C：苏云金芽孢杆菌杀虫毒蛋白 cry9C 基因。

IVR：玉米的转化酶 1 基因。

IVS2：玉米乙醇脱氢酶基因的基因内区 2。

mEPSPS：来源于玉米的莽草酸羟基乙酰转移酶。

NOS：胭脂碱合成酶基因终止子。

NPT II：新霉素 – 3′– 磷酸转移酶基因。

OPT：优化运输肽基因。

P actin 1：来源于玉米肌蛋白 1 基因的启动子。

PAT：草丁膦乙酰转移酶基因。